“十二五”职业教育国家规划教材
经全国职业教育教材审定委员会审定

数码艺术设计丛书

Fireworks CS6 案例教程

（第 2 版）

丁桂芝　编著

電子工業出版社
Publishing House of Electronics Industry
北京 • BEIJING

内 容 简 介

本书是 Adobe Fireworks CS6 软件学以致用的训练教材。教材创作风格不是简单的软件功能介绍加上实例验证，而是以读者对软件的实际应用为主线，贯穿能力培养。全书由基础部分、实例部分和实训部分组成。基础部分以软件使用技能为线索，通过大量的图示、范例，训练读者熟练使用 Fireworks CS6 进行图形图像的制作；实例部分采用任务驱动，操作步骤翔实，方便读者学习和理解，不但能够使读者快速入门，还可以起到举一反三的作用；实训部分的每个实训均有制作效果图、制作提示、制作任务分解及.png 源文件，便于读者按照每个实训的提示和制作任务分解完成，或者参考.png 源文件完成任务。书中所有图片、.png 源文件、效果文件可在电子工业出版社华信教育资源网（http://www.hxedu.com.cn）下载，以方便读者学习参考。

本书可作为高职高专计算机多媒体技术、图形图像制作、网站规划与开发技术等专业的教材，也可供数码艺术设计爱好者参考。

图书在版编目（CIP）数据

Fireworks CS6 案例教程/丁桂芝编著. —2 版. —北京：电子工业出版社，2014.3
（数码艺术设计丛书）
ISBN 978-7-121-22365-5

Ⅰ. ①F…　Ⅱ. ①丁…　Ⅲ. ①网页制作工具－高等职业教育－教材　Ⅳ. ①TP393.092

中国版本图书馆 CIP 数据核字（2014）第 010137 号

策划编辑：吕　迈
责任编辑：靳　平
印　　刷：北京天宇星印刷厂
装　　订：北京天宇星印刷厂
出版发行：电子工业出版社
　　　　　北京市海淀区万寿路 173 信箱　邮编　100036
开　　本：787×1 092　印张：22.25　字数：570 千字
版　　次：2010 年 5 月第 1 版
　　　　　2014 年 3 月第 2 版
印　　次：2023 年 7 月第 11 次印刷
定　　价：44.00 元

凡所购买电子工业出版社图书有缺损问题，请向购买书店调换。若书店售缺，请与本社发行部联系，联系及邮购电话：(010) 88254888，88258888。

质量投诉请发邮件至 zlts@phei.com.cn，盗版侵权举报请发邮件至 dbqq@phei.com.cn。

本书咨询联系方式：(010) 88254569，QQ1140210769，xuehq@phei.com.cn。

前 言

Fireworks CS6 是专业的网页图形制作以及成型软件，由 Adobe 公司开发。它不仅可以轻松制作出各种动感的 Gif、动态按钮等网络图片，更重要的是 Fireworks CS6 可以轻松地实现大图切割，使网页加载图片时，显示速度更快，让读者在弹指间便能制作出精美的矢量和点阵图、模型、3D 图形和交互式内容，无须编码，可直接应用于网页和移动应用程序。

Fireworks CS6 利用 jQuery 支持制作移动主题，从设计组件中添加 CSS Sprite 图像，为网页、智能手机和平板计算机应用程序提取简洁的 CSS3 代码，利用适用于 Mac OS 的增强的重绘性能和适用于 Windows 的内存管理，大大提高工作效率，利用增强型色板快速更改颜色。

从设计和网页提取简洁的 CSS 代码，通过使用全新的属性面板，完全提取 CSS 元素和值（颜色、字体、渐变和圆角半径等），以节省时间并保持设计的完整性。在提取代码后，直接将其复制并粘贴至 Adobe Dreamweaver CS6 软件或其他 HTML 编辑器。

怎样把该软件的强大功能展现在读者面前，使读者乐于使用，灵活使用，是作者一直在探索并实践的课题。本书作者以自身学习新软件使用的心路历程来体会初学者的学习路径并完成本书的创作。归纳起来，本书在创作风格上有以下 6 个特点。

（1）基础部分以软件使用技能为线索，通过大量的图示、范例，训练读者熟练使用 Fireworks CS6 进行图形图像制作的基本功。

（2）习题集中安排，而不是分散在每一章中，用意是训练读者灵活运用工具的能力。

（3）实例部分采用任务驱动，操作步骤翔实，方便读者学习和理解，不但能够使读者快速入门，还可以起到举一反三的作用。

（4）实训部分的每个实训均有制作效果图、制作提示、制作任务分解及.png 源文件，便于读者按照每个实训制作提示和制作任务分解完成，或者参考.png 源文件完成任务。

（5）书中所有示例、实例、实训全部为原创。

（6）书中所有图片、.png 源文件、效果文件均可在电子工业出版社华信教育资源网（http://www.hxedu.com.cn）下载，以方便读者学习参考。

通过训练，最终能够使读者做到在 Fireworks CS6 中使用不同的工具和方法完成较为复杂的符合实际工作需要的网页元素或其他非网页用格式的图形。

全书由 3 部分组成，第一部分是基础部分，共 13 章，用大量的图示、范例介绍 Fireworks CS6 的基本工具及功能，为下一步学习实例部分做好准备。基础部分后面附有习题及答案。第二部分是实例部分，给出 13 个实例，每个实例以制作任务提出，先是分解任务，然后分步进行制作。这种方法便于读者理解、模仿，使读者掌握制作任务的处理方法。第三部分是实训部分，共给出 23 个训练任务，每个实训只给出制作提示和制作任务分解，希望读者独立完成，锻炼举一反三的学习能力。书后附有“学习引导”，它反映了本书的特色并指导读者使用本书，建议读者阅读参考。

本书由丁桂芝编著，其中示例、实例、实训的创作颇费心思。在编写过程中，黄建忠、孟祥双、李宏力、祖文东、任静、李勤、张荣新、时瑞鹏、王向华、李占仓、张臻、王炯、王翔、孙华峰参加了实例和实训部分的编写，并对书稿提出了修改意见和建议，在此表示衷心的感谢。本书由黄建忠主审。

由于编者水平有限，疏漏和不足之处在所难免。您若有问题或意见，请发邮件到 dingguizhi@gmail.com，期待获得您的宝贵意见。

编著者

2014 年 2 月

目 录

CONTENTS

第一部分 基础部分

第二部分　实例部分

第三部分　实训部分

第一部分

基 础 部 分

Fireworks CS6 是一个创建、编辑和优化网页图形的多功能应用程序。Fireworks CS6 工具丰富、功能强大，基础部分只介绍常用的图形图像制作工具和功能，着重训练读者使用软件进行图形图像制作的基本功。

基础部分内容是以用户需要掌握的Fireworks CS6软件使用技能为线索进行编号的，既可为实例和实训两部分奠定制作基础，也可作为使用手册，方便查找。

第 1 章

Fireworks CS6 基础

1.1 Fireworks CS6 简介

Adobe Fireworks CS6 是美国 Adobe 公司推出的 Adobe Creative Suite 6 创意套件（简称 Adobe CS6）产品中的一员，它与 Adobe Flash Professional CS6、Adobe Dreamweaver CS6 合称网页三剑客，并可与 Adobe Photoshop、Adobe Acrobat X Pro、Adobe InDesign、Adobe Illustrator 等软件“无缝”集成在一起，是当今网站开发的必备工具。

Adobe Fireworks CS6 是专业的网页图形制作及成型软件，它不仅可以轻松制作出各种动感的 Gif、动态按钮等网络图片，更重要的是 Fireworks CS6 可以轻松地实现大图切割，使网页加载图片时，显示速度更快，让读者在“弹指”间便能制作出精美的矢量和点阵图、模型、3D 图形和交互式内容，无须编码，可直接应用于网页和移动应用程序。

Fireworks CS6 利用 jQuery 支持制作移动主题，从设计组件中添加 CSS Sprite 图像，为网页、智能手机和平板计算机应用程序提取简洁的 CSS 代码，利用适用于 Mac OS 的增强的重绘性能和适用于 Windows 的内存管理，大大提高了工作效率，并利用增强型色板快速更改颜色。

从设计和网页程序中提取简洁的 CSS 代码，通过使用全新的属性面板，完全提取 CSS 元素和值（颜色、字体、渐变和圆角半径等），以节省时间并保持设计的完整性。在提取代码后，直接将其复制并粘贴至 Adobe Dreamweaver CS6 软件或其他 HTML 编辑器。

1.2 Fireworks CS6 的新增或改进功能

较以前版本，Fireworks CS6 新增或者改进了不少以下功能。

- 工作流程的改进。例如，对于颜色的快速操作、新笔触、填充不透明度的控制。

- 对用户体验的改进。例如，扩展的用户界面。
- 精灵（sprite）图形的生成。
- CSS 和 jQuery 的改进。CSS 和 jQuery 的改进加强了使用 Fireworks 创建的文档的交互性。
- CSS 的特性以及 jQuery 移动模板。这两项特性使得 Fireworks 可以很容易整合进整个网页设计及开发流程中。
- 新的 fw.png 文件扩展名。
- 设置渐变或图案填充的角度。
- “样式”面板突出显示了“渐变”工具中色标的位置节点等增强功能。

1.3 系统要求

Adobe Fireworks CS6 可以在 Windows、Mac OS 或 Macintosh 操作系统中运行使用，本书以 Windows 操作系统为例，介绍 Fireworks CS6 的安装环境。

在安装 Fireworks CS6 之前，请确保计算机已配备了下列硬件和软件。

- Intel® Pentium® 4 或 AMD Athlon® 64 处理器。
- Microsoft® Windows® XP Service Pack 3 或 Windows 7 Service Pack 1。Adobe® Creative Suite® 5.5 和 CS6 应用程序也支持 Windows 8。
- 1GB 内存（推荐 2GB）。
- 1GB 可用硬盘空间用于安装；安装过程中需要额外的可用空间（无法安装在可移动闪存设备上）。
- 1280x1024 像素分辨率，16 位显卡。
- DVD-ROM 驱动器。
- 该软件使用前需要激活。用户必须具备宽带网络连接并完成注册，才能激活软件、验证订阅和访问在线服务。

1.4 安装 Fireworks CS6

安装 Fireworks CS6（简体中文正式版）的操作步骤如下。

（1）将 Fireworks 光盘插入计算机的 DVD-ROM 驱动器。在 Windows 操作系统中，Fireworks CS6 安装程序会自动启动。如果未启动，请选择【开始】→【运行】，单击“运行”对话框中的【浏览】按钮，然后选择 Fireworks 光盘上的 Setup.exe 文件，单击【确定】按钮。

（2）按照屏幕上的指示进行操作，安装程序会提示输入所需的信息。

（3）当安装完成并提示时，重新启动计算机。

1.5 使用“欢迎屏幕”页

安装 Fireworks CS6 后，当启动 Fireworks CS6 而没有打开文档时，Fireworks CS6 的“欢迎屏幕”页出现在 Fireworks CS6 软件界面中，如图 1.1 所示。

图 1.1 “欢迎屏幕”页出现在 Fireworks CS6 软件界面中

使用“欢迎屏幕”页，用户可以快速访问“快速入门”、“新增功能”、“资源”，并可以打开最近的项目、新建 Fireworks 文档和基于模板的文档、扩展 Fireworks Exchange 以及在联网的情况下链接打开 Adobe 官方网站进行学习、沟通、获得启发。使用“欢迎屏幕”页的方式与使用 Dreamweaver CS6 的“欢迎屏幕”页非常类似，单击“欢迎屏幕”页上的某项功能便可以使用该项功能。

以后当每次打开 Fireworks CS6 软件，运行 Fireworks CS6 而未打开文档时，“欢迎屏幕”页都会显示，即“欢迎屏幕”页在每次启动 Fireworks CS6 时出现。假如以后不需要使用“欢迎屏幕”页，请选择“欢迎屏幕”页左下角的“不再显示”选框，此时会出现一个“Adobe Fireworks CS6”提示框，如图 1.2 所示。

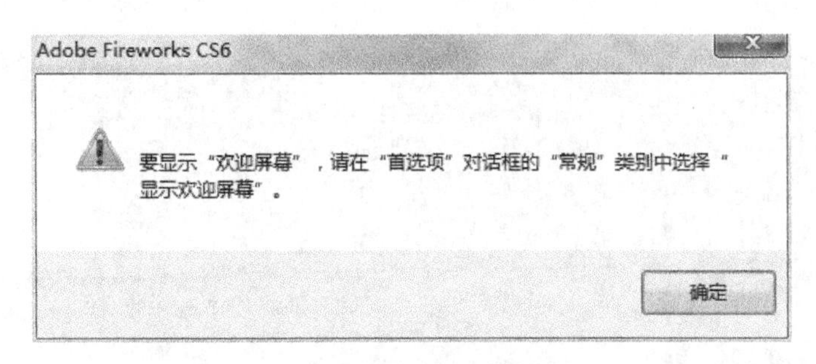

图 1.2　“Adobe Fireworks CS6”提示框

单击【确定】按钮。以后若要重新使用“欢迎屏幕”页，选择【编辑】→【首选参数】，在“首选参数”对话框的“常规”类别中选择“显示启动屏幕”选项，如图 1.3 所示。

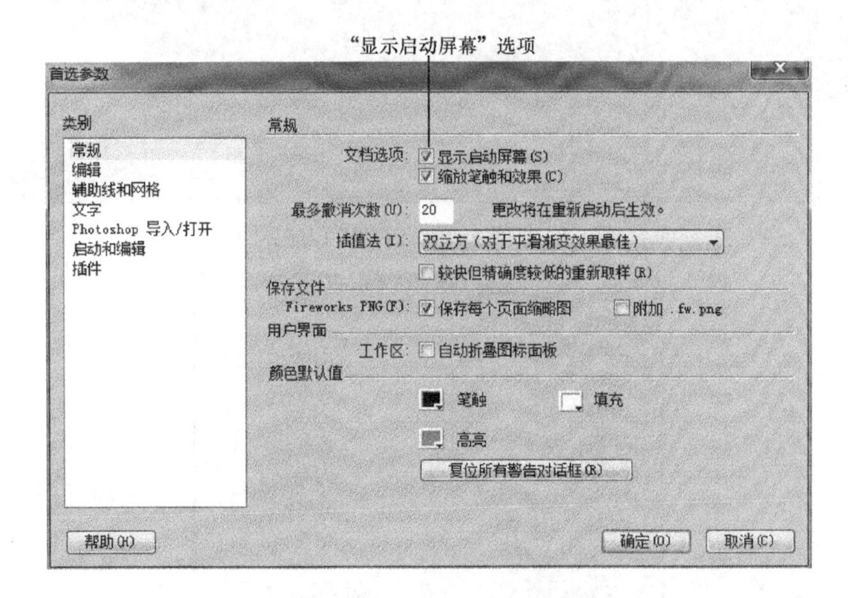

图 1.3　“首选参数”对话框

1.6　创建新文档

在 Fireworks CS6 中创建网页图形，必须首先建立一个新文档或者打开一个现有文档。选择【开始】→【所有程序】→【Adobe Fireworks CS6】，或单击任务栏上的 Adobe Fireworks CS6 快捷方式图标Fw，打开 Fireworks CS6 程序界面，如图 1.4 所示。

此时，由于工作环境尚未被激活，工具面板、属性面板等都是灰色的。若要创建新文档，请选择【文件】→【新建】命令，或单击主要工具栏中的【新建】按钮，打开“新建文档”对话框，如图 1.5 所示。

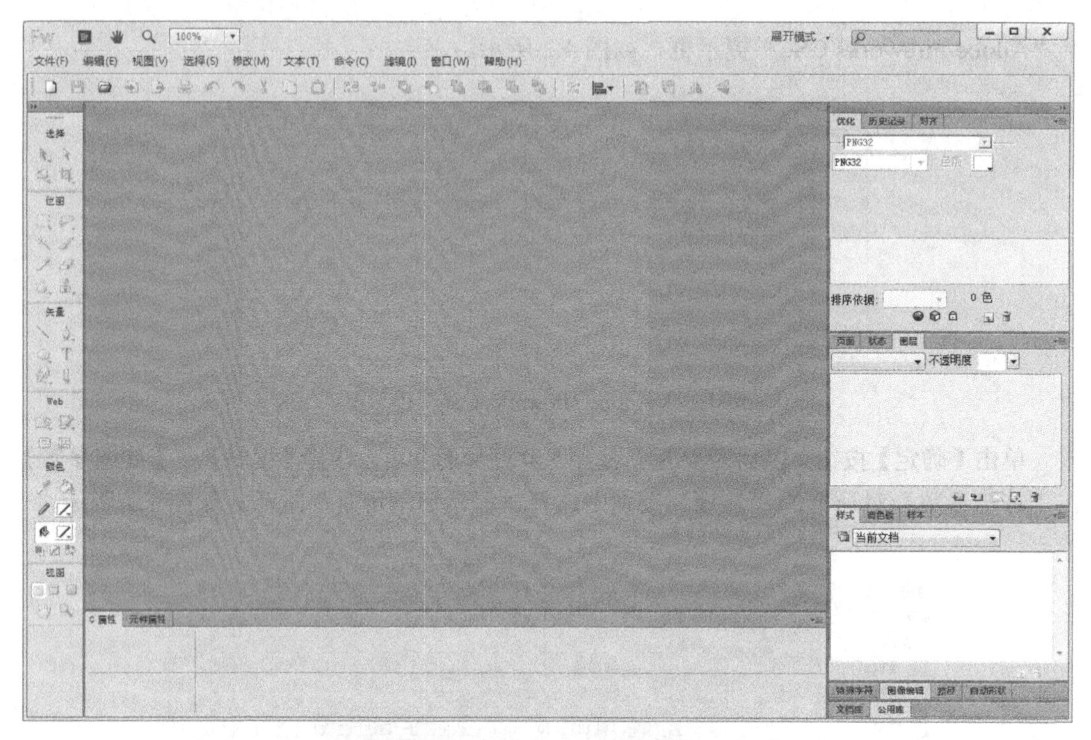

图 1.4 打开 Fireworks CS6 程序界面

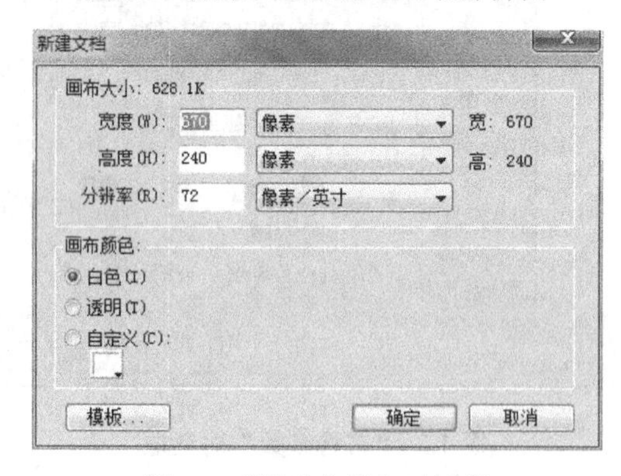

图 1.5 “新建文档”对话框

在该对话框中设定画布大小和画布颜色，其中：

- 以像素、英寸或者厘米为单位输入画布宽度和高度值。
- 以像素/英寸或者像素/厘米为单位输入分辨率。
- 为画布选择白色、透明或自定义颜色。

设定好画布大小和颜色后，单击【确定】按钮，便在编辑环境中创建了一个新的空白文档，如图 1.6 所示。

这时便可以使用各种工具进行创建和编辑位图和矢量图像，设计网页效果、修剪和优化图形等操作了。

此外，在“新建文档”对话框中还有一个【模板】按钮，单击该按钮将打开“通过模板新建”对话框，从中选择一种模板，如图 1.7 所示。

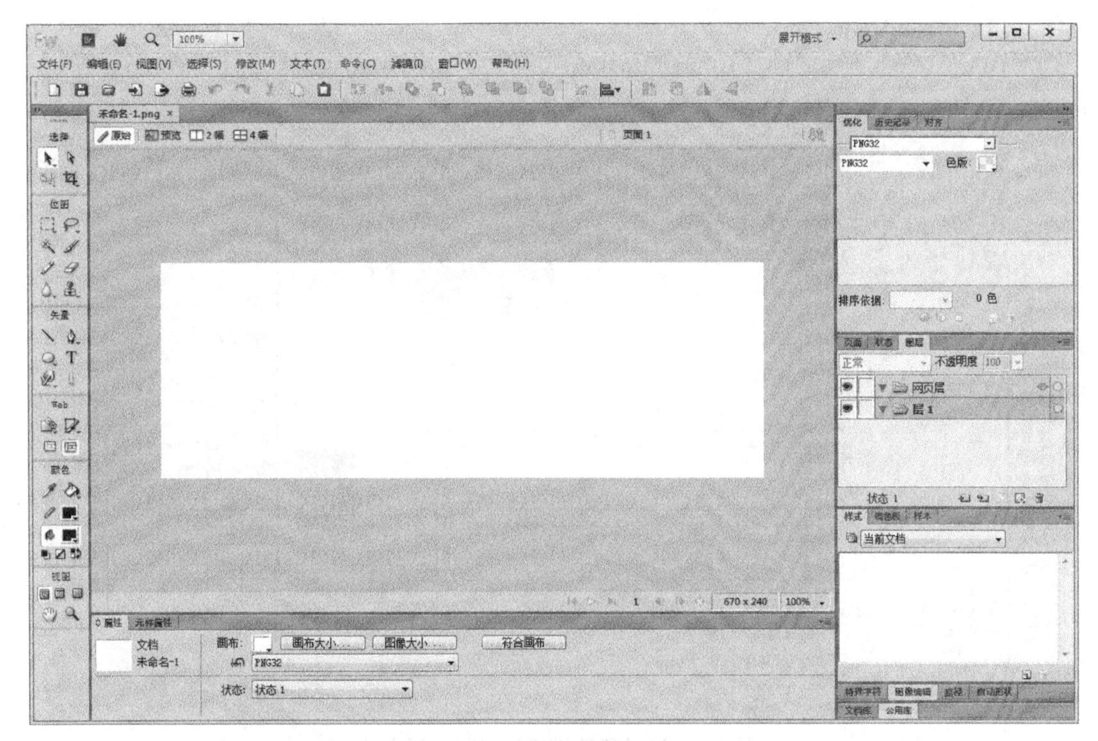

图 1.6　创建新文档

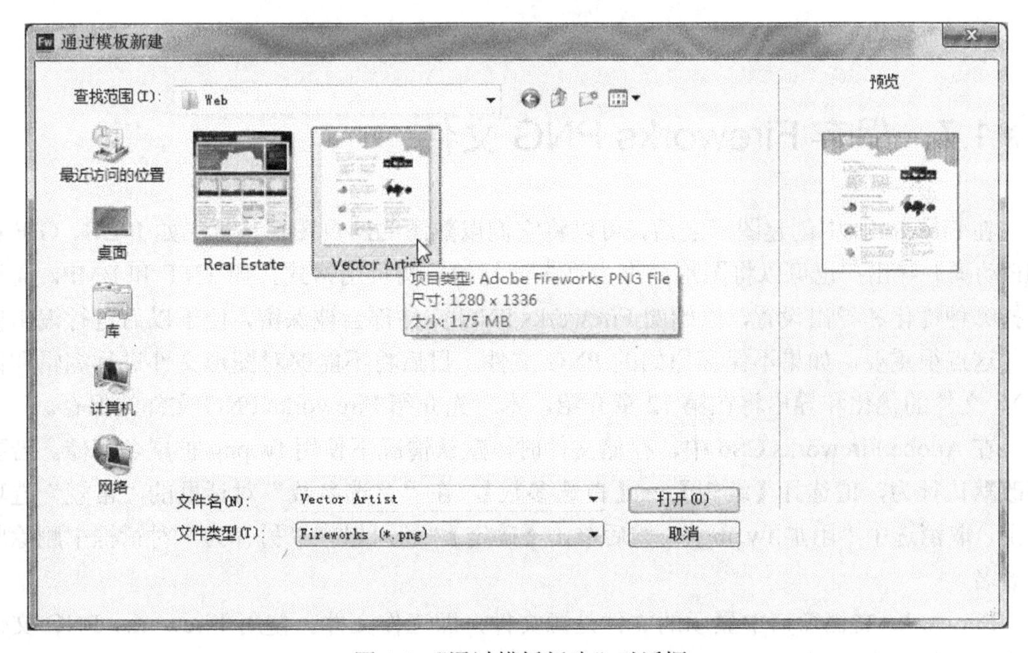

图 1.7　“通过模板新建”对话框

然后，单击【打开】按钮，随即在编辑环境中创建一个所选模板的新文档，如图 1.8 所示。

说明：在 Fireworks 中的新文件保存为可移植网络图形（PNG）文件，PNG 是 Fireworks 的文件格式。

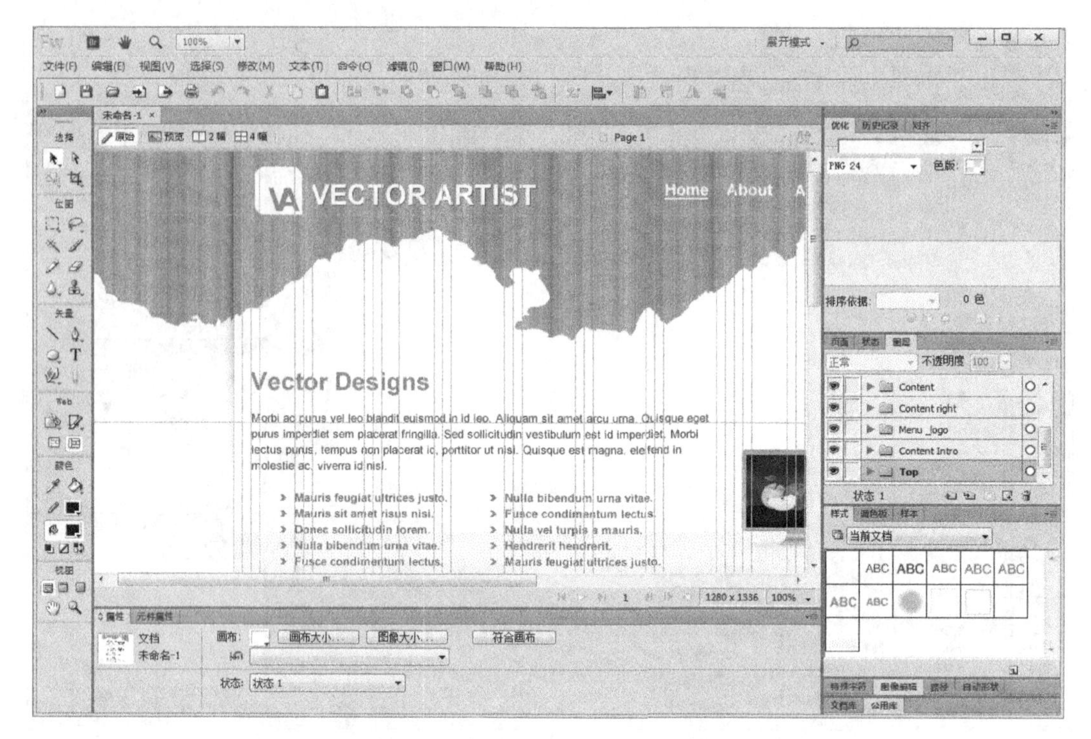

图 1.8　通过所选模板新建一个新文档

1.7　保存 Fireworks PNG 文件

在 Fireworks 中创建图形之后，可以将它们以熟悉的网页图形格式（如 JPEG、GIF 和 GIF 动画）导出；也可以将图形导出为许多流行的非网页用格式，如 TIFF 和 BMP。无论选择哪种优化和导出设置，原始的 Fireworks PNG 文件都会被保留，便于以后进行编辑修改（这点很重要，如果不保存原始的 PNG 文件，日后将不能够对图形文件进行编辑和修改）。文件的优化和导出将在第 12 章介绍，本章先介绍 Fireworks PNG 文件的保存。

在 Adobe Fireworks CS6 中，存储文件时，默认情况下使用 fw.png 扩展名存储。若要更改默认行为，请选择【编辑】→【首选参数】。在“首选参数”对话框的“常规”选项卡上，取消选中“附加.fw.png”，然后单击【确定】。还可以在“另存为”对话框中删除此扩展名。

Fireworks 文档窗口中显示的文件是源文件，即工作文件。使用 Fireworks PNG 文件作为源文件具有以下优点：

- PNG 文件始终是可编辑的，即使是将该文件导出以供在网页上使用后，仍然可以返回并对其进行修改。
- 可以在 PNG 文件中将复杂图形分割成多个切片，然后将这些切片导出为具有不同文件格式和不同优化设置的多个文件。

保存 Fireworks PNG 文件的操作步骤如下。

（1）选择【文件】→【另存为】，打开“另存为”对话框。

（2）在“另存为”对话框中浏览所需的保存位置并输入文件名。

说明：不需输入扩展名.fw.png，Fireworks CS6 会自动输入。如果要将文件保存为扩展名为.png 的文件，请取消选中“附加.fw.png”复选框，如图 1.9 所示。

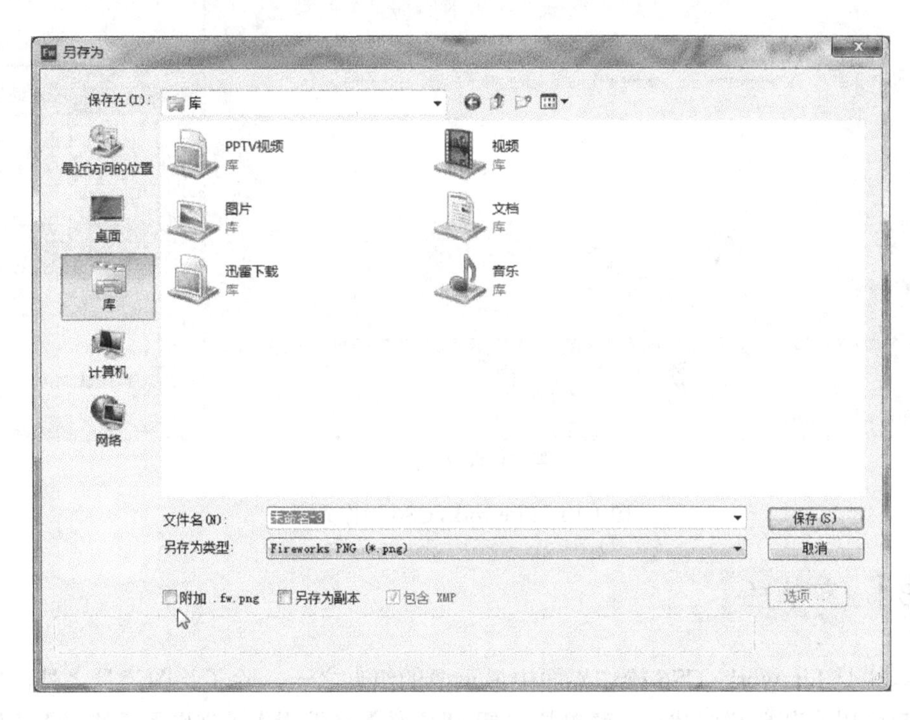

图 1.9 “另存为”对话框

（3）单击【保存】按钮。

说明：若保存现有的文档，请直接选择【文件】→【保存】。

1.8　Fireworks CS6 的操作界面和功能简介

在 Fireworks CS6 中创建一个新文档或者打开一个现有文件后，Fireworks CS6 会激活工作环境，其中包括工具面板、属性检查器、菜单栏和其他一些面板。工具面板位于屏幕的左侧，该面板分成了多个类别并用标签标明，包括选择、位图、矢量、Web、颜色、视图工具组。属性检查器在默认情况下出现在文档的底部，它最初显示文档的属性，当在文档中工作时，它将改为显示新近所选工具或当前所选对象的属性。其他面板最初沿屏幕右侧成组停放，文档窗口出现在界面的中心，如图 1.10 所示。下面简要介绍 Fireworks CS6 操作界面中各个工具组件的功能。

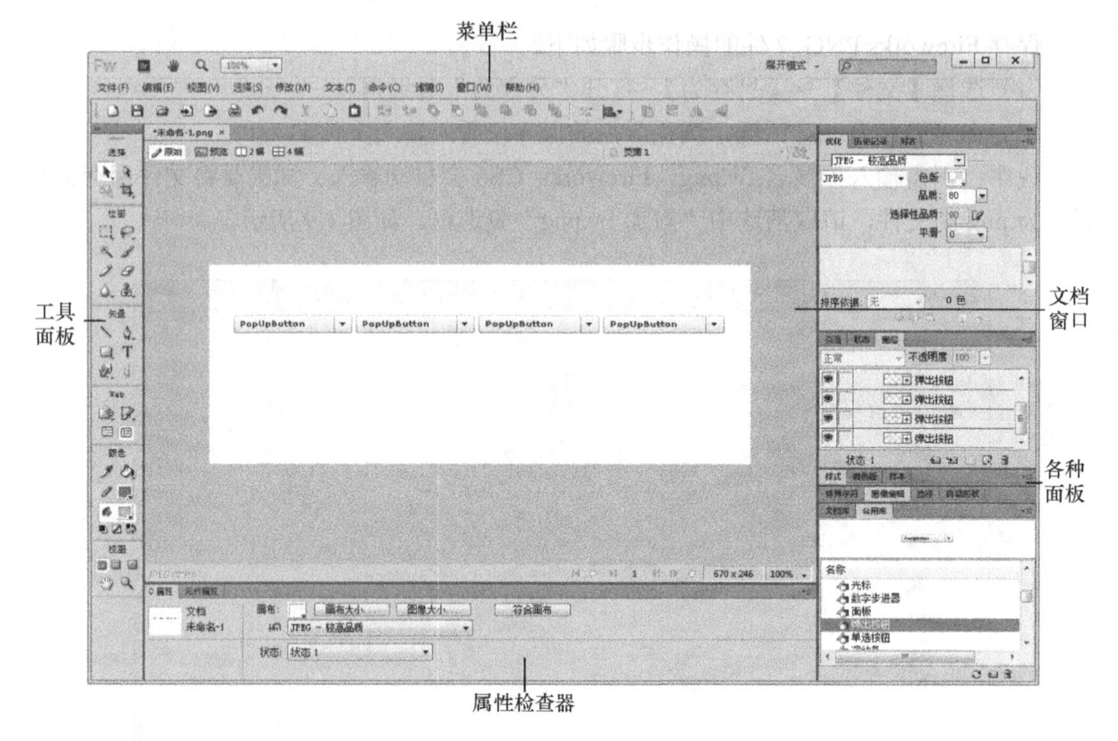

图 1.10　Fireworks CS6 操作界面

1.8.1　菜单栏

菜单栏是 Fireworks CS6 操作界面中最重要的组件之一，除了绘图工具之外，绝大多数命令都可以在菜单栏中找到。菜单栏包括：【文件】、【编辑】、【视图】、【选择】、【修改】、【文本】、【命令】、【滤镜】、【窗口】和【帮助】菜单，如图 1.11 所示。

文件(F)　编辑(E)　视图(V)　选择(S)　修改(M)　文本(T)　命令(C)　滤镜(I)　窗口(W)　帮助(H)

图 1.11　菜单栏

在这些菜单中，既有与其他应用程序相同的命令，也有 Fireworks CS6 所特有的命令，介绍如下。

1.【文件】菜单

【文件】菜单是用来管理文件的，包括新建和通过模板新建文档、打开文件和保存文件、导入与导出文件、更新 HTML、在浏览器中预览、页面设置和打印文件等命令。【文件】菜单如图 1.12 所示。

2.【编辑】菜单

【编辑】菜单用来编辑文档，包括撤消与重复、插入网页元素、剪切、复制与粘贴、查找与替换、裁剪位图与文档、设置首选参数和快捷键等。【编辑】菜单如图 1.13 所示。

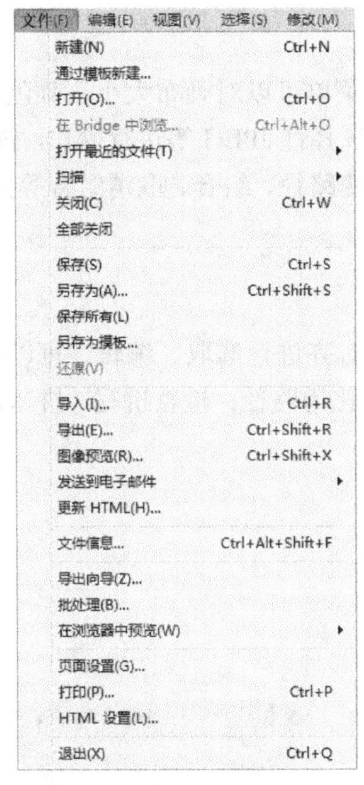

图 1.12 【文件】菜单

图 1.13 【编辑】菜单

3.【视图】菜单

【视图】菜单用来选择画布大小、显示模式效果、标尺、网格与辅助线等。【视图】菜单如图 1.14 所示。

4.【选择】菜单

用【选择】菜单结合“选取框”、“套索”、“魔术棒”等工具对位图、矢量路径等对象进行选取与取消选择，进行选择相似、反选、羽化等操作，对选取框进行扩展、收缩等操作，保存、恢复位图所选。【选择】菜单如图 1.15 所示。

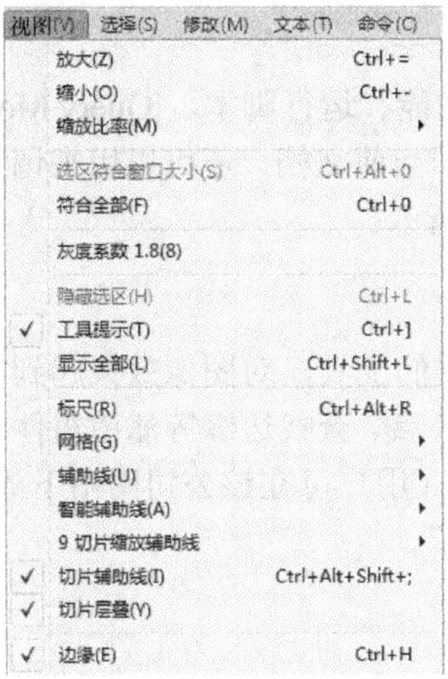

图 1.14 【视图】菜单

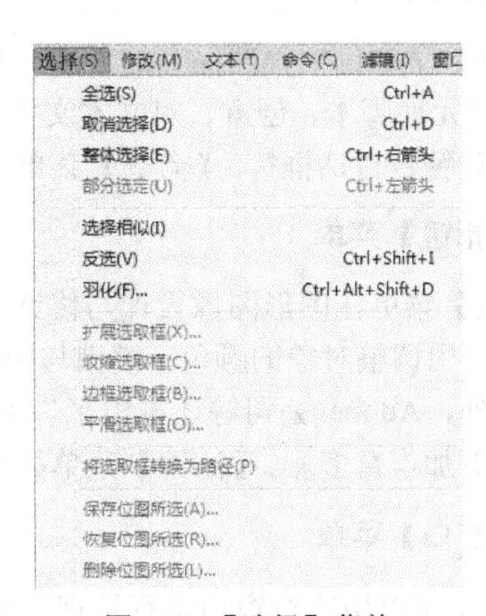

图 1.15 【选择】菜单

5.【修改】菜单

【修改】菜单用来对文档进行编辑修改。使用该菜单可以对画布大小、颜色、旋转等进行操作，还可以对动画、元件、弹出菜单、蒙板、选择性 JPEG 等进行操作，锁定所选，并对所选对象进行变形、排列、对齐、组合路径、改变路径、组合、取消组合等操作。【修改】菜单如图 1.16 所示。

6.【文本】菜单

【文本】菜单用来对文本的字体、大小、样式、对齐进行选取、编辑，可以对所选文本进行附加到路径、从路径分离、选择文本方向、转化为路径，检查拼写、拼写设置等操作。【文本】菜单如图 1.17 所示。

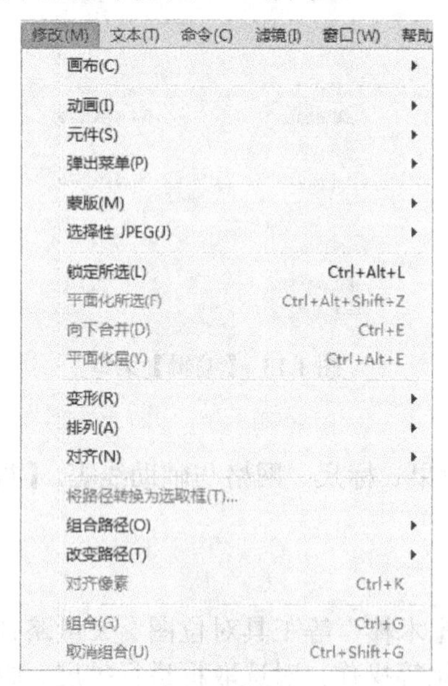

图 1.16 【修改】菜单

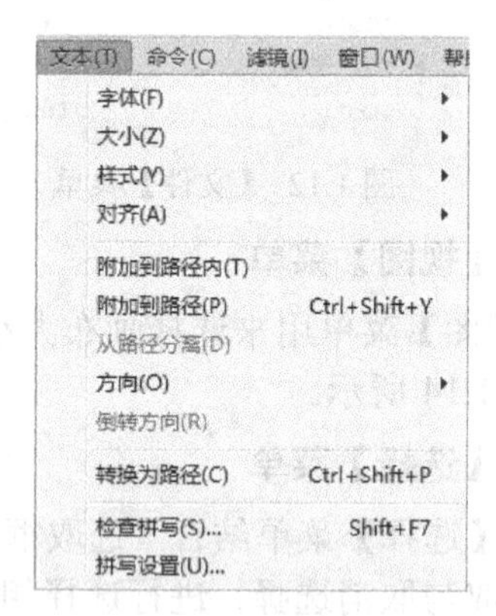

图 1.17 【文本】菜单

7.【命令】菜单

【命令】菜单包括管理保存的命令、管理扩展功能、运行脚本、jQuery Mobile 主题、Web、创建元件脚本、创意、对文本文档设置、演示当前文档，还可以用来调整所选对象大小、重置警告对话框等。【命令】菜单如图 1.18 所示。

8.【滤镜】菜单

【滤镜】菜单在图形图像设计与修饰中是很重要的工具，对图像效果起到非常重要的作用，可以用调整对象的颜色、模糊与锐化、添加杂点、查找边缘等滤镜组件对图像进行修饰。此外，Adobe 公司等还推出了许多滤镜组件（用户可在该公司网站下载），使图形图像设计更加丰富多彩。【滤镜】菜单如图 1.19 所示。

9.【窗口】菜单

【窗口】菜单用来对窗口进行管理，包括隐藏显示所有面板、打开关闭面板组或面板、多个窗口的平铺显示等。【窗口】菜单如图 1.20 所示。

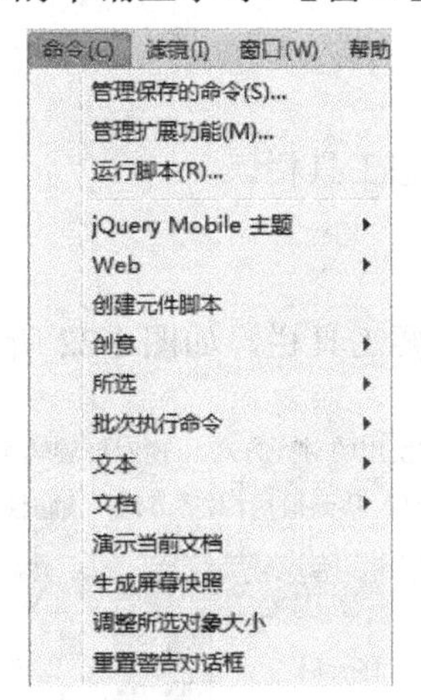

图 1.18 【命令】菜单

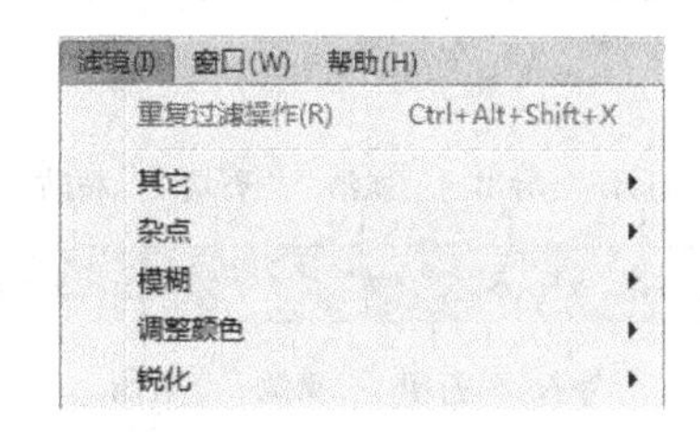

图 1.19 【滤镜】菜单

10.【帮助】菜单

【帮助】菜单提供了 Fireworks CS6 帮助文件、Adobe 产品改进计划、管理扩展功能、Fireworks 支持中心以及 Adobe 在线论坛等功能。【帮助】菜单如图 1.21 所示。

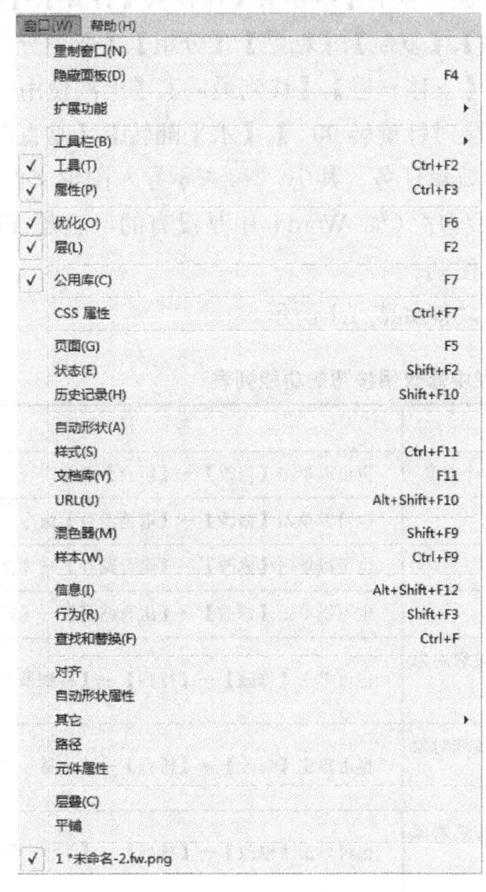

图 1.20 【窗口】菜单

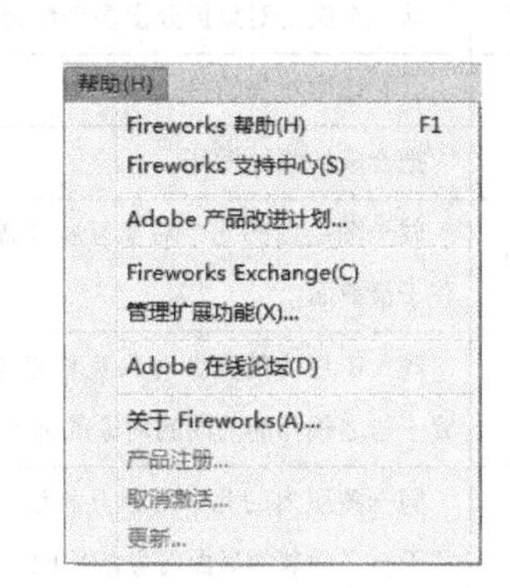

图 1.21 【帮助】菜单

1.8.2 工具栏

在 Fireworks CS6 中，工具栏可分为主要工具栏和状态工具栏。

1. 主要工具栏

选择【窗口】→【工具栏】→【主要】，即可显示主要工具栏，如图 1.22 所示。

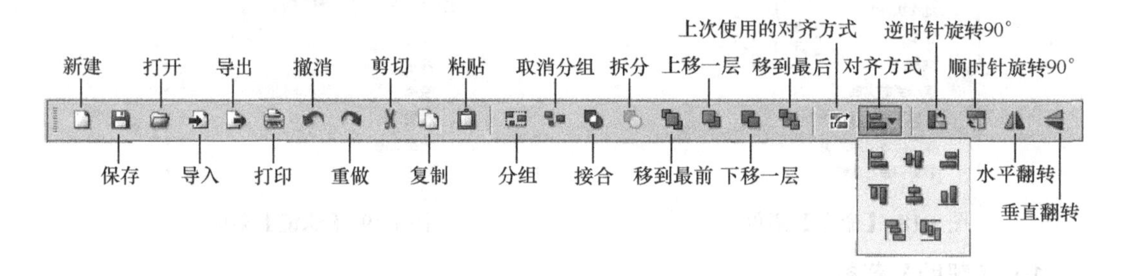

图 1.22 主要工具栏

主要工具栏是一个浮动在界面上的面板，包括【新建】、【保存】、【打开】、【导入】、【导出】、【打印】、【撤消】、【重做】、【剪切】、【复制】、【粘贴】、【分组】、【取消分组】、【接合】、【拆分】、【移到最前】、【上移一层】、【下移一层】、【移到最后】、【上次使用的对齐方式】、【对齐方式】、【逆时针旋转 90°】、【顺时针旋转 90°】、【水平翻转】、【垂直翻转】命令按钮，用来执行常见任务和图形图像的编辑任务。其中，表示导入图形文件，表示导出图形文件。这两个按钮在其他应用程序（如 Word）中是没有的，它是 Fireworks 独有的按钮，它给导入、导出操作带来了便利。

主要工具栏中的几个修改按钮的主要功能如表 1.1 所示。

表 1.1 主要工具栏中修改用按钮的功能列表

按 钮	功 能	备 注
分组	把选中的两个或两个以上的对象组合成一个对象	也可以单击【修改】→【组合】命令
取消分组	从一个组合对象拆分出多个组合前的对象	也可以单击【修改】→【取消组合】命令
接合	合并选中对象的路径	也可以单击【修改】→【组合路径】→【接合】命令
拆分	把合成的路径拆开	也可以单击【修改】→【组合路径】→【拆分】命令
移到最前	同一图层内的几个对象互相遮盖时，把被选对象置于最前面	也可单击【修改】→【排列】→【移到最前】命令
上移一层	同一图层内的几个对象互相遮盖时，把被选对象置于与之相邻的前面的对象的前面	也可单击【修改】→【排列】→【上移一层】命令
下移一层	同一图层内的几个对象互相遮盖时，把被选对象置于与之相邻的后面对象的后面	也可单击【修改】→【排列】→【下移一层】命令

（续表）

按　钮	功　能	备　注
移到最后	同一图层内的几个对象互相遮盖时，把被选对象置于最后面	也可单击【修改】→【排列】→【移到最后】命令
上次使用的对齐方式	把被选的几个对象按照上次使用的对齐方式对齐	例如，上次使用的对齐方式为左对齐，那么当重新选择几个对象时，按该按钮，这几个对象就会按左对齐的方式排列
对齐方式	把被选的几个对象按指定方式对齐	也可以从【修改】菜单中选取对齐方式
逆时针旋转 90°	把被选对象逆时针旋转 90°	也可以单击【修改】→【变形】→【旋转 90° 逆时针】命令
顺时针旋转 90°	把被选对象顺时针旋转 90°	也可以单击【修改】→【变形】→【旋转 90° 顺时针】命令
水平翻转	把被选对象水平翻转	也可以单击【修改】→【变形】→【水平翻转】命令
垂直翻转	把被选对象垂直翻转	也可以单击【修改】→【变形】→【垂直翻转】命令

从表 1.1 中可以看出，尽管修改按钮的功能在【修改】菜单中都可以找到，但使用主要工具栏的修改按钮更为快捷、便利。

2．状态工具栏

启动 Fireworks CS6 后，选择【文件】→【新建】或【文件】→【打开】命令，新建或打开一个文档，可以看到文档窗口底部的状态工具栏，如图 1.23 所示。

Fireworks CS6 中的状态工具栏显示了用于动画效果测试的按钮、画布尺寸以及缩放比例下拉列表框等项目，该状态工具栏给动画效果测试、编辑工作带来了便利。其中，状态工具栏的前 6 个按钮和选项是动画效果测试控件，如图 1.24 所示。

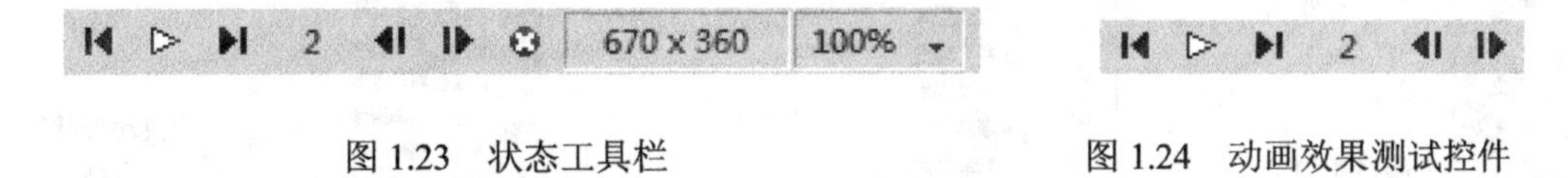

图 1.23　状态工具栏　　　　图 1.24　动画效果测试控件

动画效果测试控件中各按钮的作用如下。

- 单击按钮 可以设置第一状态为当前状态。
- 单击按钮 可以从第一状态开始循环预览各状态。当按下按钮 按钮时，此处立即变为停止按钮■，单击■可以停在某一状态。
- 单击按钮 可以设置最后状态为当前状态。
- 数字“2”的位置用来显示当前状态的序号。
- 单击按钮 可以预览当前状态的前一状态。
- 单击按钮 可以预览当前状态的后一状态。

1.8.3 工具面板

工具面板被编排为选择、位图、矢量、Web、颜色和视图六个类别，如图 1.25 所示。

在工具面板中凡是右下角带有小三角的工具图标都是工具组，小三角表示该工具是某个工具组的一部分。例如，“矩形”工具属于基本形状工具组，该工具组还包括“椭圆”、“多边形”基本工具以及所有出现在分隔线下面的“自动形状”工具，如图 1.26 所示。

从工具组中选择代表工具的方法如下。

（1）单击工具图标并按下鼠标按钮，将出现一个包含工具图标、工具名和快捷键的弹出菜单。当前所选的工具在工具名的左侧有一个被选中标记，如图 1.26 中所选工具为“矩形”工具。

（2）拖动指针以高亮显示所需的工具（如“椭圆”工具），然后释放鼠标按钮。此时，该工具出现在工具面板中，如图 1.27 所示，此工具组的面貌就由该工具（“椭圆”工具）来代表，同时工具选项出现在属性检查器中。

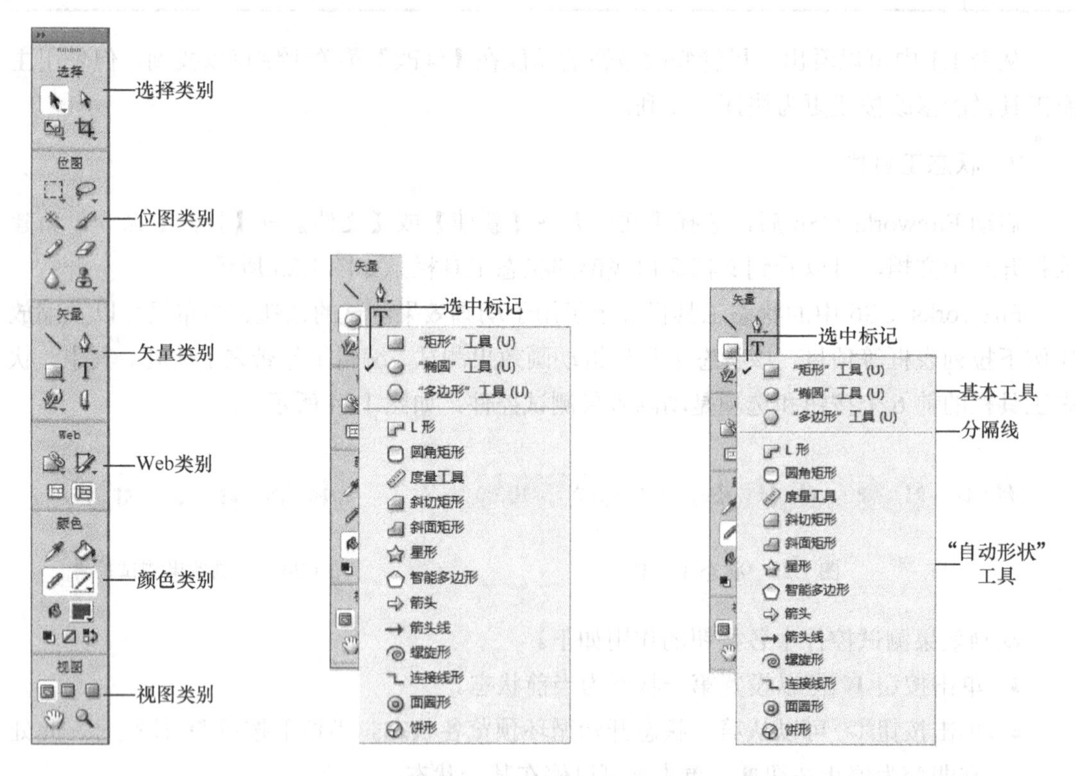

图 1.25 “工具”面板　　图 1.26 基本形状及自动形状工具组　　图 1.27 以“椭圆”工具代表的工具组

工具面板中默认位置和配置如图 1.28 所示。

了解、熟悉和使用它们是 Fireworks CS6 入门的必备基础，选择一种工具就可以开始进入相应的图像编辑模式。以下将按不同工具类别，分别介绍各种工具的功能。

（1）“选择”工具的功能介绍如表 1.2 所示。

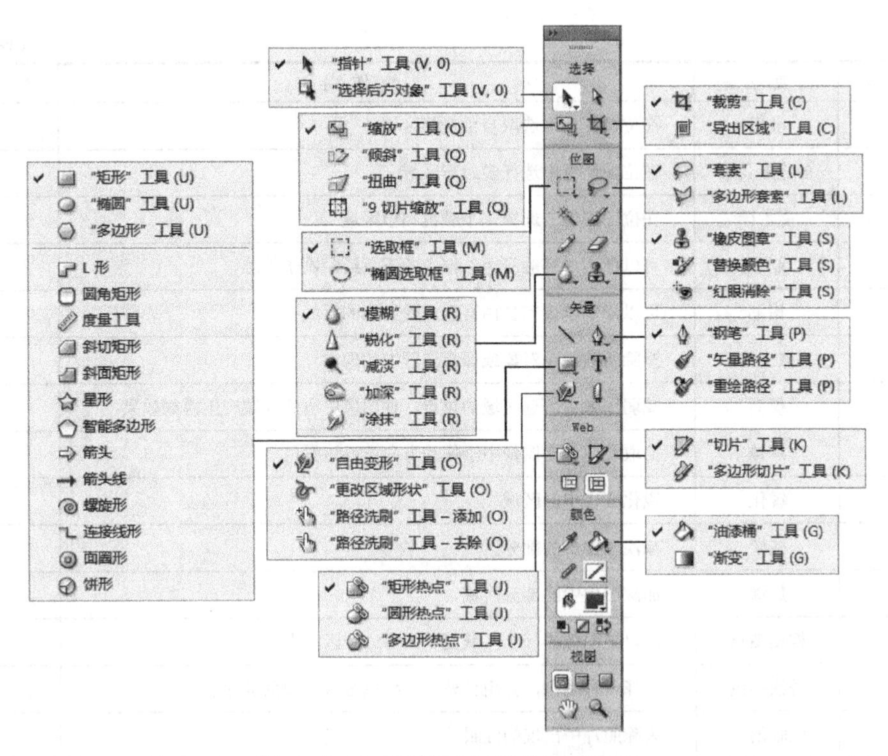

图 1.28　工具面板中默认位置和配置

表 1.2 "选择"工具列表

工具图标	工具名称	功能作用	快捷键
	指针	选择或拖放对象	V 或 0
	选择后方对象	选择被其他对象隐藏或遮挡的对象	V 或 0
	部分选定	选择、移动或修改矢量路径上的点或者属于组的对象	A 或 1
	缩放	放大或缩小对象	Q
	倾斜	将对象沿指定轴倾斜	Q
	扭曲	在处于活动状态时沿拖动选择手柄的方向移动对象的边或角，这有助于创建三维外观	Q
	9 切片缩放	对标有定位线的对象进行放大或缩小	Q
	裁剪	裁剪所需的图形部分	C
	导出区域	选择要导出为单独文件的区域	C

（2）"位图"工具的功能介绍如表 1.3 所示。

表 1.3 "位图"工具列表

工具图标	工具名称	功能作用	快捷键
	选取框	在位图图像中选取矩形像素区域	M
	椭圆选取框	在位图图像中选取椭圆像素区域	M

（续表）

工具图标	工具名称	功能作用	快捷键
	套索	在位图图像中选取自由变形区域	L
	多边形套索	在位图图像中选择多边形区域	L
	魔术棒	在位图图像中选择一个颜色相似区域	W
	刷子	可以使用“笔触颜色”框中的颜色绘制刷子笔触	B
	铅笔	可以绘制单像素自由直线或受约束的直线	B
	橡皮擦	擦除所选位图对象或像素选区中的像素	E
	模糊	减弱图像中所选区域的焦点，使图像中所选区域产生模糊效果	R
	涂抹	拾取颜色并在图像中沿拖动方向推移该颜色	R
	锐化	锐化图像中的区域	R
	减淡	减淡图像中的部分区域	R
	加深	加深图像中的部分区域	R
	橡皮图章	可以把图像的一个区域复制到另一个区域中	S
	替换颜色	选择一种颜色，并用另外一种颜色覆盖该颜色进行绘画	S
	红眼消除	去除照片中出现的红眼	S

（3）“矢量”工具功能介绍如表 1.4 所示。

表 1.4 “矢量”工具列表

工具图标	工具名称	功能作用	快捷键
	直线	绘制直线	N
	钢笔	用于逐点描绘图像路径	P
	矢量路径	绘制自由变形矢量路径	P
	重绘路径	重新绘制矢量路径	P
	矩形	绘制矩形	U
	椭圆	绘制椭圆	U
	多边形	可以绘制出从三角形到任意正多边形或星形	U
	L 形	绘制直边角形状的对象组	无
	圆角矩形	绘制带有圆角的矩形形状的对象组	无
	度量	绘制标注长度和角度的双向箭头形状的对象组	无
	斜切矩形	绘制带有切角的矩形形状的对象组	无
	斜面矩形	绘制带有倒角的矩形形状（边角在矩形内部成圆形）的对象组	无
	星形	绘制星形形状（顶点数为 3～25）的对象组	无

（续表）

工具图标	工具名称	功能作用	快捷键
	智能多边形	绘制具有3～25条边的正多边形形状的对象组	无
	箭头	绘制和编辑任意比例的普通箭头形状的对象组	无
	箭头线	绘制任意长度的箭头形状的对象组	无
	螺旋形	绘制开口式螺旋形形状的对象组	无
	连接线形	绘制的对象组显示为3段的连接线形	无
	面圈形	绘制实心圆环形状的对象组	无
	饼形	绘制饼图形状的对象组	无
	文本	创建文本	T
	自由变形	自由改变所选对象的形状	O
	更改区域形状	更改选定区域的形状	O
	路径洗刷-添加	通过控制笔压和速度来增加描边的特征	O
	路径洗刷-去除	通过控制笔压和速度来减少描边的特征	O
	刀子	用于将一个路径切成两个或多个路径	Y

（4）“Web”工具功能介绍如表1.5所示。

表1.5 “Web”工具列表

工具图标	工具名称	功能作用	快捷键
	矩形热点	在图形的目标区域周围绘制矩形热点	J
	圆形热点	在图形的目标区域周围绘制圆形热点	J
	多边形热点	创建由多个点组成的多边形热点	J
	切片	绘制矩形切片	K
	多边形切片	绘制任何多边形形状的切片	K
	隐藏切片和热点	隐藏切片和热点	2
	显示切片和热点	显示切片和热点	2

（5）“颜色”工具功能介绍如表1.6所示。

表1.6 “颜色”工具列表

工具图标	工具名称	功能作用	快捷键
	滴管	在文档中的任何地方单击可获取该处的样本颜色	I
	油漆桶	将所选像素的颜色更改为“填充颜色”框中的颜色	G
	渐变	以可调的样式用颜色组合填充位图或矢量对象	G
	设置默认笔触/填充色	设置笔触颜色为黑色、填充颜色为白色	D

（续表）

工具图标	工具名称	功能作用	快捷键
	没有描边或填充	将笔触颜色和填充颜色设置设为“无”	无
	交换笔触/填充色	交换填充颜色和笔触颜色	X

（6）“视图”工具功能介绍如表 1.7 所示。

表 1.7 “视图”工具列表

工具图标	工具名称	功能作用	快捷键
	标准屏幕模式	控制工作区的布局为默认的文档窗口视图	F
	带有菜单的全屏模式	是一个最大化的文档窗口视图，其背景为灰色，上面显示菜单、工具栏、滚动条和面板	F
	全屏模式	是一个最大化的文档窗口视图，其背景为黑色，上面没有可见的菜单、工具栏或标题栏	F
	手形	用于移动画布	H
	缩放	放大或缩小画布	Z

1.8.4 属性检查器

属性检查器是一个上下文关联面板，它显示当前选区、当前工具选项或文档的属性，使用它可以快速设置当前所使用的工具或所选对象的参数属性。属性检查器浮于界面上方，可以把它移到界面的任何一个地方，在默认情况下，属性检查器停放在工作区的底部，如图 1.29 所示。

图 1.29 属性检查器停放在工作区的底部

可以将属性检查器以全高方式打开，显示 4 行属性；也可以将其以半高方式打开，只显示两行属性，分别如图 1.30 和图 1.31 所示。此外，还可以将属性检查器完全折叠。

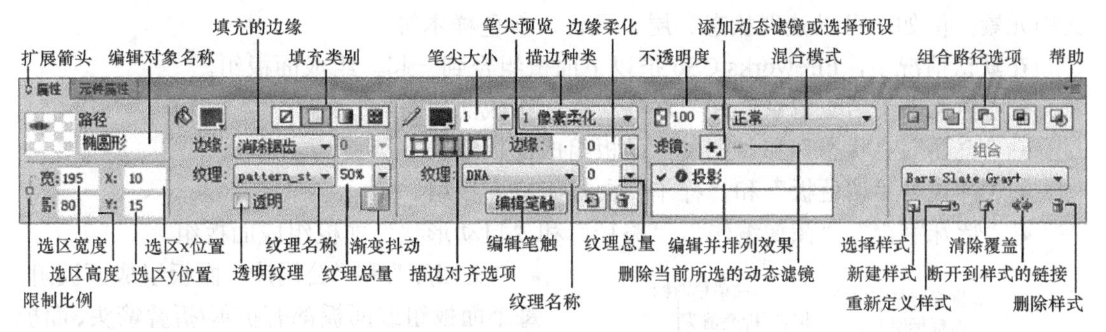

图 1.30　以全高方式打开的属性检查器

图 1.31　以半高方式打开的属性检查器

单击属性检查器左上角的扩展箭头可由全高方式变成半高方式，再单击属性检查器左上角的扩展箭头可由半高方式变成完全折叠，再单击属性检查器左上角的扩展箭头可由完全折叠变成全高方式。

属性检查器实际上是一个集显示、创建、编辑、修改当前所使用的工具或所选对象的参数属性于一身的监控器。属性检查器的使用非常方便，是 Fireworks CS6 操作界面中相当重要的组件之一，在文档制作过程中其使用频率相当高。

1.8.5　各种面板

前面已经简要介绍了菜单栏、工具栏、工具面板和属性检查器，接下来介绍其他面板，这些面板最初沿界面右侧成组停放，如图 1.32 所示。

图 1.32　其他各种面板最初沿界面右侧成组停放

面板是浮动的控件，每个面板都是可拖动的，可以把它们移到屏幕的任何一个地方；也可以按自己喜爱的排列方式将面板组合到一起。使用这些面板能够编辑所选对象或其他文档元素，例如，可以处理状态、层、元件、颜色样本等。

在默认情况下，Fireworks CS6 把以下面板组合到一起，组成面板组。

- “优化”、“历史记录”和“对齐”面板组成面板组。
- “页面”、“状态”和“图层”面板组成面板组。
- “样式”、“调色板”和“样本”面板组成面板组。
- “特殊字符”、“图像编辑”、“路径”和“自动形状”面板组成面板组。
- “文档库”和“公用库”面板组成面板组。

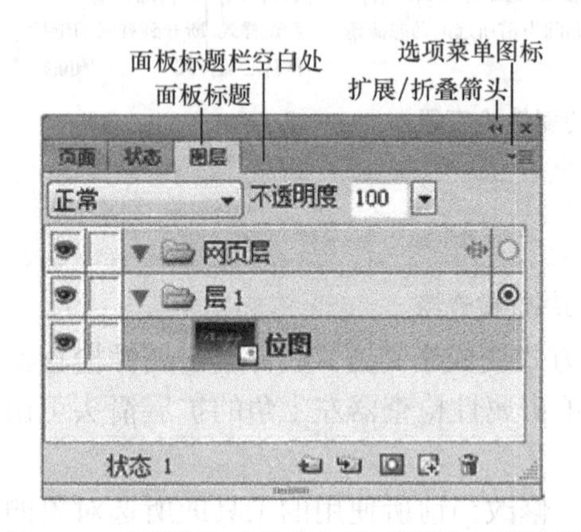

图 1.33 “页面”、“状态”和“图层”面板组

每个面板组或面板都有扩展/折叠箭头、面板标题以及右上角的选项菜单按钮，它们在面板组或面板中的位置如图 1.33 所示。

在默认情况下，“自动形状属性”、“查找和替换”、“信息”、“混色器”、“行为”和“URL”面板未与其他面板组合到一起，但若需要，也可以将它们之间或与其他面板任意组合到一起。将面板组合到一起时，所有面板的名称都将出现在面板组标题栏中；不过，也可以为面板组指定任何名称。现将各种面板的作用简要介绍如下。

1.“优化”面板

“优化”面板可用于控制文件大小和文件类型的设置，还可用于处理要导出的文件或切片的调色板，该面板及其选项弹出菜单如图 1.34 所示。

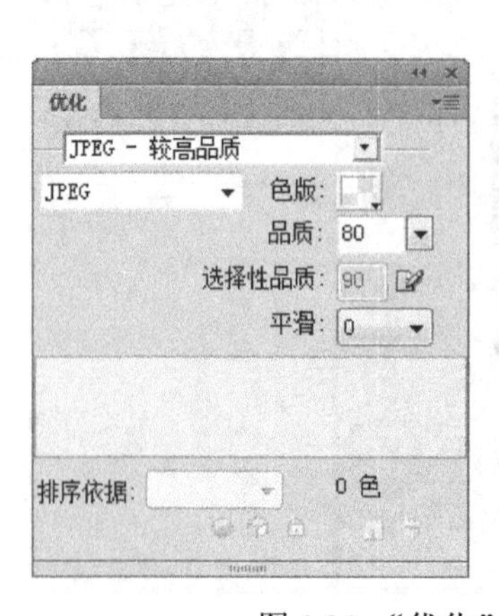

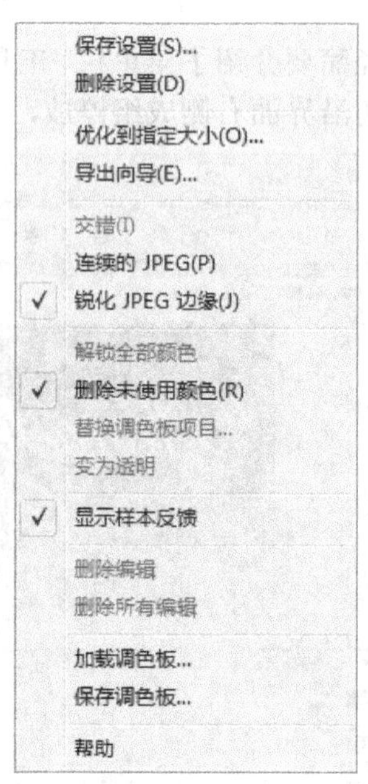

图 1.34 “优化”面板及其选项弹出菜单

2．“图层”面板

“图层”面板用于组织文档的结构，并且包含用于新建、删除和操作层的选项，该面板及其选项弹出菜单如图 1.35 所示。

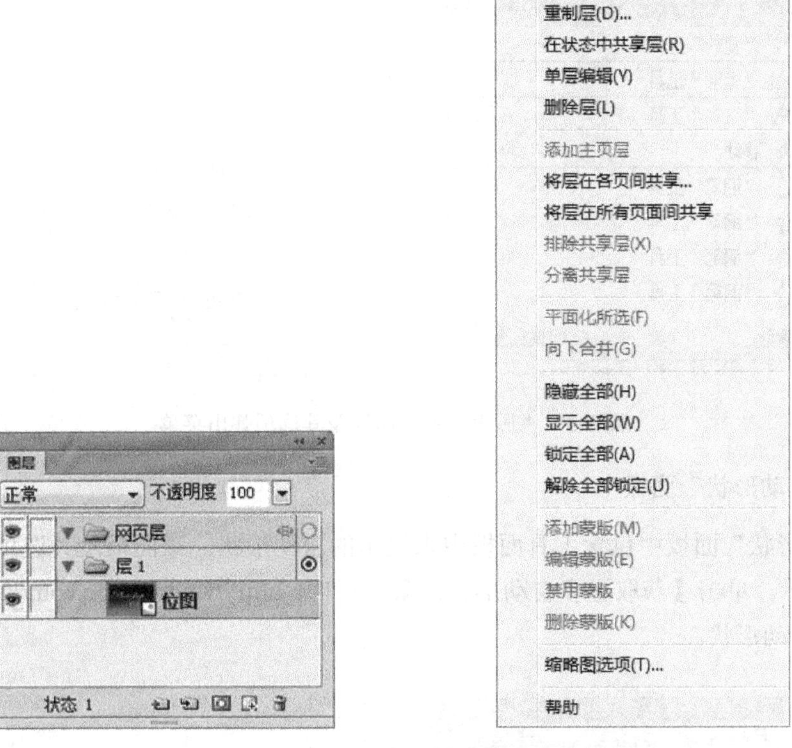

图 1.35 “图层”面板及其选项弹出菜单

3．“状态”面板

“状态”面板中包括用于创建动画的选项。该面板及其选项弹出菜单如图 1.36 所示。

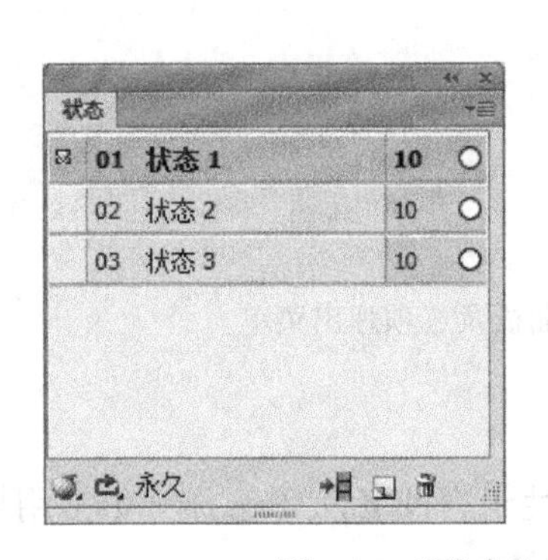

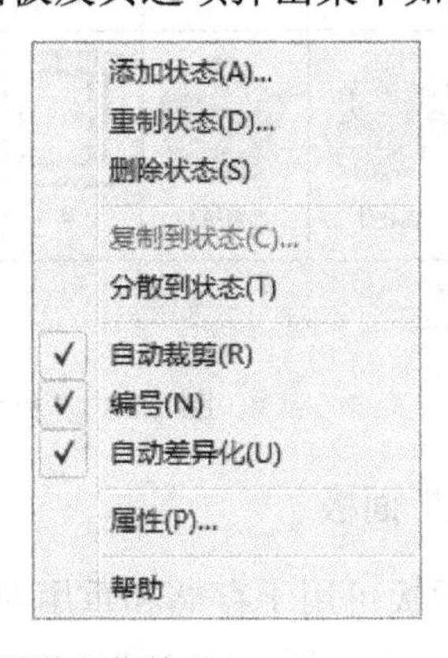

图 1.36 “状态”面板及选项弹出菜单

4．“历史记录”面板

在“历史记录”面板中列出最近使用过的命令，以便能够快速撤消和重新使用命令。另外，还可以选择多个动作，然后将其作为命令保存和重新使用。该面板及其选项弹出菜单如图 1.37 所示。

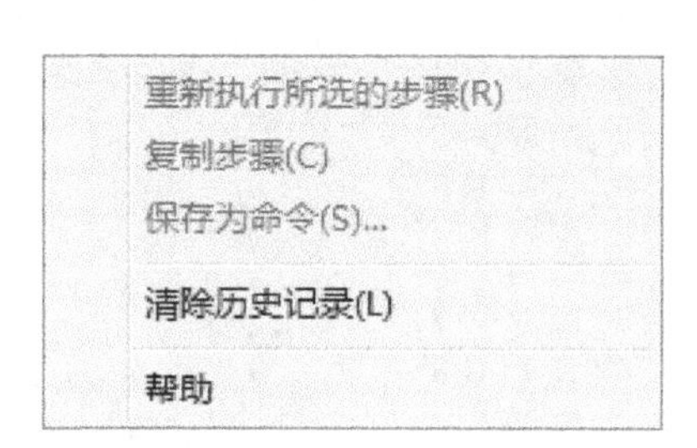

图 1.37 “历史记录”面板及其选项弹出菜单

5．“自动形状”面板

“自动形状”面板中包含工具面板中未显示的自动形状。该面板及其选项弹出菜单如图 1.38 所示。单击【获取更多自动形状…】，可打开 http://www.adobe.com/网站，从而获取更多的自动形状。

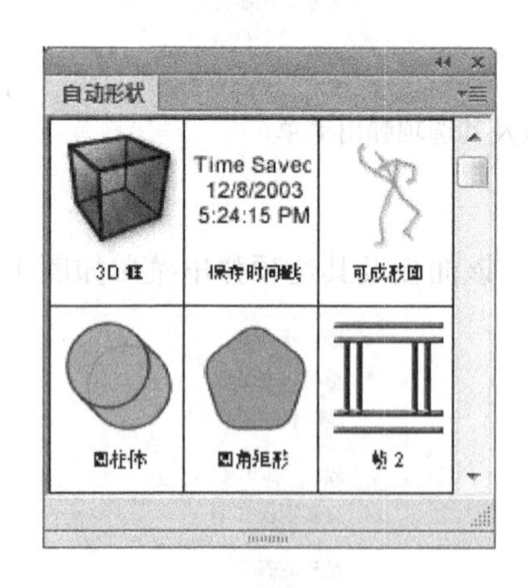

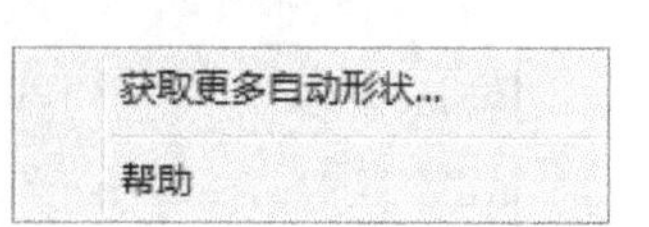

图 1.38 “自动形状”面板及选项弹出菜单

6．“样式”面板

“样式”面板可用于存储和重用对象的特性组合或者从中选择一个常用样式。该面板及其选项弹出菜单如图 1.39 所示。

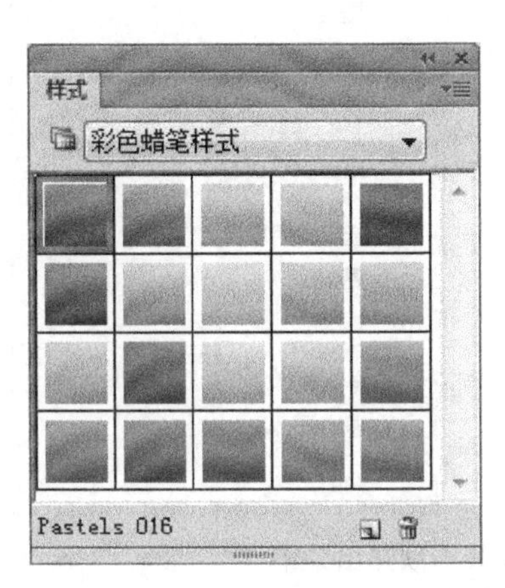

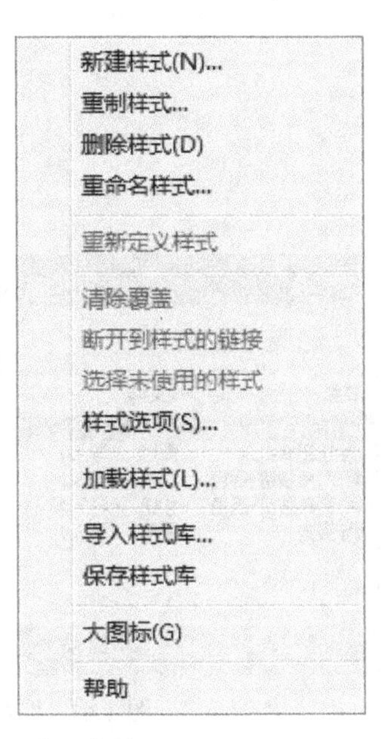

图 1.39 “样式”面板及其选项弹出菜单

7.“公用库”面板

“公用库”面板中包含图形元件、按钮元件、动画元件以及网页和应用程序等，可以轻松地将这些元件的实例从“公用库”面板中拖到文档中。在拖放实例到文档中的同时，该元件也被导入到“文档库”面板，只要修改“文档库”面板中该元件即可对全部实例进行全局更改。该面板及其选项弹出菜单如图 1.40 所示。

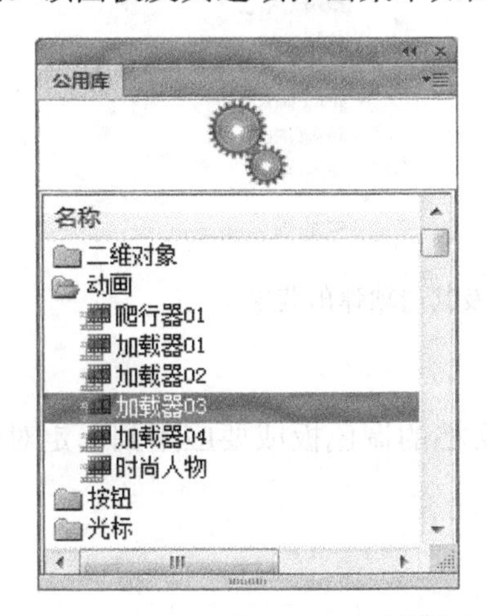

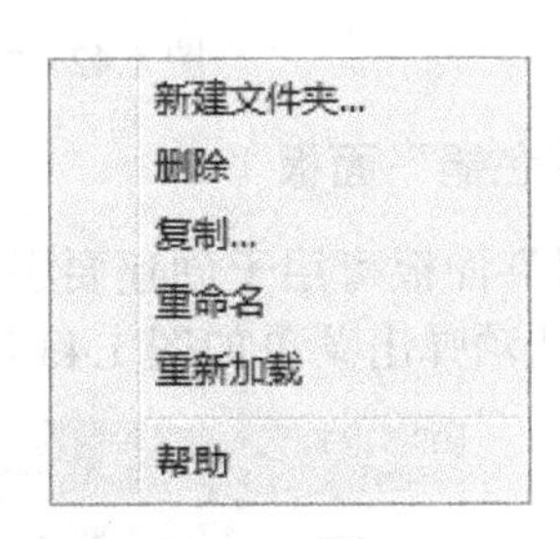

图 1.40 “公用库”面板及其选项弹出菜单

8.“文档库”面板

“文档库”面板用于创建、编辑、删除、导入、导出元件，是特定于文档的。例如，当前已经打开了一个文档，并且在“文档库”面板中已经有了一些元件。这时若再创建一个新文档，则该新文档中的“文档库”面板将是空的。该面板及其选项弹出菜单如图 1.41 所示。

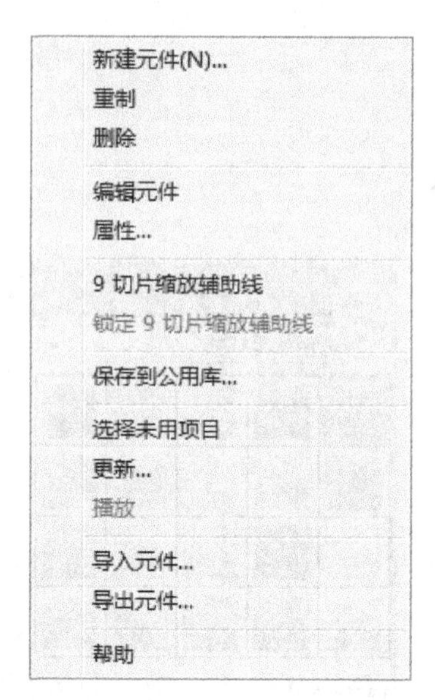

图 1.41 “文档库”面板及其选项弹出菜单

9. “URL”面板

“URL”面板可用于创建、包含经常使用的 URL 库。该面板及其选项弹出菜单如图 1.42 所示。

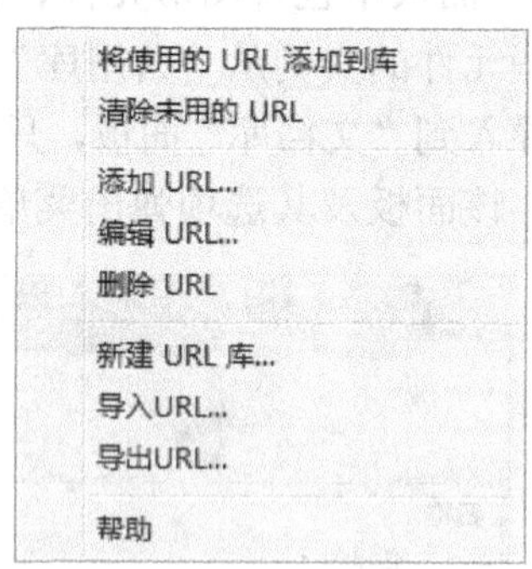

图 1.42 “URL”面板及其选项弹出菜单

10. “混色器”面板

“混色器”面板可用于创建要添加到当前文档的调色板或要应用到选定对象的颜色。该面板及其选项弹出菜单如图 1.43 所示。

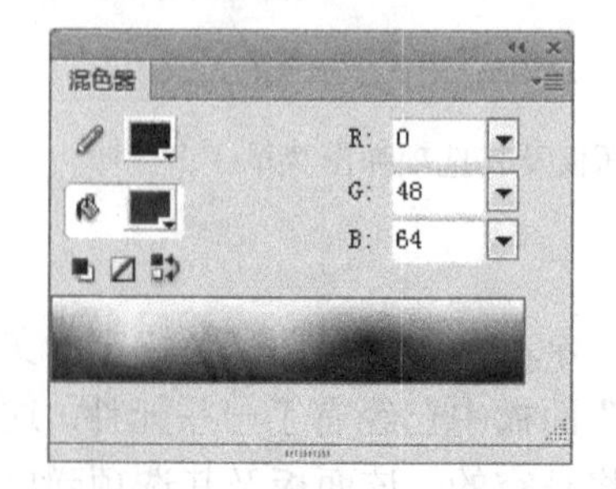

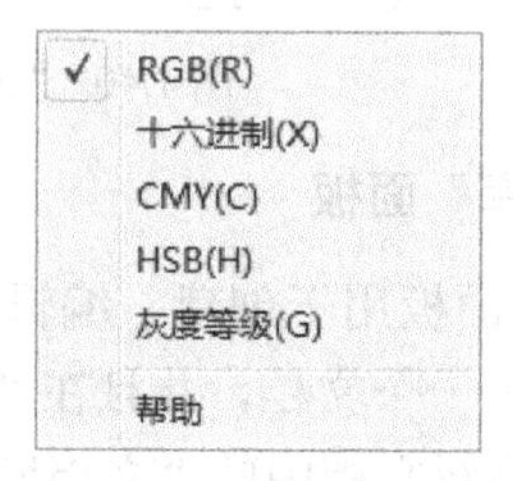

图 1.43 “混色器”面板及其选项弹出菜单

11．“样本”面板

“样本”面板用于管理当前文档的调色板。该面板及其选项弹出菜单如图 1.44 所示。

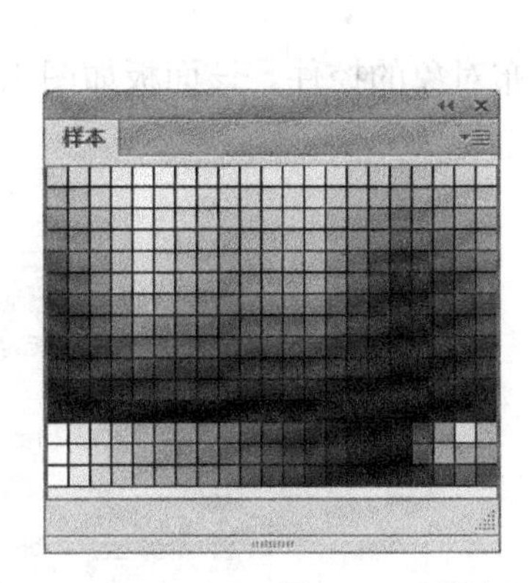

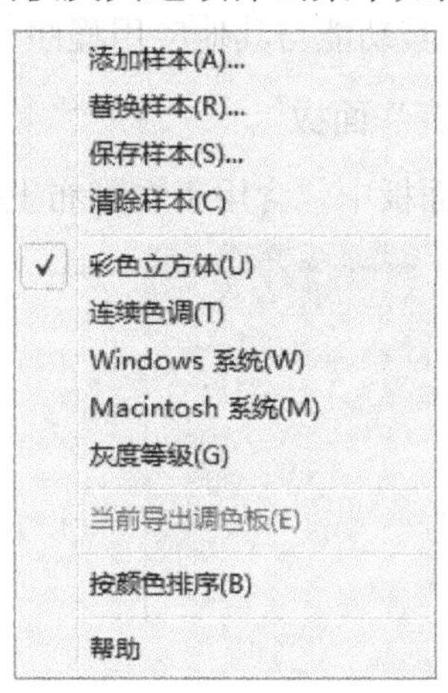

图 1.44 “样本”面板及其选项弹出菜单

12．“信息”面板

“信息”面板提供所选对象的尺寸和指针在画布上移动时的精确坐标。该面板及其选项弹出菜单如图 1.45 所示。

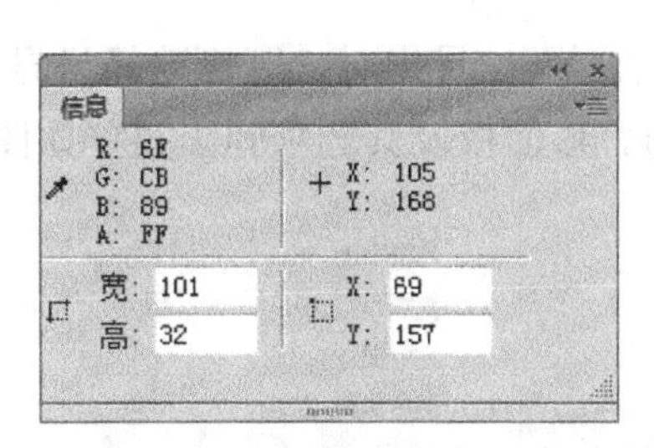

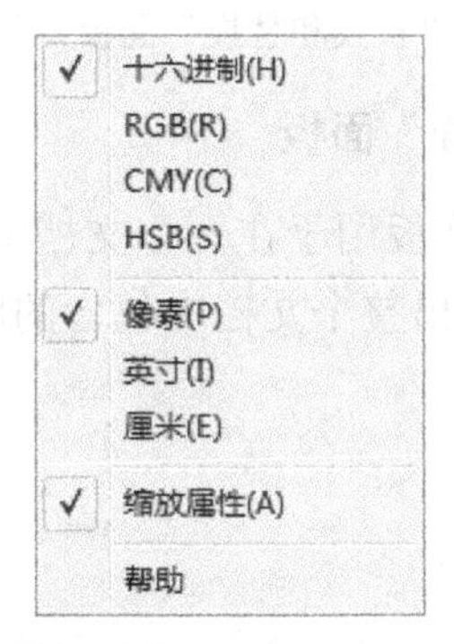

图 1.45 “信息”面板及其选项弹出菜单

13．“行为”面板

“行为”面板用于对行为进行管理，这些行为确定热点和切片对鼠标移动所作出的响应。该面板及其选项弹出菜单如图 1.46 所示。

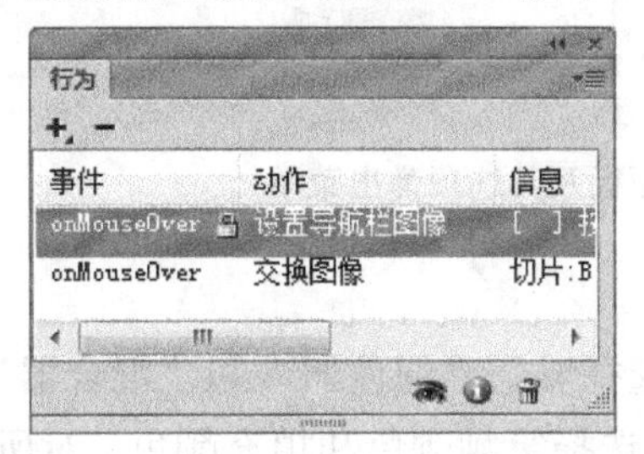

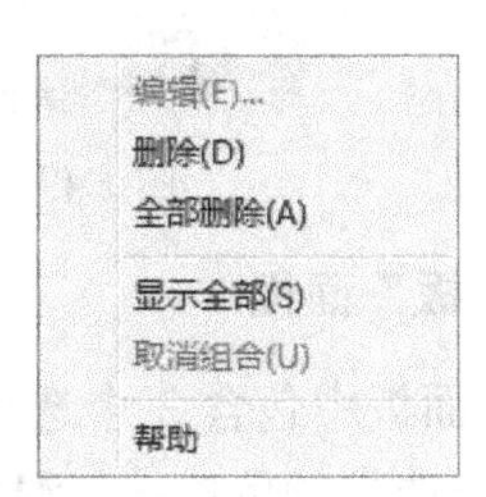

图 1.46 “行为”面板及其选项弹出菜单

14．“查找和替换”面板

“查找和替换”面板可用于在一个或多个文档中查找和替换元素，如文本、URL、字体和颜色等，其功能与其他应用程序一样。该面板及其选项弹出菜单如图 1.47 所示。

15．“对齐”面板

“对齐”面板中包含用于在画布上对齐和分布对象的控件。该面板如图 1.48 所示。

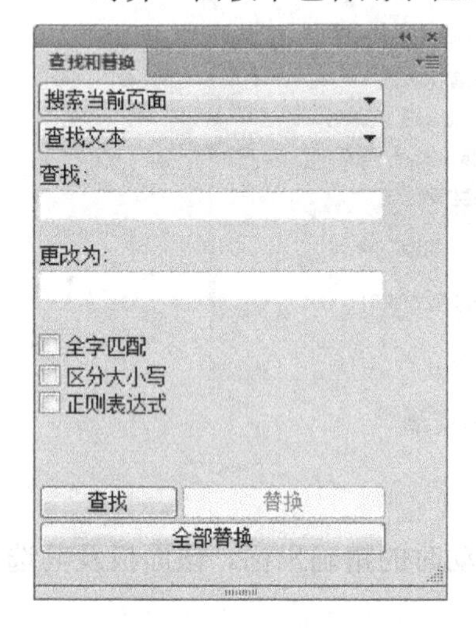

图 1.47 “查找和替换”面板及其选项弹出菜单

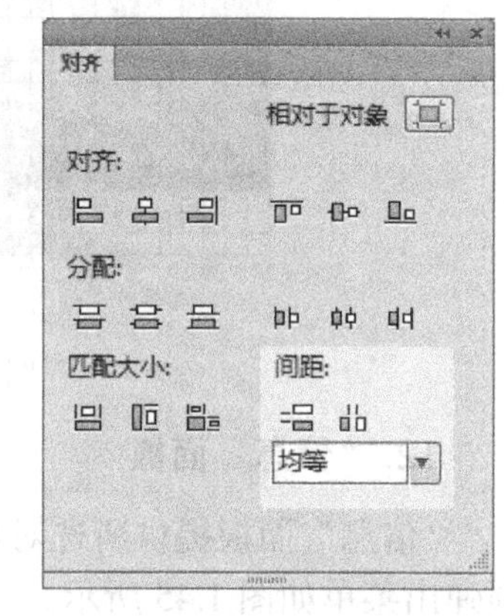

图 1.48 “对齐”面板

16．“页面”面板

“页面”面板用于在一个文档中创建多个页面，导出时，既可选择只导出单个指定的页面，又可导出整个文档中包含的所有页面。该面板及其选项弹出菜单如图 1.49 所示。

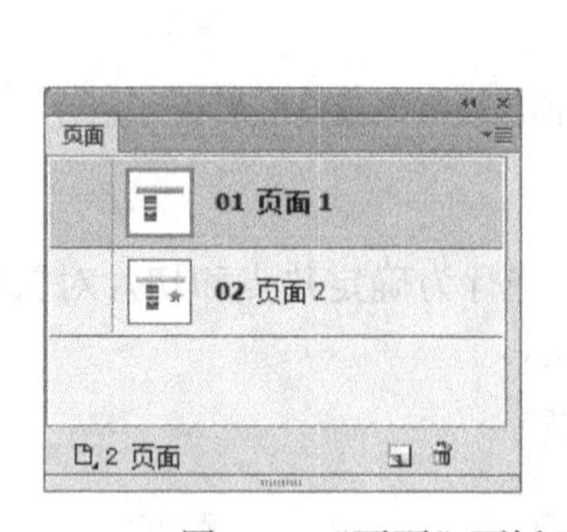

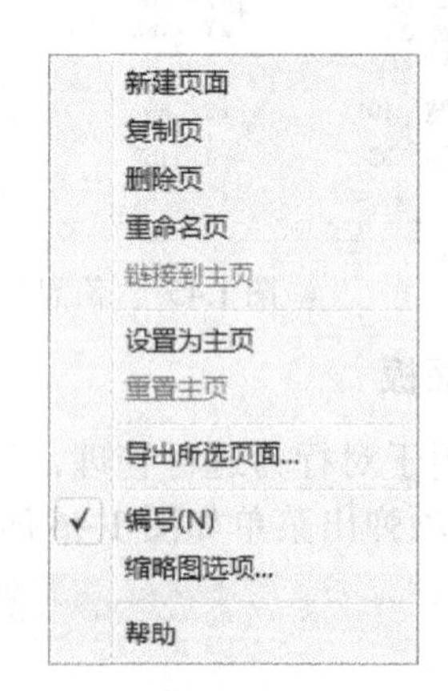

图 1.49 “页面”面板及其选项弹出菜单

17．“调色板”面板

“调色板”面板中包含 3 个选项卡：“选择器”、“混色器”和“混合器”。可以使用面板中的某选项卡选择颜色模式、混合方式，选择笔触颜色和填充颜色，对所选对象进行应用。其中的“选择器”选项卡如图 1.50 所示。

18. “图像编辑”面板

“图像编辑”面板中包含了编辑图像时常用的工具和命令，使用该面板可以方便编辑图像。该面板如图 1.51 所示。

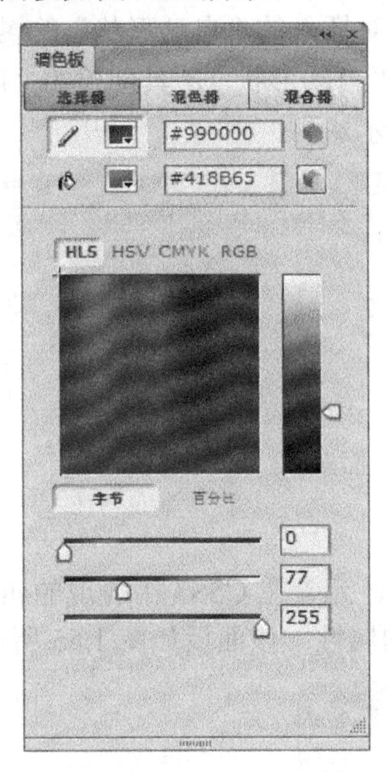

图 1.50 “调色板”面板中的“选择器”选项卡

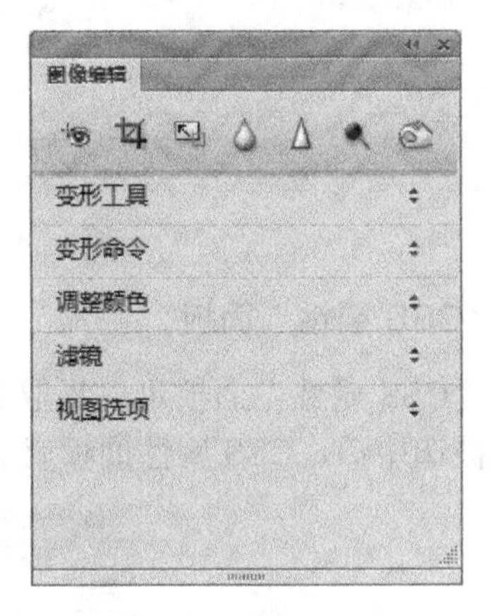

图 1.51 “图像编辑”面板

19. “路径”面板

“路径”面板中包含了编辑路径、对路径进行操作的几乎所有的工具按钮，使用这些按钮可以对路径进行各种操作。该面板如图 1.52 所示。

20. “特殊字符”面板

“特殊字符”面板中存放了许多特殊字符，单击某字符即可将其插入到文本框中，使用起来相当便利。“特殊字符”面板如图 1.53 所示。

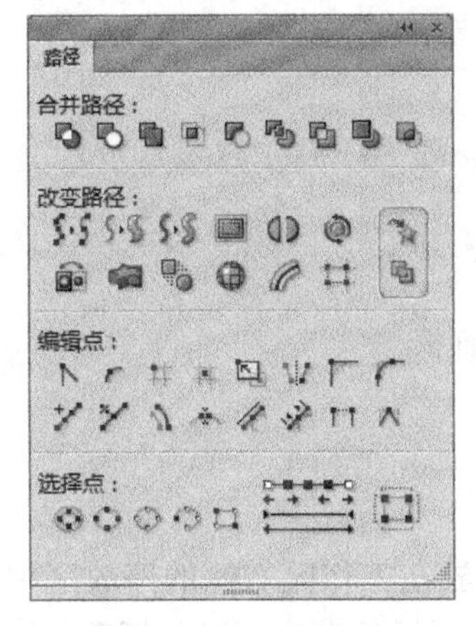

图 1.52 “路径”面板

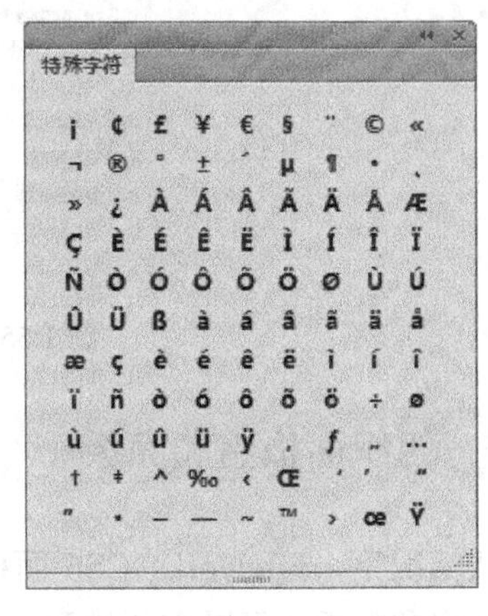

图 1.53 “特殊字符”面板

21. “自动形状属性”面板

“自动形状属性”面板用于编辑“自动形状”对象的属性。该面板包括 13 个“自动形状”按钮，单击其中某个按钮即会在画布上插入一个相应的“自动形状”，同时“自动形状属性”面板中出现该“自动形状”的属性设置项，对插入的“自动形状”的属性进行设置。使用“自动形状属性”面板，还可以对所选的用“自动形状”工具创建的“自动形状”的属性进行设置。“自动形状属性”面板如图 1.54 所示。

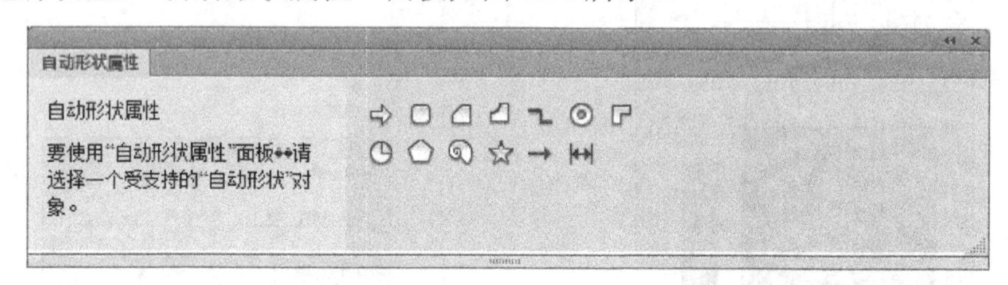

图 1.54 “自动形状属性”面板

22. “CSS 属性”面板

使用“CSS 属性”面板可以提取 Fireworks 中设计元素在 CSS3 中表现的属性。当所需的对象被选中后，CSS 属性面板就会列出提取到的属性。该面板如图 1.55 所示。

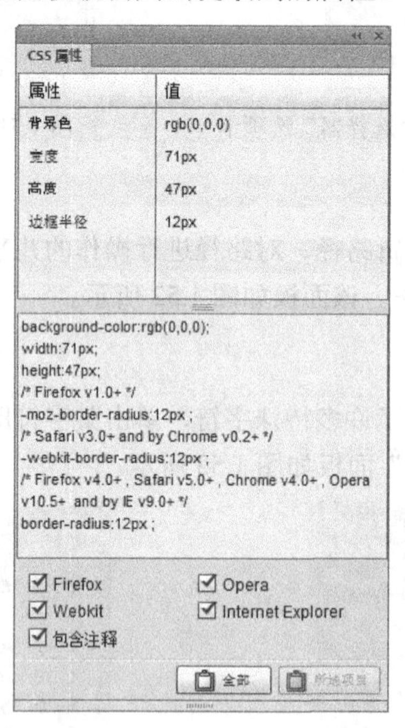

图 1.55 “CSS 属性”面板

1.8.6 组织面板组和面板

在默认情况下，Fireworks CS6 面板组、面板停放在工作区右侧的停放区中，可以取消停放面板组和面板；可以重新排列停放的面板组或面板的顺序，以及折叠、扩展面板组或面板；可以关闭所有的面板组或面板，也可以打开和关闭个别面板组或面板。各种操作方法如下。

1．移动面板组或面板的操作方法

单击面板标题栏空白处并按住鼠标左键，将面板组或面板从界面右侧的面板停放区拖走。

2．停放面板组或面板的操作方法

单击面板标题栏空白处并按住鼠标左键，将面板组成面板拖到面板停放区。

说明：当在面板停放区拖动面板组或面板时，会有一条放置预览线或一个矩形，用以显示它在组中的放置位置。

3．折叠或扩展面板组或面板的操作方法

（1）双击面板组或面板的标题，可展开面板组或面板。

注意：当折叠面板组或面板时，标题栏仍然可见。例如，“文档库和公用库”面板组在折叠和扩展时的状态，如图 1.56 所示。

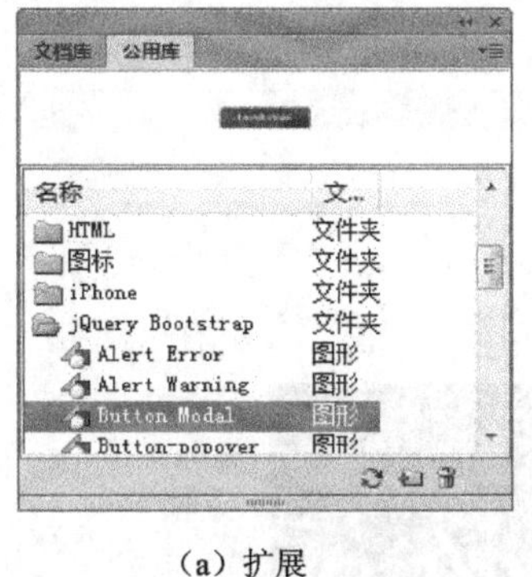

（a）扩展

（b）折叠

图 1.56 “文档库和公用库”面板组在折叠和扩展时的状态

（2）双击面板组或面板的标题，在快捷菜单中选择“最小化”，可折叠面板组或面板。

4．将展开的面板折叠为图标的操作方法

要想将展开的面板折叠为图标，请单击【折叠为图标】按钮。展开面板与折叠图标分别如图 1.57（a）和图 1.57（b）所示。

（a）展开面板

（b）折叠图标

图 1.57 展开面板与折叠图标

5．将折叠为图标的面板展开为面板的操作方法

要想将折叠为图标的面板展开为面板，请单击【展开面板】按钮，或者双击该按钮所在栏。

6．打开一个面板的操作方法

从【窗口】菜单中选择要打开的面板名称。

提示：【窗口】菜单中面板名称旁边如有复选标记✔，则表示该面板是打开的。

7．关闭一个面板的操作方法

从【窗口】菜单中选择该面板名称或单击面板标题栏中的【关闭】按钮。

8．隐藏全部面板（包括工具面板和属性检查器）的操作方法

选择【窗口】→【隐藏面板】，此时工作界面上的工具面板和属性检查器及界面右侧停放的其他各种面板均被隐藏，隐藏全部面板后的界面如图 1.58 所示。

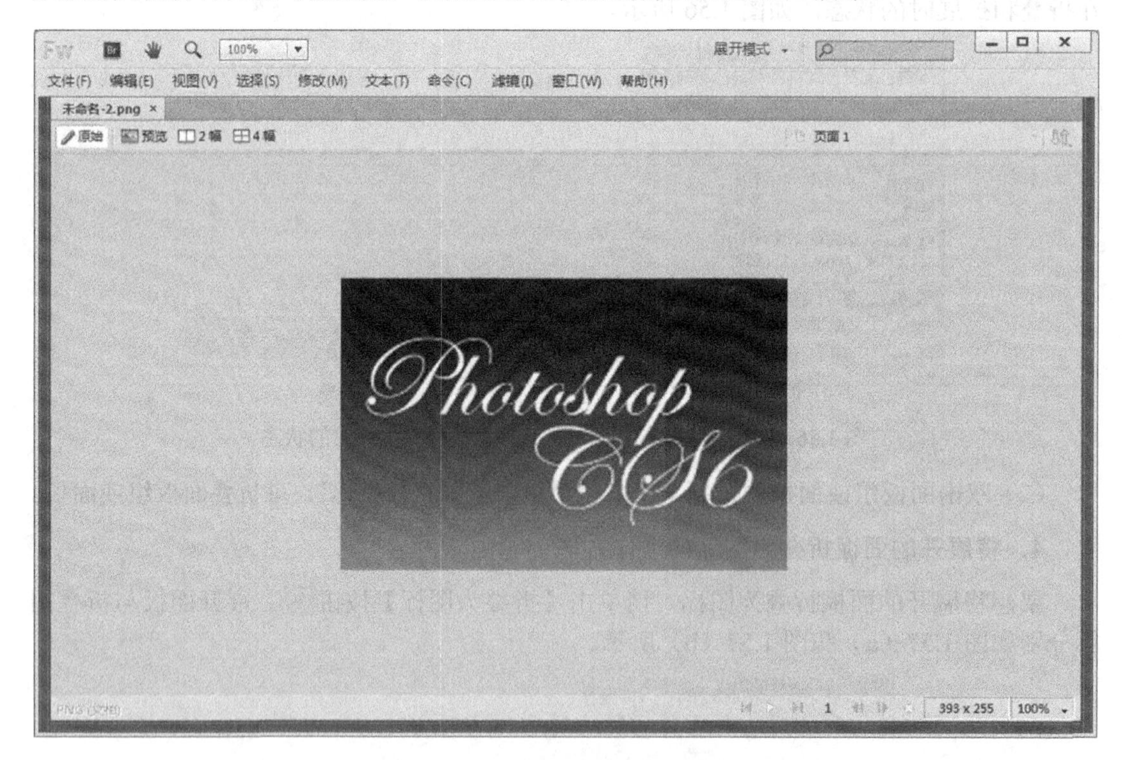

图 1.58　隐藏全部面板后的界面

若要查看被隐藏的面板，则要再次选择【窗口】→【隐藏面板】，此时各种被隐藏的面板又重新再现出来，其界面如图 1.59 所示。

9．选择显示面板模式的操作方法

单击操作界面右上角的“展开模式”下拉箭头，从中选取相应的选项，如图 1.60 所示。

图 1.59　被隐藏的面板又重新再现出来的界面

10．调整面板区域大小的操作方法

拖动面板停放区左侧的垂直条以调整面板区域大小，如图 1.61 所示。

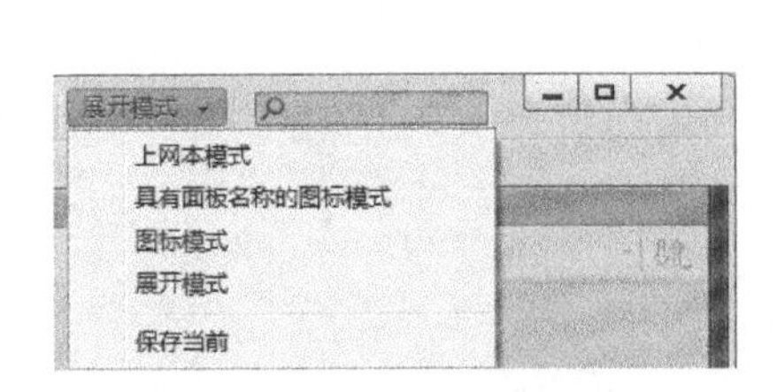

图 1.60　选择显示面板模式

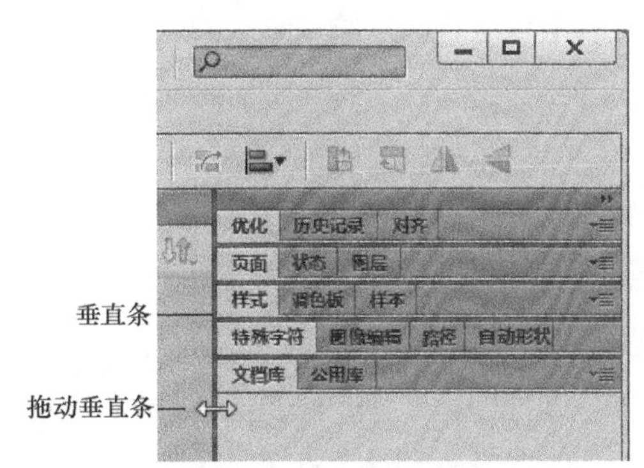

图 1.61　拖动面板停放区左侧的垂直条以调整面板区域大小

1.9　本章软件使用技能要求

Fireworks CS6 是一种应用软件，用户使用该软件时，要掌握以下基本技能。

1．会安装 Fireworks CS6 软件

安装 Fireworks CS6 软件前先要了解软件安装的系统要求，然后才能进行 Fireworks CS6 软件安装。

2．进入软件并使用

首先进入 Fireworks CS6，创建新文档，对文档进行保存，这是基本的 Fireworks CS6 使用。若要灵活运用 Fireworks CS6，就要了解 Fireworks CS6 的操作界面和基本操作工具、功能。

第2章 创建位图

所谓位图，又称光栅图，是由许多像小方块一样的像素组成的图像，由像素的位置与颜色值表示，能表现出颜色阴影的变化。简单地说，位图就是以无数的色彩点组成的图案，当无限放大时会看到一块一块的像素色块，效果会失真。照片、扫描图像及用绘画程序创建的图形都属于位图图像。

2.1 创建位图对象的方法

创建位图首先要创建位图对象，创建位图对象有四种基本方法：在文档中插入一个空的位图图像，然后对其进行绘制、绘画或填充；使用 Fireworks CS6 位图绘图和绘画工具在画布上直接绘制、绘画；剪切或复制并粘贴像素；将矢量对象转换成位图对象。

2.1.1 直接绘制、绘画位图对象

直接绘制、绘画位图对象的操作方法如下。

（1）从工具面板的“位图”部分中选择“刷子”工具或“铅笔”工具。

（2）用“刷子”工具或“铅笔”工具在画布上绘制或绘画以创建位图对象。同时一个新的位图对象随即添加到“图层”面板的当前层中，如图 2.1 所示。

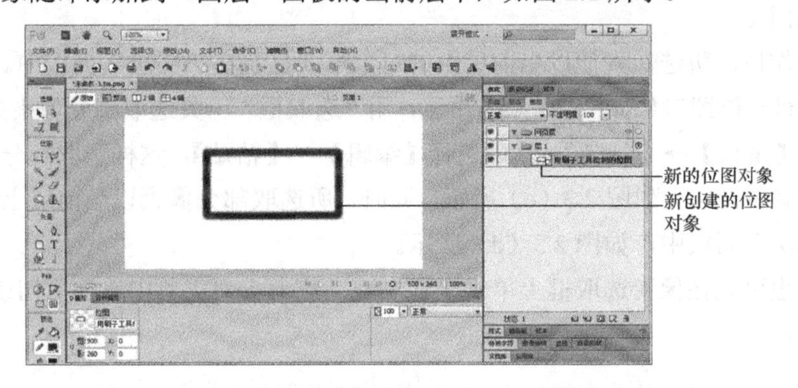

图 2.1 一个新的位图对象添加到“图层”面板的当前层中

2.1.2 创建新的空位图

可以创建一个新的空位图，然后在空位图中绘制或绘画像素。单击“图层”面板中的【新建位图图像】按钮，或选择【编辑】→【插入】→【空位图】，一个空位图随即添加到“图层”面板的当前层中。若在空位图上绘制、导入像素或以其他方式在放入像素之前取消选择了空位图，则空位图对象自动从“图层”面板和文档中消失。

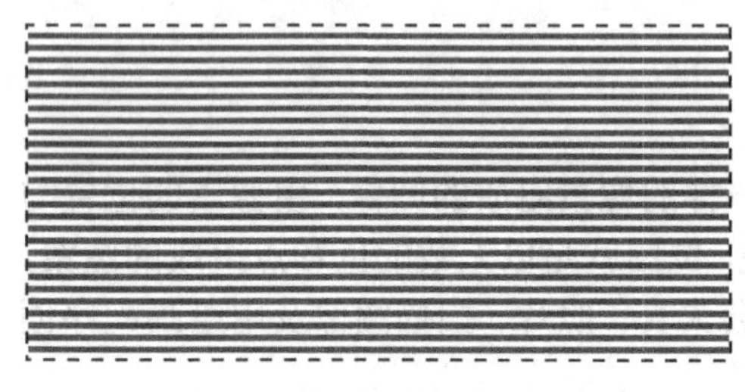

图 2.2　绘制像素的区域

创建空位图后，用“选取框”工具在画布上按住鼠标左键并拖动绘制选区选取框，然后使用“铅笔”工具或“刷子”工具在选取框区域开始绘制像素。这样做的好处是可以方便、有效地控制所绘制像素的区域，严格控制所绘制的像素在区域范围内，其范例如图 2.2 所示。

注意：如果不在画布上绘制选区选取框，而直接使用“铅笔”工具或“刷子”工具在画布上绘制像素，那么一来不好控制所绘制像素大小，二是对所绘制像素的布局也不是很好。

2.1.3 剪切或复制并粘贴像素

剪切或复制像素并将它们作为一个新位图对象粘贴的操作方法如下。

（1）使用“选取框”工具、“套索”工具或“魔术棒”工具选择像素。

（2）执行下列操作之一。

- 选择【编辑】→【剪切】，然后选择【编辑】→【粘贴】。
- 选择【编辑】→【复制】，然后选择【编辑】→【粘贴】。
- 选择【编辑】→【插入】→【通过复制创建位图】，将当前所选内容复制到一个新位图中。
- 选择【编辑】→【插入】→【通过剪切创建位图】，将当前所选内容剪切到一个新位图中。

执行操作后，所选像素便以当前层上的对象形式显示在“图层”面板中。

例如，有一位图对象如图 2.3（a）所示，用“选取框”工具选取部分像素如图 2.3（b）所示，选择【编辑】→【复制】，然后选择【编辑】→【粘贴】，这样选取部分的像素就被粘贴到一个新位图中，如图 2.3（c）所示。同时，所选取部分像素以当前层上的对象形式显示在“图层”面板中，如图 2.3（d）所示。

当然，也可以在像素选取框上单击鼠标右键，从上下文菜单中选择剪切或复制选项，如图 2.4 所示。

(a) 原始位图对象

(b) 选取部分像素

(c) 将所选部分像素复制并粘贴到一个新位图中

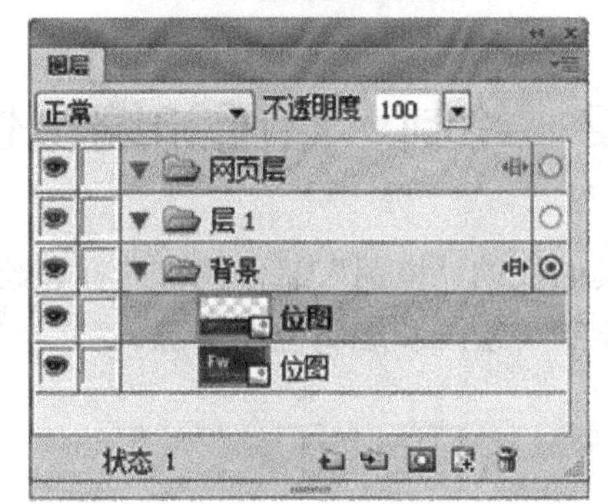

(d) 所选像素以当前层上的对象形式显示在"图层"面板中

图 2.3　剪切或复制并粘贴像素举例

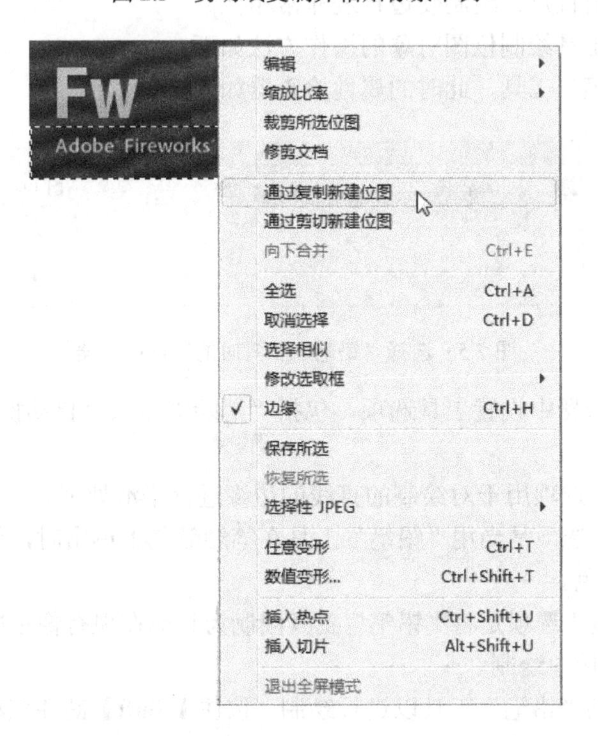

图 2.4　在像素选取框上单击鼠标右键打开上下文菜单

2.1.4　转换矢量对象

选择【修改】→【平面化所选】，或者从"图层"面板的选项菜单中选择【平面化所选】操作，可以将所选矢量对象转换成位图对象。

注意：从矢量到位图的转换是不能撤消的，除非在“历史记录”面板中，拖动“历史记录”面板中的滑动按步骤撤消原来的操作，或者选择【编辑】→【撤消】。位图对象不能转换成矢量对象。

2.2 绘制、绘画和编辑位图对象

工具面板的“位图”部分包含选择、绘制、绘画和编辑位图对象的工具，使用这些工具可以绘制、绘画和编辑位图对象。

2.2.1 绘制位图对象

可以使用“铅笔”工具绘制单像素自由直线或受约束的直线，其使用方法与使用真的铅笔（用直尺或不用直尺）绘制硬边直线非常相似。

使用“铅笔”工具绘制位图对象的操作方法如下。

（1）选择“铅笔”工具，此时的属性检查器如图2.5所示。

图2.5 选择“铅笔”工具时的属性检查器

（2）在属性检查器中设置工具选项，包括“消除锯齿”、“自动擦除”、“保持透明度”选项。其中：

- “消除锯齿”选项用于对绘制的直线的边缘进行平滑处理。
- “自动擦除”选项是当用“铅笔”工具在笔触颜色上单击时，单击点落到的位置变成了填充颜色。
- “保持透明度”选项是将“铅笔”工具限制为只能在现有像素中绘制，而不能在图形的透明区域中绘制。

（3）按住并拖动“铅笔”工具以进行绘制。按住【Shift】键并拖动“铅笔”工具可以将路径限制为水平、竖直或倾斜。

2.2.2 绘画位图对象

可以用“刷子”工具应用“笔触颜色”框中的颜色绘画刷子笔触，也可以用“油漆桶”工具将所选像素的颜色更改为“填充颜色”框中的颜色，还可以使用“渐变”工具以可调的样式用颜色组合填充位图。

1．使用“刷子”工具绘画对象的操作方法

（1）选择“刷子”工具，此时的属性检查器如图 2.6 所示。

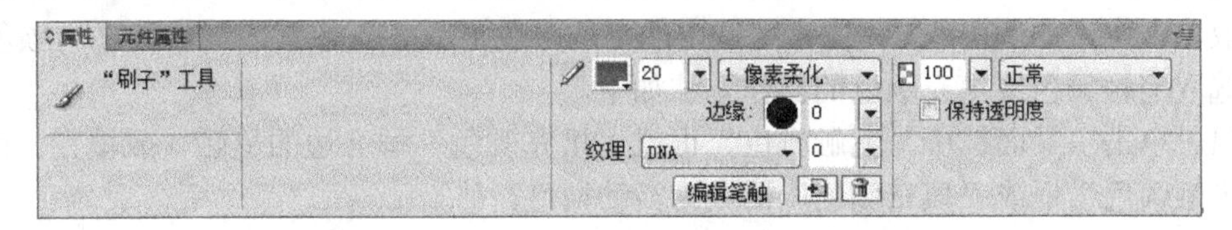

图 2.6 选中“刷子”工具时的属性检查器

（2）在属性检查器中编辑笔触属性。
（3）通过拖动“刷子”工具进行绘画。

2．将像素的颜色更改为“填充颜色”框中颜色的操作方法

（1）选择“油漆桶”工具，此时的属性检查器如图 2.7 所示。

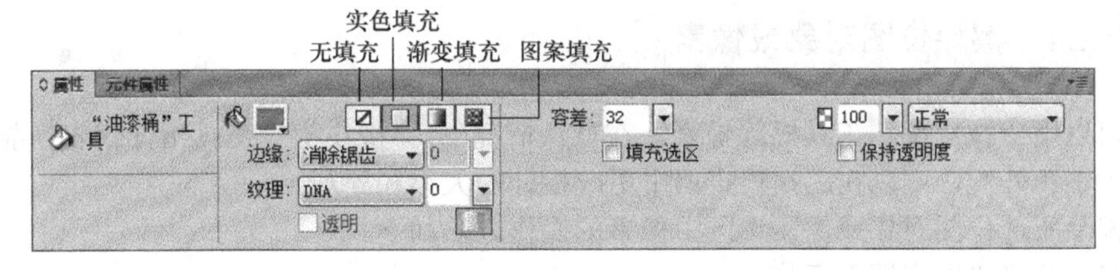

图 2.7 选中“油漆桶”工具时的属性检查器

（2）在属性检查器中选择一种填充颜色。
（3）在属性检查器中设置容差值。

说明：容差值决定了填充的像素在颜色上必须达到的相似程度。低容差值表示用与所单击的像素相似的颜色值填充像素；高容差值表示用范围更广的颜色值填充像素。

（4）单击图像，容差范围内的所有像素都变成填充色。

3．在像素选区中应用渐变填充的操作方法

（1）选择像素选区。
（2）选择“渐变”工具，此时的属性检查器如图 2.8 所示。

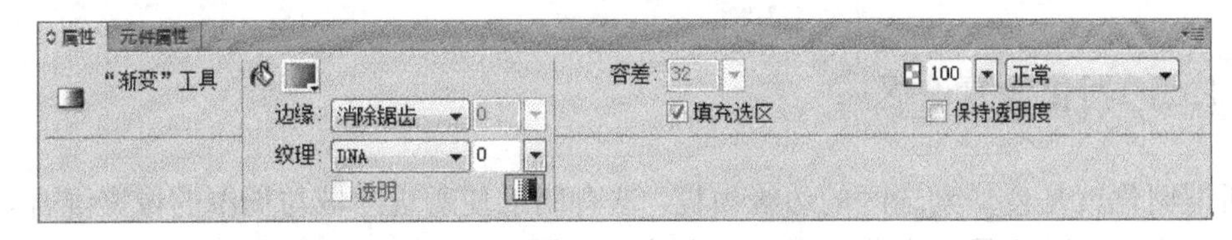

图 2.8 选中“渐变”工具时的属性检查器

（3）在属性检查器中设置填充属性。
（4）单击像素选区应用填充。

说明：使用“油漆桶”和“渐变”工具也可以填充选定的矢量对象。

2.2.3 选取笔触颜色或填充颜色

使用“滴管”工具，可以从图像中选取颜色来指定一种新的笔触颜色或填充颜色。可以选取单个像素的颜色、3×3 像素区域内的平均颜色值或 5×5 像素区域内的平均颜色值。

选取笔触颜色或填充颜色的操作方法如下。

（1）单击工具面板中“笔触颜色”框或“填充颜色”框旁边的笔触（或填充）图标，使“笔触颜色”框或“填充颜色”框成为活动属性。

注意：不要单击颜色框本身，否则会出现“滴管指针”而不是“滴管”工具。

（2）打开一个 Fireworks CS6 文档或 Fireworks CS6 能打开的任何一个文件。

（3）从工具面板的“颜色”部分中选择“滴管”工具，然后在属性检查器中选择“平均颜色取样”选项。

（4）在文档中的任何地方单击“滴管”工具，所选颜色出现在整个 Fireworks CS6 中的所有“笔触颜色”框或“填充颜色”框中。

2.2.4 擦除位图对象或像素

可以用“橡皮擦”工具擦除像素，在默认情况下，“橡皮擦”工具指针代表当前橡皮擦的大小和外观，可以在属性检查器中更改指针的大小和外观。

擦除所选位图对象或像素选区中像素的操作方法如下。

（1）选择“橡皮擦”工具。

图 2.9 选择橡皮擦形状

（2）在属性检查器中，选择圆形或方形橡皮擦形状，如图 2.9 所示。

（3）拖动橡皮擦“边缘”滑块，设置橡皮擦边缘的柔化程度。

（4）拖动橡皮擦“大小”滑块，设置橡皮擦的大小。

（5）拖动“橡皮擦不透明度”滑块，设置不透明度。

说明：所谓“橡皮擦不透明度”是指使用“橡皮擦”工具在想要擦除的位图对象或像素选区上单击或按住鼠标左键并拖动“橡皮擦”工具的擦除效果。“橡皮擦不透明度”在 1～100 之间，数值越大，擦除效果越明显。数值等于 1，擦除效果极不明显，数值等于 100，擦除一次即可将被擦除区域的像素全部擦除掉。

（6）在要擦除的像素上拖动或单击“橡皮擦”工具。

2.2.5 羽化像素选区

所谓羽化就是使像素选区的边缘模糊，这有助于使所选区域与周围的像素混合。当复制选区并将其粘贴到另一个背景中时，羽化很有用。

1．选择像素选区并羽化像素选区边缘的操作方法

（1）从工具面板中选择位图选取工具，如“选取框”工具。

（2）从属性检查器的“边缘”弹出菜单中选择【羽化】。

（3）拖动“羽化总量”滑块设置希望沿像素选区边缘模糊的像素数目。

（4）选择像素选区，然后复制、粘贴选区，最后使用“选择”工具（如“指针”工具）拖动羽化后的选区离开原区域。例如，羽化前后的比较如图 2.10 所示。

图 2.10 羽化前后的比较

2. 从菜单栏中羽化像素选区边缘的操作方法

（1）使用位图选取工具（如“选取框”工具）选取要羽化的像素选区。

（2）选择【选择】→【羽化】，打开“羽化所选”对话框。

（3）在“羽化所选”对话框中输入一个数值以设置羽化半径（半径值决定选区边框每一侧羽化的像素数目），然后单击【确定】按钮，如图 2.11 所示。

（4）复制、粘贴选区，最后使用“选择”工具拖动羽化后的选区。

说明：步骤（4）中复制、粘贴选区也可省去，这样做的结果是将羽化选区拖走后的原区域变为空白，如图 2.12 所示。

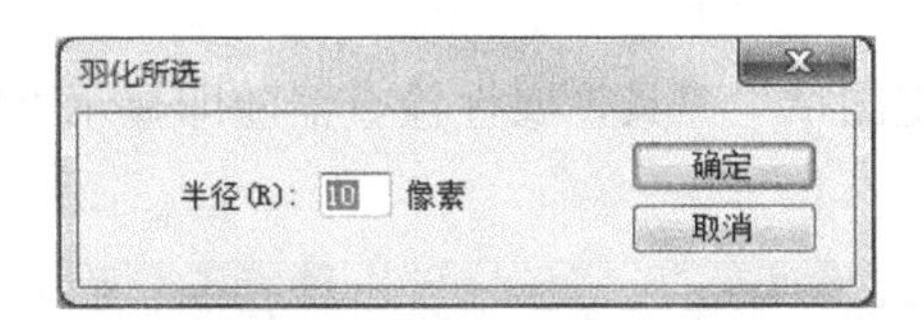

图 2.11 “羽化所选”对话框

图 2.12 拖动羽化选区离去后的原区域变为空白

2.3 修饰位图对象

Fireworks CS6 提供了许多用于修饰图像、修复照片的工具。可以改变图像的大小，减弱或突出其焦点，或者将图像的局部复制并“压印”到另一区域。各种工具图标及功能说明如表 1.3 所示。

2.3.1 克隆像素区域

使用“橡皮图章”工具克隆位图对象的部分区域，以便将其“压印”到图像中的其他区域。这对于修复有划痕的照片或去除图像上的灰尘是很有用的，就是说可以使用“橡皮图章”工具复制照片的某一像素区域，然后用克隆的区域替代有划痕或灰尘的区域。

1. 克隆位图对象像素区域的操作方法

（1）选择“橡皮图章”工具。

（2）单击某一区域（即被克隆的像素区域）将其指定为源。此时，取样指针变成十字形指针，如图 2.13（a）所示。

注意：若要指定另一个要克隆的像素区域，可以按住【Alt】键并单击另一个像素区域，将其指定为源。

（3）移到图像中的其他区域并按动指针。此时指针变成两个指针，如图 2.13（b）所示。

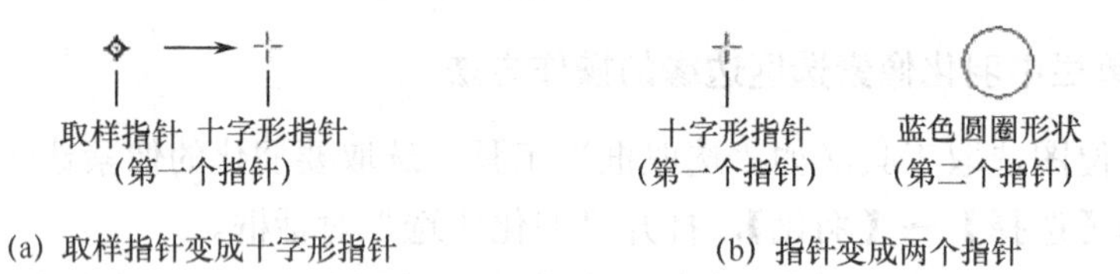

(a) 取样指针变成十字形指针　　(b) 指针变成两个指针

图 2.13　指针的变化

其中，第一个指针表示克隆源，为十字形指针（视用户选择的刷子首选参数而定）；第二个指针可以是橡皮图章、十字形或蓝色圆圈形状。拖动并单击第二个指针时，第一个指针下的像素被复制并应用于第二个指针下的区域。

2. 设置“橡皮图章”工具选项的操作方法

（1）从工具面板的“位图”部分中选择“橡皮图章”工具，属性检查器随即显示“橡皮图章”工具属性，如图 2.14 所示。

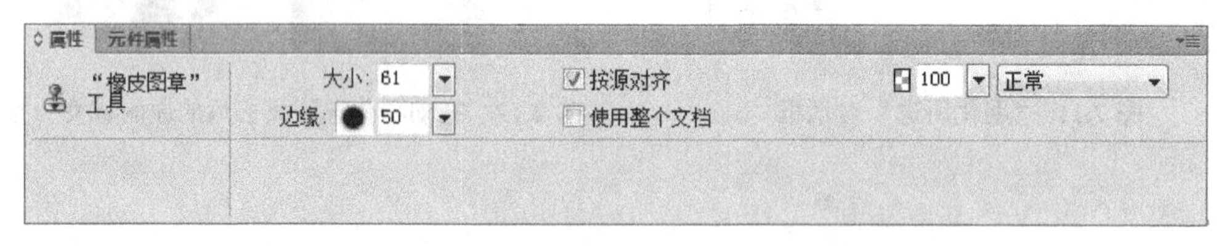

图 2.14　选择“橡皮图章”工具时的属性检查器

（2）从属性检查器中的下列选项中选择。

- “大小”选项用于设置图章的大小。
- “边缘”选项用于设置笔触的柔化程度，100%为硬，0%为软。
- “按源对齐”选项可以影响取样操作。当选择“按源对齐”选项后，取样指针随第二个指针的移动而移动，以保持与第二个指针对齐；当取消选择“按源对齐”选项后，不管将第二个指针移到哪里并单击它，取样区域（克隆源）都是固定的。
- 当选择“使用整个文档”选项后，可以从所有层上的所有对象中取样；当取消选择该选项后，“橡皮图章”工具只能从当前活动对象中取样。
- “不透明度”选项可以确定透过“压印”位图对象能看到多少背景的参数，也可以理解为能克隆位图对象多少的参数。不透明度的值在 0～100，不透明度值为 100 时能百分之百将位图对象克隆，也就是说透过克隆的图像是看不到背景的。
- “混合模式”选项可以影响克隆图像对背景的影响。

3. 复制像素选区的操作方法

（1）选择“选取框”工具，选取位图对象中的某一像素选区。

（2）按住【Alt】键并使用“部分选定”工具拖动像素选区；或者按住【Alt】键并使用“指针”工具拖动像素选区。

2.3.2 模糊、锐化和涂抹像素

“模糊”工具和“锐化”工具影响像素的焦点。“模糊”工具通过有选择地模糊像素的焦点来强化或弱化图像的局部区域，其方式与摄影师控制景深的方式很相似。“锐化”工具对于修复扫描问题或聚焦不准的照片很有用。使用“涂抹”工具可以像创建图像倒影时那样将颜色逐渐混合起来。

1. 模糊或锐化像素的操作方法

（1）首先选择“模糊”工具或“锐化”工具。此时的属性检查器如图 2.15 所示。

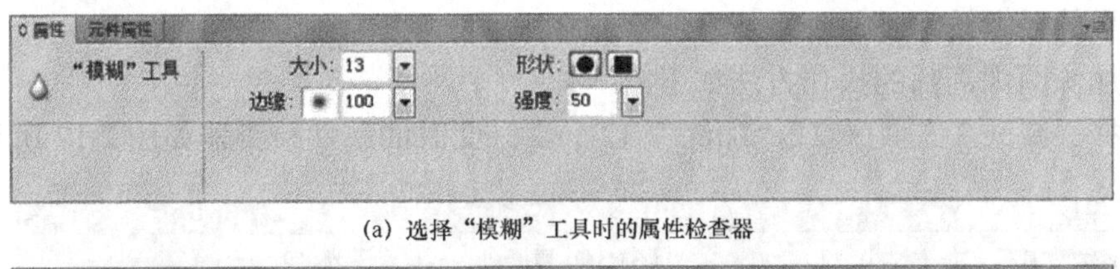

(a) 选择“模糊”工具时的属性检查器

(b) 选择“锐化”工具时的属性检查器

图 2.15 选择“模糊”工具或“锐化”工具时的属性检查器

（2）在属性检查器中设置“模糊”工具或“锐化”工具选项。

- “大小”选项用于设置“模糊”工具或“锐化”工具刷子尖端的大小。
- “边缘”选项用于设置“模糊”工具或“锐化”工具边缘的柔化程度。
- “形状”选项用于设置“模糊”工具或“锐化”工具圆形或方形刷子尖端的形状。
- “强度”选项用于设置模糊或锐化强度。

（3）在要锐化或模糊的像素上按住鼠标左键拖动“模糊”工具或“锐化”工具。

2. 涂抹像素的操作方法

（1）选择“涂抹”工具，此时的属性检查器如图 2.16 所示。

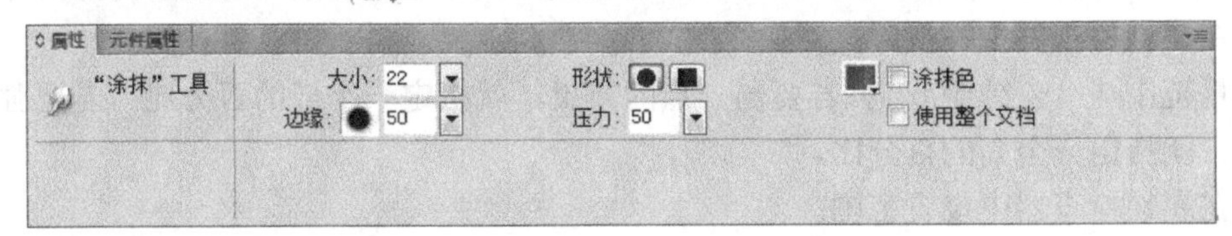

图 2.16 选择“涂抹”工具时的属性检查器

（2）在属性检查器中设置“涂抹”工具选项。

- “大小”选项用于设置“涂抹”工具刷子尖端的大小。
- “边缘”选项用于设置“涂抹”工具刷子边缘的柔化程度。
- “形状”选项用于设置“涂抹”工具圆形或方形刷子尖端的形状。
- “压力”选项用于设置笔触的压力。
- 当选择“涂抹色”选项后，允许在每个笔触的开始处用指定的颜色涂抹；当取消选择此选项后，该工具将使用工具指针下的颜色。
- 当选择“使用整个文档”选项后，利用所有层上的所有对象的颜色数据来涂抹；当取消选择此选项后，“涂抹”工具仅使用活动对象的颜色。

（3）在要涂抹的像素上按住鼠标左键拖动“涂抹”工具。

2.3.3 减淡和加深像素

分别使用“减淡”或“加深”工具减淡或加深图像的局部。这类似于洗印照片时增加或减少曝光量的暗室技术。

减淡或加深图像局部的操作方法如下。

（1）选择“减淡”工具或“加深”工具。此时的属性检查器如图 2.17 所示。

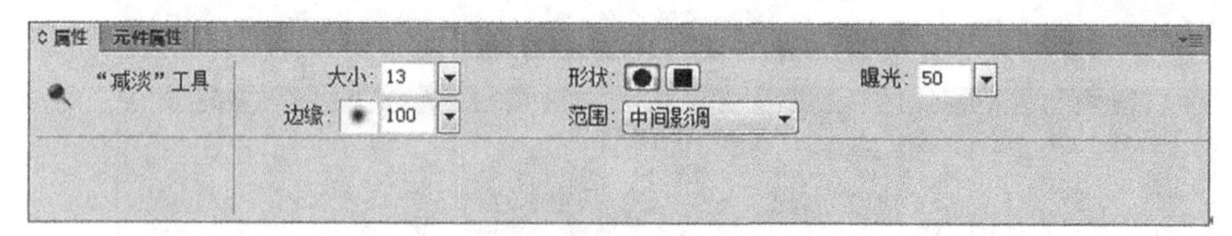

(a) 选择“减淡”工具时的属性检查器

(b) 选择“加深”工具时的属性检查器

图 2.17 选择“减淡”工具或“加深”工具时的属性检查器

（2）在属性检查器中设置“减淡”工具或“加深”工具选项。

- “大小”选项用于设置“减淡”工具或“加深”工具刷子尖端的大小。
- “边缘”选项用于设置“减淡”工具或“加深”工具刷子尖端的柔化程度。
- “形状”选项用于设置“减淡”工具或“加深”工具圆形或方形刷子尖端的形状。

（3）在属性检查器中设置曝光量。

曝光量范围从 1%到 100%。若要弱一点的效果，就指定一个低的百分比；若要强一点的效果，就指定一个高的百分比。

（4）在属性检查器中设置范围。

- “阴影”表示主要改变图像的深色部分。

- “高亮”表示主要更改图像的加亮部分。
- “中间色调”表示主要更改图像中每个通道的中间范围。

（5）在图像中要减淡或加深的部分上，按住鼠标左键拖动或单击“减淡”工具或“加深”工具，分别减淡和加深图像的局部。

说明：拖动工具时按住【Alt】键可以临时从“减淡”工具切换到“加深”工具或从“加深”工具切换到“减淡”工具。

2.3.4 消除照片中的红眼

在有的照片中，主体的瞳孔是不自然的红色阴影，这时可以使用“红眼消除”工具矫正红眼效应。“红眼消除”工具仅对照片中红色区域进行处理，并用灰色和黑色替换红色。例如，图 2.18 所示为原始照片与使用“红眼消除”工具处理后的照片比较。

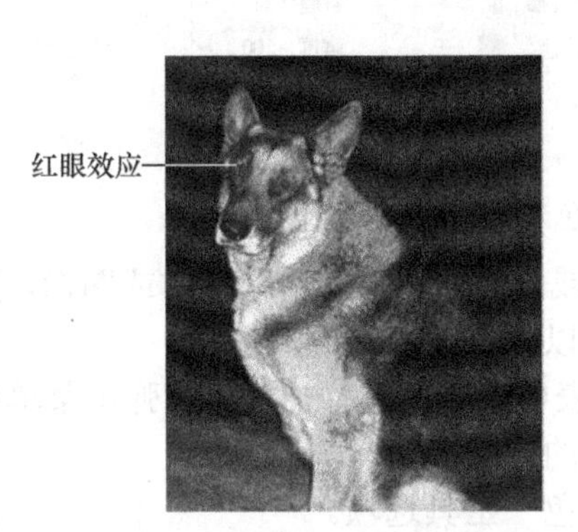

图 2.18 原始照片和使用“红眼消除”工具处理后的照片比较

矫正照片中红眼效应的操作方法如下。

（1）在工具面板中选择“红眼消除”工具，此时的属性检查器如图 2.19 所示。

图 2.19 选择“红眼消除”工具时的属性检查器

（2）在属性检查器中设置“红眼消除”工具选项。

- “容差”选项用于设置要替换的色相范围（0 表示只替换红色；100 表示替换所有色相，包括红色）。
- “强度”选项用于设置替换红色的灰色暗度。

（3）在照片中的红色瞳孔上拖动“红眼消除”工具。

2.3.5 替换颜色

使用“替换颜色”工具可以选择一种颜色，并用另外一种颜色覆盖该颜色进行绘画。

例如，图 2.20 所示为原始照片与使用“替换颜色”工具处理后的照片比较。

图 2.20　原始照片与使用“替换颜色”工具处理后的照片比较

用一种颜色替换某种所选颜色的操作方法如下。

（1）在工具面板中选择“替换颜色”工具，此时的属性检查器如图 2.21 所示。

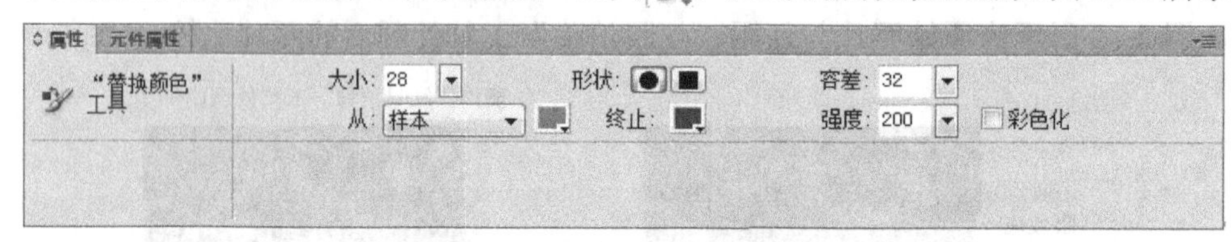

图 2.21　选择“替换颜色”工具时的属性检查器

（2）在属性检查器中单击“从颜色样本或图像中取样”选择样本或图像，然后从弹出的菜单中选择一种颜色，或者在图像中单击以选择要替换的颜色。

（3）在属性检查器中单击“终止”选色表以选择颜色样，然后从弹出菜单中选择一种颜色，或者在图像中单击以选择将用来替换的颜色。

（4）在属性检查器中设置其他“替换颜色”工具选项。

- “大小”选项用于设置“替换颜色”工具刷子尖端的大小。
- “形状”选项用于设置“替换颜色”工具圆形或方形刷子尖端的形状。
- “容差”选项用于设置要替换的颜色范围（0 表示只替换“更改”颜色为“终止”颜色，100 表示替换所有与“更改”颜色相似的颜色为“终止”颜色）。
- “强度”选项用于设置将替换多少“更改”颜色为“终止”颜色。
- 当选择“彩色化”选项后，用“终止”颜色替换“更改”颜色；当取消选择“彩色化”选项后，用“终止”颜色对“更改”颜色进行涂染，并保持一部分“更改”颜色不变。

（5）单击或拖动工具到要替换的颜色上。

2.3.6　裁剪所选位图

可以把 Fireworks CS6 文档中所选位图位于定界框以外的像素都删除，位于定界框以内的像素保持不变。这在裁剪照片或扫描图像时，经常会用到。

在不影响文档中其他对象的情况下，裁剪所选位图的操作方法如下。

（1）单击画布上的对象或单击它在“图层”面板上的缩略图，或者是使用位图选择工具绘制一个选取框，选择位图对象。

（2）选择【编辑】→【裁剪所选位图】。裁剪手柄出现在整个所选位图的周围，若在步骤（1）中绘制了选取框，则裁剪手柄出现在选取框的周围。

（3）调整裁剪手柄，直到定界框围在位图对象中要保留的区域周围。

注意：若要取消裁剪选择，请按【Esc】键。

（4）双击定界框内部或按【Enter】键裁剪选区。所选位图中位于定界框以外的像素都被删除，而文档中的所选对象保持不变，如图 2.22 所示。

图 2.22　定界框以外的每个像素都被删除

2.4　调整位图颜色和色调

在 Fireworks CS6 中，用颜色和色调调整滤镜来改善和强化位图对象中的颜色，可以调整图像的对比度和亮度、色调范围、色相和饱和度。

将滤镜作为属性检查器中的动态滤镜来使用是没有破坏作用的，动态滤镜不会永久性地改变像素，可以随时删除或编辑它们。

要以一种不能撤消的永久方式应用滤镜，可以从【滤镜】菜单中选择。但是，Adobe 公司建议尽可能不使用【滤镜】菜单作为动态滤镜。

可以从【滤镜】菜单中将滤镜应用到像素选区，但不能将属性检查器中的动态滤镜应用到像素选区。不过，可以先定义一个位图区域并用它创建一个单独的位图，然后再应用动态滤镜。

注意：若使用【滤镜】菜单将滤镜应用于选定的矢量对象，则 Fireworks CS6 会将所选对象转换成位图。

在使用位图选取框定义的区域内应用动态滤镜的操作方法如下。

（1）选择一个位图选择工具并定义一个位图区域。

（2）选择【编辑】→【剪切】。

（3）选择【编辑】→【粘贴】。Fireworks CS6 将所选对象准确地粘贴到像素的原始位置，但所选对象现在是单独的位图对象。

（4）在“图层”面板中单击新位图对象的缩略图以选择该位图对象。

（5）从属性检查器中应用一种动态滤镜。Fireworks CS6 只会将动态滤镜应用于新的位图对象，模拟滤镜对像素选区的作用。

注意：尽管应用动态滤镜更灵活，但是在文档中应用大量的动态滤镜会降低 Fireworks CS6 的性能。

2.4.1 调整色调范围

可以利用“色阶”和“曲线”功能来调整位图的色调范围。利用“色阶”功能，可以校正像素高度集中在高亮、中间色调或阴影部分的位图。或者可以利用“自动色阶”功能让 Fireworks CS6 替用户调整色调范围。若要对位图的色调范围进行更精确地控制，则可以使用“曲线”功能，它可以在不影响其他颜色的情况下沿色调范围调整任何颜色。

1. 使用“色阶”功能

一个有完整色调范围的位图，其像素应该平均分布在所有区域内。“色阶”功能可以校正像素高度集中在高亮、中间色调或阴影部分的位图，其中：

- “高亮”校正使图像看起来像被洗过一样的过多加亮像素。
- “中间色调”校正中间色调中使图像看起来黯淡过多的像素。
- “阴影”校正隐藏了许多细节过多的暗像素。

“色阶”功能把最暗像素设置为黑色，把最亮像素设置为白色，然后按比例重新分配中间色调，这就产生了一个所有像素中的细节都能描绘得很详细的图像。例如，图 2.23 所示为一幅像素集中在高亮部分的原始图像与使用“色阶”功能调整后的图像比较。

图 2.23 使用“色阶”功能调整图像前后比较

使用“色阶”对话框（如图 2.24 所示）中的色调分布图可以查看位图中的像素分布。色调分布图是像素在高亮、中间色调和阴影部分分布情况的图形表示。

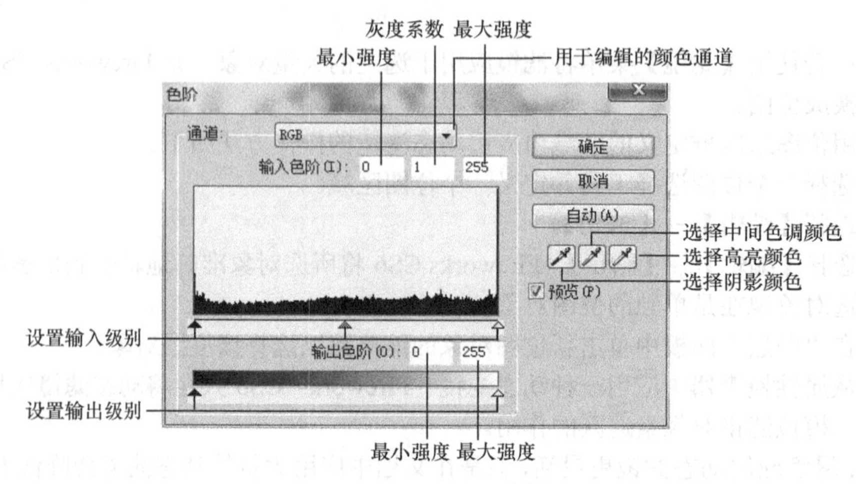

图 2.24 “色阶”对话框

色调分布图可以帮助用户确定最佳的图像色调范围校正方法。像素高度集中在阴影或高亮部分，说明用户可以应用“色阶”或“曲线”功能来改善图像。

水平轴显示了从最暗（0）到最亮（255）的颜色值。水平轴按从左到右来读：较暗的像素在左边，中间色调像素在中间，较亮的像素在右边。

垂直轴代表每个亮度级的像素数目。通常应先调整高亮和阴影，然后再调整中间色调，这样就可以在不影响高亮和阴影的情况下改善中间色调的亮度值。

调整高亮、中间色调和阴影的操作方法如下。

（1）选择位图对象。

（2）执行下列操作之一，打开“色阶”对话框。

- 在属性检查器中单击【添加动态滤镜】按钮，然后从“添加动态滤镜”弹出菜单中选择【调整颜色】→【色阶】。
- 选择【滤镜】→【调整颜色】→【色阶】。

注意：应用【滤镜】菜单中的滤镜是有破坏作用的，也就是说除非可以选择【编辑】→【撤消】命令，否则无法撤消此操作，以后凡再遇此问题不再提醒。

提示：若要查看工作区中位图对象的更改变化情况，请从对话框中选择“预览”，可以看到工作区中的图像会随更改而自动更新。

（3）在“通道”弹出菜单中，选择是对个别颜色通道（红、绿或蓝）还是对所有颜色通道（RGB）应用更改。

（4）在色调分布图下拖动“设置输入级别”滑块，调整高亮、中间色调和阴影。

- 右边的滑块使用 255 到 0 之间的值（最大强度）来调整高亮。
- 中间的滑块使用 10 到 0 之间的值（灰度系数）来调整中间色调。
- 左边的滑块使用 0 到 255 之间的值（最小强度）来调整阴影。

当滑块移动时，这些值自动输入到“输入色阶”框中。

注意：阴影值不能高于高亮值；高亮值不能低于阴影值。在实际操作中，拖动阴影滑块，其值不可能高于高亮滑块所在位置对应的颜色值；同样，拖动高亮滑块，其值不可能低于阴影滑块所在位置对应的颜色值；中间色调滑块也只能在其他两滑块之间被拖动。

（5）拖动“设置输出级别”滑块调整图像的对比度。

- 右边的滑块使用 255 到 0 之间的值（最大强度）来调整高亮。
- 左边的滑块使用 0 到 255 之间的值（最小强度）来调整阴影。

当滑块移动时，这些值自动输入到“输出色阶”框中。

2. 使用“自动色阶”功能

在 Fireworks CS6 中，使用“自动色阶”可以自动调整色调范围。使用“自动色阶”功能既方便又能取得非常好的效果，特别是对于那些处理图片比较生疏的用户来说，将“色阶”功能与“自动色阶”功能结合起来使用效果更佳。

自动调整高亮、中间色调和阴影的操作方法如下。

（1）选择位图对象。

（2）执行下列操作之一，选择“自动色阶”功能。

- 在属性检查器中，单击【添加动态滤镜】按钮，然后从“添加动态滤镜”弹出菜单中选择【调整颜色】→【自动色阶】。
- 选择【滤镜】→【调整颜色】→【自动色阶】。

提示：通过单击“色阶”或“曲线”对话框中的【自动】按钮，也可以自动调整高亮、中间色调和阴影。

3．使用“曲线”功能

“曲线”功能同“色阶”功能相似，只是它对色调范围的控制更精确一些。“色阶”功能利用高亮、中间色调和阴影来校正色调范围；而“曲线”功能则可在不影响其他颜色的情况下，在色调范围内调整任何颜色，而不仅仅是3个变量。例如，可以使用“曲线”功能来校正由于光线条件引起的色偏。“曲线”对话框如图2.25所示。

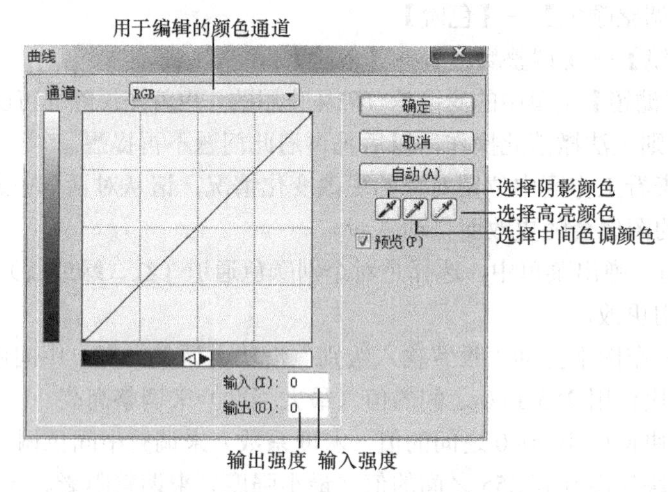

图2.25 “曲线”对话框

“曲线”对话框中的网格阐明两种亮度值，其中：

- 水平轴表示像素的原始亮度值，该值显示在“输入”框中。
- 垂直轴表示像素的新亮度值，该值显示在“输出”框中。

当第一次打开“曲线”对话框时，对角线指示尚未做任何更改，所以所有像素的原始亮度值和新亮度值都是一样的。

若要在色调范围内调整特定的点，则执行下面的操作。

（1）选择位图对象。

（2）执行下列操作之一，打开“曲线”对话框。

- 在属性检查器中，单击【添加动态滤镜】按钮，然后从“添加动态滤镜”弹出菜单中选择【调整颜色】→【曲线】。
- 选择【滤镜】→【调整颜色】→【曲线】。

（3）在“通道”弹出菜单中，选择是对个别颜色通道还是对所有颜色通道应用更改。

（4）单击网格对角线上的一个控制点并将其拖到新的位置以调整曲线，如图2.26所示。

- 曲线上的每一个控制点都有自己的“输入”和“输出”值。当拖动一个控制点时，其“输入”和“输出”值会自动更新。
- 曲线显示从0到255的亮度值，0表示阴影。

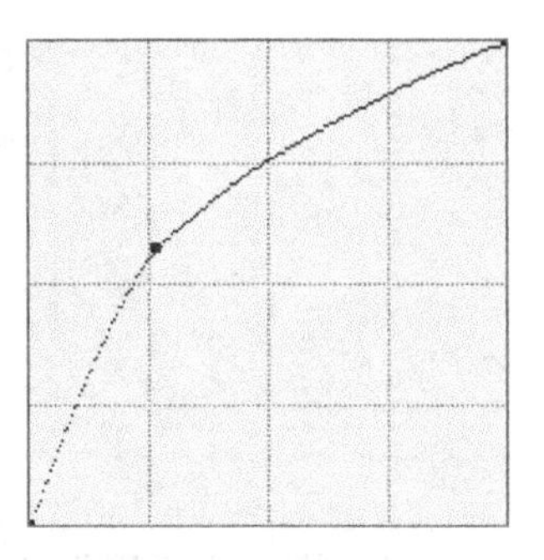

图 2.26　调整后的曲线

若要删除曲线上的控制点，则用鼠标指针按住控制点并将控制点拖离网格，但不能删除曲线的端点。

4．使用色调滴管

在“色阶”或“曲线”对话框中，可以使用“选择高亮颜色”、“选择阴影颜色”或“选择中间色调颜色”滴管来调整高亮、阴影和中间色调。

使用色调滴管手动调整色调平衡的操作方法如下。

（1）打开“色阶”或“曲线”对话框，然后从“通道”弹出菜单中选择一种颜色通道。

（2）选择适当的滴管重设图像的色调值。

- 用“选择高亮颜色”滴管单击图像中的最亮像素以重设高亮值。
- 用“选择中间色调颜色”滴管单击图像中的某个中性色像素以重设中间色调值。
- 用“选择阴影颜色”滴管单击图像中的最暗像素以重设阴影值。

（3）设置完成，单击【确定】按钮。

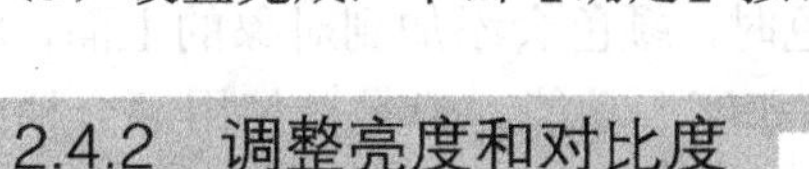

2.4.2　调整亮度和对比度

使用“亮度/对比度”功能可以修改图像中像素的对比度或亮度，这将影响图像的高亮、阴影和中间色调。对于太暗或者太亮的图像，校正时通常使用“亮度/对比度”功能。例如，图 2.27 所示为原始图像和经过亮度调整后的图像比较。

图 2.27　原始图像与经过亮度调整后的图像对比

调整亮度或对比度的操作方法如下。

（1）选择位图对象。

（2）执行下列操作之一，打开“亮度/对比度”对话框。该对话框如图 2.28 所示。

- 在属性检查器中，单击【添加动态滤镜】按钮，然后从“添加动态滤镜”弹出菜单中选择【调整颜色】→【亮度/对比度】。
- 选择【滤镜】→【调整颜色】→【亮度/对比度】。

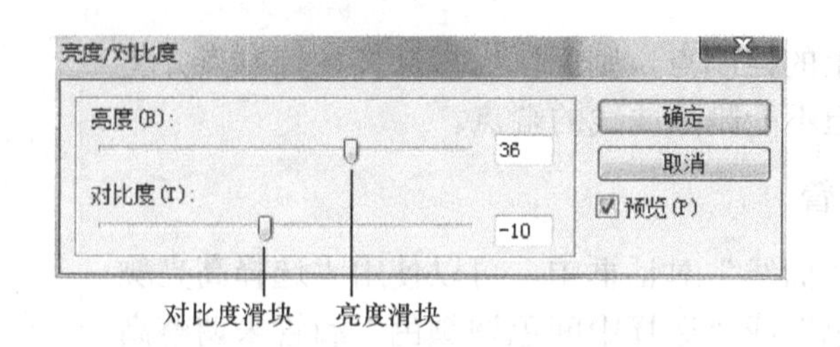

图 2.28 “亮度/对比度”对话框

（3）拖动“亮度”和“对比度”滑块调整设置。“亮度”值和“对比度”值的范围都是从−100 到 100。

（4）单击【确定】按钮。

2.4.3 应用“颜色填充”动态滤镜

可以使用“颜色填充”动态滤镜快速更改对象的颜色，方法是：用给定的颜色完全替代像素，或者将颜色混合到现有对象中。当混合颜色时，颜色会添加到对象的上面，将颜色混合到现有对象中的过程很类似于使用“色相/饱和度”功能。但是，使用混合模式可以快速应用色样面板中的特定颜色。

向所选对象添加“颜色填充”效果的操作方法如下。

（1）在属性检查器中，单击【添加动态滤镜】按钮，然后从弹出菜单中选择【调整颜色】→【颜色填充】，打开“颜色填充”选择面板，如图 2.29 所示。

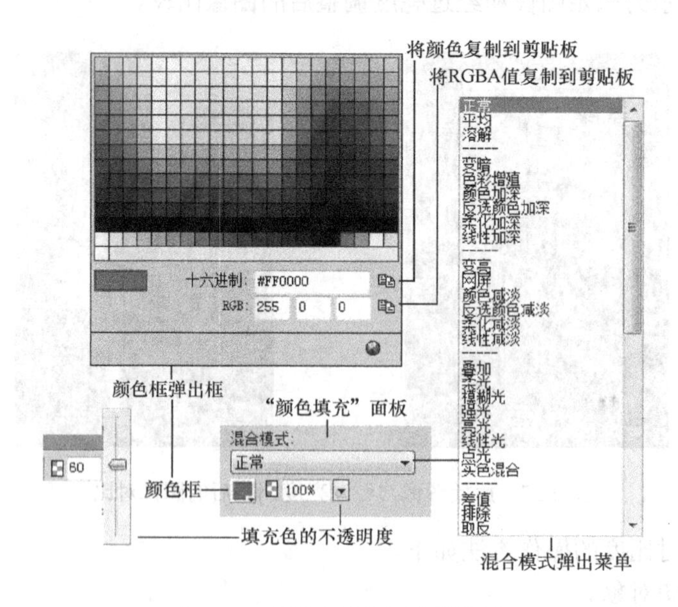

图 2.29 “颜色填充”选择面板

（2）选择混合模式，默认模式是“正常”。

（3）从颜色框弹出框中选择填充色。在颜色框弹出框中还可以将选择的颜色（或 RGBA 值）复制到剪贴板。

（4）选择填充色的不透明度，然后按【Enter】键。

2.4.4 调整色相和饱和度

使用“色相/饱和度”功能可以调整图像中颜色的阴影、色相、强度、颜色饱和度以及亮度。例如，图 2.30 所示为原始图像与调整了饱和度后的图像比较。

(a) 原始图像

(b) 调整饱和度后的图像

图 2.30 原始图像和调整饱和度后的图像比较

调整图像的色相或饱和度的操作方法如下。

（1）选择位图对象。

（2）执行下列操作之一，打开“色相/饱和度”对话框。该对话框如图 2.31 所示。

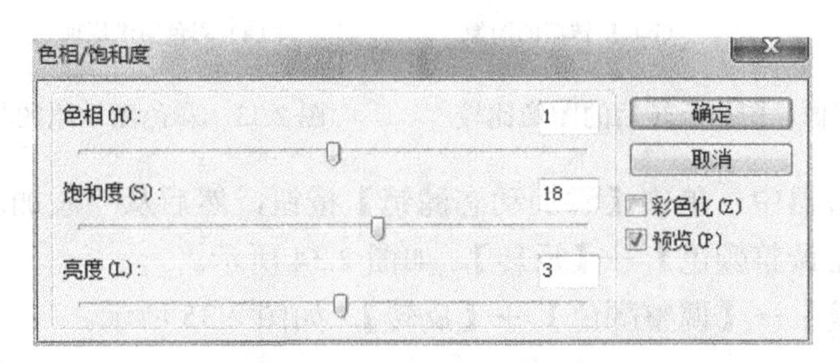

图 2.31 “色相/饱和度”对话框

- 在属性检查器中，单击【添加动态滤镜】按钮，然后从“添加动态滤镜”弹出菜单中选择【调整颜色】→【色相/饱和度】。
- 选择【滤镜】→【调整颜色】→【色相/饱和度】。

（3）拖动“色相”滑块调整图像的颜色，值的范围为-180～180。

（4）拖动“饱和度”滑块调整颜色的纯度，值的范围为-100～100。

（5）拖动“亮度”滑块调整颜色的亮度，值的范围为-100～100。

（6）调整完毕，单击【确定】按钮。

若要将 RGB 图像更改为双色调图像或将颜色添加到灰度图像中，则在“色相/饱和度”对话框中选择“彩色化”选项。

注意：选择“彩色化”选项后，“色相”和“饱和度”值范围将发生变化，“色相”值范围变成 0～360，“饱和度”值范围变成 0～100。

2.4.5 反转图像的颜色值

使用“反转”功能可以将图像的每种颜色更改为它在色轮中的反相色。例如，将“反转”滤镜应用于红色对象（R=255，G=0，B=0）会将其颜色更改为浅蓝色（R=0，G=255，B=255）。图 2.32 所示为单色图像原图与反转后的图像比较；图 2.33 所示为彩色图像原图与反转后的图像比较。

反转图像颜色的操作方法如下。

（1）选择位图对象。

（2）执行下列操作之一。

（a）单色图像原理　　（b）反转后的图像

图 2.32 单色图像原图与反转后的图像比较

（a）彩色图像原理　　（b）反转后的图像

图 2.33 彩色图像原图与反转后的图像比较

- 在属性检查器中，单击【添加动态滤镜】按钮，然后从“添加动态滤镜”弹出菜单中选择【调整颜色】→【反转】，如图 2.34 所示。
- 选择【滤镜】→【调整颜色】→【反转】，如图 2.35 所示。

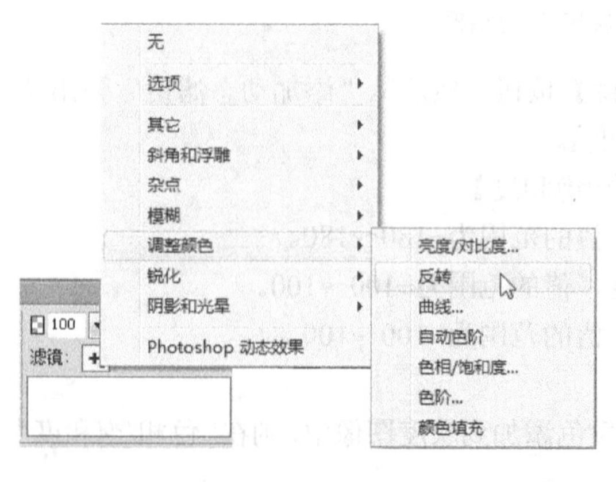

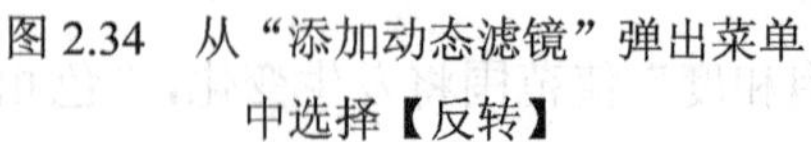

图 2.34 从“添加动态滤镜”弹出菜单中选择【反转】

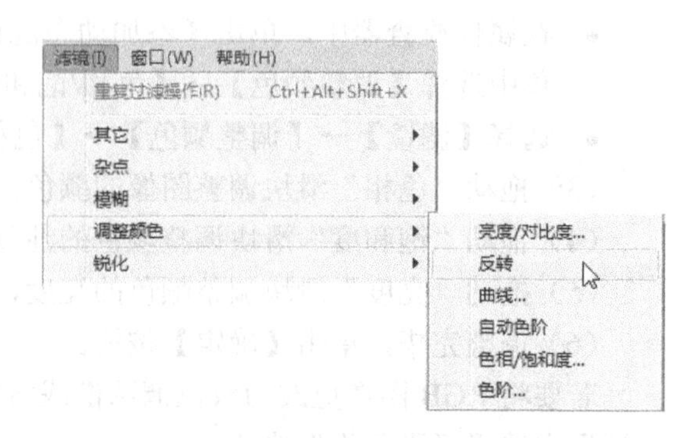

图 2.35 从【滤镜】菜单中选择【反转】

2.5 模糊和锐化位图

Fireworks CS6 具有一组模糊选项和一组锐化选项，可以将它们作为动态滤镜或不能撤消的永久滤镜应用。

2.5.1 对图像进行模糊处理

对图像进行模糊处理可以柔化位图对象的外观。Fireworks CS6 提供的模糊功能包括 6 种选项，如图 2.36 所示。

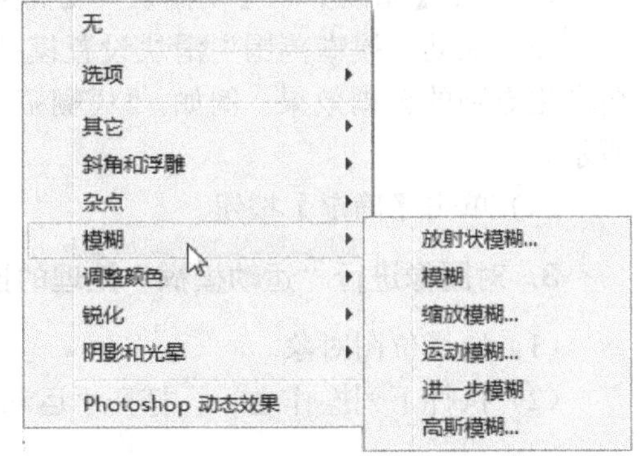

图 2.36 模糊功能的 6 种模糊选项

各项模糊处理的功能作用如下。

- “放射状模糊”：产生图像正在旋转的视觉效果。
- “模糊”：柔化所选像素的焦点。
- “缩放模糊”：产生图像正在朝向观察者或远离观察者移动的视觉效果。
- “运动模糊”：产生图像正在运动的视觉效果。
- “进一步模糊”：模糊处理效果大约是“模糊”的 3 倍。
- “高斯模糊”：对每个像素应用加权平均模糊处理以产生朦胧效果。

1. 对图像进行“模糊”处理或“进一步模糊”处理的操作方法

（1）选择位图对象。

（2）执行下列操作之一。

- 在属性检查器中，单击【添加动态滤镜】按钮，然后从“添加动态滤镜”弹出菜单中选择【模糊】→【模糊】或【进一步模糊】。
- 选择【滤镜】→【模糊】→【模糊】或【进一步模糊】。

例如，图 2.37 所示为原图像与经“模糊”处理和“进一步模糊”处理的图像比较。

(a) 原图像

(b) 经“模糊”处理图像

(c) 经“进一步模糊”处理图像

图 2.37 原图像和经“模糊”、“进一步模糊”处理的图像比较

2. 对图像进行“高斯模糊”处理的操作方法

（1）选择位图对象。

（2）执行下列操作之一，打开“高斯模糊”对话框。该对话框如图 2.38 所示。

图 2.38 “高斯模糊”对话框

- 在属性检查器中，单击【添加动态滤镜】按钮，然后从“添加动态滤镜”弹出菜单中选择【模糊】→【高斯模糊】。
- 选择【滤镜】→【模糊】→【高斯模糊】。

（3）拖动“模糊范围”滑块设置模糊效果的强度，值的范围为 0.1～250，增大数值会产生更强的模糊效果。例如，“模糊范围”值为 1.9 时，对应的上例图像变为如图 2.39 所示。

（4）单击【确定】按钮。

3. 对图像进行“运动模糊”处理的操作方法

（1）选择位图对象。

（2）执行下列操作之一，打开“运动模糊”对话框。该对话框如图 2.40 所示。

图 2.39 “模糊范围”值为 1.9 时对应的图像

图 2.40 “运动模糊”对话框

- 在属性检查器中，单击【添加动态滤镜】按钮，然后从“添加动态滤镜”弹出菜单中选择【模糊】→【运动模糊】。
- 选择【滤镜】→【模糊】→【运动模糊】。

（3）拖动“角度”转盘设置模糊效果的方向。

（4）拖动“距离”滑块设置模糊效果的强度，“距离”值的范围为 1～100，增大距离会产生更强的模糊效果。例如，图 2.41 所示为原图像与经过“运动模糊”处理的图像比较。

（a）原图像

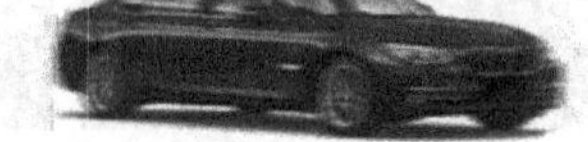

（b）“距离”为6，“角度”为3

（c）“距离”为12，“角度”为3

图 2.41 原图像与经过“运动模糊”处理的图像比较

（5）单击【确定】按钮。

4. 对图像进行“放射状模糊”处理的操作方法

（1）选择位图对象。

（2）执行下列操作之一，以打开“放射状模糊”对话框。该对话框如图 2.42 所示。

- 在属性检查器中，单击【添加动态滤镜】按钮，然后从“添加动态滤镜”弹出菜单中选择【模糊】→【放射状模糊】。
- 选择【滤镜】→【模糊】→【放射状模糊】。

（3）拖动“数量”滑块设置模糊效果的强度，值的范围为 1～100，增大数量会产生更强的模糊效果。例如，图 2.43 所示为原图像与经“放射状模糊”（“数量”为 50，“品质”为 50）处理的图像比较。

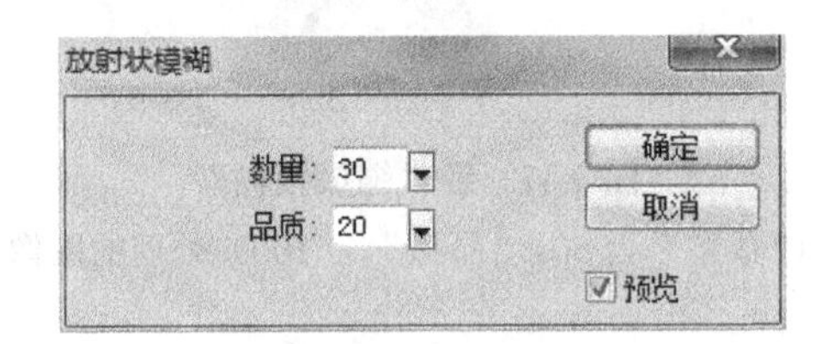

图 2.42 “放射状模糊”对话框

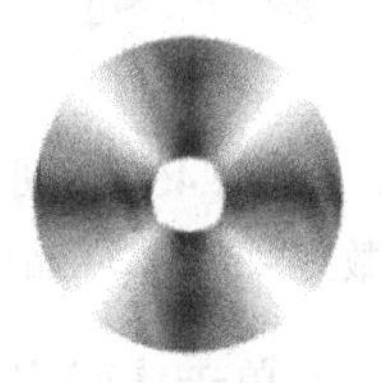

图 2.43 原图像与经“放射状模糊”（“数量”为 50，“品质”为 50）处理的图像比较

（4）拖动“品质”滑块设置模糊效果的光滑度，值的范围为 1～100。增大品质值会导致模糊效果与原图像的重复性变低。例如，图 2.44 所示为经“放射状模糊”（“数量”为 50，“品质”为 100）处理的图像。

（5）单击【确定】按钮。

5. 对图像进行“缩放模糊”处理的操作方法

（1）选择位图对象。

（2）执行下列操作之一，以打开“缩放模糊”对话框，如图 2.45 所示。

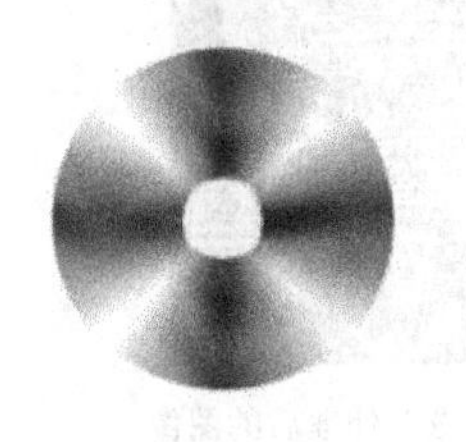

图 2.44 经“放射状模糊”（“数量”为 50，“品质”为 100）处理的图像

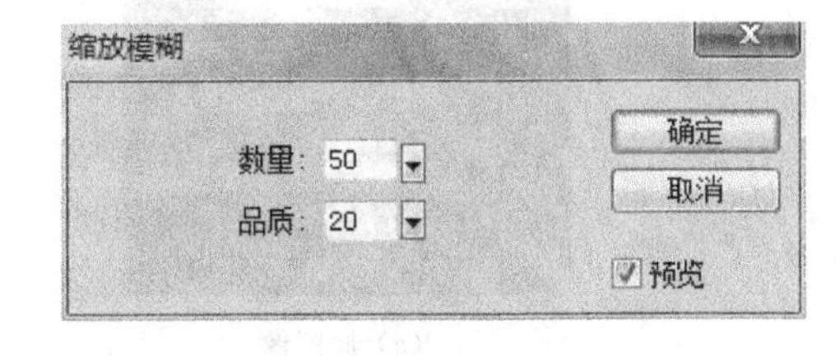

图 2.45 “缩放模糊”对话框

- 在属性检查器中，单击【添加动态滤镜】按钮，然后从“添加动态滤镜”弹出菜单中选择【模糊】→【缩放模糊】。
- 选择【滤镜】→【模糊】→【缩放模糊】。

（3）拖动“数量”滑块设置模糊效果的强度，值的范围为 1～100。增大数量会产生更强的模糊效果。例如，图 2.46 所示为原图像与经“缩放模糊”（“数量”为 50，“品质”为 20）处理的图像比较。

（4）拖动“品质”滑块设置模糊效果的光滑度，值的范围为 1～100。增大品质值会导致模糊效果与原图像的重复性变低。例如，图 2.47 所示为经“缩放模糊”（“数量”为 50，“品质”为 100）处理的图像。

图 2.46 原图像与经“缩放模糊”（“数量”为 50，“品质”为 20）处理的图像比较

图 2.47 经“缩放模糊”（“数量”为 50，“品质”为 100）处理的图像

（5）单击【确定】按钮。

2.5.2 创建草图外观

“查找边缘”功能可以识别图像中的颜色过渡并将它们转变成线条，从而使位图变得看起来像素描一样。例如，图 2.48 所示为原图像与进行“查找边缘”处理后的图像比较。

（a）原图像

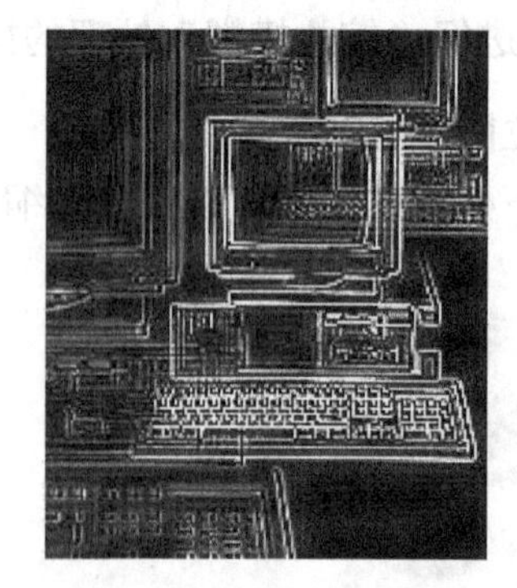

（b）进行“查找边缘”处理后的图像

图 2.48 原图像与进行“查找边缘”处理后的图像比较

要将“查找边缘”效果应用于所选区域，请执行下列操作之一。

- 在属性检查器中，单击【添加动态滤镜】按钮，然后从“添加动态滤镜”弹出菜单中选择【其他】→【查找边缘】，如图 2.49 所示。

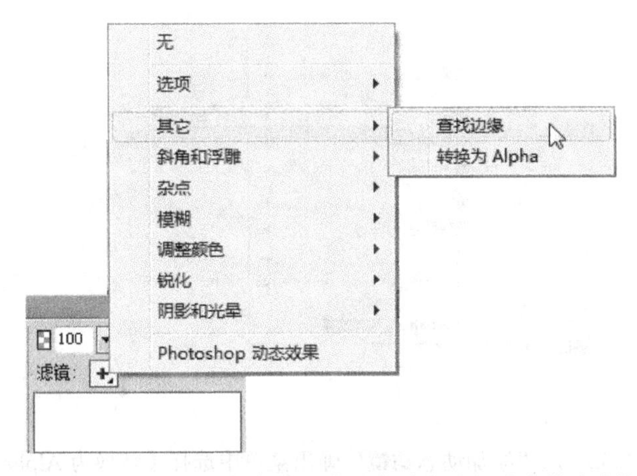

图 2.49 从“添加动态滤镜”弹出菜单中选择【查找边缘】

- 选择【滤镜】→【其他】→【查找边缘】，如图 2.50 所示。

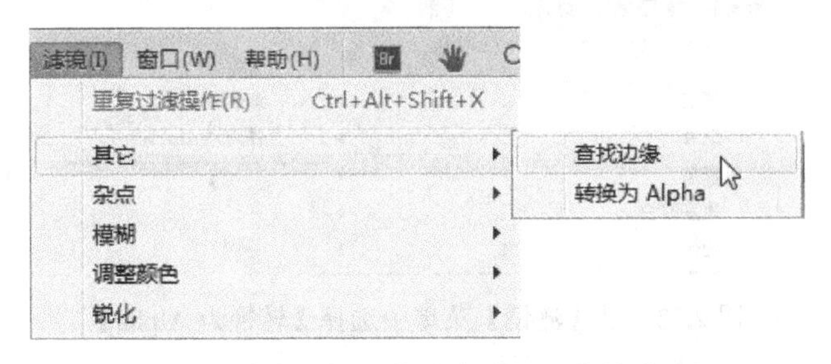

图 2.50 从【滤镜】菜单中选择【查找边缘】

2.5.3 将图像转换成透明

可以使用“转换为 Alpha”动态滤镜效果，基于图像的透明度将对象或文本转换成透明。例如，图 2.51 所示为原图像与使用“转换为 Alpha”的图像比较，为使读者看得更清楚一些特将右侧图的背景设为红色。

(a) 原图像 (b) 使用“转换为Alpha”的图像 (c) 将使用“转换为Alpha”的图像放在颜色为红色的背景上

图 2.51 原图像与使用“转换为 Alpha”的图像比较

要将“转换为 Alpha”动态滤镜效果应用于所选区域，请执行下列操作之一。

- 在属性检查器中，单击【添加动态滤镜】按钮，然后从“添加动态滤镜”弹出菜单中选择【其他】→【转换为 Alpha】，如图 2.52 所示。

图 2.52　从“添加动态滤镜”弹出菜单中选择【转换为 Alpha】

- 选择【滤镜】→【其他】→【转换为 Alpha】，如图 2.53 所示。

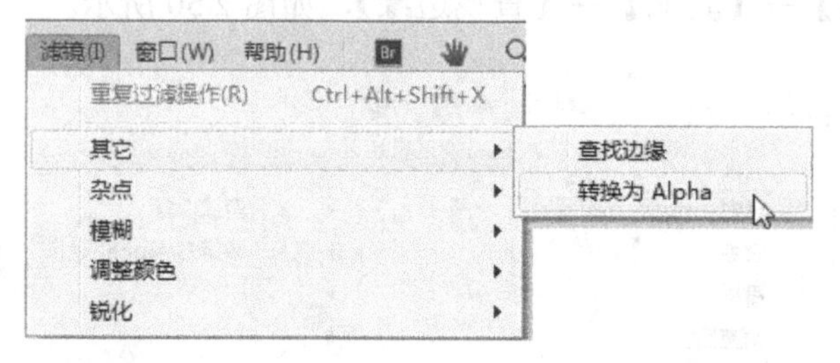

图 2.53　从【滤镜】菜单中选择【转换为 Alpha】

2.5.4　对图像进行锐化处理

可以使用“锐化”功能校正模糊的图像。Fireworks CS6 提供了 3 种“锐化”选项，如图 2.54 所示。

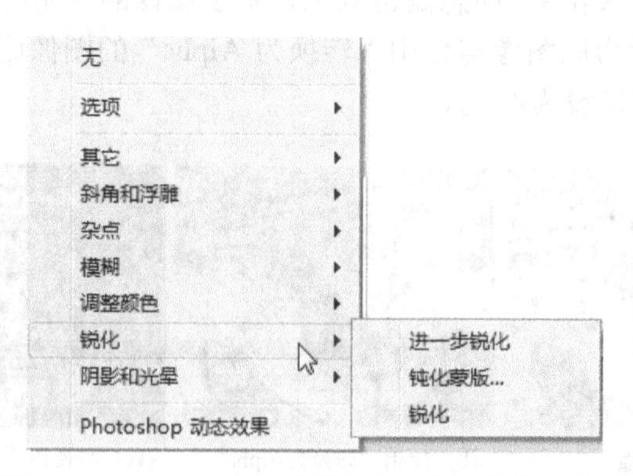

图 2.54　Fireworks CS6 提供了 3 种“锐化”选项

各项锐化处理的功能作用如下。

- “进一步锐化”：将邻近像素的对比度增大到“锐化”的大约 3 倍。
- “钝化蒙版”：通过调整像素边缘的对比度来锐化图像。该选项提供了大部分控制，因此它通常是锐化图像时的最佳选择。

- “锐化”：通过增大邻近像素的对比度，对模糊图像的焦点进行调整。

例如，图 2.55 所示为原图像与锐化后的图像比较。

(a) 原图像

(b) 锐化后的图像

图 2.55 原图像与锐化后的图像比较

1. 对图像进行“锐化”处理或“进一步锐化”处理的操作方法

（1）选择位图对象。

（2）执行下列操作之一。

- 在属性检查器中，单击【添加动态滤镜】按钮，然后从“添加动态滤镜”弹出菜单中选择【锐化】→【锐化】或【进一步锐化】。
- 选择【滤镜】→【锐化】→【锐化】或【进一步锐化】。

2. 对图像进行“钝化蒙版”处理的操作方法

（1）选择位图对象。

（2）执行下列操作之一，打开“钝化蒙版”对话框。该对话框如图 2.56 所示。

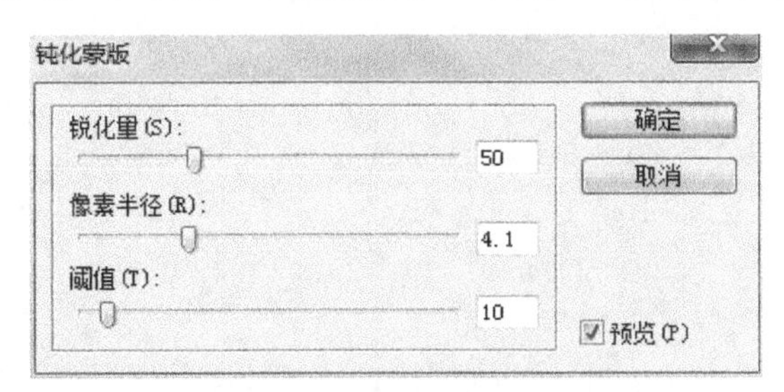

图 2.56 “钝化蒙版”对话框

- 在属性检查器中，单击【添加动态滤镜】按钮，然后从“添加动态滤镜”弹出菜单中选择【锐化】→【钝化蒙版】。
- 选择【滤镜】→【锐化】→【钝化蒙版】。

（3）拖动“锐化量”滑块选择锐化效果的强度（1%～500%）。

（4）拖动“像素半径”滑块选择半径，值的范围从 0.1～250。增大半径将围绕每个像素边缘产生更大区域的鲜明对比度。

（5）拖动“阈值”滑块选择阈值，值的范围从 0～255，最常用的值为 2～25。增大阈值将只锐化图像中具有较高对比度的像素；若减小阈值，则具有较低对比度的像素也在锐化范围内；若阈值为 0，则将锐化图像中的所有像素。

（6）单击【确定】按钮。

2.6 本章软件使用技能要求

创建位图对象是图形图像制作的基本功，通过本章的学习要掌握以下软件使用技能。

1. 创建位图对象

有 4 种方法：直接绘制、绘画位图对象，创建新的空位图，剪切或复制并粘贴像素，转换矢量对象。

工具面板的“位图”部分包含位图选择和编辑工具。要编辑文档中的位图像素，可以从“位图”部分中选择工具。

2. 修饰位图对象

Fireworks CS6 有一套强大的动态滤镜效果可用于色调和颜色调节，它还提供了许多修饰位图对象的方法，包括修剪、羽化和复制或克隆图像。另外，Fireworks CS6 还提供了一套新的图像修饰工具——“模糊”、“锐化”、“减淡”、“加深”和“涂抹”。

第3章

创建矢量对象

矢量图又称向量图，在数学上定义为一系列由线连接的点。矢量文件中的图形元素称为对象。每个对象都是一个自成一体的实体，有颜色、形状、轮廓、大小和屏幕位置等属性。既然每个对象都是一个自成一体的实体，就可以在维持它原有清晰度和弯曲度的同时，多次改变它的属性，而不会影响图例中的其他对象。这些特征使基于矢量的程序特别适用于图例和三维建模，因为它们通常要求能创建和操作单个对象。基于矢量的绘图同分辨率无关，这意味着它们可以按最高分辨率显示到输出设备上。

3.1 绘制矢量对象

使用矢量对象绘制工具，可以通过“逐点绘制”来绘制基本形状、自由变形矢量路径和复杂形状，也可以绘制自动形状，它们是智能矢量对象组，具有可用于调整其属性的特殊控制点。

3.1.1 快速绘制基本形状

使用“直线”、“矩形”和“椭圆”等工具可以快速绘制基本形状。“矩形”工具将矩形作为组合对象进行绘制，若要单独移动矩形的角点，则必须取消组合矩形或使用“部分选定”工具。

1. 绘制直线、矩形或椭圆的操作方法

（1）选择“直线”、“矩形”或“椭圆”工具。

（2）在属性检查器中设置笔触和填充属性。

（3）在画布上拖动以绘制形状。

说明：对于“直线”工具，按住【Shift】键并拖动工具可限制只能按45°的增量来绘制直线。对于“矩形”或“椭圆”工具，按住【Shift】键并拖动工具可将形状限制为正方形或圆形。

2. 从特定中心点绘制矩形或椭圆的操作方法

将指针放在预期的中心点，然后按【Alt】键并拖动绘制工具。若要既限制形状又要从中心点绘制，则将指针放在预期的中心点，按【Shift+Alt】组合键并拖动绘制工具。

3. 在绘制过程中调整基本形状位置的操作方法

在按住鼠标的同时，按住空格键，然后将对象拖到画布上的另一个位置，释放空格键后可继续绘制对象。

注意：“直线”工具是个例外，使用“直线”工具时按空格键并不会更改直线在画布上的位置。

4. 调整所选直线、矩形或椭圆大小的操作方法（请执行下列操作之一）

- 在属性检查器或“信息”面板中输入新的宽度和高度值。
- 在工具面板的“选择”部分，选择“缩放”工具，并拖动角变形手柄，等比例调整对象的大小。

> 灵活运用：还可以通过选择【修改】→【变形】→【缩放】命令并拖动角变形手柄，或者选择【修改】→【变形】→【数值变形】命令并输入新尺寸等方法按比例调整对象大小。

- 拖动矩形的一个角点。

3.1.2 绘制基本的圆角矩形

可以通过以下两种方法来绘制圆角矩形：一种是使用“圆角矩形”工具；另一种是使用属性检查器中的“圆度”选项来调整所选矩形的圆角值。“圆角矩形”工具将矩形作为组合对象进行绘制，若要单独移动圆角矩形的点，则必须取消组合该矩形或使用“部分选定”工具。

1. 绘制圆角矩形的操作方法

（1）选择位于“矩形”工具弹出菜单中的“圆角矩形”工具。

（2）在画布上拖动以绘制圆角矩形。

2. 使所选矩形的角变成圆角的操作方法

在属性检查器的“圆度”框内输入一个0～100的圆角值并按【Enter】键，或者拖动弹出滑块，如图3.1所示。

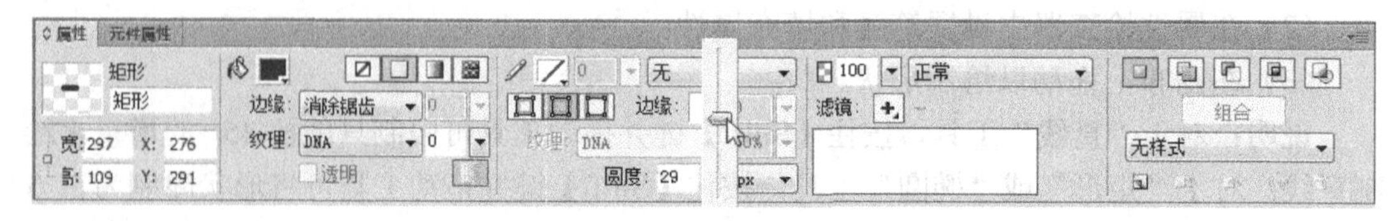

图3.1　拖动矩形圆角值弹出滑块

3.1.3 绘制基本的多边形和星形

使用“多边形”工具可以绘制出大于3条边的多边形或星形的任意正多边形或星形。

1. 绘制多边形的操作方法

（1）选择“多边形”工具，该工具是工具面板“矢量”部分中的一个基本形状绘制工具。

（2）在属性检查器中，使用“边”弹出滑块选择3～25条边数，或者在“边”文本框中输入一个大于3的数字，来指定多边形的边数。

（3）在画布上拖动以绘制多边形。

说明：若将多边形的方向限制为按45°的增量变化，则在绘制时按住【Shift】键。“多边形”工具总是从中心点开始绘制。

2. 绘制星形的操作方法

（1）选择“多边形”工具。

（2）在属性检查器中，从“形状”弹出菜单中选择【星形】。

（3）在“边”文本框中输入星形顶点的数目。

（4）选择“自动”或在“角度”文本框中输入一个值。接近0的值产生的角长而细，接近100的值产生的角短而粗。

（5）在画布上拖动以绘制星形。

说明：若要将星形方向限制为按45°的增量变化，则在拖动时按住【Shift】键。

3.1.4 绘制自动形状

自动形状是智能矢量对象组，这些对象组遵循特殊的规则以简化常用可视化元素的创建和编辑。自动形状工具用于绘制对象组，与其他对象组不同，选定的自动形状除了具有对象组手柄外，还具有菱形的控制点，每个控制点都与形状的某个特定可视化属性关联，拖动某个控制点只会改变与其关联的可视化属性。大多数自动形状控制点都带有工具提示，用来描述它们会如何影响自动形状，将指针移到一个控制点上可看到描述该控制点属性的工具提示，如图3.2所示。

自动形状工具按预设方向创建形状，例如，“箭头”工具按水平方向绘制箭头。可以对自动形状进行变形以改变其方向。

虽然工具面板中的每个自动形状工具使用同一种简单易用的绘制方法，但每种自动形状的可编辑属性却互不相同。自动形状工具的弹出菜单如图3.3所示。

1. 每个自动形状工具的用途及使用说明

- “L形”工具——绘制直边角形状的对象组。使用控制点可以编辑水平和垂直部分的长度和宽度以及边角的曲率。
- “圆角矩形”工具——绘制带有圆角的矩形形状的对象组。使用控制点可以同时编辑所有边角的圆度，或者更改个别边角的圆度。

图 3.2　描述控制点属性的工具提示

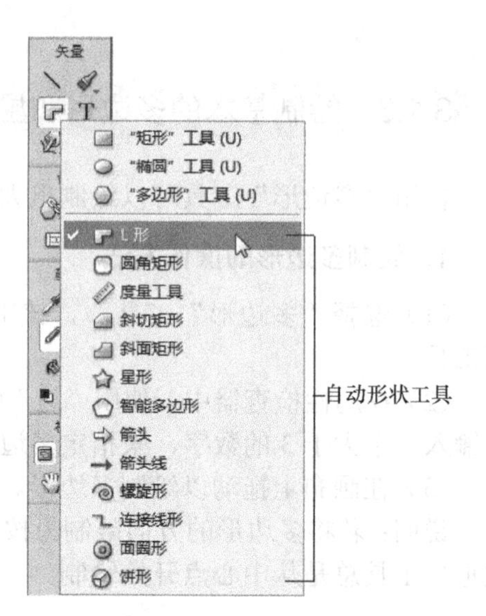

图 3.3　自动形状工具的弹出菜单

- “度量”工具——绘制标注长度和角度的双向箭头形状的对象组。该自动形状还包含一个文本框子元素，使用文本工具可以输入文本。使用控制点可以编辑箭头形状的长度和角度。
- “斜切矩形”工具——绘制带有切角的矩形形状的对象组。使用控制点可以同时编辑所有边角的斜切量，或者更改个别边角的斜切量。
- “斜面矩形”工具——绘制带有倒角的矩形形状（边角在矩形内部成圆形）的对象组。使用控制点可以同时编辑所有边角的倒角半径，或者更改个别边角的倒角半径。
- “星形”工具——绘制星形形状（顶点数为 3～50）的对象组。使用控制点可以添加或删除顶点，以及调整各顶点的内角和外角。
- “智能多边形”工具——绘制具有 3～25 条边的正多边形形状的对象组。使用控制点可以调整大小和旋转、添加或删除线段、增加或减少边数，或者向图形中添加内侧多边形。
- “箭头”工具——绘制任意比例的普通箭头形状的对象组。使用控制点可以调整箭头的锥度、尾部的长度和宽度以及箭尖的长度，也可以使用控制点调整箭头使之成为任意比例的直角箭头形状，即“弯箭头”。
- “箭头线”工具——绘制任意长度的箭头形状的对象组。使用控制点可以调整箭头的长度和角度以及箭尖的形状。
- “螺旋形”工具——绘制开口式螺旋形形状的对象组。使用控制点可以编辑螺旋的圈数，并可以决定螺旋是开口的还是闭合的。
- “连接线形”工具——绘制的对象组显示为 3 段的连接线形，例如那些用来连接流程图或组织图的元素的线条。使用控制点可以编辑连接线形的长度、翻转，并改变第 2 段连接线的形状。
- “面圈形”工具——绘制实心圆环形状的对象组。使用控制点可以调整内环的周长或将圆环形状拆分为几个部分。

- “饼形”工具——绘制饼图形状的对象组。使用控制点可以将饼图形状拆分为几个部分。

2．绘制自动形状的基本操作方法

（1）在工具面板的“矢量”部分中，从自动形状工具的弹出菜单中选择一种自动形状工具。

（2）在画布上拖动以绘制形状，或者在画布上单击鼠标左键，按形状的默认大小放置形状。

3.1.5　绘制自由变形矢量路径

像使用毛笔、毛毡笔尖或蜡笔进行绘制那样，可以使用“矢量路径”工具绘制自由变形矢量路径。还可以使用“矢量路径”工具更改所绘制路径的笔触和填充属性。“矢量路径”工具位于工具面板“矢量”部分的“钢笔”工具弹出菜单中，如图3.4所示。

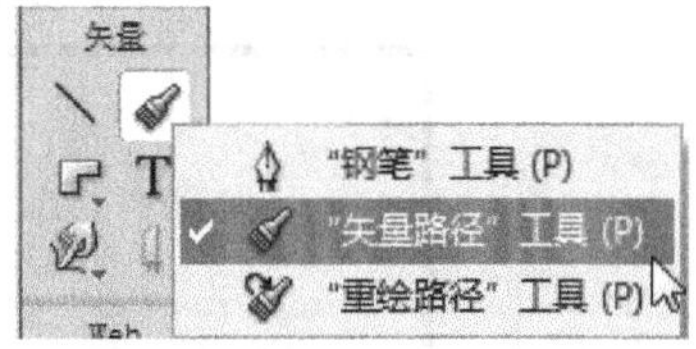

图3.4　选择“矢量路径”工具

“矢量路径”工具包含各种刷子笔触类别，包括“基本”、“喷枪”、“毛笔”、“炭笔”、“蜡笔”和“非自然”等，每个类别通常都包含一个笔触选项，如“实线”、“实边圆形”、“加亮标记”、“暗色标记”、“油漆泼溅”、“竹子”、“缎带”、“五彩纸屑”、“3D”、“牙膏”和“丙烯颜料”。例如，当选择“矢量路径”工具时，属性检查器便显示“矢量路径”工具的属性，打开“描边种类”弹出菜单会看到有各种刷子笔触类别可供选择，如图3.5所示。

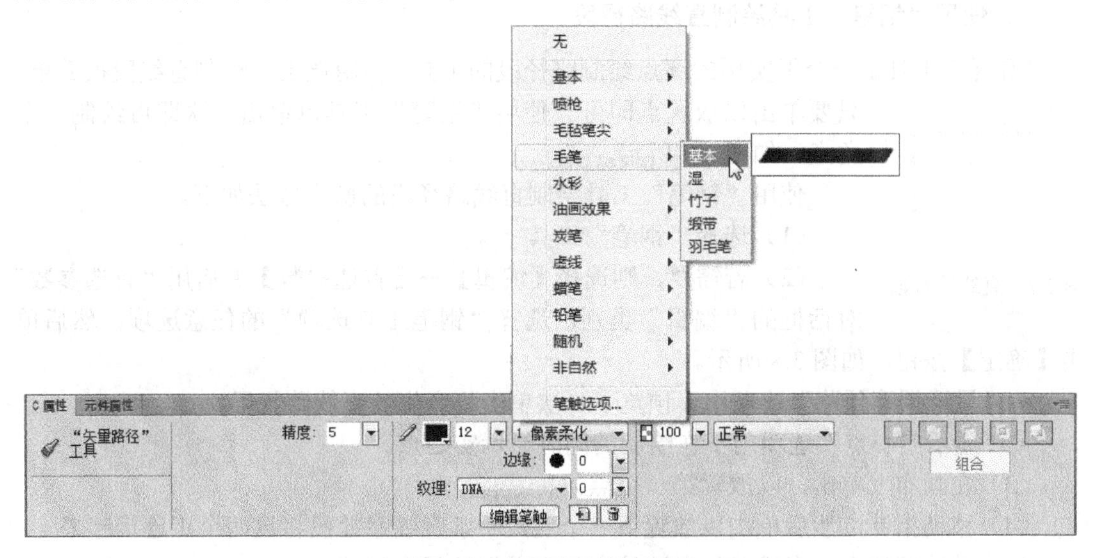

图3.5　各种刷子笔触类别

绘制自由变形矢量路径的操作方法如下。

（1）选择位于“钢笔”工具弹出菜单中的“矢量路径”工具。

（2）在属性检查器中设置笔尖大小、描边种类、纹理名称及总量等属性，编辑笔触。

（3）拖动以进行绘制。若要将路径限制为水平或垂直线，请在拖动时按住【Shift】键。

（4）释放鼠标左键以结束路径绘制。若要闭合路径，则将指针返回到路径起始点，然后释放鼠标左键。

3.1.6 通过绘制点来绘制路径

在 Fireworks CS6 中绘制和编辑矢量对象的方法之一，就是逐点绘制。当使用“钢笔”工具单击每个点时，Fireworks CS6 会自动从单击的最后一个点向前一个点绘制矢量对象的路径。

除了使用直线路径段连接各个点以外，“钢笔”工具还可以绘制根据数学公式推导出的平滑曲线（贝济埃曲线）路径段。每个点的类型（角点或曲线点）确定相邻的路径段是直线路径段还是曲线路径段。通过绘制点来绘制的路径如图 3.6 所示。

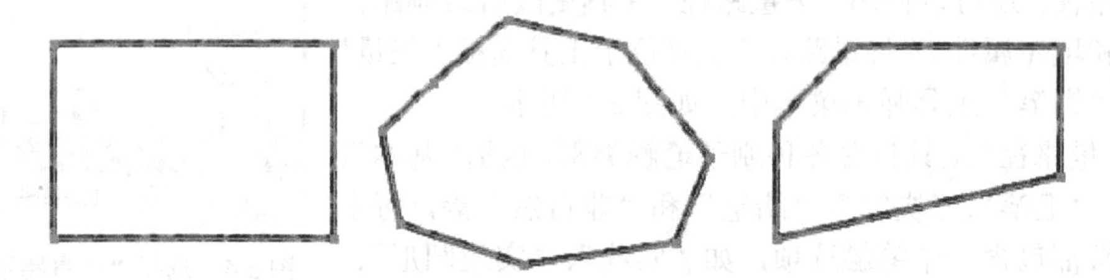

图 3.6 通过绘制点来绘制的路径

可以通过拖动各个点来修改直线和曲线路径段，也可以通过拖动点手柄来进一步修改曲线路径段，还可以通过转换各个点来将直线路径段转换为曲线路径段，反之亦然。

1．使用“钢笔”工具绘制直线路径段

“钢笔”工具是一个很实用的逐点绘制路径段的工具。使用该工具绘制直线段很简单，只要单击以放置点即可。使用“钢笔”工具每单击一次即可绘制一个角点，如图 3.7 所示。

图 3.7 直线路径段

使用“钢笔”工具绘制直线路径段的操作方法如下。

（1）选择“钢笔”工具。

（2）若需要，则选择【编辑】→【首选参数】并启用“首选参数”对话框的“编辑”类别，选择“钢笔工具选项”的任意选项，然后单击【确定】按钮，如图 3.8 所示。

- “显示钢笔预览”选项用于预览下一次单击将产生的直线路径段。
- “显示实心点”选项用于在绘制的同时显示实心点。

（3）在画布上单击，以放置第一个点。

（4）移动指针，然后单击以放置下一个点，一条直线路径段将这两个点连接起来。

（5）继续绘制点，直线路径段连接点与点之间的每个间隙。

（6）双击最后一个点，或者选择其他工具，结束该路径并使其成为断开路径。

注意：若从任何选择工具或“矢量”工具（“文本”工具除外）返回到“钢笔”工具，则 Fireworks CS6 会在下次单击时继续绘制该对象。

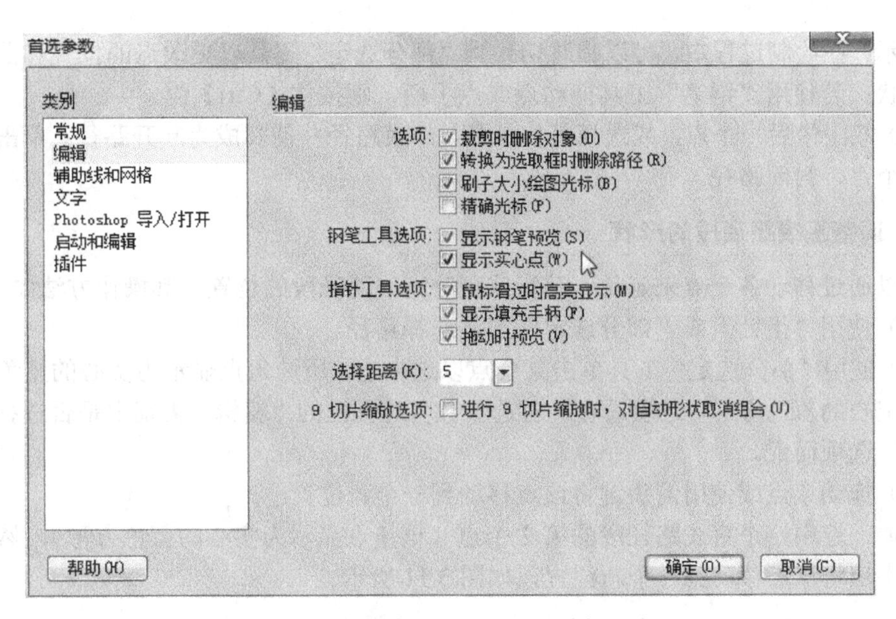

图 3.8　“首选参数”对话框的“编辑”类别

若要封闭该路径，则单击所绘制的第一个点。

说明：由路径重叠自身构成的回路不是封闭路径，只有在同一点开始和结束的路径才是封闭路径。

2．使用“钢笔”工具绘制曲线路径段

使用“钢笔”工具绘制曲线路径段的方法是在绘制点时单击并拖动，绘制时，当前点显示点手柄。不论是使用“钢笔”工具还是使用其他 Fireworks CS6 绘制工具进行绘制，所有矢量对象上的所有点都有点手柄，但这些点手柄只在曲线点上才可见，如图 3.9 所示。

绘制包含曲线路径段对象的操作方法如下。

（1）选择“钢笔”工具。

（2）单击以放置第一个角点。

（3）移动到下一个点的位置，然后单击并拖动以产生一个曲线点。在每次单击和拖动时，Fireworks CS6 都将路径段扩展到新点，如图 3.10 所示。

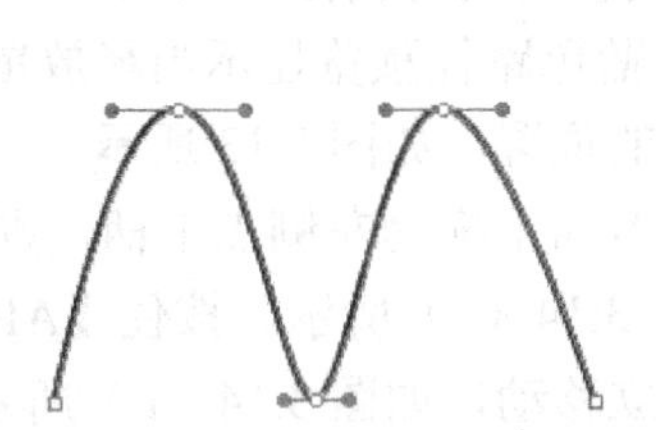

图 3.9　矢量对象上的所有点都有点手柄

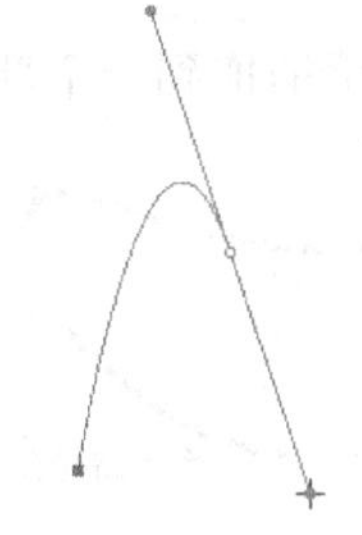

图 3.10　绘制曲线路径段

（4）继续绘制点。若单击并拖动一个新点，则可产生一个曲线点；若只单击，则产生一个角点。

提示：在绘制过程中，可以临时切换到“部分选定”工具以更改点的位置和曲线路径段的形状；若使用“钢笔”工具拖动点或点手柄，则按住【Ctrl】键。

（5）双击最后一个点，或选择其他工具，结束路径并使其成为断开路径；单击所绘制的第一个点，封闭路径。

3. 调整直线路径段的形状

可以通过移动各个点来延长、缩短或更改直线路径段的位置，其操作方法如下。

（1）使用“指针”或“部分选定”工具选择路径。

（2）使用“部分选定”工具单击某个点以选中它。所选角点显示为实心的蓝色方形或显示为空心的蓝色方形，这要看在“首选参数”对话框的“编辑”类别中是否选择“显示实心点”选项而定。

（3）拖动该点或使用箭头键将该点移动到一个新位置。

例如，选中一个直线路径段的第 2 个点（该角点显示为实心的蓝色方形），然后按向上的箭头键将该点移动到一个新位置，如图 3.11 所示。

4. 调整曲线路径段的形状

使用“部分选定”工具拖动矢量对象的点手柄可以更改该对象的形状。点手柄确定固定点之间的曲率，这些曲线称为贝济埃曲线。

编辑路径段的贝济埃曲线的操作方法如下。

（1）使用“指针”或“部分选定”工具选择路径。

（2）使用“部分选定”工具单击曲线点以选中它。所选曲线点显示为一个实心的蓝色方形，点手柄从该点扩展，如图 3.12 所示。

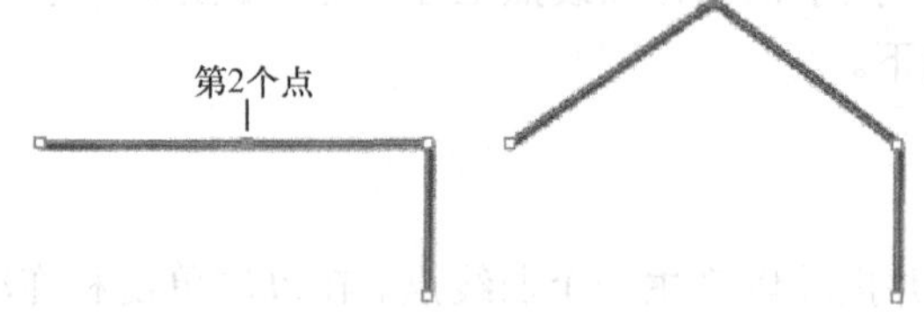

图 3.11　调整直线路径段的形状

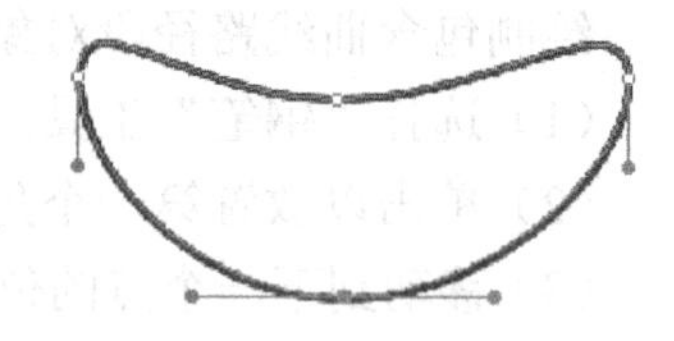

图 3.12　选中曲线点

（3）将点手柄拖到一个新位置。若将点手柄移动的方向限制为 45°，则在拖动时按【Shift】键。蓝色路径预览显示当释放鼠标按钮时，将绘制新路径的位置，如图 3.13 所示。

路径
所选曲线点
路径预览
点手柄
“部分选定”指针

图 3.13　预览显示绘制新路径的位置

例如，若向下拖动左侧点手柄，则右侧点手柄将上升，如图 3.14（a）所示。按住【Alt】键并拖动手柄可使它独立移动，如图 3.14（b）所示。

5. 将路径段转换为直线路径段或曲线路径段

直线路径段在角点处相交，曲线路径段包含曲线点，如图 3.15 所示。可通过转换点将直线路径段转换为曲线路径段，反之亦然，如图 3.16 所示。

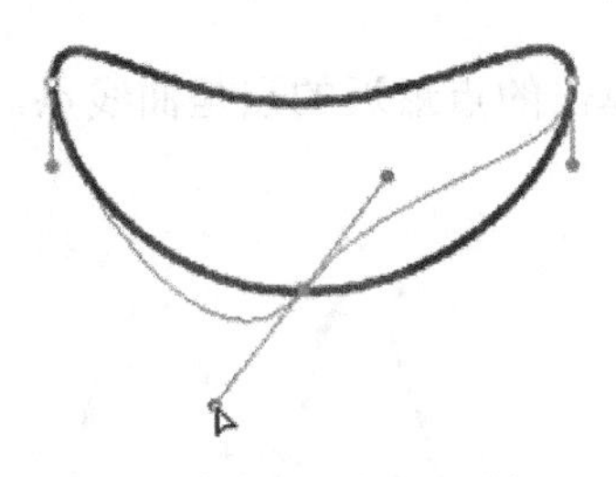

(a) 向下拖动左侧点手柄

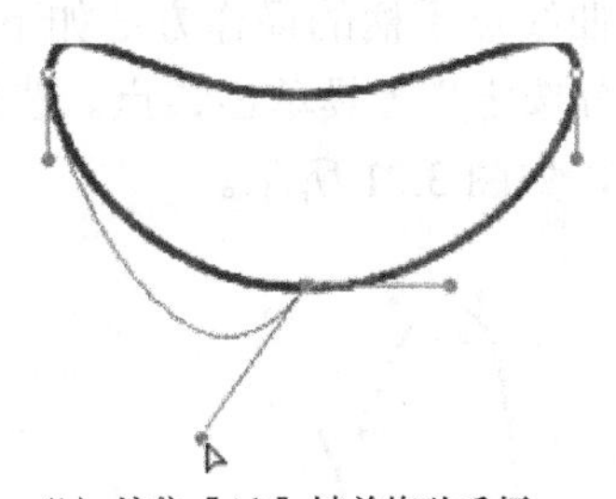

(b) 按住【Alt】键并拖动手柄

图 3.14 拖动点手柄

图 3.15 曲线路径段和直线路径段

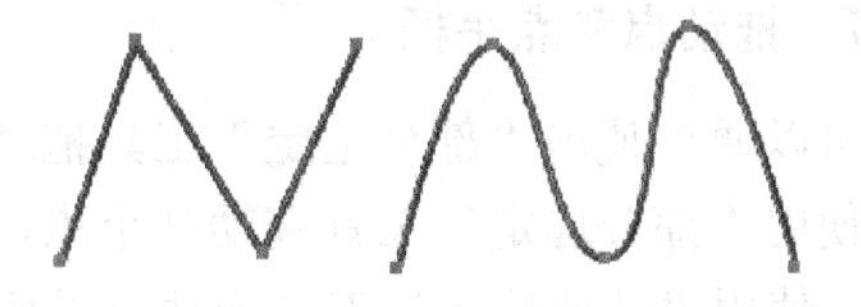

图 3.16 转换为直线路径段和曲线路径段

（1）将角点转换为曲线点的操作方法如下。

① 选择“钢笔”工具。

② 在所选路径上单击一个角点，然后用指针从该点拖动点手柄。点手柄将扩展，并使邻近路径段变弯，如图 3.17 所示。

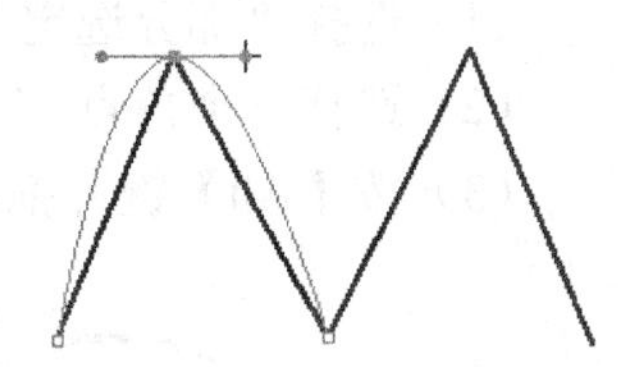

图 3.17 将角点转换为曲线点

（2）将曲线点转换为角点的操作方法如下。

① 选择“钢笔”工具。

② 在所选路径上单击一个曲线点，如图 3.18 所示。手柄将缩短，同时相邻段将伸直，如图 3.19 所示。

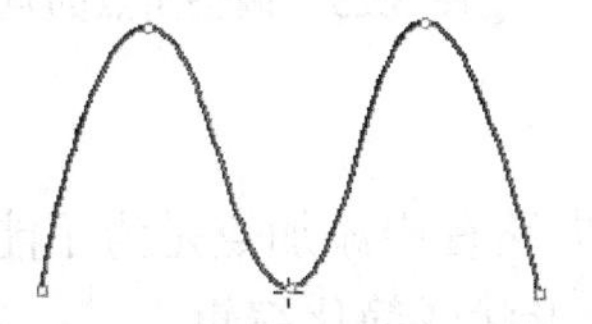

图 3.18 在所选路径上单击一个曲线点

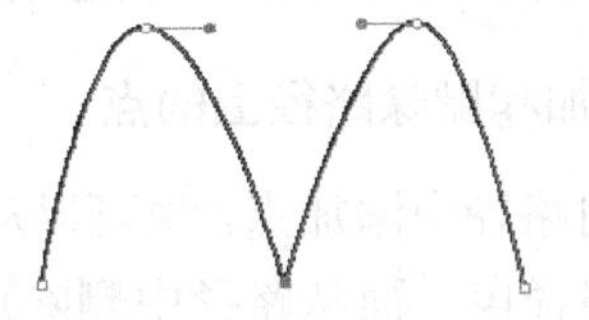

图 3.19 将曲线点转换为角点

6. 选择点

使用“部分选定”工具能够选择多个点。在使用“部分选定”工具选择点之前，必须使用“指针”或“部分选定”工具，或者通过在“图层”面板中单击它的缩略图来选择路径。

（1）在所选路径上选择特定点的操作方法如下。

① 选择“部分选定”工具。

② 单击一个点，如图 3.20 所示，或按住【Shift】键并依次单击多个点，或者在要选

择的点周围拖动“部分选定”工具指针选择点。

（2）显示曲线点手柄的操作方法如下。

使用“部分选定”工具单击该点。若离所单击的点最近的点是曲线点，则同时还显示邻近的点手柄，如图 3.21 所示。

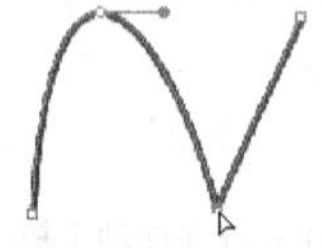

图 3.20 在所选路径上选择特定点

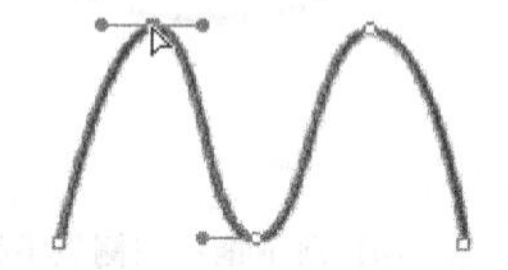

图 3.21 显示曲线点手柄

7. 拖动点和点手柄

可以通过使用“部分选定”工具拖动对象上的点和点手柄来更改该对象的形状。

使用“部分选定”工具拖动某个点，Fireworks CS6 将重新绘制路径以反映该点的新位置。使用“部分选定”工具拖动点手柄，则更改路径段的形状，按住【Alt】键并拖动，以便一次拖动一个点手柄，如图 3.22 所示。

调整角点的点手柄的操作方法如下。

（1）选择“部分选定”工具。

（2）选择一个角点。

（3）按【Alt】键并拖动，以显示它的手柄并使相邻路径段弯曲，如图 3.23 所示。

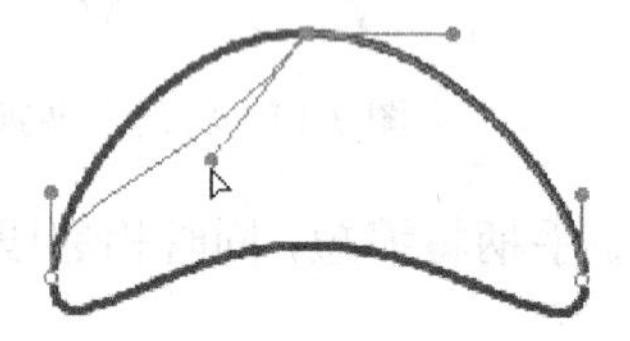

图 3.22 使用“部分选定”工具拖动点手柄

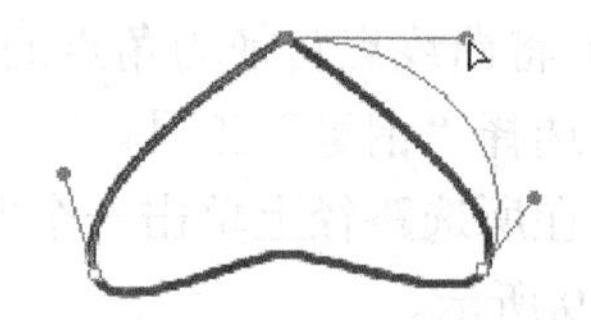

图 3.23 调整角点的点手柄

8. 添加和删除路径上的点

可以向路径中添加点，也可以从路径中删除点。向路径中添加点是为了能够更好地控制特定的路径段，而从路径中删除点则可以更改路径形状或简化编辑。

使用“钢笔”工具，在路径上没有点的任何位置单击，可以在所选路径上添加点。

若要从所选路径段中删除点，请执行下列操作之一。

- 使用“钢笔”工具单击所选对象上的角点。
- 使用“钢笔”工具双击所选对象上的曲线点。
- 使用“部分选定”工具选择一个点，然后按【Delete】键或空格键。

9. 继续绘制现有路径

可以使用“钢笔”工具继续绘制现有的断开路径，其操作方法如下。

（1）选择“钢笔”工具。

（2）单击结束点并继续绘制路径，如图 3.24 所示。

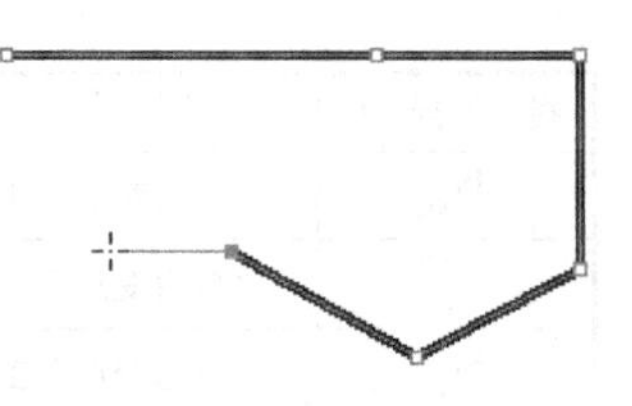

图 3.24　继续绘制现有路径

10. 合并两个断开的路径

可以将两个断开的路径连接在一起构成一个连续路径。当连接两个路径时，最先选择的那个路径的笔触和填充将成为新合并的路径的属性。

合并两个断开的路径的操作方法如下。

（1）选择“钢笔”工具。

（2）单击其中一个路径的端点。

（3）将指针移动到另一个路径的端点并单击。

3.2　编辑路径

Fireworks CS6 提供了多种编辑矢量对象的方法。可以通过移动、添加或删除点来更改对象形状，也可移动点手柄来更改相邻路径段的形状。使用“自由变形”工具能够通过直接对路径进行编辑来改变对象的形状，还可以使用路径操作通过合并或更改现有路径来创建新形状。

3.2.1　使用“矢量”工具编辑矢量对象

在 Fireworks CS6 中，除了拖动点和点手柄以外，还可使用几个工具直接对矢量对象进行编辑。

1. 使矢量对象弯曲和变形

使用“自由变形”工具可以直接对矢量对象进行弯曲和变形操作，而不是对各个点执行操作。不管点的位置如何，可以推动或拉伸路径的任何部分。在更改矢量对象的形状时，Fireworks CS6 自动添加、移动或删除路径上的点，范例如图 3.25 所示。

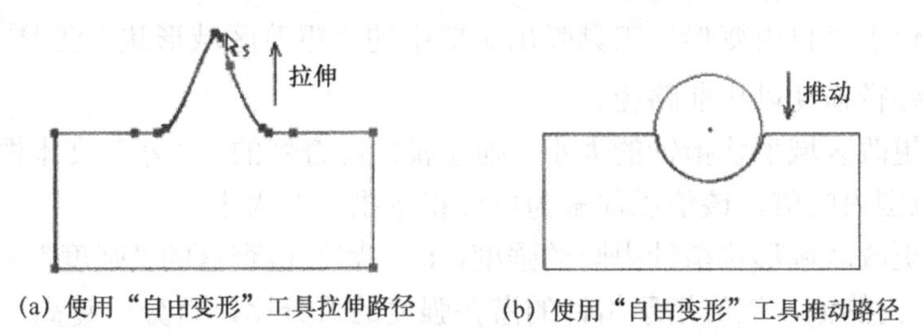

(a) 使用“自由变形”工具拉伸路径　　(b) 使用“自由变形”工具推动路径

图 3.25　使用“自由变形”工具对矢量对象进行弯曲和变形操作

在所选路径上移动指针时，该指针将根据它相对于所选路径的位置更改为推动或拉伸指针，不同指针形状其含义如表 3.1 所示。

表 3.1 不同指针形状的含义

指针形状	含义
	“自由变形”工具正在使用
	“自由变形”工具正在使用，且拉伸指针正处于拉伸所选路径的状态
	“自由变形”工具正在使用，且拉伸指针正在拉伸所选路径
	“自由变形”工具正在使用，且推动指针处于活动状态
	“更改区域形状”工具正在使用，且更改区域形状指针是活动的。从内圆到外圆的区域表示减弱的强度

当指针位于路径的正上方时，可以拉伸路径；当指针不在路径的正上方时，可以推动路径。可以更改推动或拉伸指针的大小。

（1）拉伸所选路径的操作方法如下。

① 选择“自由变形”工具。

② 将指针放在所选路径的正上方，此时指针更改为拉伸指针。

③ 拖动路径。

（2）推动所选路径的操作方法如下。

① 选择“自由变形”工具，此时指针变为推动或拉伸指针。

② 将指针稍稍偏离路径。

③ 轻推所选路径使之变形。

（3）更改指针大小的操作方法如下。

选择“自由变形”工具后，若要设置指针大小（其目的是设置指针所影响的路径段的长度），则在属性检查器的“形状更改量”文本框中输入或选择一个 1～500 范围内的值，该值以像素为单位指示指针的大小。

2．扭曲路径

可以使用“更改区域形状”工具，拉伸变形区域指针外圆内的所有选定路径的区域，如图 3.26 所示。

指针的内圆是工具的全强度边界。内、外圆之间的区域以低于全强度的强度更改路径的形状，指针外圆确定指针的引力拉伸，可以设置它的强度。

扭曲所选路径的操作方法如下。

（1）选择位于“自由变形”工具弹出菜单中的“更改区域形状”工具。

（2）跨越路径拖动以扭曲路径。

若要设置更改区域形状指针的大小，则在属性检查器的“大小”文本框中输入或选择一个 1～500 范围内的值，该值以像素为单位指示指针的大小。

若要设置更改区域形状指针内圆的强度，请在属性检查器的“强度”文本框中输入一个 1～100 范围内的值。该值指示指针的潜在强度的百分比，百分比越高，强度越大。

3．将路径剪切为多个对象

使用“刀子”工具，能够将一个路径切成两个或多个路径。例如，将一个椭圆路径切成两个路径，如图 3.27 所示。

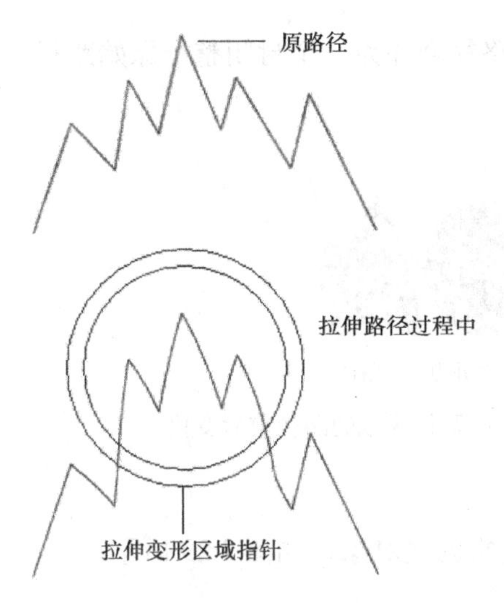

图 3.26 使用"更改区域形状"工具拉伸选定路径的区域

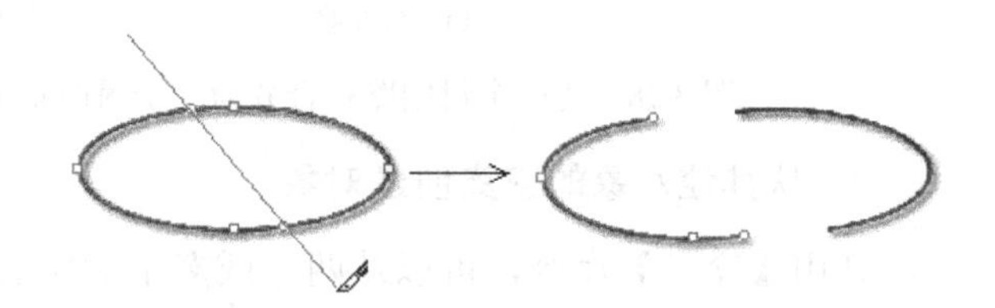

图 3.27 使用"刀子"工具，将一个路径切为两个路径

剪切所选路径的操作方法如下。

（1）选择"刀子"工具。

（2）连续两次，跨越路径拖动"刀子"工具。

3.2.2 使用路径操作编辑矢量对象

可以使用【修改】菜单中的路径操作，通过合并或更改现有路径来创建新形状。对于某些路径操作，所选路径对象的堆叠顺序将定义操作的工作方式。

1. 合并路径对象

可以将多个路径对象合并成单个路径，也可以连接两个断开路径的端点以创建单个封闭路径，还可结合多个路径来创建一个复合路径。

（1）将两个断开的路径创建为一个连续路径的操作方法如下。

① 选择"指针"工具或者"部分选定"工具。

② 选择两个断开路径上的两个端点。

③ 选择【修改】→【组合路径】→【接合】。

（2）创建复合路径（也称合成路径）的操作方法如下。

① 选择两个或多个断开或封闭的路径。

② 选择【修改】→【组合路径】→【接合】。

（3）若要分离所选复合路径，则选择【修改】→【组合路径】→【拆分】。

（4）将所选的封闭路径合并为一个封闭整个原始路径区域的路径的操作方法如下。

① 选择两个或多个封闭的路径。

② 选择【修改】→【组合路径】→【联合】。

所得到的路径具有放在最后面的对象的笔触和填充属性。例如，有一个封闭路径（五角星）和一个圆形（该对象放在后面），将两个封闭路径合并为一个封闭整个原始路径区域的路径前后变化如图 3.28 所示。

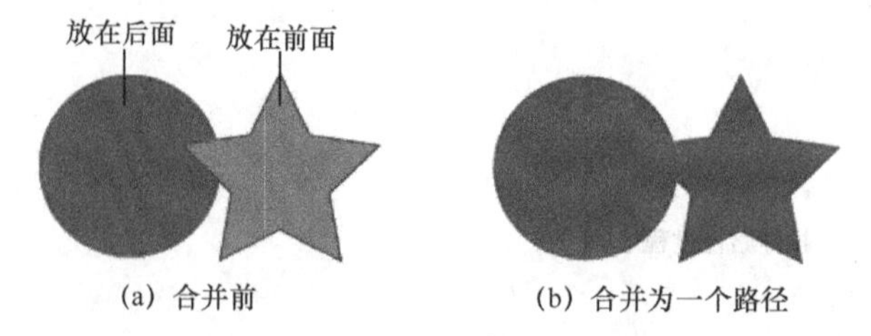

图 3.28 将两个封闭路径合并为一个封闭整个原始路径区域的路径前后变化

2. 从其他对象的交集创建对象

使用【交集】命令，可以从两个或多个对象的交集创建对象，如图 3.29 所示。

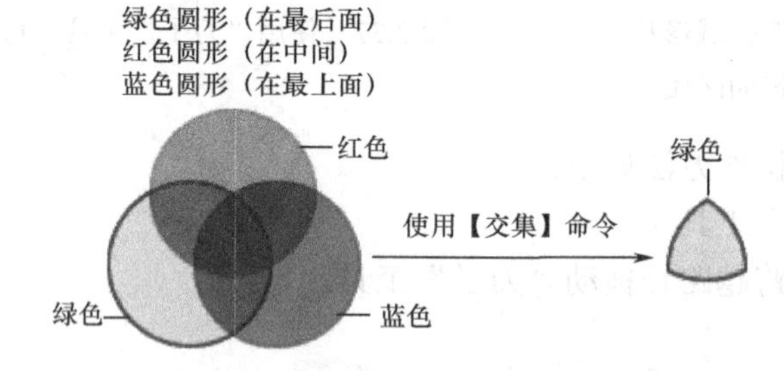

图 3.29 使用【交集】命令创建对象

创建一个包围所有选定封闭路径共有区域的封闭路径的操作方法如下：选择【修改】→【合并路径】→【交集】。所得到的路径具有放在最后面的对象的笔触、填充和效果属性。

3. 删除路径的某些部分

可以使用【打孔】命令删除所选路径的某些部分，这些部分是由排列在其前面的另一个所选路径对象的重叠部分定义的，如图 3.30 所示。

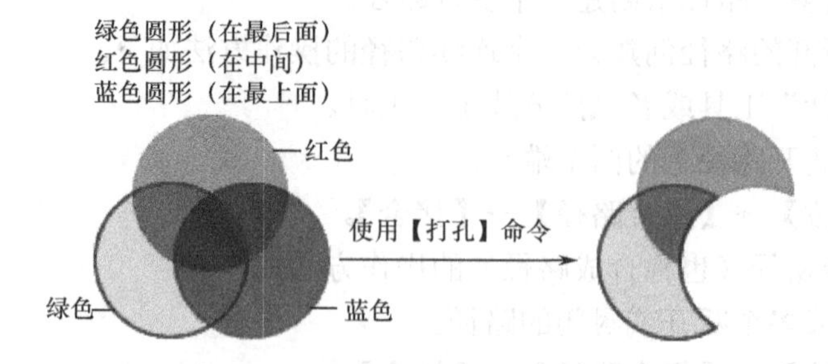

图 3.30 使用【打孔】命令删除所选路径的某些部分

删除所选路径的某些部分的操作方法如下。

（1）选择定义要删除区域的路径对象，如蓝色圆形。

（2）选择【修改】→【排列】→【移到最前】。

（3）将其添加到要从中删除某些部分的路径的选区，按住【Shift】键将所有路径对象选中。

（4）选择【修改】→【组合路径】→【打孔】。剩余部分的笔触和填充属性保持不变。

4．修剪路径

可以使用【裁切】命令来修剪路径。前面（最上面）的路径定义修剪区域的形状，如图 3.31 所示。

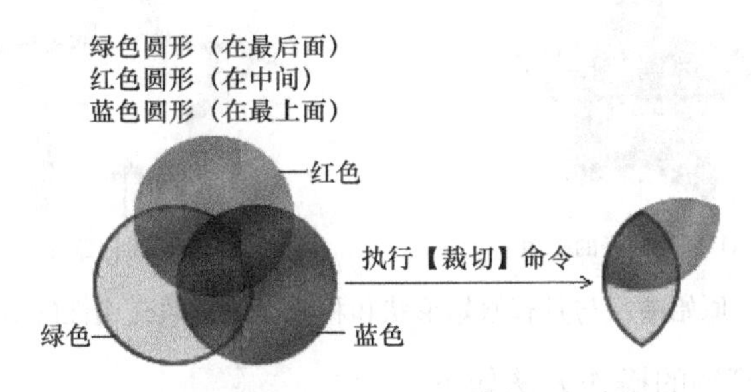

图 3.31　使用【裁切】命令修剪所选路径

修剪所选路径的操作方法如下。

（1）选择用来定义要修剪区域的路径对象，如蓝色圆形。

（2）选择【修改】→【排列】→【移到最前】。

（3）将其添加到要修剪的路径对象的选区，按住【Shift】键将所有路径对象选中。

（4）选择【修改】→【合并路径】→【裁切】。所得到的路径对象笔触和填充属性保持不变。

5．简化路径

可以在删除路径中的点的同时，保持它的总体形状。【简化】命令将根据用户指定的数量删除路径上多余（不需要的或不太重要）的点。

例如，若有一条包含两个以上点的直线（只要有两个点即可产生一条直线），或者路径包含恰好重叠的点，这时可以使用【简化】命令。使用【简化】命令将删除在重新生成所绘制的路径时不需要的点，如图 3.32 所示。

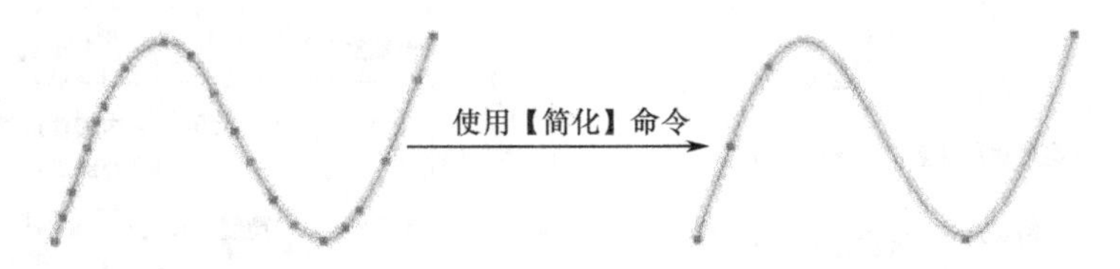

图 3.32　使用【简化】命令将删除在重新生成所绘制的路径时不需要的点

简化所选路径的操作方法如下。

（1）选择【修改】→【改变路径】→【简化】，打开“简化”对话框，如图 3.33 所示。

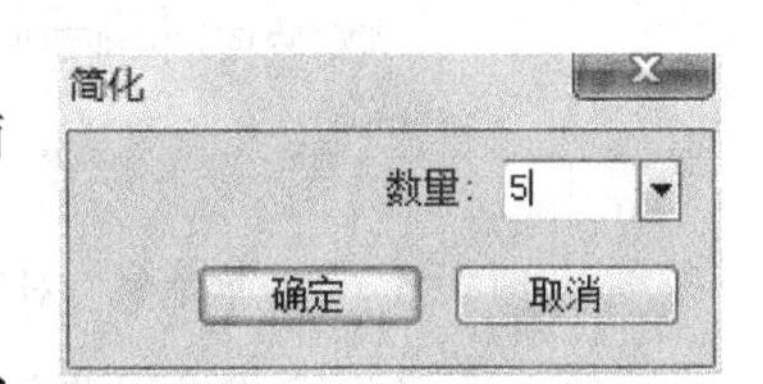

图 3.33　“简化”对话框

（2）输入一个简化量，然后单击【确定】按钮。

增加简化量时，Fireworks CS6 可以改变路径（以减少该路径上的点数）的程度也随之提高。

注意：简化量不能超过不需要的点的数量。

6．扩展笔触

可以将所选路径的笔触转换为封闭路径。得到的路径创建一个路径的幻像，它不包含填充并且其笔触具有与原始对象的填充相同的属性，如图 3.34 所示。

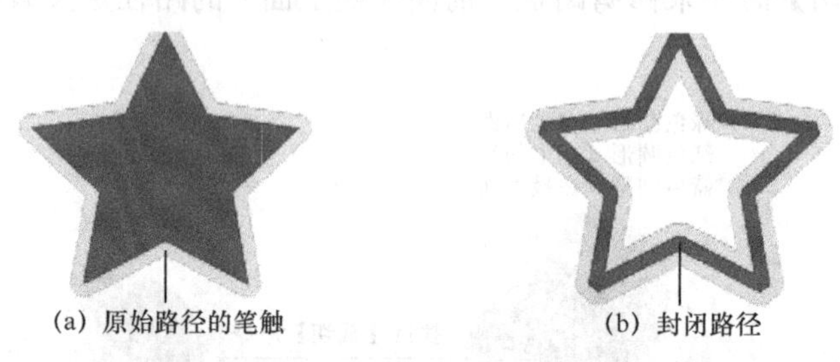

图 3.34　原始路径与具有原始形状和相同笔触及填充属性的封闭路径

扩展所选对象的笔触的操作方法如下。

（1）选择【修改】→【改变路径】→【扩展笔触】，打开“扩展笔触”对话框，如图 3.35 所示。

（2）设置最终的封闭路径的宽度。

（3）指定一个角类型：转角、圆角或斜角。

（4）若选择转角，则设置转角限制，即转角自动变为斜角的点。转角限制是转角长度与笔触宽度的比例。

（5）选择“结束端点”选项：对接、方形或圆形。

（6）单击【确定】按钮。

经过上述操作，一个具有原始形状和相同笔触与填充属性的封闭路径取代了原始路径。

7．收缩或扩展路径

收缩或扩展所选路径的操作方法如下。

（1）选择【修改】→【改变路径】→【伸缩路径】，打开“伸缩路径”对话框，如图 3.36 所示。

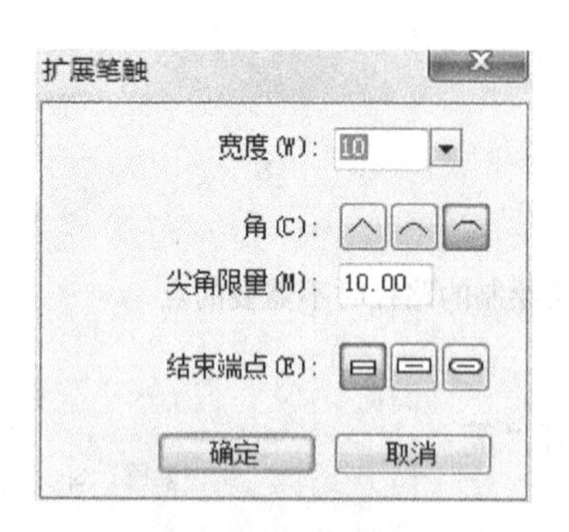

图 3.35　“扩展笔触”对话框

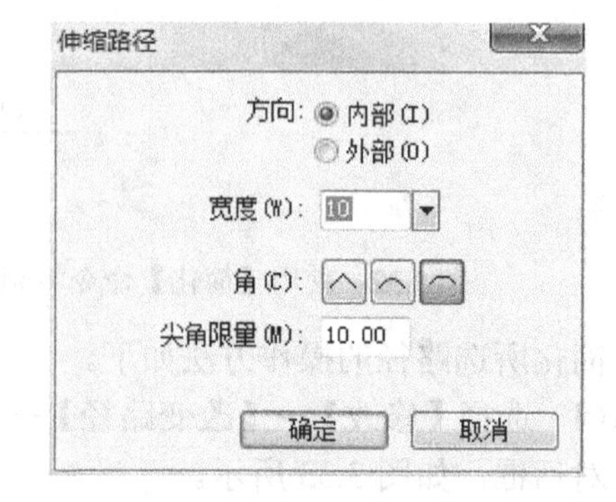

图 3.36　“伸缩路径”对话框

（2）选择收缩或扩展路径的方向，选择“内部”会收缩路径，选择“外部”会扩展路径。

（3）设置原始路径与收缩或扩展路径之间的宽度。

（4）指定一个角类型：转角、圆角或斜角。

（5）若选择转角，则设置转角限制，即转角自动变为斜角的点。转角限制是转角长度与笔触宽度的比例。

（6）单击【确定】按钮。

经过上述操作，一个具有相同笔触和填充属性的较小或较大路径对象将替换原始路径对象，如图 3.37 所示。

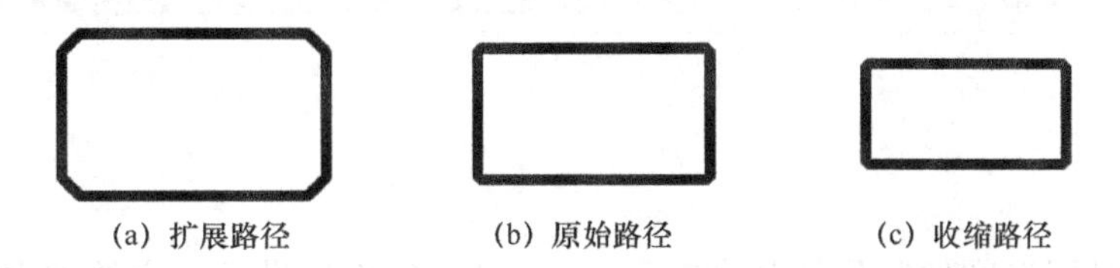

(a) 扩展路径　(b) 原始路径　(c) 收缩路径

图 3.37　原始路径与收缩和扩展路径

3.3　本章软件使用技能要求

通过本章的学习要掌握以下技能。

1．绘制矢量对象

Fireworks CS6 提供了许多绘制和编辑矢量对象的工具，可以使用这些基本的形状工具快速绘制直线、圆、椭圆、正方形、矩形、星形以及任何具有 3～360 条边的正多边形。利用“钢笔”工具，可以通过逐点绘制的方法绘制出具有平滑曲线路径段和直线路径段的复杂形状。

2．编辑路径

使用“矢量”工具和路径操作对矢量对象进行编辑。

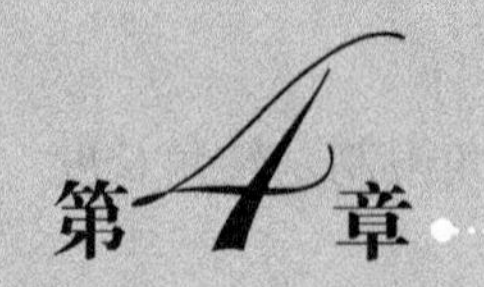

第4章 创建文本

创建文本是图形图像制作的基本功。Fireworks CS6 提供了丰富的文本制作功能，能够使文本成为图形图像制作中一个生动的元素。也可以方便地对文本进行编辑，还允许用户将文本作为静态图像导入。

4.1 输入文本

通过使用“文本”工具和“文本”工具属性检查器中的选项，如图 4.1 所示，可以在文档中创建文本块，在文本块中输入文本并对其进行格式编辑。

图 4.1 选择“文本”工具时的属性检查器

4.1.1 创建文本块并输入文本

Fireworks CS6 文档中的所有文本均显示在一个带有手柄的矩形内，该矩形称为文本块，如图 4.2 所示。

图 4.2 文本块

创建文本块并输入文本的操作方法如下。

（1）在工具面板中选择“文本”工具 T ，此时的属性检查器如图 4.1 所示。

（2）在属性检查器中选择颜色、字体、字号、间距及其他文本属性。

（3）在文档中单击希望文本块开始的位置，或者单击并按住鼠标左键拖动以绘制文本块。

（4）输入文本。若要输入分段符，请按【Enter】键。

（5）输入文本后，在文本块外面单击，或者选择工具面板中的其他工具，或者按【Esc】键以结束文本输入。

提示：若要为输入的文本重新设置格式，则选择文本块中的文本使其高亮显示，然后在属性检查器中为其设置格式。

4.1.2 移动文本块

可以像对待任何其他对象那样选择文本块并将其移动到文档中的任何位置。移动文本块的方法是：使用“指针”工具或“部分选定”工具，选择文本块并按住鼠标左键将文本块拖到新位置；也可以选择文本块，然后使用箭头键移动文本块到新位置。

4.1.3 两种类型的文本块

在 Fireworks CS6 中，文本块分为自动调整大小和固定宽度两种类型。自动调整大小文本块在输入文本时沿水平方向自动扩展，若删除了部分文本，自动调整大小文本块则会收缩到刚好能容纳剩余的文本。当使用“文本”工具在画布上单击并开始输入文本时，在默认情况下会创建自动调整大小文本块。当使用“文本”工具拖动以绘制文本块时，在默认情况下会创建固定宽度文本块，固定宽度文本块可以控制换行文本的宽度。

当文本块中的文本指针处于活动状态时，文本块的右上角会显示一个空心圆形或空心正方形的文本块指示器，如图 4.3 所示。圆形表示自动调整大小文本块，正方形表示固定宽度文本块，双击指示器可在两种文本块之间切换。

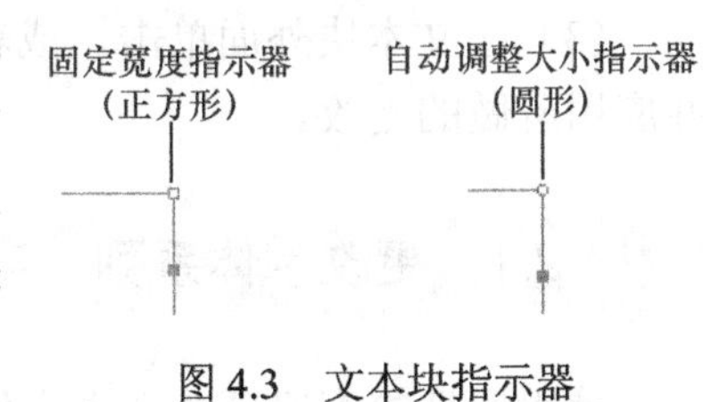

图 4.3 文本块指示器

在两种文本块之间切换的操作方法如下。

（1）在文本块内部双击，使文本指针处于活动状态。

（2）双击文本块右上角的圆形或正方形的文本块指示器，该文本块会由一种类型文本块切换成另一种类型的文本块。拖动调整大小手柄，会自动将文本块从自动调整大小类型更改为固定宽度类型。

4.2 编辑文本

在文本块内可以更改文本的所有属性，包括字体系列、字号大小、字顶距调整。当编辑文本时，Fireworks CS6 会相应地重绘其笔触、填充和效果属性。

在通常情况下可以使用属性检查器更改文本属性，如图 4.4 所示，也可以使用【文本】菜单中的命令编辑文本。在更改文本属性时，使用属性检查器提供的方式最为快捷。

编辑文本的操作方法如下。

（1）选择需要更改的文本。

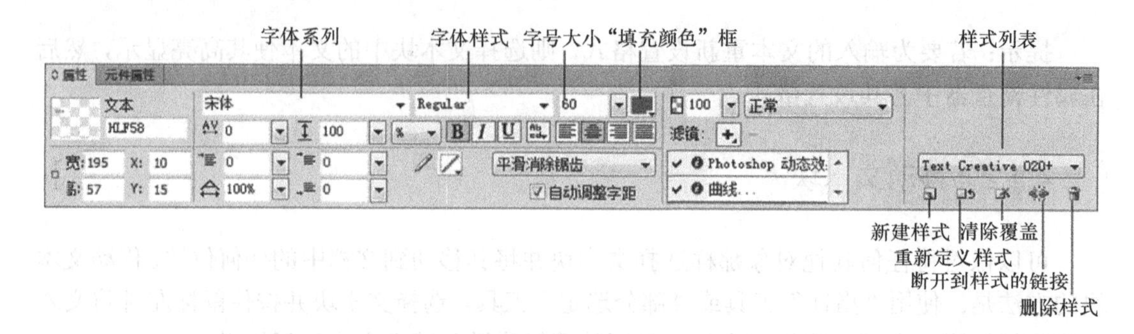

图 4.4 选择文本时的属性检查器

- 使用“指针”工具或“部分选定”工具单击文本块，将其全部选中。若要同时选择多个文本块，则在按住【Shift】键的同时单击各个文本块。
- 使用“指针”工具或“部分选定”工具双击文本块，或者使用“文本”工具在文本块内单击，然后按住鼠标并拖动选中需要更改的文本，此时被选中文本呈高亮显示。

（2）对选中的文本属性进行更改，文本属性包括字体系列、字号大小和字体样式、应用文本颜色、设置字间距、设置字顶距、设置文本方向、设置文本对齐方式、缩进文本等。

（3）在文本块外面单击，或者选择工具面板中的其他工具，或者按【Esc】键以结束并应用所做的更改。

4.2.1 更改字体系列、字号大小和字体样式

使用属性检查器更改文本字体系列、字号大小和字体样式的操作方法如下。

（1）从属性检查器的“字体系列”下拉菜单中选择一种字体，以更改字体。例如，在“字体系列”下拉菜单中选择“宋体”，如图 4.5 所示。

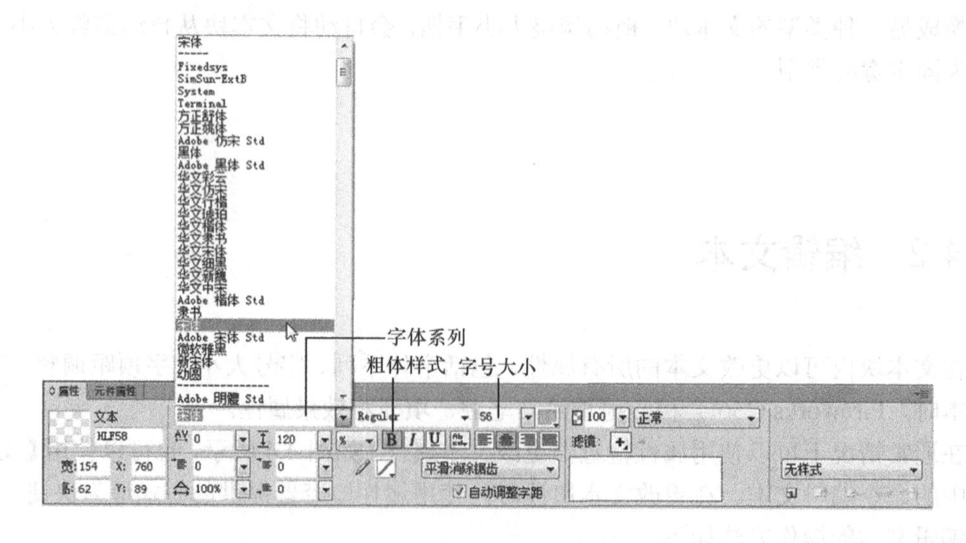

图 4.5 从“字体系列”下拉菜单中选择一种字体

（2）用鼠标拖动“字号大小”弹出滑块并在选定值位置释放，或者在“字号大小”文本框中输入一个值（如输入 56），以更改字号大小。

（3）若要应用粗体、斜体或下画线样式，则单击相应的样式按钮。若要应用其他字体样式，则从属性检查器的“字体样式”下拉菜单中选择一种样式。

4.2.2 设置文本颜色

文本颜色由“填充颜色”框来控制，在默认情况下，文本为黑色，并且没有笔触。可以更改所选文本块中全部文本的颜色，也可以更改文本块中某个高亮显示的文本颜色。在文本块之间切换时，“文本”工具将保留当前文本颜色。例如，有 A、B 两个文本块，且 A 中文本颜色为红色，B 中文本颜色为蓝色，在 A、B 文本块之间切换时，“文本”工具随当前所切换的文本块文本颜色变化而变化，当切换到 A 时，“文本”工具保留当前文本颜色为红色，当切换到 B 时，“文本”工具保留文本颜色为蓝色。

1．将颜色应用到所选文本块中的全部文本

使用属性检查器、任何“填充颜色”框或“滴管”工具，可以将文本颜色应用到所选文本块中的全部文本，也可以使用这些方法中的任何一种为“文本”工具设置文本颜色。若要为所选文本块中的全部文本设置颜色，则执行下列操作之一。

- 单击属性检查器中的“填充颜色”框并从颜色框弹出窗口中选择一种颜色，如图 4.6 所示，或者在颜色框弹出窗口保持打开状态的同时，用滴管指针在 Fireworks CS6 窗口的任意位置对颜色进行取样。

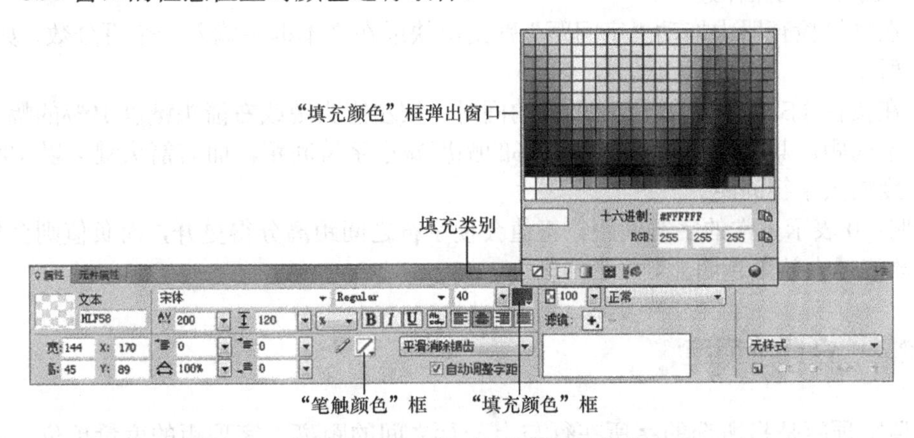

图 4.6 属性检查器中的“填充颜色”框弹出窗口

- 单击工具面板中的“填充颜色”框并从颜色框弹出窗口中选择一种颜色，或者在“填充颜色”框弹出窗口保持打开状态的同时，用滴管指针在 Fireworks CS6 窗口的任意位置对颜色进行取样。

取样后，工具面板中“填充颜色”框的颜色将变为取样的颜色，而且所选文本块中的全部文本颜色也会随之改变。

2．将颜色应用到文本块中的高亮显示文本

通过属性检查器或任何“填充颜色”框，可以更改文本块中高亮显示文本的颜色。但

不能使用“滴管”工具编辑高亮显示文本的颜色。若要将文本颜色仅应用到文本块中的高亮显示文本，则执行下列操作之一。

- 单击属性检查器中的“填充颜色”框并从颜色框弹出窗口中选择一种颜色，或者在“填充颜色”框弹出窗口保持打开状态的同时，用滴管指针在 Fireworks CS6 窗口的任意位置对颜色进行取样。
- 单击工具面板中的“填充颜色”框并从颜色框弹出窗口中选择一种颜色，或者在“填充颜色”框弹出窗口保持打开状态的同时，用滴管指针在 Fireworks CS6 窗口的任意位置对颜色进行取样。

4.2.3 设置字间距

设置字间距可以增大或减小某些字符与字符之间的间距，从而改善它们的外观。许多字体都含有可自动减小某些字母对（如“TA”或“Va”等）的间距量信息。Fireworks CS6 在显示文本时，其“自动字距微调”功能使用字体的字距微调信息，但是，在使用较小字体时，或者当文本没有消除锯齿时，也可能希望将该功能关闭。字间距以百分比作为度量单位，可以通过属性检查器或者键盘来设置字间距。

设置字间距的操作方法如下。

（1）执行下列操作之一选择要进行字间距调整的文本。

- 使用“文本”工具高亮显示要更改的字符。
- 使用“指针”工具选中整个文本块，按住【Shift】键单击可选中多个文本块。

（2）执行下列操作之一。

- 在属性检查器中拖动“字间距”弹出滑块或在文本框中输入一个百分数，如图 4.7 所示。
- 在按住【Shift】键和【Ctrl】键的同时，按左箭头键或右箭头键以 10%的幅度调整字间距。其中，左箭头键以 10%的幅度减小字符间距，而右箭头键会以 10%的幅度增大字符间距。

说明：0 表示正常的字符间距，正值会使字符之间距离分得更开，而负值则会使字符靠近，数值越大效果越明显。

4.2.4 设置字顶距

所谓字顶距是指所选的字所在行与上一行之间的距离。字顶距的度量单位可以是像素，也可以是行的基线之间间隔的百分比。

可以通过属性检查器设置字顶距，如图 4.8 所示。

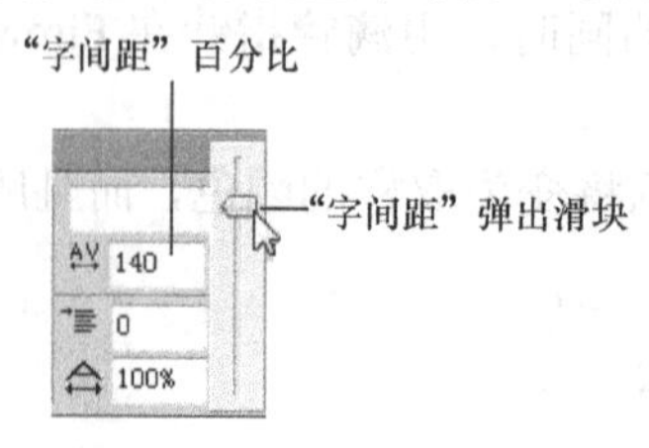

图 4.7 “字间距”设置

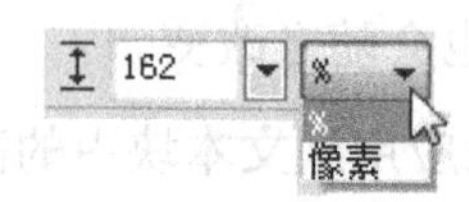

图 4.8 字顶距设置

设置所选文本字顶距的操作方法如下。

（1）在属性检查器中拖动“字顶距”弹出滑块或在文本框中输入一个值，默认值是 100%。

（2）从“字顶距单位”弹出菜单中选择“%”或“像素”，更改字顶距的单位类型。

4.2.5 设置文本方向

文本的方向可以是水平的，也可以是垂直的，如图 4.9 所示。在默认情况下，文本是水平方向的。

在属性检查器中，除了可以设置文本排列的方向外，还可以将文本设置为水平或垂直方向，并且这些设置只能应用于整个文本块。设置所选文本方向的操作方法如下。

（1）单击属性检查器中的【文本方向】按钮。

（2）从弹出菜单中选择方向选项，如图 4.10 所示。

- “水平方向从左向右”：是 Fireworks CS6 中大多数语言的默认文本设置，它确定了文本的方向为水平，并且将从左向右显示字符。
- “垂直方向从右向左”：确定了文本的方向为垂直。以回车符分隔的多行文本会以列的形式显示，并且列将从右向左排列。

4.2.6 文本对齐方式

文本对齐方式确定了文本段落相对于其文本块边缘的位置。水平对齐文本时，会相对于文本块的左右边缘对齐文本；垂直对齐文本时，会相对于文本块的顶部和底部边缘对齐文本。

可以将文本水平对齐到文本块的左边缘或右边缘，或者居中对齐，或者两端对齐（文本同时与左右边缘对齐，也称齐行）。在默认情况下，水平方向的文本为左对齐。

垂直方向的文本可以与文本块的顶部或底部对齐，在文本块中居中，或者同时与顶部和底部的边缘对齐。

当高亮显示文本或选中某个文本块时，其对齐方式控件会显示在属性检查器中，如图 4.11 所示。

图 4.9 水平和垂直方向文本

水平方向从左向右
垂直方向从右向左

图 4.10 “文本方向”弹出菜单

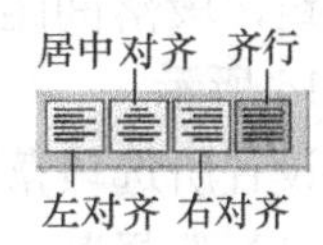

图 4.11 对齐方式控件

设置文本对齐方式的操作方法如下。

（1）选中文本或单击要设置对齐方式的文本块。

（2）单击属性检查器中对齐方式控件中的某个对齐方式按钮；或者选择【文本】→【对齐】，选择某个对齐方式，如图 4.12 所示。

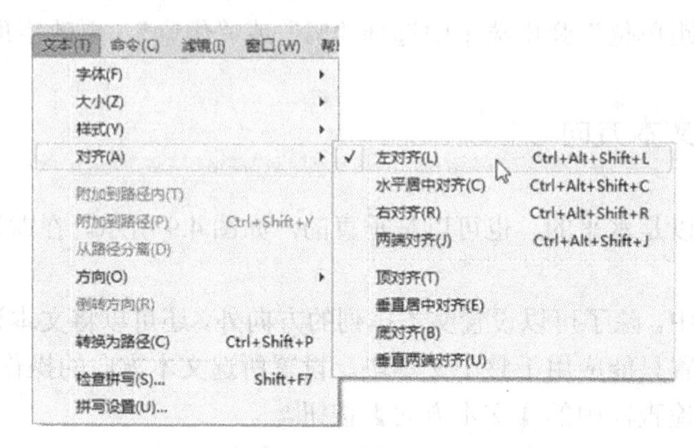

图 4.12 选择对齐方式（本例为左对齐）

4.2.7 设置段落缩进

使用属性检查器可以将段落的首行缩进或将整个段落缩进，缩进量以像素为度量单位。设置段落缩进如图 4.13 所示。

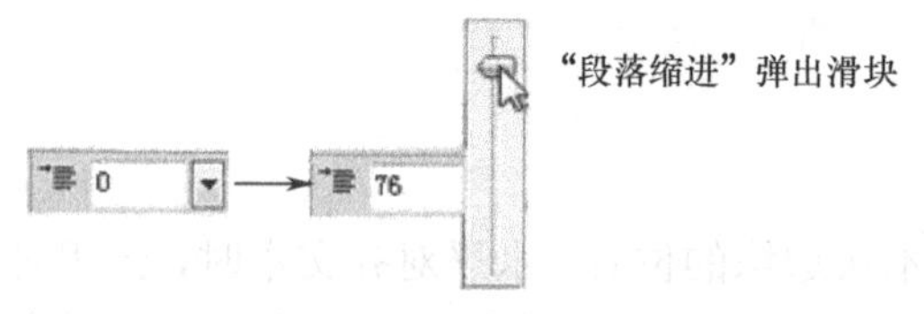

图 4.13 设置段落缩进

1．缩进所选段落首行的操作方法

（1）用“指针”工具双击文本块中所选段落的首行，或者用“文本”工具单击文本块中所选段落的首行（首行中任何位置都可以），此时在所选段落的首行出现闪烁的光标。

（2）在属性检查器中，拖动“段落缩进”弹出滑块或在文本框中输入一个值。

2．缩进整个所选段落的操作方法

（1）选取整个段落。

（2）在属性检查器中，拖动“段落缩进”弹出滑块或在文本框中输入一个值。

4.2.8 设置段落间距

可以使用属性检查器来指定段落之前和之后所希望的间距，段落间距以像素为度量单位。设置段落间距如图 4.14 所示。

设置所选段落之前或之后间距的操作方法如下。

（1）选择某一段落。

（2）在属性检查器中，拖动“段前空格”或“段后空格”弹出滑块或在文本框中输入一个值。

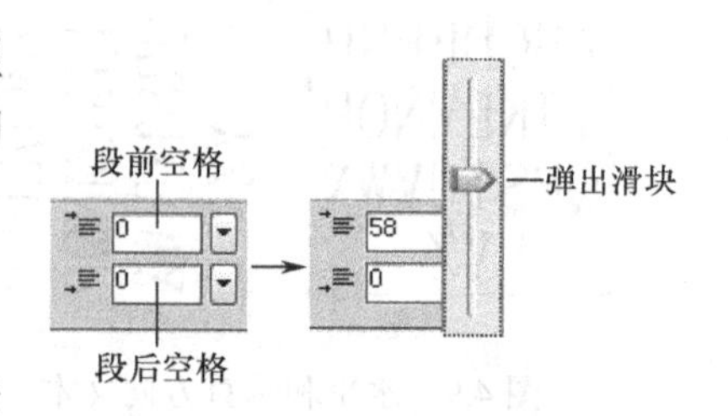

图 4.14 设置段落间距

4.2.9 消除文本锯齿

消除文本锯齿是指将文本的边缘混合在背景中，从而使大字体的文本更清楚易读。原始文本与消除文本锯齿后的文本比较如图 4.15 所示。

ABC　　ABC

(a) 原始文本　　(b) 消除文本锯齿后的文本

图 4.15　原始文本与消除文本锯齿后的文本比较

可以使用属性检查器来设置消除锯齿功能。消除锯齿选项如图 4.16 所示。消除锯齿会应用到指定文本块的所有字符。

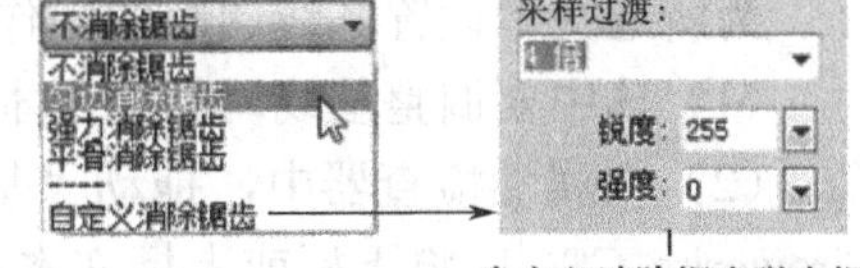

图 4.16　属性检查器中的消除锯齿选项

消除锯齿级别功能包括以下选项。

- “不消除锯齿”：禁用文本平滑功能。
- “匀边消除锯齿”：在文本的边缘和背景之间产生强烈的过渡。
- “强力消除锯齿”：在文本的边缘和背景之间产生非常强烈的过渡，同时保全文本字符的形状并增强字符细节区域的表现。
- “平滑消除锯齿”：在文本的边缘和背景之间产生柔和的过渡。
- “自定义消除锯齿”：该选项提供以下专家级消除锯齿控制项。

①“采样过渡”控制项用于确定在文本边缘和背景之间产生过渡的细节量。

②“锐度”控制项用于确定文本边缘和背景之间过渡的平滑程度。

③“强度”控制项用于确定将多少文本边缘混合到背景中。

要将消除锯齿功能应用到所选文本，则在属性检查器的“消除锯齿级别”弹出菜单中选择一个选项。

4.2.10 改变字符宽度

可以通过属性检查器来改变字符的宽度。水平缩放以百分比作为度量单位，其默认值为 100%。

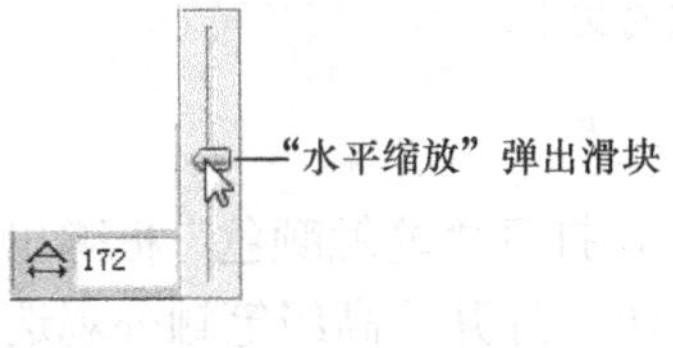

“水平缩放”弹出滑块

172

图 4.17　改变字符宽度

若要扩展或收缩所选字符，则在属性检查器中拖动“水平缩放”弹出滑块或在文本框中输入一个值，如图 4.17 所示。滑块的值高于 100%，会增大字符的宽度；低于 100%，则会减小字符的宽度。

4.2.11 基线调整

基线调整确定了文本位于其自然基线之上或之下多大距离，如果不存在基线调整，那么文本即位于基线上。使用基线调整可以创建下标和上标字符，如图 4.18 所示。

基线调整控件位于属性检查器中，基线调整以像素作为度量单位，如图 4.19 所示。

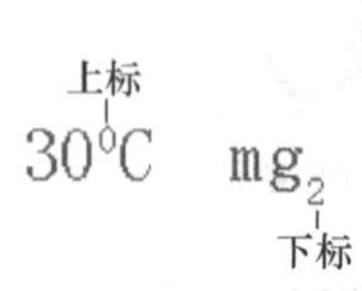

图 4.18 使用基线调整创建下标和上标字符

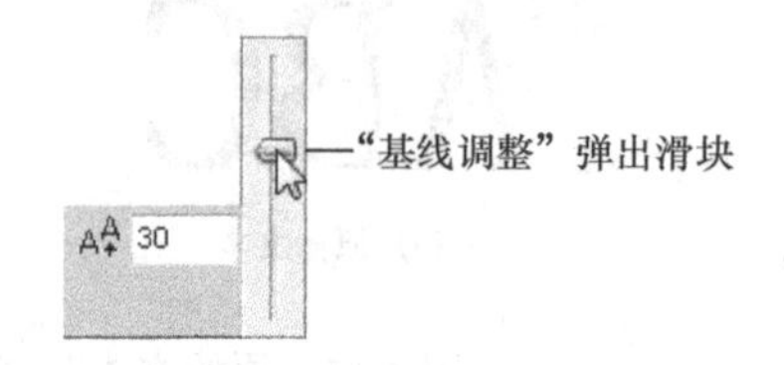

图 4.19 设置基线调整

说明：该控件只有在选中文本后，才会在属性检查器中出现。

为所选文本设置基线调整的操作方法如下。

（1）选中要调整基线调整的文本，该文本呈高亮显示。

（2）在属性检查器中，拖动"基线调整"弹出滑块或在文本框中输入一个值以指定 Fireworks CS6 应将下标或上标文本放在多低或多高的位置。输入正值将创建上标字符，输入负值将创建下标字符。

4.3 在文本中应用笔触、填充、滤镜效果和样式

可以将笔触、填充、滤镜效果和样式应用到所选文本块中的文本。就像应用到其他对象一样，可以将"样式"面板中的任何样式（即使它不是文本样式）应用于文本。通过保存文本属性，还可以创建新的样式。

创建文本之后，它会保持在 Fireworks CS6 中的可编辑性。当编辑文本时，笔触、填充、滤镜效果和样式都会自动更新，应用了笔触、填充、滤镜效果和样式的文本如图 4.20 所示。

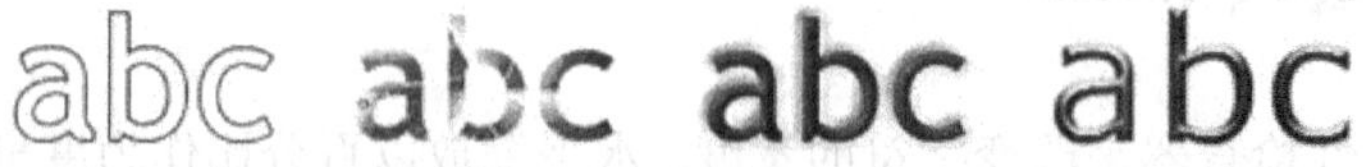

abc abc abc abc

图 4.20 应用了笔触、填充、滤镜效果和样式的文本

1．应用笔触的操作方法

选中文本块中的文本，在工具面板中单击"笔触颜色"框，打开"笔触颜色"框弹出窗口，如图 4.21 所示，单击其中的【高级笔触外观选项】按钮，打开"高级笔触外观选项"弹出窗口，如图 4.22 所示，在该窗口中选择一种笔触格式。

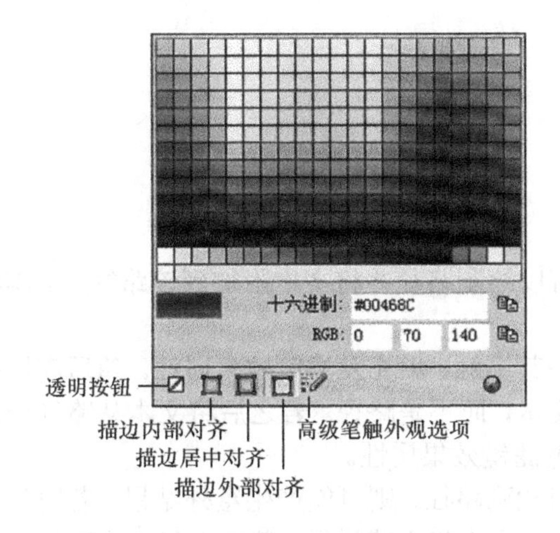

图 4.21 “笔触颜色”框弹出窗口

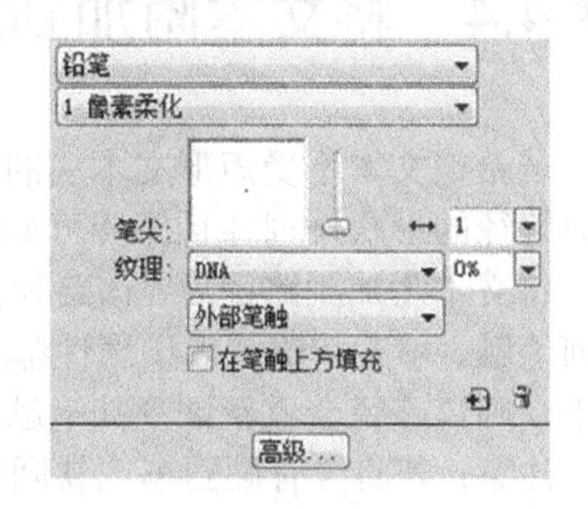

图 4.22 “高级笔触外观选项”弹出窗口

注意：

（1）可以将一种纯色填充应用到文本块中的所选文本，而一种纯色笔触只能应用到文本块中的所有文本；也可以将笔触属性、动态滤镜以及非纯色填充属性（如渐变填充）应用到所选文本块的所有文本。

（2）当创建新文本块时，“文本”工具并不保留笔触或动态滤镜设置。不过，Fireworks CS6 可以通过“新建样式”，将那些应用到文本的笔触、填充以及动态滤镜属性保存到“样式”面板中，来作为一种样式再次使用。将文本属性保存为一种样式时，保存的只是属性，而不是文本自身。

2．将文本属性保存为样式的操作方法

（1）创建文本对象并应用所需的属性。

（2）选中文本对象。

（3）在文本属性检查器中，单击【新建样式】按钮，或者在“样式”面板的选项菜单中选择【新建样式】选项或单击【新建样式】按钮，打开“新建样式”对话框，如图 4.23 所示。

（4）在该对话框中选取新样式的属性并为其命名，如命名为“自建新样式 1”。

（5）单击【确定】按钮，新创建的样式随即出现在“样式”面板中，如图 4.24 所示。

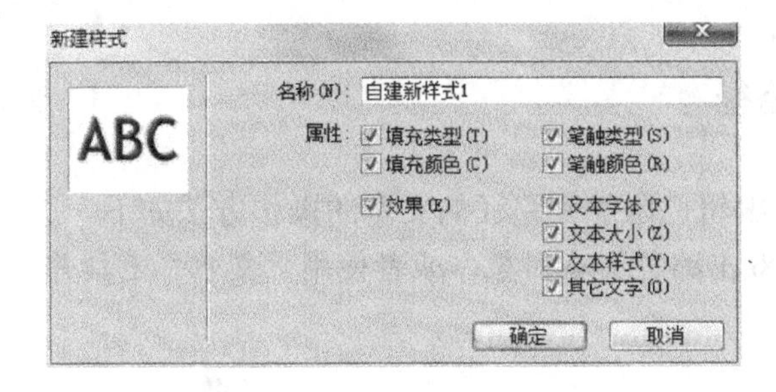

图 4.23 “新建样式”对话框

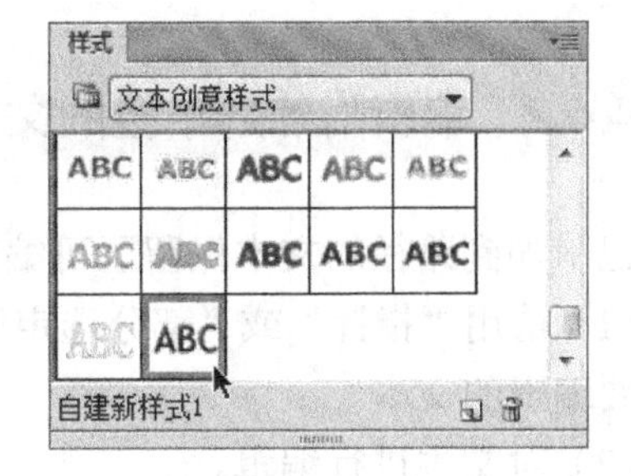

图 4.24 新创建的样式出现在“样式”面板中

4.4 将文本附加到路径

若希望文本不受矩形文本块的限制，则可以绘制路径并将文本附加到该路径。文本将沿着路径的形状排列并且保持可编辑性。

将文本附加到路径后，该路径会暂时失去其笔触、填充及滤镜效果属性。随后应用的任何笔触、填充和滤镜效果属性都将应用到文本，而不是路径。若之后将文本从路径分离出来，则该路径会重新恢复其笔触、填充以及滤镜效果属性。

注意：若将含有硬回车或软回车的文本附加到路径，则可能产生意外结果。若附加在断开路径的文本超出了该路径的长度，则超出的文本将不能显示，若选中附加到路径的文本，路径的最右端会出现一个⊞标记，如图 4.25 所示。

图 4.25 超出路径的文本将不能显示

4.4.1 将文本附加到路径的操作方法

将文本附加到路径的操作方法如下。

（1）按住【Shift】键选中文本块和路径。

（2）选择【文本】→【附加到路径】，随即文本便附加到路径上。

要将文本从所选路径分离出来，请选择【文本】→【从路径分离】，文本便与路径分离开。

4.4.2 编辑附加到路径的文本和路径

已附加到路径的文本保留了可编辑性。编辑已附加到路径的文本的操作方法如下。

（1）请用“指针”或“部分选定”工具双击路径文本对象，或者使用“文本”工具并选中要编辑的文本。

（2）对文本进行编辑。

此外，也可以编辑路径的形状，其操作方法如下。

（1）选择【文本】→【从路径分离】。
（2）编辑路径。
（3）重新选择【文本】→【附加到路径】。

4.4.3 变换文本在路径上的方向

绘制路径时的顺序决定了附加在该路径上的文本的方向。例如，若从右向左绘制路径，则附加的文本会反向颠倒显示，如图 4.26 所示。

对于附加到路径的文本，可以更改其方向或使其翻转，还可以更改文本在路径上的起始点。若要更改所选路径上文本的方向，选择【文本】→【方向】，并选择某个方向。例如，选择垂直，其文本如图 4.27 所示。

图 4.26 附加在路径（从右向左绘制）上的文本

图 4.27 垂直方向的文本

要反转所选路径上文本的方向，请选择【文本】→【倒转方向】。要移动附加到路径文本的起始点，请选中路径文本对象，在属性检查器的“文本偏移”文本框中输入一个值，然后按【Enter】键。

4.5 将文本附加到路径内

若希望文本不受矩形文本块的限制，则还可以绘制路径并将文本附加到路径内。文本将附加到路径内从左向右排列并保持可编辑性。

将文本附加到路径后，该路径会暂时失去其笔触、填充以及滤镜效果属性。随后应用的任何笔触、填充和滤镜效果属性都将应用到文本，而不是路径。若之后将文本从路径分离出来，则该路径会重新恢复其笔触、填充以及滤镜效果属性。

4.5.1 将文本附加到路径内的操作方法

将文本附加到路径内的操作方法如下。
（1）按住【Shift】键选中文本块和路径。
（2）选择【文本】→【附加到路径内】，随即文本便附加到路径内。
范例如图 4.28 所示。要将文本从所选路径分离出来，请选择【文本】→【从路径分离】，文本便与路径分离开。

(a) 选中文本块和路径

(b) 将文本附加到路径内

图 4.28　将文本附加到路径内范例

4.5.2　编辑附加到路径内的文本和路径

已附加到路径内的文本保留了可编辑性。编辑已附加到路径内的文本的操作方法如下。

（1）请用“指针”或“部分选定”工具双击路径文本对象，或者使用“文本”工具并选中要编辑的文本。

（2）对文本进行编辑。

此外，也可以编辑路径的形状，其操作方法如下。

（1）选择【文本】→【从路径分离】。

（2）编辑路径。

（3）重新选择【文本】→【附加到路径内】。

4.6　文本变形

可以使用对其他对象进行变形处理的方式对文本块进行变形，其操作方法如下。

（1）用“指针”或“部分选定”工具单击要对其进行变形处理的文本块。

（2）选择【修改】→【变形】命令，打开【变形】子菜单，如图 4.29 所示。

（3）从【变形】子菜单中选择某个选项。可以对文本进行缩放、旋转、倾斜、扭曲和翻转等操作，从而创建独特的文本效果，如图 4.30 所示。

尽管有的文本变形后会难以阅读，但对变形后的文本还是可以编辑的，其操作方法是：选中变形后的文本，然后选择【修改】→【变形】→【删除变形】，变形后的文本随即恢复为原始文本形状。当文本块的变形处理导致文本被调整大小或缩放时，所得到的字体大小会在选择文本时显示在属性检查器中。

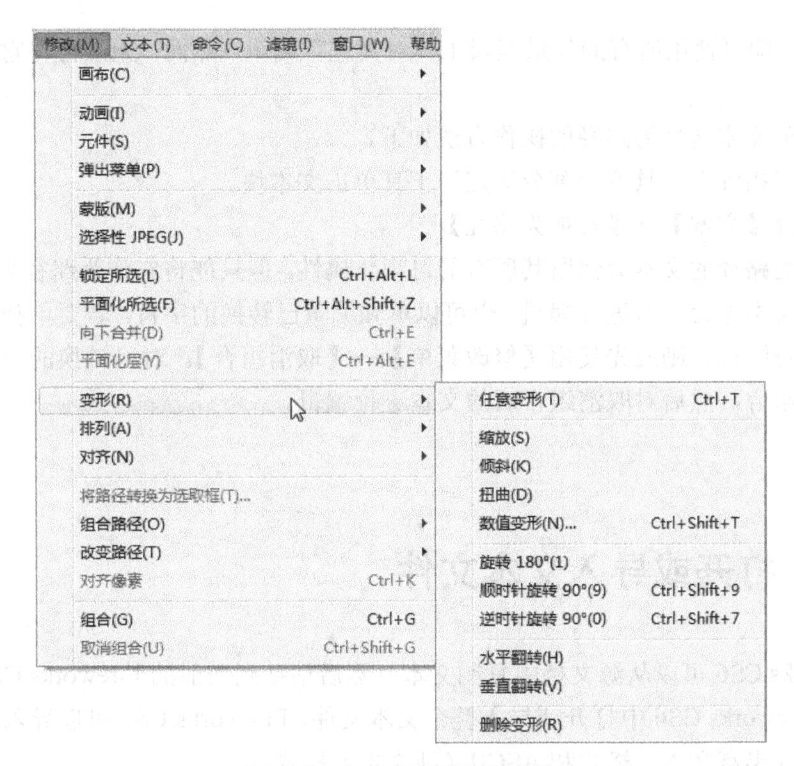

图 4.29 打开【变形】子菜单

图 4.30 对文本进行缩放、旋转、倾斜、扭曲和翻转等操作

4.7 将文本转换为路径

可以先将文本转换为路径，然后就像对待矢量对象那样，编辑字母的形状。将文本转

换为路径后，即可使用所有的矢量编辑工具对其进行编辑，然而，无法再将它作为文本进行编辑。

将所选的文本转换为路径的操作方法如下。

（1）用“指针”工具或“部分选定”工具单击文本块。

（2）选择【文本】→【转换为路径】。

已转换为路径的文本会保留其所有的可视化属性，但只能将它作为路径来编辑。可以将已转换的文本作为一组进行编辑，也可以单独编辑已转换的字符。若要单独编辑转换过来的文本字符路径，则应先使用【修改菜单】→【取消组合】，对已转换的一组文本（路径组）取消组合，然后对取消组合后的文本进行编辑。

4.8 打开或导入文本文件

Fireworks CS6 可以从源文档中复制文本，然后粘贴到当前的 Fireworks CS6 文档中。也可以在 Fireworks CS6 中打开或导入整个文本文件，Fireworks CS6 可以导入的文本文件格式有 RTF（丰富文本）格式和 ASCII（纯文本）格式。

打开或导入文本文件的操作方法如下。

（1）选择【文件】→【打开】，或者选择【文件】→【导入】。

（2）找到含有该文件的文件夹。

（3）选中该文件并单击【打开】按钮。

4.9 本章软件使用技能要求

文本是计算机信息处理的基本元素。作为创建、编辑和优化网页图形的软件，Fireworks CS6 对文本提供了强大的修饰功能，以备不同之需。通过本章的学习要掌握以下技能。

1．建立一个新的文本

首先建立文本块，然后在文本块中输入文本。

2．对文本进行编辑

对已经存在的文本进行编辑，如修改、调整等。

3．修饰文本

利用笔触、填充、动态滤镜效果和样式等工具，修饰文本。

4．将文本附加到路径及路径内

将文本按照指定的路径显示。

5．变形文本

改变文本的形状，以达到某种需要的效果。

6．将文本转换为路径

先将文本转换为路径，然后就像对待矢量对象那样，编辑字符的形状。

第5章 使用颜色、笔触和填充

Fireworks CS6 中包含各种面板、工具和选项，用于组织和选择颜色并将颜色应用到位图对象和矢量对象。

5.1 使用工具面板的“颜色”部分

工具面板的“颜色”部分包含用于激活“笔触颜色”框和“填充颜色”框的控件，这些控件又决定所选对象的笔触或填充是否受颜色选择的影响。“颜色”部分还包含“滴管”工具和“油漆桶”工具。此外，“颜色”部分还包含用于快速将颜色重设为默认值、将笔触和填充颜色设置为“无”、交换笔触和填充颜色的控件。工具面板的“颜色”部分如图 5.1 所示。

在工具面板中，单击“笔触颜色”框或“填充颜色”框旁边的图标，可使“笔触颜色”框或“填充颜色”框变为活动状态。活动状态颜色框区域在工具面板中显示为一个被按下的按钮，如图 5.2 所示。

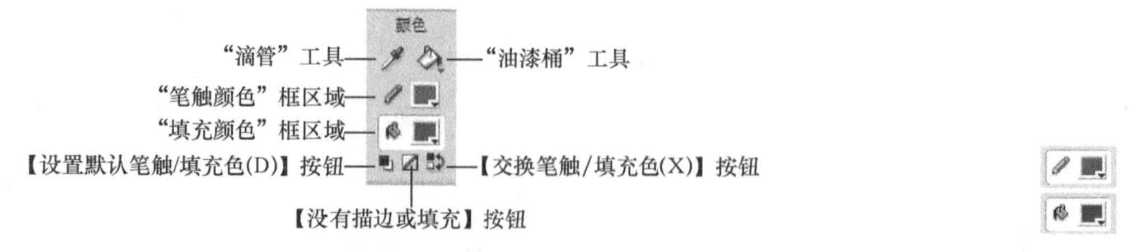

图 5.1 工具面板的“颜色”部分　　图 5.2 活动状态颜色框区域

工具面板中的“填充颜色”框和“填充颜色”框弹出窗口如图 5.3 所示。“笔触颜色”框和“笔触颜色”框弹出窗口与此类似。

使用“滴管”工具，可以从图像中选取颜色来指定一种新的笔触颜色或填充颜色。

使用“油漆桶”工具可以将所选像素的颜色更改为“填充颜色”框中的颜色，还可以使用“渐变”工具以可调的样式用颜色组合填充位图或矢量对象。

单击工具面板中的【设置默认笔触/填充色（D)】按钮，可将颜色重设为默认值。所谓“设置默认笔触/填充色”是将“笔触颜色”设置为黑色，将“填充颜色”设置为白色。

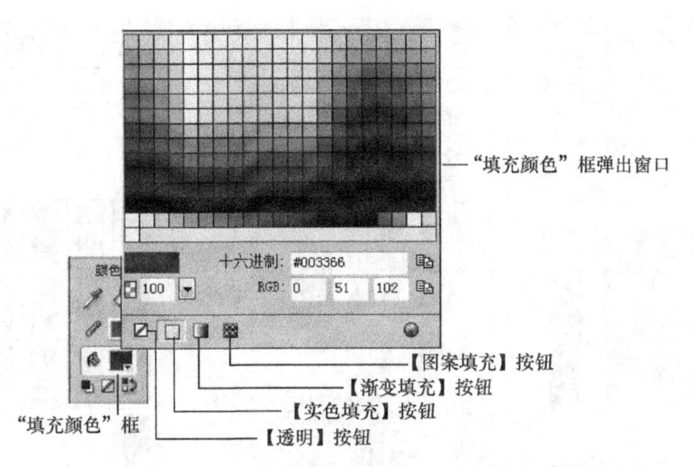

图 5.3 工具面板中的"填充颜色"框和"填充颜色"框弹出窗口

单击工具面板"颜色"部分中的【没有描边或填充】按钮，可将笔触颜色或填充颜色设置为"无"。

> 灵活运用：也可以通过下面任何一种方法将所选对象的填充或笔触颜色设置为"无"，即单击任意"填充颜色"或"笔触颜色"框弹出窗口中的【透明】按钮，或者直接单击属性检查器中的"无填充"按钮。

单击工具面板中的【交换笔触/填充色（X）】按钮，可在填充颜色和笔触颜色之间进行交换。

5.2 使用"样本"、"混色器"和"调色板"面板

在"样本"面板中，不仅可以选择笔触颜色和填充颜色，还可以查看、更改、创建和编辑样本组，"样本"面板如图 5.4 所示。在"混色器"面板中，可以选择颜色模式，通过拖动颜色值滑块或输入颜色值来混合笔触颜色和填充颜色，也可以直接从颜色栏中选择笔触颜色和填充颜色，如图 5.5 所示。"调色板"面板中包含 3 个选项卡，即"选择器"选项卡、"混色器"选项卡和"混合器"选项卡，如图 5.6 所示。在该面板中，可以选择各种颜色模式，通过多种方法混合、选择笔触颜色和填充颜色。

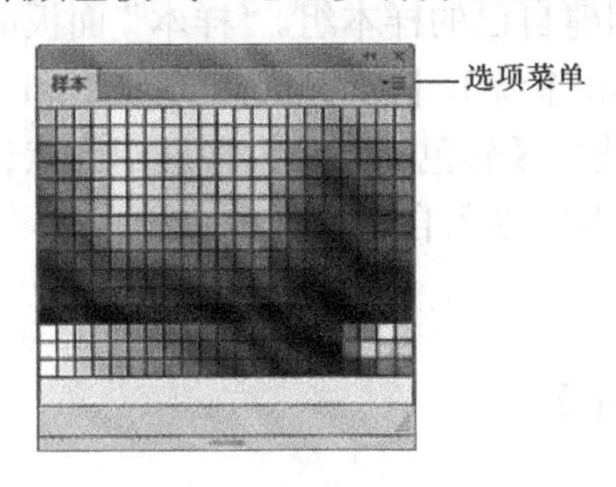

图 5.4 "样本"面板

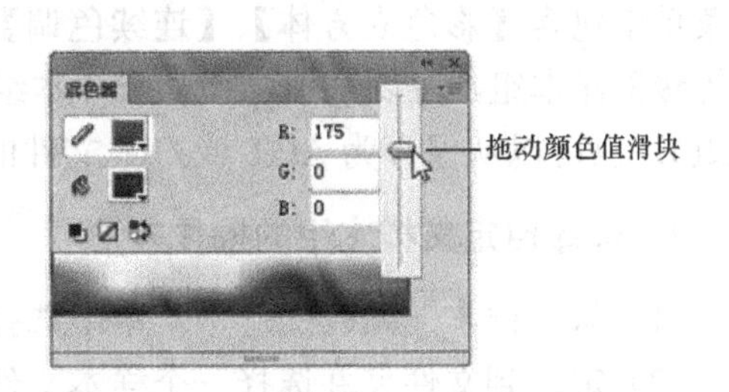

图 5.5 拖动颜色值滑块混合笔触颜色

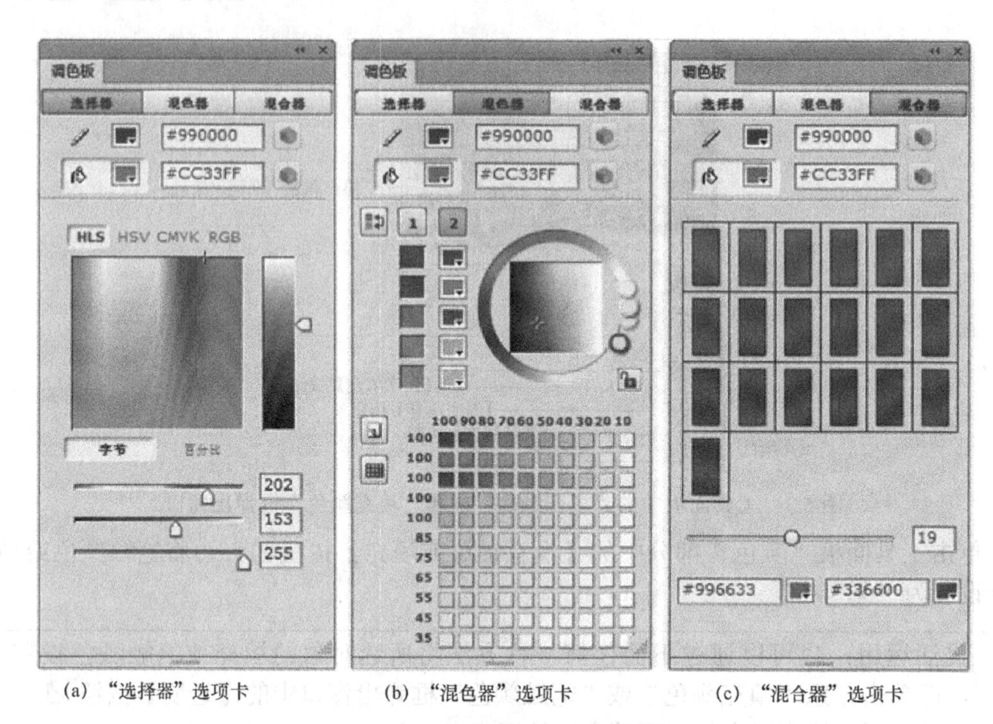

(a)“选择器”选项卡　(b)“混色器”选项卡　(c)“混合器”选项卡

图 5.6 “调色板”面板的 3 个选项卡

5.2.1 使用“样本”面板对所选对象应用颜色

“样本”面板显示当前样本组中的所有颜色。可以使用“样本”面板对所选矢量对象或文本应用笔触和填充颜色，其操作方法如下。

（1）单击工具面板或属性检查器中“笔触颜色”框或“填充颜色”框旁边的图标，使之进入活动状态。

（2）选择【窗口】→【样本】，打开“样本”面板。

（3）单击某样本颜色，对所选对象的笔触或填充应用颜色，该颜色同时出现在活动的“笔触颜色”框或“填充颜色”框中。

5.2.2 更改样本组

在 Fireworks CS6 中，可以轻松地切换样本组或创建自己的样本组。“样本”面板的选项菜单中包含【彩色立方体】、【连续色调】、【Windows 系统】、【Macintosh 系统】和【灰度等级】样本组，可以从中选择一个样本组（注意：选择【彩色立方体】将返回到默认样本组）。也可以从保存为 ACT 或 GIF 文件的调色板文件中导入自定义样本。

1．选择自定义样本组的操作方法

（1）从“样本”面板的选项菜单中选择【替换样本】。

（2）定位到文件夹并选择一个样本文件。

（3）单击【打开】按钮，样本文件中的颜色样本将替换前面的样本。

2. 将样本从外部调色板添加到当前样本中的操作方法

（1）从“样本”面板的选项菜单中选择【添加样本】。

（2）定位到所需的文件夹并选择一个调色板文件。

（3）单击【打开】按钮，Fireworks CS6 将新样本添加到当前样本的末尾。

5.2.3 自定义“样本”面板

可以使用“样本”面板添加、删除和替换颜色样本或整个样本组及按颜色值对样本进行排序。

注意：选择【编辑】→【撤消】并不会撤消样本添加或删除操作。

1. 向“样本”面板中添加颜色的操作方法

（1）从工具面板中选择“滴管”工具。

（2）从属性检查器的“示例”下拉菜单中选择要取样的像素数目：“1 像素”、“3×3 平均”或“5×5 平均”。

（3）在任何打开的 Fireworks CS6 文档窗口内单击任意位置以采集颜色。

（4）将滴管指针的末端移动到“样本”面板中最后一个样本之后的空白位置，此时滴管指针变为油漆桶状指针。

（5）单击以添加样本。

提示：当在颜色框弹出窗口的选项菜单中选择【接近网页安全色】时，使用滴管指针选取的任何非网页安全色都将改为最接近的网页安全色。

2. 用其他颜色替换某样本的操作方法

（1）从工具面板中选择“滴管”工具。

（2）从属性检查器的“示例”弹出菜单中选择要取样的像素数目：“1 像素”、“3×3 平均”或“5×5 平均”。

（3）在任何打开的 Fireworks CS6 文档窗口内单击任意位置以采集颜色。

（4）按住【Shift】键并将指针放在“样本”面板中的某样本上，此时指针变为油漆桶状指针。

（5）单击样本用新颜色替换它。

3. 从“样本”面板中删除某样本的操作方法

（1）按住【Ctrl】键，并将滴管指针放在样本上，此时指针变为剪刀状指针。

（2）单击某样本将它从“样本”面板中删除。

4. 保存样本的操作方法

（1）将取样颜色添加到“样本”面板中。

（2）从“样本”面板的选项菜单中选择【保存样本】，打开“另存为”对话框。

（3）选择文件名和保存位置，然后单击【保存】按钮。

5．清除样本的操作方法

从“样本”面板的选项菜单中选择【清除样本】，清除整个“样本”面板。若要对样本进行排序，则从“样本”面板的选项菜单中选择【按颜色排序】，按颜色值对样本进行排序。

5.2.4 在“混色器”面板中创建颜色

在“混色器”面板中，可以通过拖动滑块或为颜色模式的每个成分输入值来创建颜色，所创建的颜色应用于活动的“笔触颜色”框或“填充颜色”框。在“混色器”面板中还有一个颜色栏，其中显示了当前颜色模式的颜色范围，可单击颜色栏中的任意位置来应用颜色。还可以单击系统颜色选取器按钮来选择 Windows 系统颜色。

1．在“混色器”面板中混合颜色

使用“混色器”面板可以查看活动颜色的值并对颜色值进行编辑，以创建新颜色。

在默认情况下，在“混色器”面板中将 RGB 颜色标识为十六进制值，显示红（R）、绿（G）、蓝（B）颜色组件的十六进制颜色值。十六进制 RGB 值是基于 00～FF 的值范围来计算的。颜色表达的模式如表 5.1 所示。

表 5.1 颜色表达的模式

颜 色 模 式	颜色表达的模式
RGB	红色、绿色和蓝色的值。其中，每个分量都是一个 0～255 之间的值。0-0-0 表示黑色，255-255-255 表示白色
十六进制	红色、绿色和蓝色的十六进制值。其中，每个组件都有一个 00～FF 的十六进制值。00-00-00 表示黑色，FF-FF-FF 表示白色
HSB	色相、饱和度和亮度的值，其中，色相有一个 0°～360°的值，而饱和度和亮度有一个 0～100%的值
CMY	青色、洋红色和黄色的值。其中，每个组件都有一个 0～255 的值。0-0-0 表示白色，255-255-255 表示黑色
灰度等级	黑色所占的百分比。单个黑色（K 值）成分有一个 0～100%的值，0 表示白色，100%表示黑色，两者之间的值为灰度级

选择【窗口】→【混色器】，打开“混色器”面板，如图 5.7 所示。可以从“混色器”面板的选项菜单中选择替换颜色模式，当前颜色的成分值随每个新颜色模式而改变。

（1）将颜色栏中的颜色应用于所选矢量对象的操作方法如下。

① 单击“混色器”面板中“笔触颜色”框或“填充颜色”框旁边的图标。

② 将指针移动到颜色栏上，此时指针变为滴管指针并出现“单击以设置颜色”提示。

③ 单击选择一种颜色，该颜色随即应用于所选对象，并成为活动的笔触或填充颜色。

（2）从“混色器”面板中选择颜色的操作方法如下。

① 在混合颜色前，取消选择所有对象，以防在混合颜色时对所选对象进行不必要的编辑操作。

② 单击“笔触颜色”框或“填充颜色”框区域，使之成为新颜色的目标。

③ 从“混色器”面板的选项菜单中选择一种颜色模式。

④ 在颜色组件文本框中输入值，或者使用弹出滑块，或者从颜色栏中选取一种颜色，指定颜色组件值。

⑤ 在“样本”面板中的所有样本后面单击，可以将此颜色添加到“样本”面板中，以便再次使用。

（3）浏览各种颜色模式颜色栏的操作方法如下。

按住【Shift】键并单击“混色器”面板底部的颜色栏，可以看到各种颜色模式的颜色栏，如图 5.8 所示。

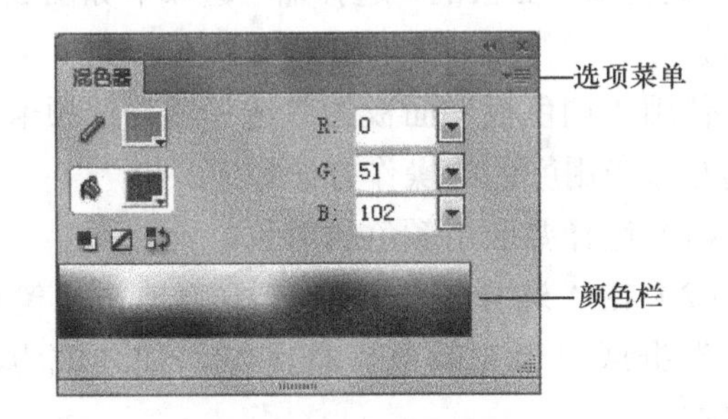

图 5.7　“混色器”面板

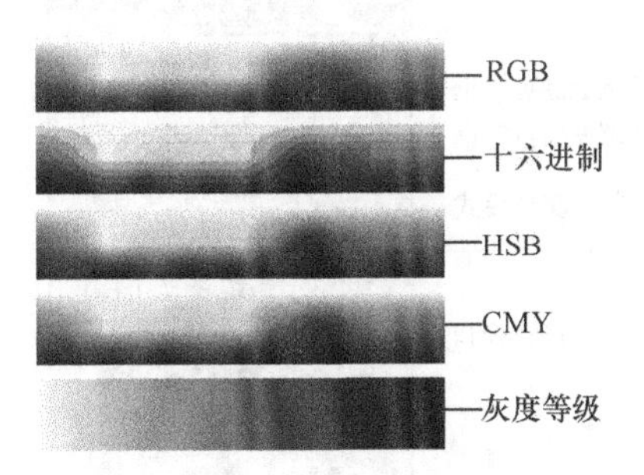

图 5.8　各种颜色模式的颜色栏

2．使用系统颜色选取器创建颜色

可以使用系统颜色选取器来创建颜色，其操作方法如下。

（1）在“样本”面板的选项菜单中选择“Windows 系统”或“Macintosh 系统”，系统颜色样本即会显示在“样本”面板中，如图 5.9 所示。同时，任意颜色框弹出窗口都会显示“样本”面板选项菜单中所选的颜色样本。

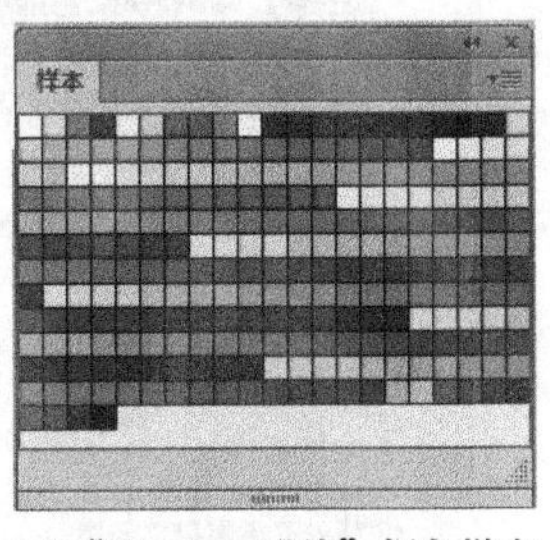

(a)“Windows系统”颜色样本

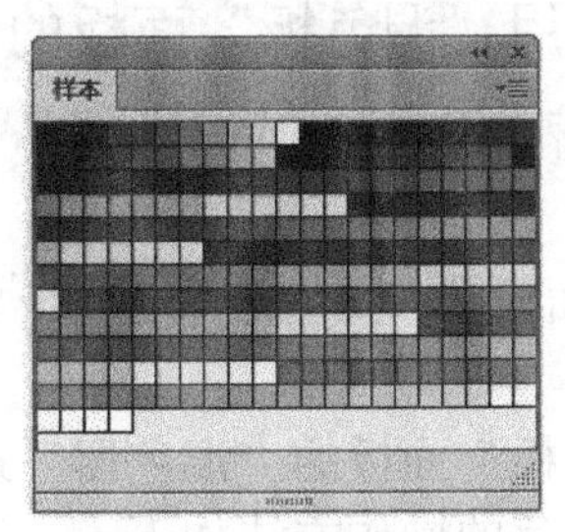

(b)“Macintosh系统”颜色样本

图 5.9　系统颜色样本

（2）单击任意颜色框，从系统颜色样本选取一种颜色，或者单击【系统颜色选取器】按钮，打开“系统颜色选取器”，如图 5.10 所示，从中选择一种颜色，此颜色将成为新的笔触或填充颜色。

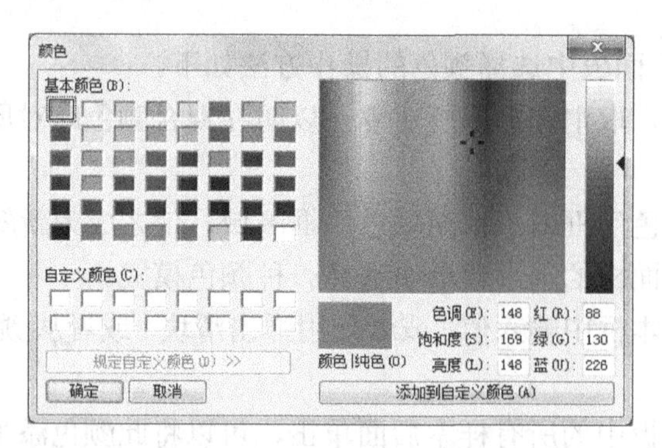

图 5.10　系统颜色选取器

5.2.5　使用“调色板”面板的“选择器”选项卡

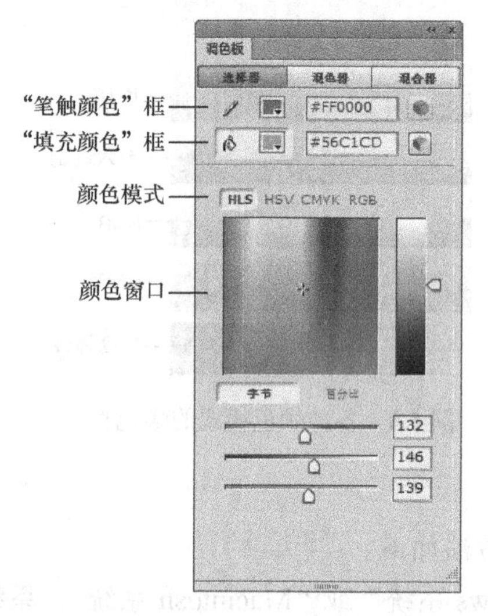

图 5.11　“调色板”面板的“选择器”选项卡

“调色板”面板的“选择器”选项卡如图 5.11 所示。

使用“调色板”面板的“选择器”选项卡对所选对象应用颜色的操作方法如下。

（1）选择要应用颜色的对象。

（2）在“选择器”选项卡中，单击“笔触颜色”框或“填充颜色”框区域，使之成为活动状态。

（3）从“选择器”选项卡中选择一种颜色模式。

（4）使用滑块，或者从颜色窗口中选择一种颜色，该颜色随即应用于所选对象，并成为活动的笔触颜色或填充颜色。

5.2.6　使用“调色板”面板的“混色器”选项卡

“调色板”面板的“混色器”选项卡如图 5.12 所示。

使用“调色板”面板的“混色器”选项卡对所选对象应用颜色的操作方法如下。

（1）在“混色器”选项卡中，单击“笔触颜色”框或“填充颜色”框区域，使之成为活动状态。

（2）在混色区设置颜色样本。

（3）选择要应用颜色的对象。

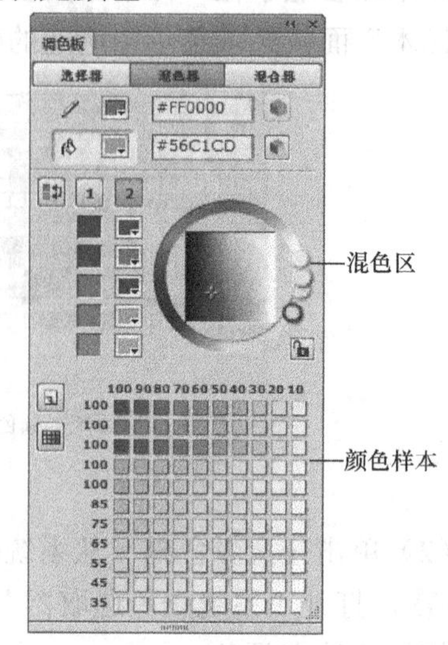

图 5.12　“调色板”面板的“混色器”选项卡

（4）从颜色样本中选择一种颜色单击，该颜色随即应用于所选对象，并成为活动的笔触颜色或填充颜色。

5.2.7　使用“调色板”面板的“混合器”选项卡

“调色板”面板的“混合器”选项卡如图 5.13 所示。

使用“调色板”面板的“混合器”选项卡对所选对象应用颜色的操作方法如下。

（1）在“混合器”选项卡中，单击“笔触颜色”框或“填充颜色”框区域，使之成为活动状态。

（2）在混合设置区分别选择两种颜色，由这两种颜色混合成多达 36 种的介于这两种颜色之间的颜色样本。

（3）选择要应用颜色的对象。

（4）从颜色样本中选择一种颜色单击，该颜色随即应用于所选对象，并成为活动的笔触颜色或填充颜色。

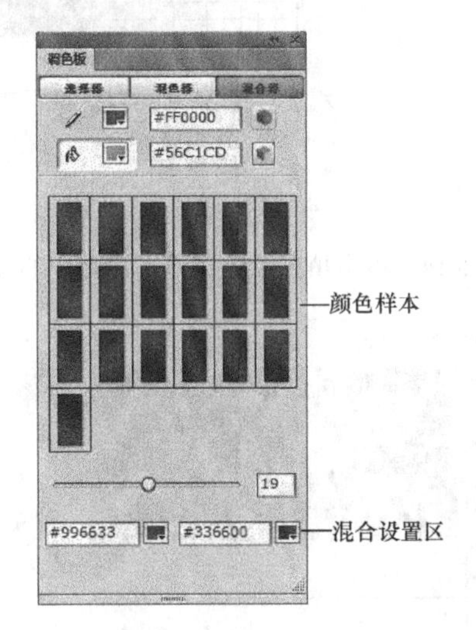

图 5.13　“调色板”面板的“混合器”选项卡

5.3　使用颜色框和颜色框弹出窗口

从工具面板的“颜色”部分到属性检查器，再到“混色器”、“调色板”，在整个 Fireworks CS6 中都可以找到颜色框，每个颜色框显示当前分配给相关对象属性的颜色。

5.3.1　从颜色框弹出窗口中选择颜色

单击任意颜色框时，都会打开一个类似于“样本”面板的颜色框弹出窗口，可以选择在颜色框弹出窗口中显示与“样本”面板中相同的样本，也可以显示与其不同的样本。例如，“样本”面板中显示的样本为“彩色立方体”，可以选择在颜色框弹出窗口中显示“彩色立方体”，也可以显示除“彩色立方体”样本之外的任何样本，如“连续色调”。

从颜色框弹出窗口中为颜色框选择一种颜色的操作方法如下。

（1）单击颜色框，颜色框弹出窗口随即打开。

（2）单击样本中的某种颜色，或者用滴管指针单击窗口上任意位置的颜色，将其应用于颜色框。单击弹出窗口中的【透明】按钮，使笔触颜色或填充颜色变为透明。

（3）单击填充颜色框弹出窗口中的【渐变填充】按钮，如图 5.14 所示，将打开“渐变填充”弹出窗口，如图 5.15 所示。

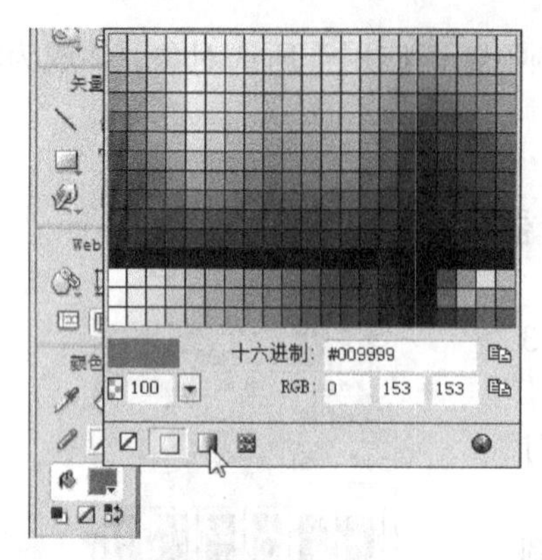

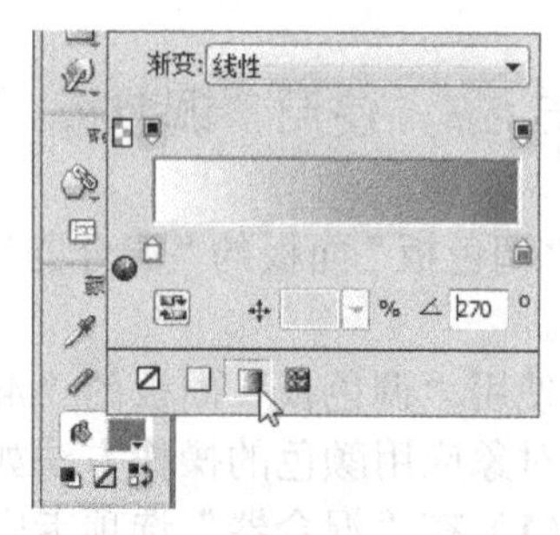

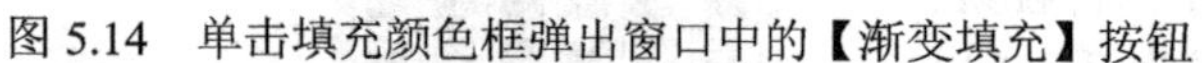

图 5.14 单击填充颜色框弹出窗口中的【渐变填充】按钮　　图 5.15 “渐变填充”弹出窗口

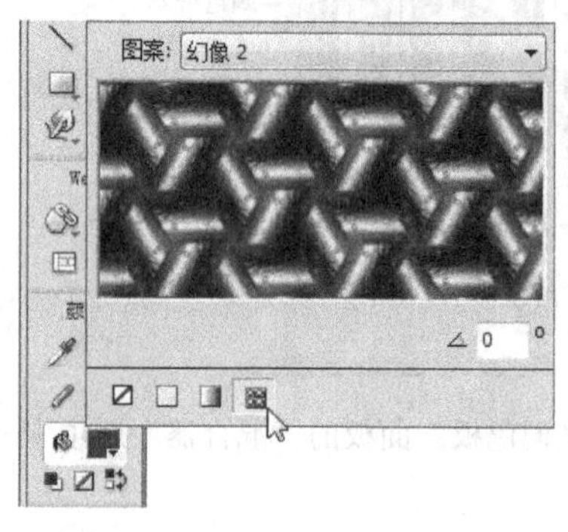

图 5.16 “图案填充”弹出窗口

（4）单击填充颜色框弹出窗口中的【图案填充】按钮，将打开“图案填充”弹出窗口，如图 5.16 所示。

渐变填充和图案填充的相关内容将在 5.6 节介绍。

5.3.2 从界面的任意位置采集颜色样本

当颜色框弹出窗口打开时，鼠标指针变为一个几乎可以从界面的任何位置吸取颜色的特殊滴管，用该滴管采集颜色样本（“取样”）以用于当前颜色框，其操作方法如下。

（1）单击任何颜色框，颜色框弹出窗口随即打开，指针变为滴管状。

（2）在界面的任意位置单击，为颜色框选择一种颜色。该颜色随即应用于与该颜色框相关联的特性或功能，同时颜色框弹出窗口关闭。

5.4 使用笔触

使用属性检查器、“笔触选项”弹出菜单和“编辑笔触”对话框，可以完全控制每个刷子笔触的细微差别，包括用墨量、笔尖大小和形状、纹理、边缘效果和方向。

5.4.1 应用笔触

可以事先更改【钢笔】、【铅笔】和【刷子】工具的笔触属性，使下一个绘制的矢量对象具有新的笔触属性；也可以在绘制对象或路径之后对其应用笔触属性。当前笔触颜色出现在“工具”面板、属性检查器和混色器的“笔触颜色”框中，可以从这 3 个面板的任何一个中更改绘制工具或所选对象的笔触颜色，也可以从“调色板”面板中更改绘制工具或所选对象的笔触颜色。

1．更改所选对象的笔触属性的操作方法

（1）从属性检查器中的笔触属性中进行选择。从“描边种类”弹出菜单中选择“笔触选项”，如图 5.17 所示。

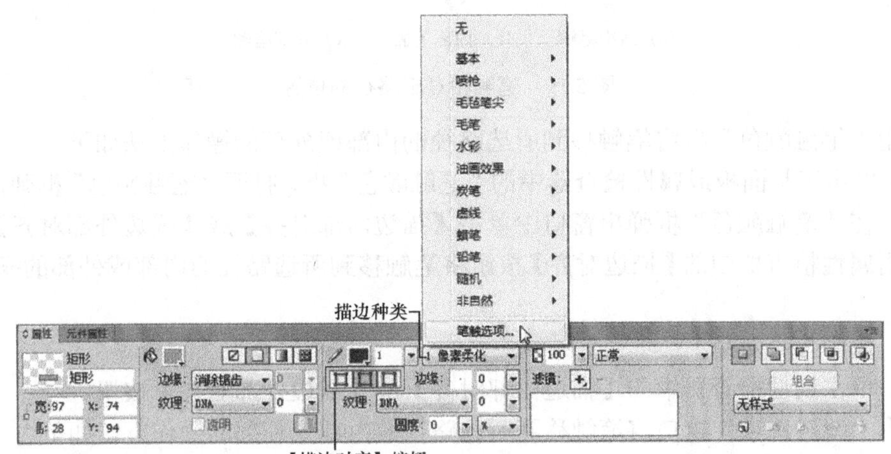

图 5.17 从“描边种类”弹出菜单中选择“笔触选项”

（2）在打开的“笔触选项”弹出窗口的笔触属性中进行选择，如图 5.18 所示。

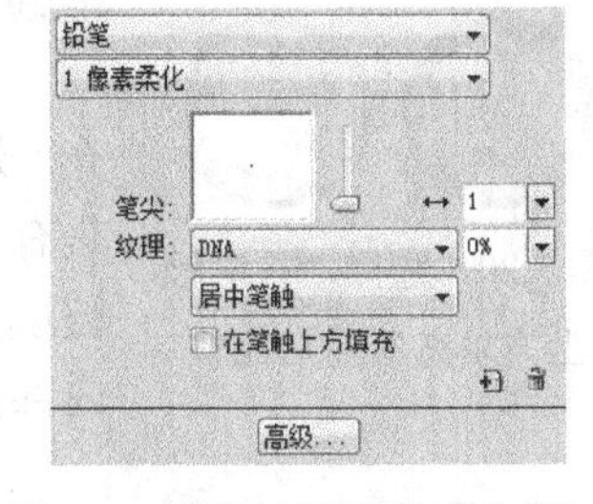

图 5.18 “笔触选项”弹出窗口

2．更改绘制工具的笔触颜色的操作方法

（1）按住【Ctrl+D】组合键取消选择所有对象。

（2）在工具面板中选择绘制工具。

（3）单击工具面板或属性检查器中的“笔触颜色”框，打开“笔触颜色”框弹出窗口。

（4）从样本组中选择笔触颜色。

新创建的笔触采用当前显示在“笔触颜色”框中的颜色，接下来就可以拖动工具绘制对象了。

3．删除所选对象的所有笔触属性的操作方法

从属性检查器的“描边种类”弹出窗口中选择“无”，或者单击工具面板或属性检查器中的“笔触颜色”框，然后单击【透明】按钮。

5.4.2 在路径上放置笔触

在默认情况下，对象的刷子笔触位于路径中央，也可以将刷子笔触完全放在路径的内部或外部，这样便能够控制所描绘对象的总体大小，如图 5.19 所示。

可以直接使用属性检查器中的【描边对齐】按钮定向笔触，也可以使用“笔触选项”窗口中的“笔触相对于路径的位置”下拉菜单重新定向笔触，还可以使用“笔触颜色”框弹出窗口中的【描边对齐】按钮重新定向笔触。

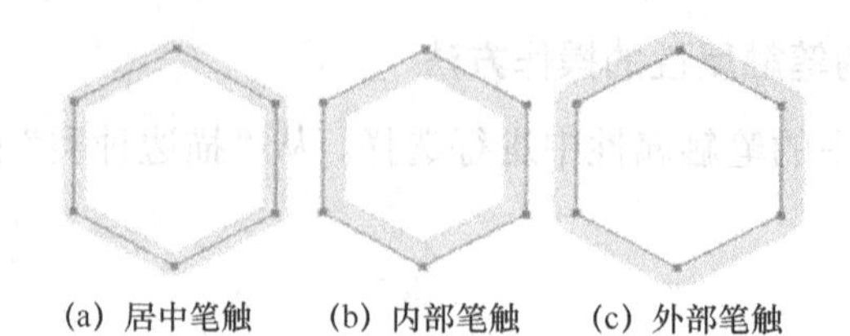

图 5.19 笔触相对于路径的位置

使用“笔触颜色”框将笔触移到所选路径的内部或外部的操作方法如下。

（1）单击工具面板或属性检查器中的“笔触颜色”框，打开“笔触颜色”框弹出窗口。

（2）在“笔触颜色”框弹出窗口中单击【描边内部对齐】或【描边外部对齐】按钮。

使用属性检查器中的【描边对齐】按钮将笔触移到所选路径的内部或外部的操作方法如下。

（1）选中描绘对象。

（2）单击属性检查器中的【描边内部对齐】或【描边外部对齐】按钮。

使用“笔触选项”窗口将笔触移到所选路径的内部或外部的操作方法如下。

（1）从“描边种类”弹出菜单中选择“笔触选项”，打开“笔触选项”弹出窗口。

（2）从“笔触选项”框弹出窗口中的“笔触相对于路径的位置”下拉菜单中选择内部笔触或外部笔触。

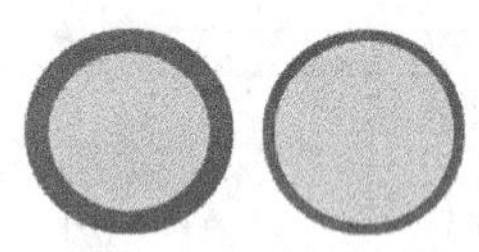

图 5.20 选择“在笔触上方填充”前后比较

说明：正常情况下，笔触覆盖填充。而当选择“在笔触上方填充”选项后，Fireworks CS6 会在笔触上绘制填充。若将此选项用于具有不透明填充的对象，则笔触中位于此路径内部的任何部分都将被填充遮住，如图 5.20 所示。具有一定透明度的填充可能会被路径内部的刷子笔触染色或与其混合在一起。

5.4.3 创建笔触样式

可以更改特定的笔触特性（如墨量、笔尖形状和笔尖敏感度）并将自定义笔触保存为一种样式，以供在多个文档中重复使用。

创建并保存自定义笔触的操作方法如下。

（1）从属性检查器的“描边种类”弹出菜单中选择“笔触选项”，打开“笔触选项”弹出窗口。

（2）编辑所需的刷子笔触属性。

说明：也可以在属性检查器中单击【编辑笔触】按钮，打开“编辑笔触”窗口，然后编辑所需的刷子笔触属性。

图 5.21 “保存笔触”对话框

（3）单击窗口中的【保存自定义笔触】按钮，弹出“保存笔触”对话框，如图 5.21 所示。在“名称”文本框中给自定义笔触起个名字，然后单击【确定】按钮，将自定义笔触属性保存为样式。

该笔触样式名称随即出现在“描边种类”弹出菜单中。单击【删除自定义笔触】按钮，可将自定义笔触删除。

5.5 使用填充

使用属性检查器中的实色填充、渐变填充、图案填充等填充类别，“实色填充”弹出窗口、“渐变”弹出窗口、“图案”弹出窗口以及位图纹理和图案集合，工具面板的“填充颜色”框以及“填充颜色”弹出窗口，可以为矢量对象和文本创建各种填充。使用“油漆桶”或“渐变”工具，还可以根据当前填充设置填充像素选区。当然，在 Fireworks CS6 中，也可以轻松删除所选对象的填充属性，要删除所选对象的填充，请单击属性检查器中的【无填充】按钮，或单击工具面板的“填充颜色”框，然后从打开的“填充颜色”弹出窗口中单击【无填充】按钮。

5.5.1 设置绘制工具的填充属性

可以设置“矩形”、“圆角矩形”、“椭圆”和“多边形”等绘制工具的填充属性，当前填充出现在属性检查器、工具面板和“混色器”面板的“填充颜色”框中，可以使用这些面板中的任何一个来更改绘制工具的填充。油漆桶图标表示工具面板、属性检查器和调色板中的“填充颜色”框。

更改矢量绘制工具和“油漆桶”工具的实色填充颜色的操作方法如下。

（1）选择矢量绘制工具或“油漆桶”工具。

（2）按住【Ctrl+D】组合键取消选择所有对象。

（3）单击属性检查器中的“填充颜色”框，或者单击工具面板或“混色器”面板中的“填充颜色”框，打开“填充颜色”框弹出窗口。

（4）从样本组中选择填充颜色，或使用滴管指针在 Fireworks CS6 界面上的任意位置采集颜色。

（5）按所需的方式使用工具。

注意：选择“文本”工具总是使“填充颜色”框恢复为“文本”工具上次使用的纯文本色。

5.5.2 编辑实色填充

实色填充是填充对象内部的纯色，可以在工具面板、属性检查器、“混色器”面板或“调色板”中更改对象的填充颜色，其操作方法如下。

（1）单击属性检查器、工具面板或“混色器”面板中的“填充颜色”框，打开“填充颜色”弹出窗口。

（2）从“填充颜色”弹出窗口中选择样本。

填充出现在所选对象中并成为活动的填充颜色。若要删除实色填充，请单击属性检查器中的【无填充】按钮，或单击工具面板的“填充颜色”框，然后从打开的“填充颜色”弹出窗口中单击【无填充】按钮。

5.6 使用渐变填充和图案填充

可以从一些预设的渐变和图案填充中进行选择，也可以创建自己的渐变和图案填充。使用属性检查器中的渐变填充、图案填充等填充类别，“渐变”弹出窗口、“图案”弹出窗口以及位图纹理和图案集合编辑填充属性。也可以使用工具面板的“填充颜色”框以及“填充颜色”弹出窗口编辑填充属性。

5.6.1 应用图案填充

对于所选路径对象，可以使用称为“图案填充”的位图图像进行填充。Fireworks CS6 附带了包括方格、木纹、幻像和发光板等 60 种图案填充，如图 5.22 所示。

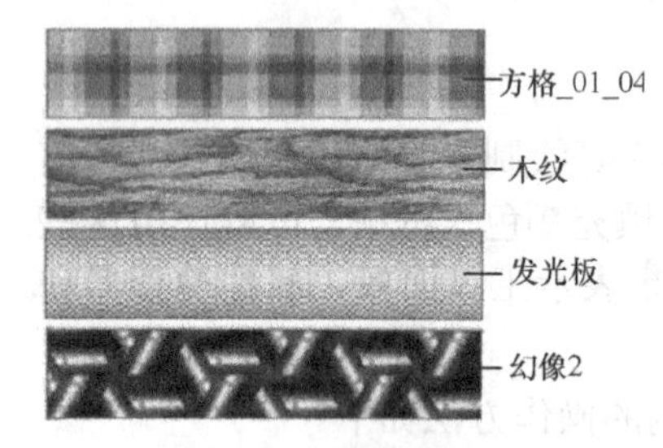

图 5.22 图案填充

对所选对象应用图案填充的操作方法如下。

（1）单击属性检查器中的【图案填充】按钮；或者单击工具面板中的“填充颜色”框，然后从“填充颜色”弹出窗口中单击【图案填充】按钮。

（2）从“图案名称”弹出菜单中选择一种图案，如图 5.23 所示。

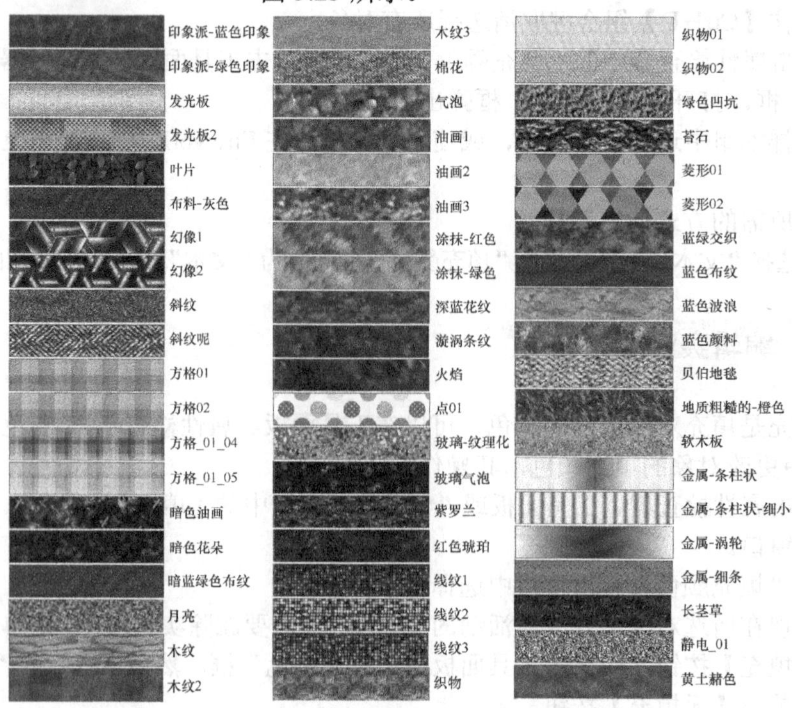

图 5.23 “图案名称”弹出菜单

图案填充随即出现在所选对象中并成为活动的填充颜色。

5.6.2 添加自定义图案

可以将位图文件设置为新的图案填充，图案填充的文件格式有：PNG、GIF、JPEG、BMP、TIFF。添加新图案时，图案的名称出现在“图案填充”弹出窗口的“图案名称”弹出菜单中。

使用外部文件创建新图案的操作方法如下。

（1）当属性检查器中显示了矢量对象属性时，单击属性检查器中的【图案填充】按钮。

（2）在打开的“图案填充”弹出窗口的“图案名称”弹出菜单中选择“其他”。

（3）在打开的“定位文件”对话框中定位到要作为新图案的位图文件，然后单击【打开】按钮。新图案随即添加到“图案名称”列表中。

5.6.3 应用渐变填充

渐变填充是指除“无”、“实色”、“图案”和“网页抖动”以外的又一种填充类别，这些填充将颜色混合在一起以产生各种效果。例如，一个矩形对象使用各种渐变填充产生的效果如图 5.24 所示。

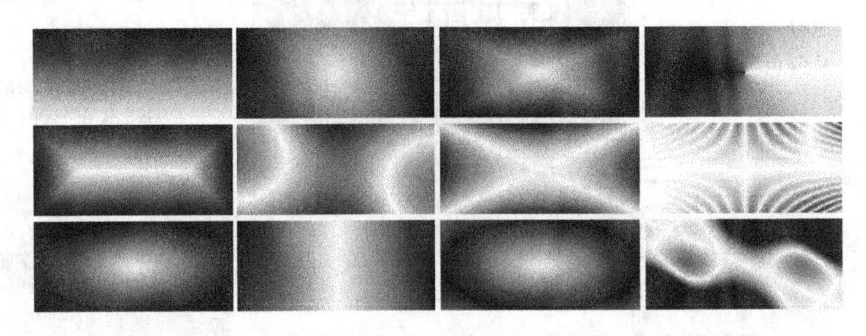

图 5.24 一个矩形对象使用各种渐变填充产生的效果

对所选对象应用渐变填充的操作方法是：从属性检查器的“渐变填充”弹出窗口中的“选择渐变形状”下拉列表中选择一种渐变形状，渐变填充随即出现在所选对象中并成为活动填充。

5.6.4 编辑渐变填充

可以对当前的渐变填充进行编辑，方法是：单击任意“填充颜色”，然后使用“编辑渐变”弹出窗口，如图 5.25 所示。

1. 打开“编辑渐变”弹出窗口的操作方法

（1）选择一个具有渐变填充的对象。

（2）单击属性检查器或工具面板中的“填充颜色”；或者单击属性检查器中的【渐变填充】按钮，“编辑渐变”弹出窗口随即打开。

也可以按如下操作打开“编辑渐变”弹出窗口。

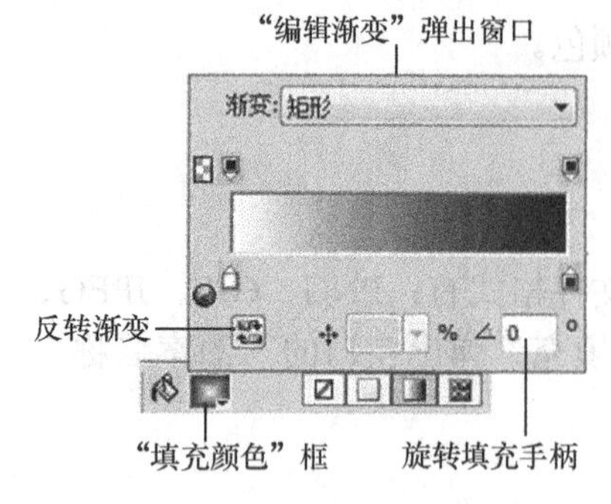

图 5.25 “编辑渐变”弹出窗口

（1）选择一个矢量对象或矢量工具。

（2）单击属性检查器中的【渐变填充】按钮；或者单击工具面板中的“填充颜色”，然后在打开的“填充颜色”弹出窗口中单击“渐变填充”按钮。

2. 在“编辑渐变”弹出窗口中向渐变中添加新颜色样本的操作方法

单击渐变色阶下方的区域，如图 5.26（a）所示；随即在单击区域出现“颜色样本”标记，如图 5.26（b）所示；单击“颜色样本”标记，打开颜色弹出窗口并从中选择一种颜色，如图 5.26（c）所示；添加新颜色后的“编辑渐变”弹出窗口如图 5.26（d）所示。

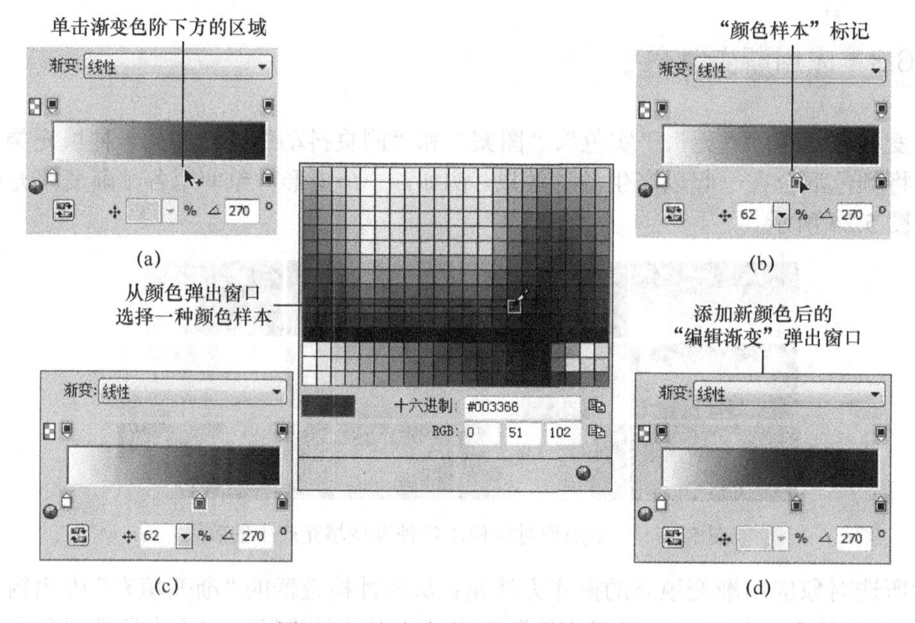

图 5.26 向渐变中添加新颜色样本

在“编辑渐变”弹出窗口中，若要添加不透明样本，则单击渐变色阶上方的区域，如图 5.27 所示。若要删除渐变中的颜色样本或不透明样本，则用鼠标将“颜色样本”标记或“不透明样本”标记从“编辑渐变”弹出窗口中拖走。

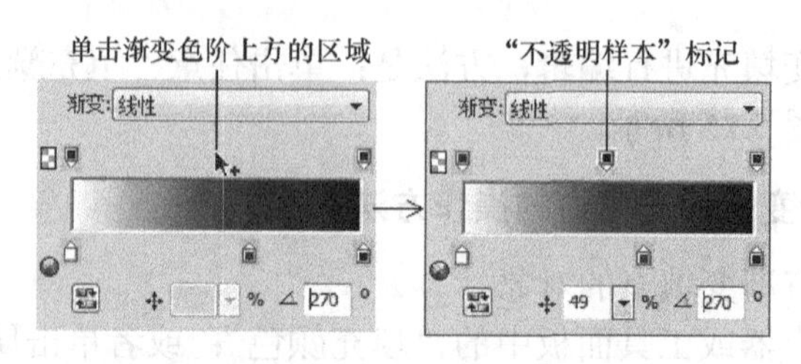

图 5.27 向渐变中添加不透明样本

3．设置或更改颜色样本颜色的操作方法

（1）单击“颜色样本”标记。

（2）从颜色弹出窗口中选择一种颜色，如图 5.28 所示。

4．设置或更改不透明样本透明度的操作方法

（1）单击“不透明样本”标记。

（2）拖动“不透明度”滑块，其中，0 表示完全透明，100 表示完全不透明，或者输入一个范围为 0～100 的数值以设置不透明度值。

注意：透明度棋盘透过透明区域中的渐变显示出来，如图 5.29 所示。

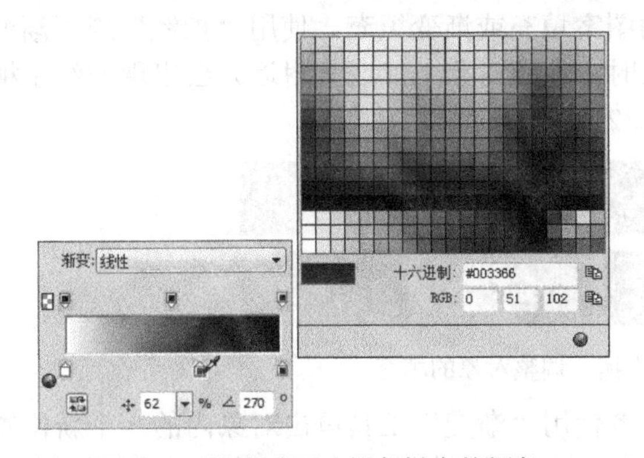

图 5.28　设置或更改颜色样本的颜色

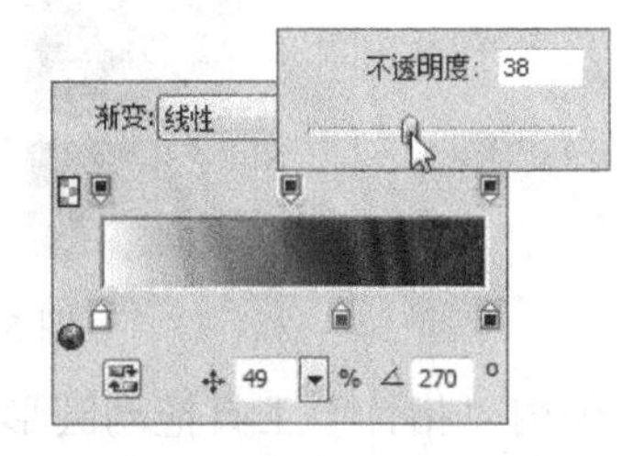

图 5.29　设置或更改不透明样本的透明度

（3）编辑完渐变后，按【Enter】键或在“编辑渐变”弹出窗口外单击。渐变填充出现在所选对象中并成为活动填充。

若要调整填充颜色之间的过渡，则用鼠标将“颜色样本”标记向左或向右拖动。

5.6.5　使用“渐变”工具创建填充

“渐变”工具与“油漆桶”工具位于工具面板“颜色”类别中的同一个工具组中，如图 5.30 所示，“渐变”工具的工作方式与“油漆桶”工具相似，但它使用的是渐变而不是使用纯色来填充对象，同“油漆桶”工具一样，它保留上次使用的元素的属性。

使用“渐变”工具创建填充的操作方法如下。

（1）选择要填充的对象。

（2）单击工具面板中的“油漆桶”工具组，然后从弹出菜单中选择“渐变”工具。

（3）从属性检查器的下列属性中进行选择。

- “填充颜色”框——单击它时将显示“编辑渐变”弹出窗口，在该窗口中可以选择渐变形状，并设置各种颜色和透明度选项。
- “边缘”——确定渐变是否具有实边、消除锯齿或羽化的填充边缘，若选择羽化边缘，则可以指定羽化量。
- “纹理”——提供许多可供选择的选项，包括“塑料”、“砂纸”、“粒状”、“金属”等。

（4）单击并拖动指针，建立渐变起始点以及渐变区域的方向和长度，如图 5.31 所示。

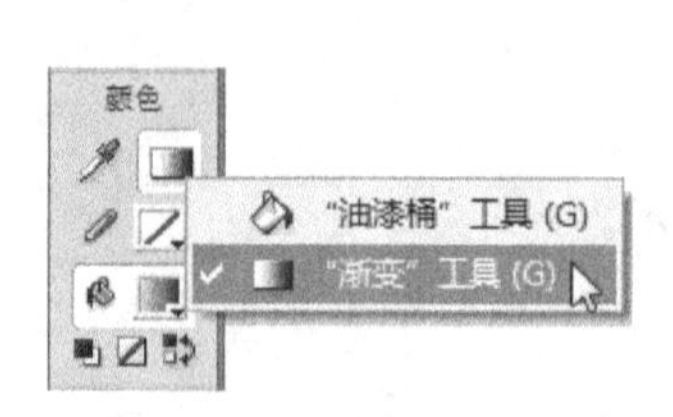

图 5.30 “渐变”工具与“油漆桶”工具

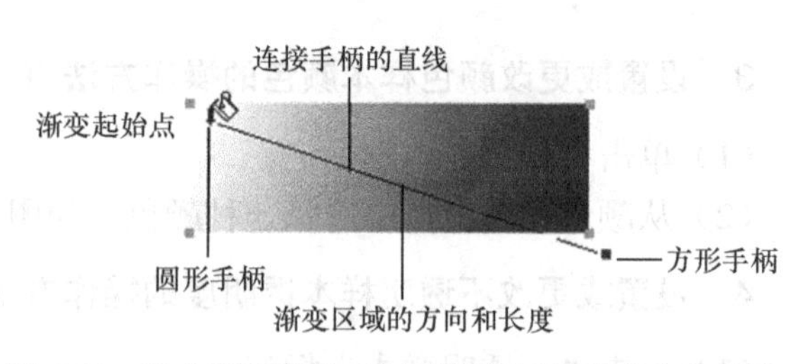

图 5.31 建立渐变起始点以及渐变区域的方向和长度

5.6.6 变形和扭曲填充

可以移动、旋转、倾斜和更改对象的图案填充或渐变填充。使用“指针”或“渐变”工具选择具有图案填充或渐变填充的对象时，在该对象上（或其附近）会出现一组手柄，拖动这些手柄可调整对象的填充，如图 5.32 所示。

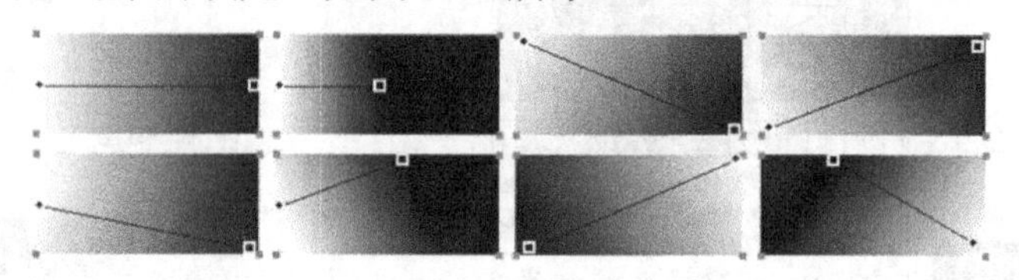

图 5.32 拖动手柄可调整对象的填充

使用“指针”工具拖动圆形手柄，或者使用“渐变”工具单击对象内的一个新位置，可以在对象内移动填充，如图 5.33 所示。拖动连接手柄的直线，可以旋转填充，如图 5.34 所示。拖动一个方形手柄，可以调整填充宽度和倾斜度，如图 5.35 所示。

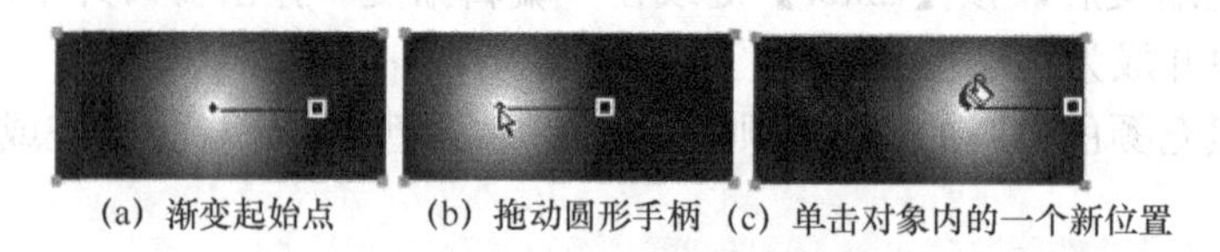

(a) 渐变起始点 (b) 拖动圆形手柄 (c) 单击对象内的一个新位置

图 5.33 在对象内移动填充

图 5.34 旋转填充

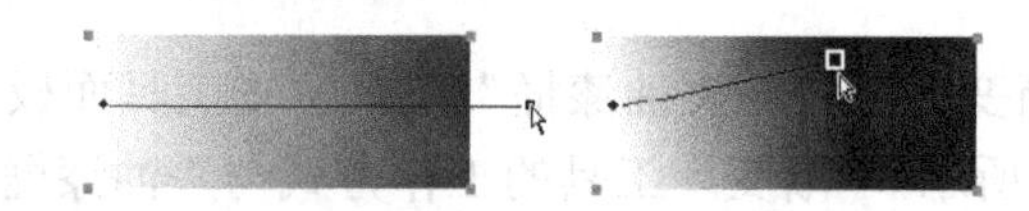

图 5.35 调整填充宽度和倾斜度

5.6.7 设置实边、消除锯齿或羽化填充边缘

在 Fireworks CS6 中，可以使填充的边缘成为普通的实线条，也可通过消除锯齿或羽化处理来柔化边缘。在默认情况下，边缘是消除锯齿的，消除锯齿能够巧妙地将边缘混合到背景中，从而使圆角对象（如椭圆和圆形）中可能出现的锯齿状边缘变得平滑。而羽化则在边缘的任意一侧产生明显的混合效果，使边缘变得柔和，从而产生出像光晕一样的效果。各种边缘效果如图 5.36 所示。

更改所选对象填充边缘的操作方法如下。

（1）单击属性检查器中的“填充边缘”弹出菜单。

（2）选择一个边缘选项："实边"、"消除锯齿"或"羽化"。

（3）对于羽化边缘，还要选择进行羽化处理的边缘上的像素数目（羽化总量）。羽化总量的默认值是10，羽化总量可以在0～100之间进行选择，数目越大，羽化效果越明显，如图5.37所示。

图5.36 实边、消除锯齿和羽化填充边缘

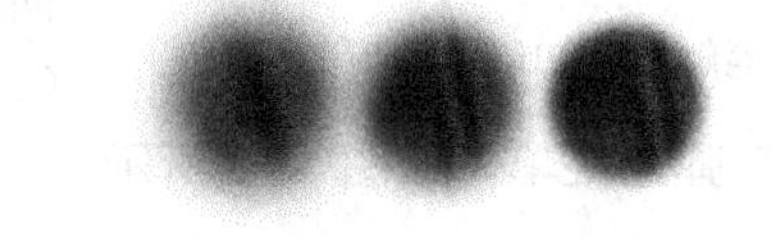

图5.37 羽化总量值为30、20、10的羽化效果比较

5.6.8 保存自定义渐变填充

如果要将当前渐变设置保存为自定义渐变填充，以供在多个文档中使用，那么就必须创建一个样式。保存自定义渐变填充的操作方法如下。

（1）在文档窗口中选中当前自定义渐变设置的对象。

（2）单击"样式"面板底部的【新建样式】按钮，出现"新建样式"对话框，如图5.38所示。

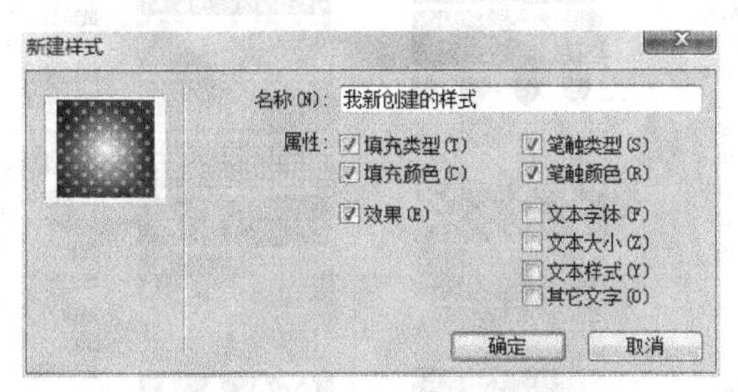

图5.38 "新建样式"对话框

（3）在该对话框的"名称"文本框中给自定义样式起个名字，然后单击【确定】按钮。自定义渐变填充样式随即出现在"样式"面板"当前文档"类别中，这样在当前文档或其他文档中便可以随时使用该样式了。

5.7 添加纹理

通过添加纹理可以为笔触和填充添加三维效果。可以使用Fireworks CS6附带的纹理，也可以使用外部纹理。纹理的文件格式有：PNG、GIF、JPEG、BMP、TIFF。

5.7.1 向所选对象的笔触中添加纹理

纹理修改的是笔触的亮度而不是色相，因而使笔触看起来既减少了呆板的感觉，又显得更为自然，就像在有纹理的表面涂上颜料一样。可以向任何笔触中添加纹理，但用于宽笔触时其纹理效果更明显。Fireworks CS6 附带了 74 种可供选择的纹理，如“浮油”、“砂纸”和“薄绸”等。向笔触中添加砂纸纹理效果如图 5.39 所示。

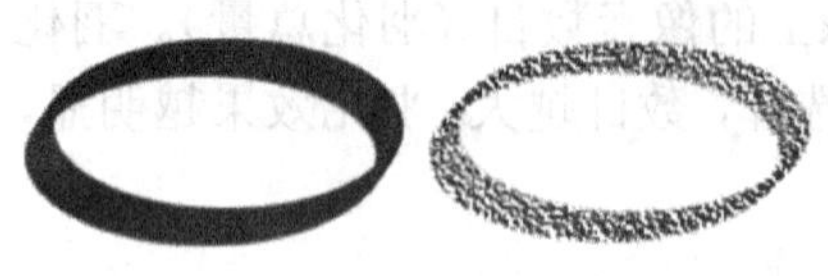

图 5.39　向笔触中添加砂纸纹理效果

向所选对象的笔触中添加纹理的操作方法如下。

（1）单击属性检查器中的笔触“纹理名称”，打开“纹理名称”弹出菜单，如图 5.40 所示。

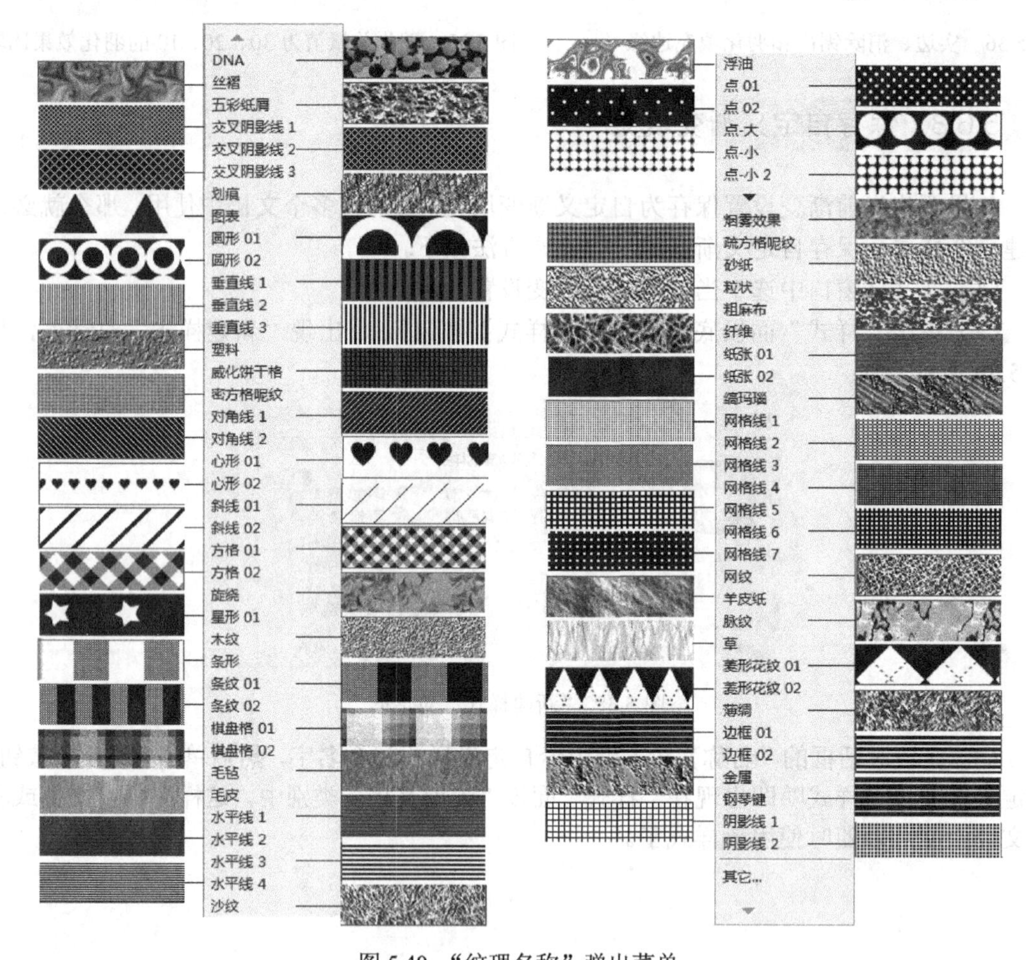

图 5.40　“纹理名称”弹出菜单

（2）从弹出菜单中选择一种纹理，或者从弹出菜单中选择“其他”并定位到纹理文件以使用外部纹理。

（3）输入一个范围为 0～100 的百分比值以控制纹理的强度，增加百分比值可以增大纹理强度。

5.7.2　向所选对象的填充中添加纹理

纹理修改的是填充的亮度而不是色相，因而赋予了填充一种不太呆板、相对较为生动的外观，可以向任何填充中添加纹理。还可以在“其他”选项中选择其他文档中的位图文件作为纹理，这样便能够创建几乎所有类型的自定义纹理。

向所选对象的填充中添加纹理的操作方法如下。

（1）单击属性检查器中的填充“纹理名称”，打开“纹理名称”弹出菜单。

（2）从弹出菜单中选择一种纹理，或者从弹出菜单中选择“其他”并定位到纹理文件以使用外部纹理。

（3）输入一个范围为 0～100 的百分比值以控制纹理的强度，增加百分比值可以增大纹理强度。

（4）选择“透明”在填充中引入透明度级别，“纹理”百分比值还可控制透明度。

5.8　本章软件使用技能要求

Fireworks CS6 的颜色、笔触、填充工具和功能使得图形图像变得五彩斑斓、丰富多彩，灵活运用颜色、笔触和填充，是制作专业化图形图像的基本功。通过本章的学习要掌握以下技能。

1．会使用不同的用色方式
2．应用笔触
3．应用填充
4．添加纹理

应用动态滤镜效果

Fireworks CS6 中的动态滤镜是指可以应用于矢量对象、位图对象和文本的增强效果。动态滤镜包括斜角和浮雕、阴影和光晕、调整颜色、模糊和锐化，此外，Fireworks CS6 还增加了 Photoshop 动态效果选项，用户可以直接从属性检查器中将动态滤镜应用于所选对象。

6.1 将动态滤镜应用于所选对象

使用属性检查器可以将一个或多个动态滤镜应用于所选对象，以获得所需的外观。每次为所选对象添加新动态滤镜时，这个新动态滤镜便添加到属性检查器的动态滤镜列表中，可以打开或关闭每种动态滤镜效果。属性检查器中的“添加动态滤镜”弹出菜单如图 6.1 所示。

当选择已应用了动态滤镜效果的对象后，属性检查器中的【添加动态滤镜】按钮、【删除动态滤镜】按钮和动态滤镜列表等动态滤镜选项的位置如图 6.2 所示。

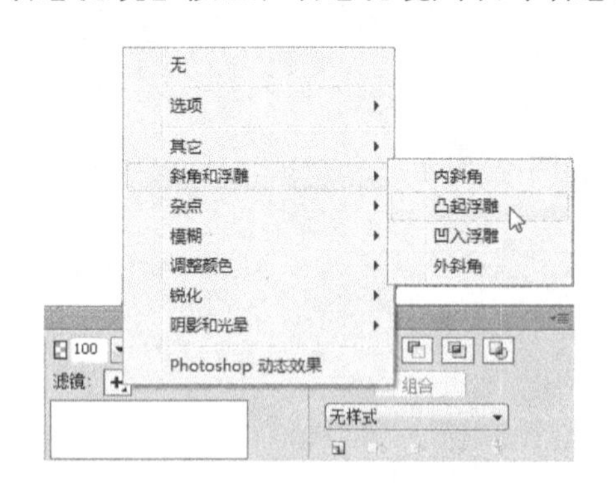

图 6.1　属性检查器中的“添加动态滤镜”弹出菜单

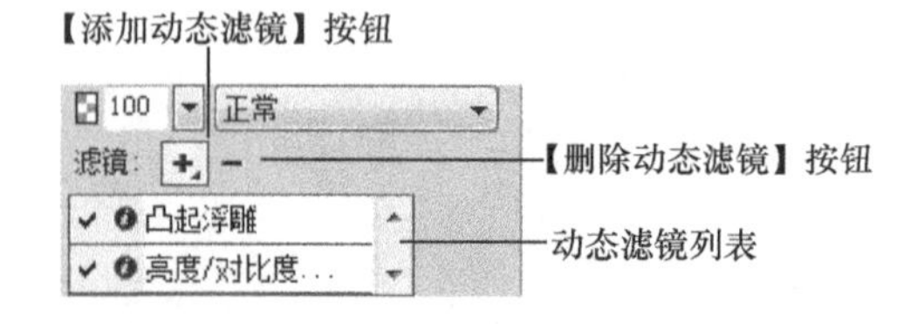

图 6.2　属性检查器中的动态滤镜选项的位置

在选择“斜角和浮雕”、“模糊”、“阴影和光晕”、“锐化”、“调整颜色”等动态滤镜时，Fireworks CS6 会打开它们的子菜单，单击子菜单中的某一选项会打开一个与之相应的弹出窗口或对话框，在其中可以调整动态滤镜设置或直接将滤镜应用于所选对象。例如，选择【斜角和浮雕】→【内斜角】，打开“内斜角”选项弹出窗口，如图 6.3 所示。在弹出窗口中可以尝试不同的设置，直到获得满意的外观为止。

1．将动态滤镜应用于所选对象的操作方法

（1）单击属性检查器中的【添加动态滤镜】按钮![+]，在“添加动态滤镜”弹出菜单中选择一种动态滤镜，该动态滤镜随即应用于所选对象并添加到所选对象的动态滤镜列表中。

提示：若只对图像中的某个像素选区应用动态滤镜，则可以就地剪切和粘贴该选区以创建一个新的位图对象，选择该位图对象，然后再对其应用动态滤镜效果。

（2）若有弹出窗口（或对话框）打开，则编辑动态滤镜设置，然后单击【确定】按钮（或按【Enter】键或单击工作区中的任意位置）应用动态滤镜效果。

（3）重复步骤（1）和步骤（2）以应用更多的动态滤镜效果。

注意：动态滤镜效果的应用顺序会影响整体效果，可以拖动动态滤镜重新排列其堆叠顺序。若所选对象是组合对象，应用动态滤镜时，其效果是应用于组中所有对象的。当取消了对象组合，则每个对象的效果设置会恢复为单独应用于该对象的效果设置。

单击属性检查器的动态滤镜列表中滤镜旁边的复选框启用或禁用应用于对象的滤镜效果，如图 6.4 所示，✕表示禁用滤镜，✔表示启用滤镜。若要启用或禁用应用于对象的所有滤镜效果，则单击属性检查器中的【添加动态滤镜】按钮，然后从弹出菜单中选择【选项】→【全部开启】或【全部关闭】。

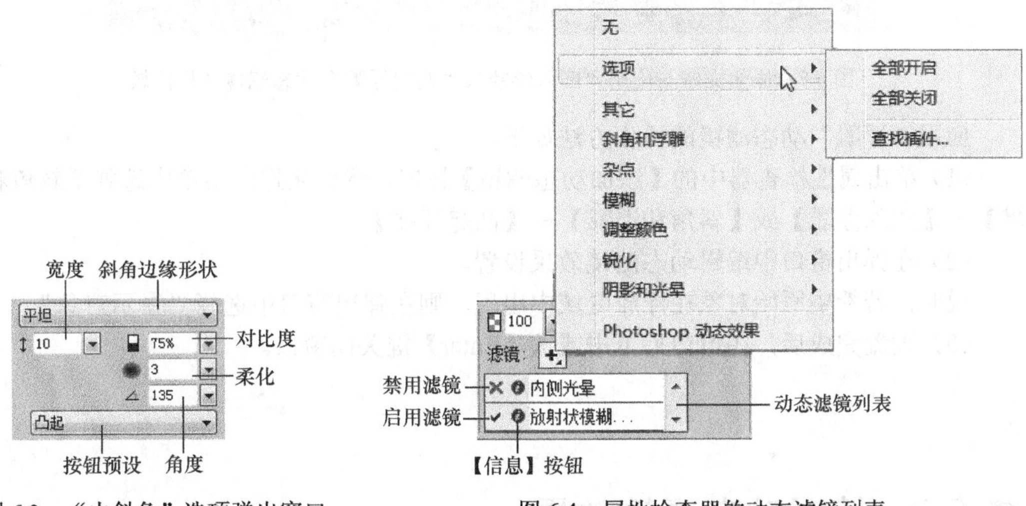

图 6.3　“内斜角”选项弹出窗口　　图 6.4　属性检查器的动态滤镜列表

2．从对象中删除动态滤镜效果的操作方法

若要从对象中删除个别滤镜效果，则只要从属性检查器的动态滤镜列表中选择要删除的滤镜效果，然后单击【删除动态滤镜】按钮![−]即可。若要从对象中删除全部滤镜效果，则单击属性检查器中的【添加动态滤镜】按钮，然后从弹出菜单中选择“无”。

3．范例 1：应用“斜角”动态滤镜效果

对所选对象应用“斜角”动态滤镜效果可获得凸起的外观，可以创建“内斜角”或“外斜角”动态滤镜效果。例如，原始矩形与应用“内斜角”、“外斜角”动态滤镜效果比较如图 6.5 所示。

将“斜角”动态滤镜应用于所选对象的操作方法如下。

（1）单击属性检查器中的【添加动态滤镜】按钮，然后从弹出菜单中选择【斜角和浮雕】→【内斜角】或【斜角和浮雕】→【外斜角】。

（2）在弹出窗口中编辑动态滤镜效果设置。

（3）设置完成后，在窗口外单击或按【Enter】键关闭窗口。

4．范例 2：应用“浮雕”动态滤镜效果

应用“浮雕”动态滤镜效果，可以使图像、对象或文本凹入画布或从画布凸起。例如，图 6.6、图 6.7 所示分别为原始对象与应用“凹入浮雕”、“凸起浮雕”动态滤镜效果比较及原始文本与应用“凹入浮雕”、“凸起浮雕”动态滤镜效果比较。

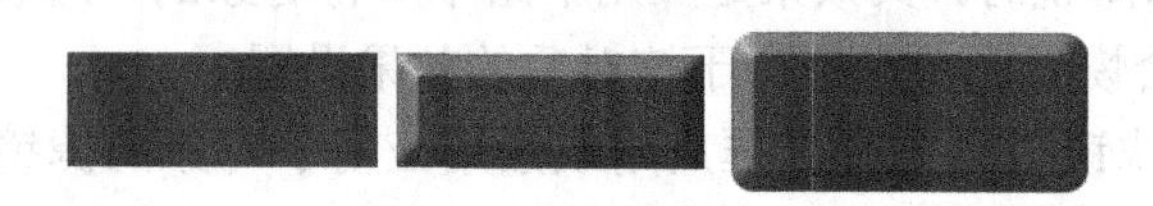

图 6.5　原始矩形与应用“内斜角”、“外斜角”动态滤镜效果比较

图 6.6　原始对象与应用“凹入浮雕”、“凸起浮雕”动态滤镜效果比较

图 6.7　原始文本与应用“凹入浮雕”、“凸起浮雕”动态滤镜效果比较

应用“浮雕”动态滤镜的操作方法如下。

（1）单击属性检查器中的【添加动态滤镜】按钮，然后从弹出菜单中选择【斜角和浮雕】→【凹入浮雕】或【斜角和浮雕】→【凸起浮雕】。

（2）在弹出窗口中编辑动态滤镜效果设置。

说明：若希望原始对象在浮雕区域中出现，则在弹出窗口中选择“显示对象”。

（3）设置完成后，在窗口外单击或按【Enter】键关闭窗口。

6.2　编辑动态滤镜效果

在属性检查器中单击某个动态滤镜效果的【信息】按钮时，Fireworks CS6 会打开一个弹出窗口或对话框，其中包含了该动态滤镜的当前设置，在窗口中可以对其进行编辑。

编辑动态滤镜效果的操作方法如下。

（1）在属性检查器的动态滤镜效果列表中，单击要编辑动态滤镜效果旁边的【信息】按钮，相应的弹出窗口或对话框随即打开。

（2）编辑动态滤镜效果设置。

注意：若某个滤镜效果不可编辑，则其信息按钮呈灰色，如不能编辑“自动色阶”。

（3）编辑完毕，在窗口外单击或按【Enter】键。

6.3 重新排列动态滤镜的顺序

重新排列动态滤镜的顺序可以改变效果的应用顺序，从而可以改变组合效果。一般而言，应当先应用改变对象内部的效果，然后才应用改变对象外部的效果。例如，应当先应用“内斜角”动态滤镜效果，然后才应用“外斜角”、“光晕”或“投影”动态滤镜效果。

按住鼠标左键将动态滤镜拖到属性检查器的动态滤镜列表中的所需位置，可以重新排列所选对象的动态滤镜应用顺序。通常，列表顶部的动态滤镜效果比底部的动态滤镜效果先应用。

6.4 创建自定义动态滤镜效果

通过创建自定义动态滤镜效果，可以保存动态滤镜效果的某种设置组合。所有自定义动态滤镜效果都出现在“样式”面板的“当前文档”类别中。

- 可以使用“样式”面板创建自定义动态滤镜效果。
- 可以从“样式”面板中将自定义动态滤镜效果应用于所选对象。
- 可以使用“样式”面板重命名或删除自定义动态滤镜效果。

1．使用“样式”面板创建自定义动态滤镜效果的操作方法

（1）将动态滤镜效果设置应用于所选对象。

（2）从“样式”面板的选项菜单中选择“新建样式”选项，或者单击“样式”面板底部的【新建样式】按钮，打开“新建样式”对话框，如图 6.8 所示。

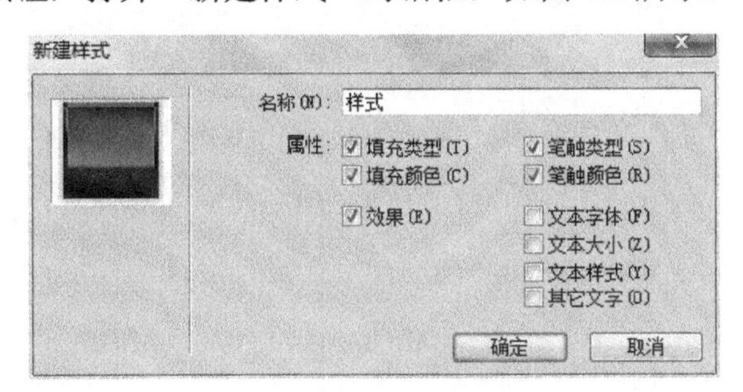

图 6.8 “新建样式”对话框

（3）输入样式的名称，然后单击【确定】按钮。

完成上述操作后，将滤镜的样式添加到“样式”面板中。

2．对所选对象应用自定义动态滤镜效果的操作方法

单击“样式”面板中自定义动态滤镜效果的图标。

3．重命名或删除自定义动态滤镜效果的操作方法

可以像对待“样式”面板中的任何其他样式那样重命名或删除自定义动态滤镜效果。

6.5 本章软件使用技能要求

应用动态滤镜效果也是为了丰富图形图像的显示效果，应用动态滤镜效果仍然是灵活运用 Fireworks CS6 的基本功。通过本章的学习需要掌握以下技能。

1．将动态滤镜效果应用于所选对象

在 Fireworks CS6 中，可以直接从属性检查器中将“锐化”、“调整颜色”和“模糊”等动态滤镜效果应用于所选对象，也可以按动态滤镜菜单传统的使用方式来使用这些动态滤镜。

2．编辑动态滤镜效果

应用动态滤镜效果后，还可以随时更改其选项，或者重新排列动态滤镜的顺序以尝试不同的应用组合效果。在属性检查器中可以打开和关闭动态滤镜效果或者将其删除，删除动态滤镜效果后，对象会恢复原来的外观。

3．创建自定义动态滤镜效果

可以使用“样式”面板创建自定义动态滤镜效果。

第7章 创建动画

适当的动画效果可以使网页充满活力。创建动画是一个相对复杂的操作，这在图形图像制作中是一项基本功。在 Fireworks CS6 中，创建动画的方法之一是通过创建元件并不停地改变它们的属性来产生运动的错觉。一个元件就像是一个演员，其动作是由用户设计的。每个元件的动作都存储在一个状态中，当按顺序播放所有状态时，就形成了动画。若要创建一个不同类型的动作同时发生的复杂动画，则要对元件应用不同的设置。Fireworks CS6 也可以将动画作为 GIF 动画文件或 Flash SWF 文件导出。

7.1 如何创建动画

在 Fireworks CS6 中，可以通过向称为动画元件的对象分配属性来创建动画。一个元件的动画被分解成多个状态，每个状态中包含组成每一步动画的图像和对象。一个动画中可以有一个以上的元件，每个元件可以有不同的动作。不同的元件可以包含不同数目的状态，当所有元件的所有动作都完成时，动画就结束了。

使用动画元件创建动画的操作方法如下。

（1）创建一个动画元件。既可以从头开始创建动画元件，也可以将现有的对象转换为动画元件。

（2）使用属性检查器或“动画”对话框输入动画元件的设置，可以设置移动的角度和方向（只能在“动画”对话框中找到）、缩放、不透明度（淡入或淡出）以及旋转的角度和方向，如图 7.4 所示。

（3）使用“状态”面板中的“状态延迟”弹出窗口设置动画动作的速度，如图 7.8 所示。

（4）将文档优化为 GIF 动画文件。

（5）将文档作为 GIF 动画文件导出，或者保存为 Fireworks PNG 文件并导入到 Flash 中进一步编辑。

7.2 使用动画元件

动画元件可以是用户创建或导入的任何对象，并且一个文件中可以有许多元件，每个元件都有自己的属性并可独立运动，因此，可以创建在其他元件淡入淡出或收缩时在屏幕上移动的元件。

不是动画的每个方面都需要使用元件。但是为了在多个状态中出现的图形图像一致，就需要使用元件。使用元件有很多优点，除了本章中谈到的优点外，它还可以使动画文件变得更小。

可以随时使用属性检查器或“动画”对话框更改动画元件的属性。还可以在元件编辑器中编辑元件的图像，使用元件编辑器可以在不影响文档其他部分的情况下编辑元件。通过移动元件的运动路径，也可以更改元件的运动路线。

因为动画元件被自动放到“文档库”面板中，还可以被保存到“公用库”面板中，所以可以重新使用它们创建其他动画。

7.2.1 创建动画元件

创建动画元件的操作方法如下。

（1）新建或打开一个文档。

（2）选择【编辑】→【插入】→【新建元件】，打开“转换为元件”对话框，如图 7.1 所示。

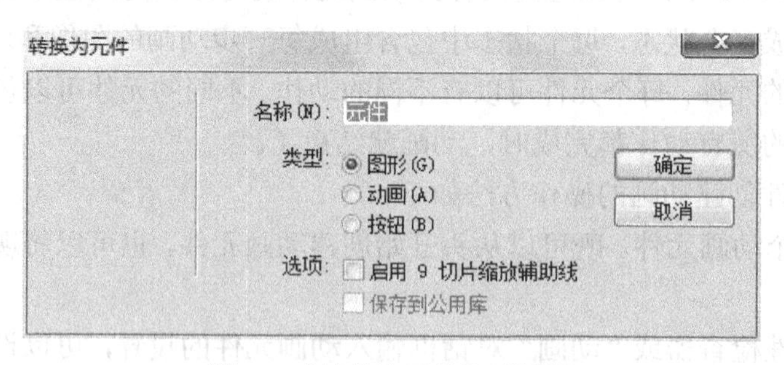

图 7.1 “转换为元件”对话框

（3）在“转换为元件”对话框中输入新元件的名称。

（4）在“类型”中选择“动画”单选按钮并单击【确定】按钮，打开元件编辑器窗口，如图 7.2 所示。

（5）在元件编辑器中，使用绘图或文本工具创建一个新对象，可以绘制一个矢量对象或位图对象。

（6）单击位于元件编辑器窗口左上角的【返回】按钮，关闭元件编辑器窗口。

Fireworks CS6 将元件自动放入“文档库”面板中，并将一个副本放在文档中。

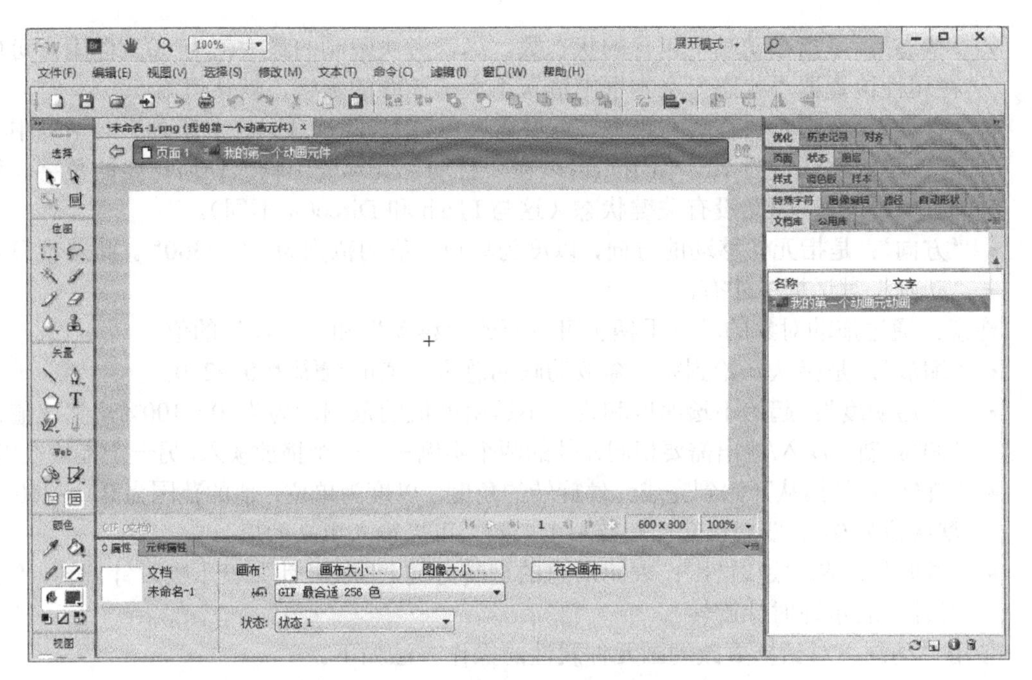

图 7.2 打开元件编辑器窗口

接下来，可以使用属性检查器中的“状态”滑块向元件对象中添加新的状态，也可以在属性检查器中设置其他属性。当然，还可以在“动画”对话框中进行动画设置。

7.2.2 编辑动画元件

可以编辑、更改和处理动画元件的属性。可以更改元件中从动画速度到不透明度以及旋转等各种属性，通过处理这些属性，可以使元件显示为旋转、加速、淡入淡出或者是这些动作的任意组合。

所有动画元件的关键属性是其状态数，该属性确定元件分几步来完成动画。当设置元件的状态数时，Fireworks CS6 自动将所需的状态数添加到文档中以完成动作。若元件需要的状态数比动画中现有的状态多，则 Fireworks CS6 会打开一个询问用户是否需要添加额外状态的提示框，单击【确定】按钮，Fireworks CS6 自动将所需的状态数添加到文档中以完成动作。

1. 更改动画属性

可以使用属性检查器或“动画”对话框来更改动画属性，属性检查器中的动画元件属性如图 7.3 所示。

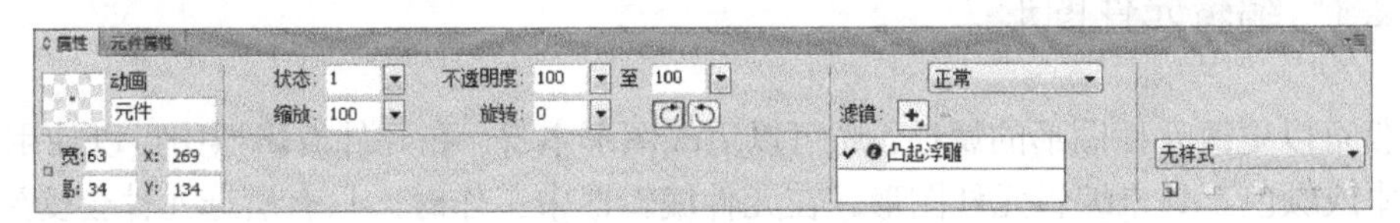

图 7.3 属性检查器中的动画元件属性

使用属性检查器或“动画”对话框可以编辑动画元件的下列任何属性。

- “状态”：是指在动画中包含的状态数。尽管滑块限制的最大值为 60，但用户可以在属性检查器“状态”文本框中输入不大于 500 的数字，默认值为 5。
- “移动”：是指元件移动的距离（以像素为单位），此选项只在“动画”对话框中才有。尽管默认值为 72，但用户可以在“移动”文本框中输入任何想要的数字。移动是线性的，因此没有关键状态（这与 Flash 和 Director 不同）。
- “方向”：是指元件移动的方向，以度为单位，值的范围为 0°～360°。此选项只在“动画”对话框中才有。

注意：通过拖动对象的动画手柄也可以更改“移动”和“方向”的值。

- “缩放”：是指从开始到完成缩放动画的总量，值的范围为 0～250。
- “不透明度”：起始不透明度和终止不透明度值的范围均为为 0～100%，默认值为 100%。创建淡入/淡出需要相同元件的两个实例——一个播放淡入，另一个播放淡出。
- “旋转”：是指从开始到完成元件旋转的角度，以度为单位，值的范围为 0°～360°，默认值为 0°。要想让元件旋转不止一圈，可以输入更高的值。
- “顺时针”和“逆时针”：表示对象的旋转方向。“顺时针”表示顺时针旋转，“逆时针”表示逆时针旋转。

使用“动画”对话框更改动画元件属性的操作方法如下。

（1）选择一个动画元件。

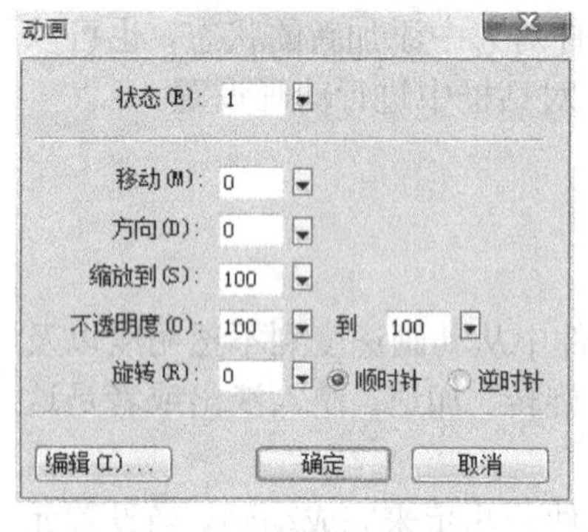

图 7.4 “动画”对话框

（2）选择【修改】→【动画】→【设置】，打开“动画”对话框，如图 7.4 所示。

（3）更改所需的属性。

（4）单击【确定】按钮，应用更改的属性。

2．删除动画

通过从“文档库”面板中删除动画元件或删除元件中的动画，可以删除动画。

从“文档库”面板中中删除动画元件的操作方法如下。

（1）在“文档库”面板中，选择要删除的动画元件。

（2）将动画元件拖到“文档库”面板右下角的“删除元件”图标上 或者单击“删除元件”图标。

删除所选动画元件中的动画的操作方法：选择【修改】→【动画】→【删除动画】。

说明：若将元件变成图形元件，则不再有动画属性。若以后将元件重新转换为动画元件，则以前的动画设置将会恢复。

7.2.3 编辑元件图形

不仅可以更改元件图形的属性，还可以更改图形本身。在元件编辑器中可以使用任何绘图、文本或颜色工具来编辑元件图形。在元件编辑器中工作时，只有所选元件会受到影响。

元件是库项目，因此，若更改其中一个实例的外观，所有其他实例也会更改。

更改所选元件图形属性的操作方法如下。

（1）执行下列操作之一打开元件编辑器。

- 双击元件对象。
- 选择【修改】→【元件】→【编辑元件】。
- 选择【修改】→【动画】→【设置】，打开“动画”对话框，单击“动画”对话框中的【编辑】按钮。

（2）修改动画元件并适当更改任何文本、笔触、填充和动态滤镜效果。

（3）单击【返回页面】按钮，关闭元件编辑器。

7.2.4 编辑元件运动路径

如图 7.5 所示，当在状态 1 下选择一个动画元件时，它有一个唯一的定界框并附加了一个指示元件移动方向的运动路径。运动路径上的绿点表示起始点，而红点表示结束点，蓝点代表状态。如图 7.5 所示，有 6 状态的元件的路径上会有 1 个绿点、4 个蓝点和 1 个红点。通过改变路径的角度可以改变运动的方向，如图 7.6 所示。

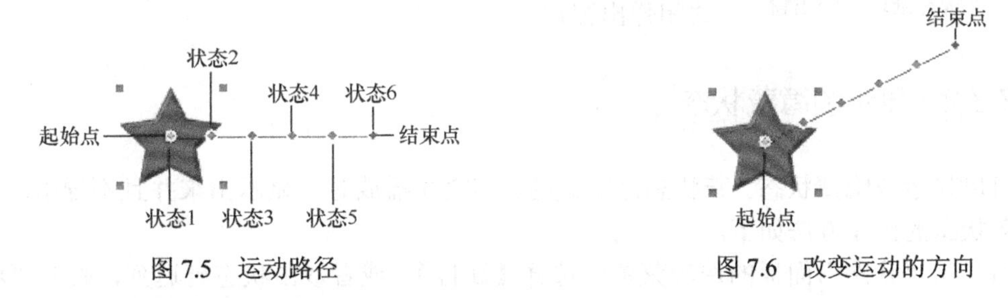

图 7.5 运动路径　　图 7.6 改变运动的方向

改变移动方向的操作方法如下。

（1）通过鼠标指针将元件的一个动画起始手柄或结束手柄拖到新位置。

（2）按住【Shift】键并拖动手柄，可将移动方向限制为 45° 的增量。

7.3 使用“状态”面板

通过创建多个状态可以生成动画。使用“状态”面板可以看到每个状态的内容，“状态”面板是创建和组织状态的地方，在“状态”面板中可以命名状态、重新组织状态、手动设置动画的延时以及将对象从一个状态移到另一个状态。“状态”面板如图 7.7 所示。

每个状态都有若干相关的属性，通过设置状态延迟，可以在制作和编辑过程中使动画达到自己想要的效果。

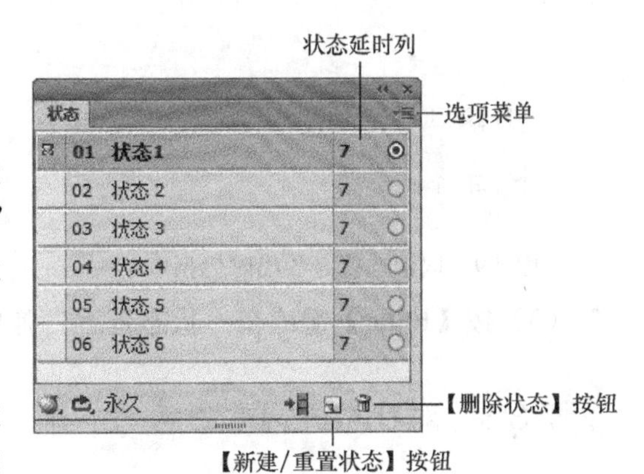

图 7.7 “状态”面板

7.3.1 设置状态延迟

状态延迟决定当前状态显示的时间长度，它以 1s 的百分之几为单位来指定。例如，若设置状态延迟的值为 50，状态显示则为 0.5s；若设置为 300，状态显示的时间则为 3s。

设置状态延迟的操作方法如下。

（1）选择一个或多个状态。

- 若要选择一系列相邻的状态，则按住【Shift】键并单击第一个状态和最后一个状态的名称。
- 若要选择一系列不相邻的状态，则按住【Ctrl】键并单击每一个状态的名称。

（2）从“状态”面板的“选项”菜单中选择【属性】，或者双击状态延迟列，出现“状态延迟”弹出窗口，如图 7.8 所示。

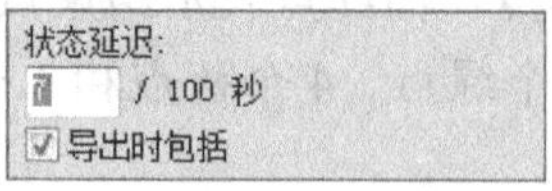

图 7.8 “状态延迟”弹出窗口

（3）在“状态延迟”文本框中为状态延迟输入一个值。

（4）按【Enter】键或在“状态延迟”弹出窗口外单击，关闭弹出窗口。

7.3.2 显示和隐藏状态

可以显示或隐藏状态。若状态是隐藏的，则它在播放时不显示出来并且不导出。显示或隐藏状态的操作方法如下。

（1）从“状态”面板的选项菜单中选择【属性】，或者双击状态延迟列，打开“状态延迟”弹出窗口。

（2）在“状态延迟”弹出窗口中取消选择“导出时包括”，如图 7.9 所示。操作后，“状态”面板中所选状态的状态延迟列显示一个红色的叉 ✕ 代替状态延迟的值，如图 7.10 所示。

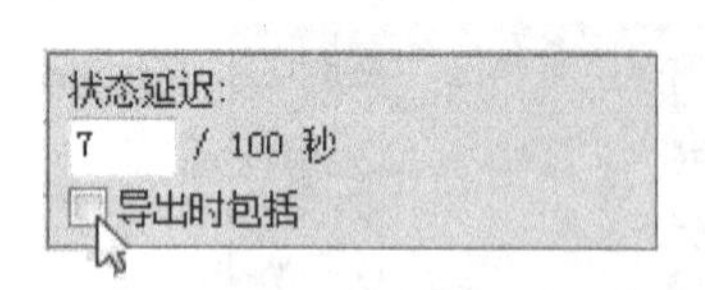

图 7.9 取消选择“导出时包括”

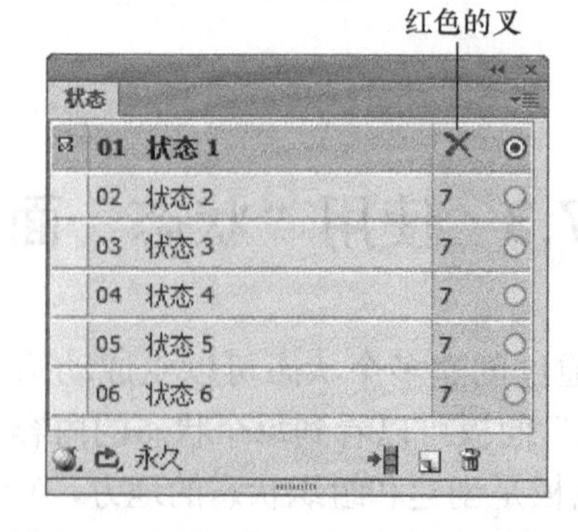

图 7.10 操作后，显示一个红色的叉

（3）按【Enter】键或在“状态延迟”弹出窗口外单击，关闭窗口。

7.3.3 对状态进行重命名

当设置动画时，Fireworks CS6 会创建适当数目的状态并在“状态”面板中显示它们。

在默认情况下，这些状态被命名为“状态 1”、“状态 2”，依此类推。当用户在面板中移动状态时，Fireworks CS6 会按照新的顺序重命名每一个状态。

建议最好对状态进行重命名，以便于引用和跟踪它们。这样一来，就始终可以确定哪个状态包含动画的哪个部分，并且当移动重命名的状态时不会对名称产生影响。

对状态进行重命名的操作方法如下。

（1）在“状态”面板中，双击状态的名称。

（2）在弹出的文本框中，输入一个新名称，然后按【Enter】键。

7.3.4　添加、复制、排列和删除状态

可以在“状态”面板中添加、复制、排列和删除状态。

1．添加新状态的操作方法

单击“状态”面板底部的【新建/重制状态】按钮，Fireworks CS6 在文档中自动添加新状态，同时在“状态”面板中自动添加新状态。

2．按顺序向特定的位置添加状态的操作方法

（1）从“状态”面板的选项菜单中选择【添加状态】，打开“添加状态”对话框，如图 7.11 所示。

（2）输入要添加状态的数量。

（3）选择要插入状态的位置：“在当前状态之前”、“在当前状态之后”、“在开始”或“在结尾”。然后单击【确定】按钮。

3．创建状态副本的操作方法

将一个现有状态拖到“状态”面板底部的【新建/重制状态】按钮上。

4．重制所选状态并按顺序放置的操作方法

（1）从“状态”面板的选项菜单中选择【重制状态】，打开“重制状态”对话框，如图 7.12 所示。

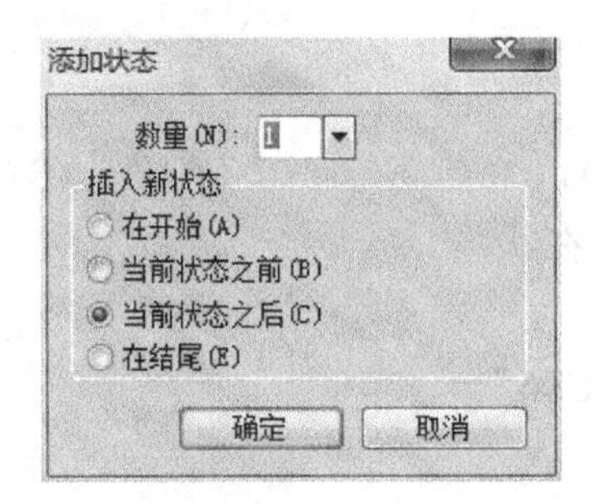

图 7.11　“添加状态”对话框

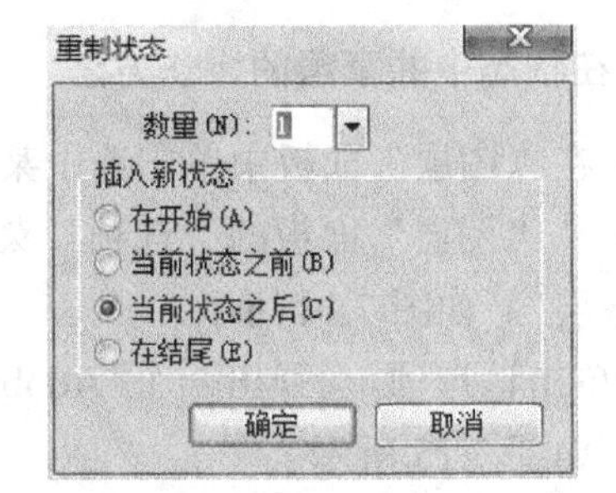

图 7.12　“重制状态”对话框

（2）输入要为所选状态创建的副本数，选择要插入重制状态的位置：“在当前状态之前”、“在当前状态之后”、“在开始”或“在结尾”。然后单击【确定】按钮。

说明：当希望对象在动画的其他部分重新出现时，重制状态很有用。

5. 重新排列状态顺序的操作方法

用鼠标将状态依次拖到列表中的新位置。

6. 删除所选状态的操作方法

单击“状态”面板中的【删除状态】按钮，或者直接将所选状态拖到【删除状态】按钮上，或者从“状态”面板的选项菜单中选择【删除状态】。

7.3.5 在“状态”面板中移动所选对象

使用“状态”面板可以将所选对象从一个状态移动到另一个状态，使它们在动画中的不同位置出现或消失，其操作方法如下。

图 7.13 选取指示器的位置

（1）在“图层”面板或在画布上选择对象。

（2）在“状态”面板中，将选取指示器 ◉ 拖到新的状态上。选取指示器的位置如图 7.13 所示。

7.3.6 在状态中共享层

层将 Fireworks CS6 文档分成不连续的平面，就像描图纸的不同覆盖面。在动画中，可以使用层来组织构成动画的布景和对象，这样就可以很方便地编辑某个层上的对象，使它们不会影响动画的其他部分。

若希望对象在动画中一直出现，则可将其放置在某一层上，然后使用“图层”面板在状态中共享此层。当一个层在各状态中共享时，该层中的所有对象在每个状态中都是可见的。可以从任何一个状态中编辑共享层上的对象，编辑结果会在所有其他状态中反映出来。

1. 在状态中共享层的操作方法

（1）在“图层”面板中单击选中某层（如层 1)。

（2）从“图层”面板的“选项”菜单中选择“在状态中共享层”，如图 7.14 所示。

（3）单击该选项，会弹出一个“Adobe Fireworks CS6”提示框，如图 7.15 所示。

（4）单击【确定】按钮，该层（如层 1）在各状态中共享。

注意：共享层中的所有内容都出现在每个状态中。在各状态中共享层如图 7.16 所示。

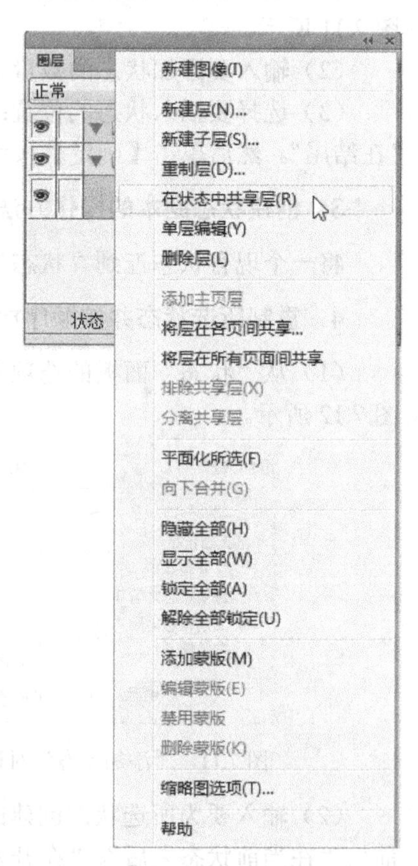

图 7.14 选择“在状态中共享层”

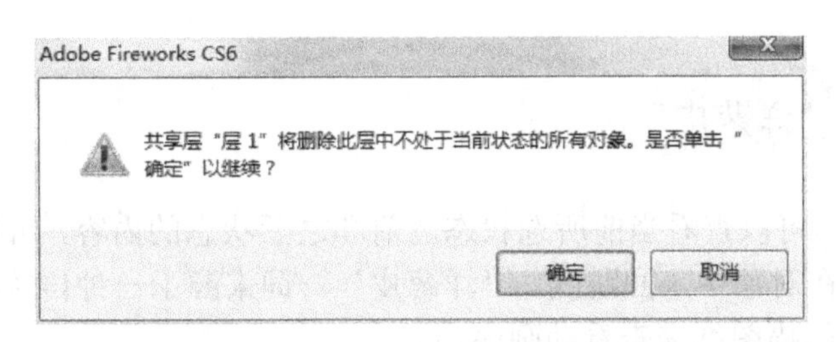

图 7.15　"Adobe Fireworks CS6"提示框

2．禁止在状态中共享层的操作方法

（1）在"图层"面板中单击选中某共享层（如层 1）。

（2）从"图层"面板的选项菜单中取消选择"在状态中共享层"，出现一个选择对话框，如图 7.17 所示。单击【当前】按钮，将共享层的内容只保留在当前状态中；单击【全部】按钮，将共享层的内容复制到所有状态中。

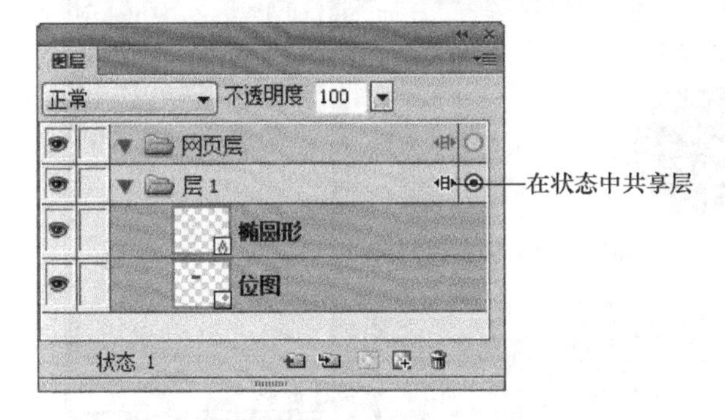

图 7.16　在状态中共享层

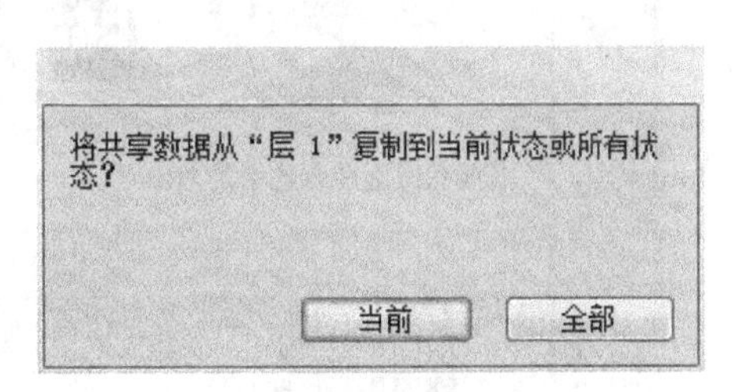

图 7.17　选择对话框

7.3.7　查看特定状态中的对象

从"图层"面板底部的"状态"弹出菜单中选择所需的状态，如图 7.18 所示。所选状态中的所有对象随即在"图层"面板中列出并显示在画布上。

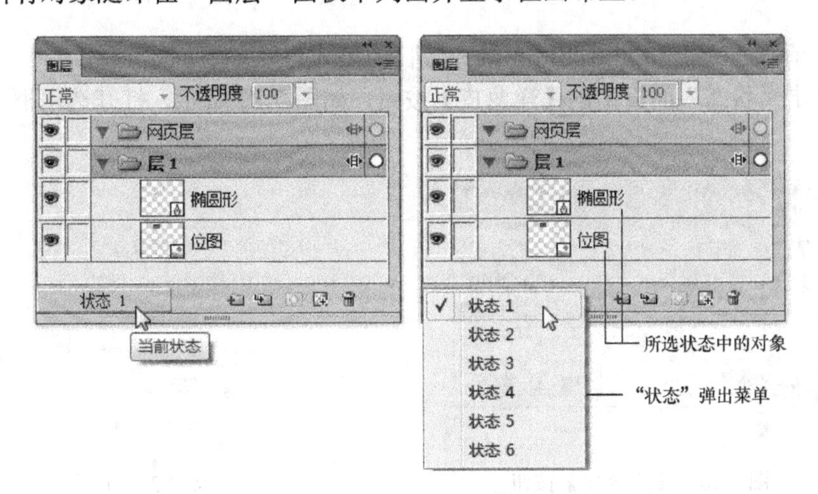

图 7.18　从"状态"弹出菜单中选择所需的状态

7.3.8 使用“洋葱皮”

使用“洋葱皮”可以查看当前所选状态之前和之后状态的内容，可以很流畅地使对象变为动画，而不用在对象中来回跳跃。“洋葱皮”一词来源于一种传统的动画技术，即使用很薄的、半透明的描图纸来查看动画序列。

“洋葱皮”打开后，当前状态之前或之后状态中的对象会变暗，以便与当前状态中的对象区别开来，如图 7.19 所示。

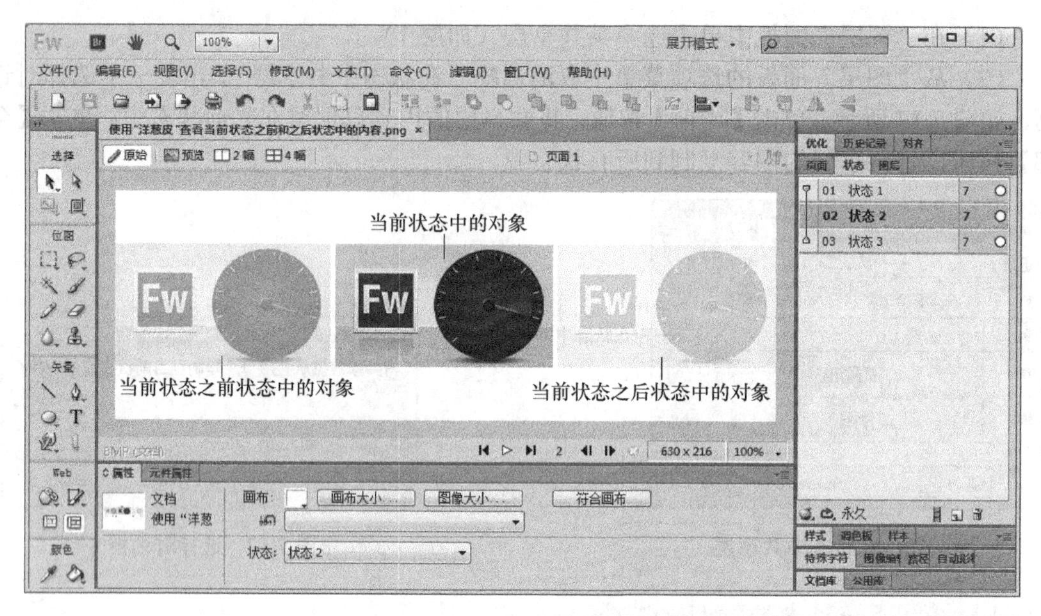

图 7.19　使用“洋葱皮”查看当前状态之前和之后状态中的内容

在默认情况下，“多状态编辑”是启用的，这意味着不用离开当前状态就可以选择和编辑其他状态中变暗的对象，可以使用“选择后方对象”工具按顺序选择状态中的对象。

调整当前状态之前和之后的可见状态数目的操作方法如下。

（1）单击“状态”面板中的【洋葱皮】按钮，如图 7.20 所示，打开选项框，如图 7.21 所示。

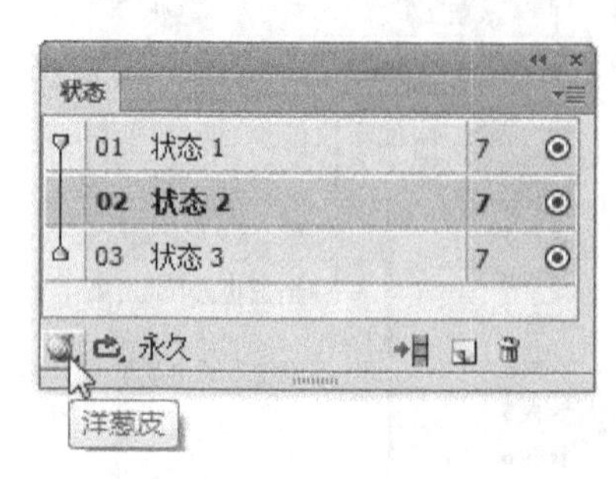

图 7.20　【洋葱皮】按钮

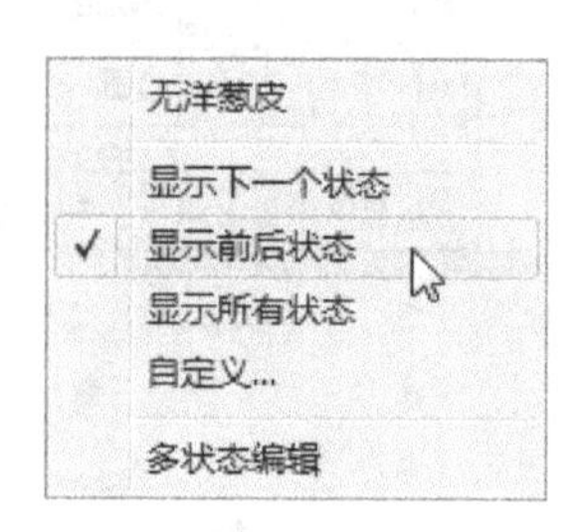

图 7.21　选项框

（2）在打开的选项框中，选择显示选项。

- “无洋葱皮”选项用于关闭“洋葱皮”，只显示当前状态中的内容。
- “显示下一个状态”选项用于显示当前状态和下一个状态中的内容。
- “显示前后状态”选项用于显示当前状态和与当前状态相邻状态中的内容。
- “显示所有状态”选项用于显示所有状态中的内容。
- “自定义”选项用于将打开“洋葱皮”对话框，在该对话框中可以设置自定义状态数并控制“洋葱皮”的不透明度，如图 7.22 所示。
- “多状态编辑”选项用于选择和编辑所有可见对象。若取消选择此选项，则只选择和编辑当前状态中的对象。

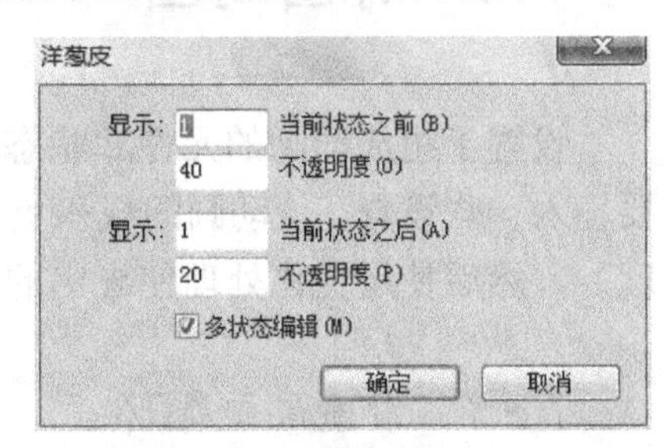

图 7.22 “洋葱皮”对话框

7.4 预览动画

在制作动画的过程中，可以通过预览动画来查看制作进展情况。也可以在优化处理后预览动画，查看它在 Web 浏览器中的效果。

若要在工作区中预览动画，则可使用显示在文档窗口底部的状态工具栏中的动画效果测试控件，如图 7.23 所示。

图 7.23 动画效果测试控件

1. 预览动画时的注意事项

（1）若要设置每一个状态在文档窗口中显示的时间长度，则要在“状态”面板中输入状态延迟设置。

（2）导出时不包括的状态不会出现在预览中。

（3）在“原始”视图中预览动画时显示的是高分辨率源图形，而不是导出文件所使用的优化预览。

2. 在“预览”视图中预览动画的操作方法

（1）单击文档窗口左上角的【预览】按钮 预览 。

（2）使用动画效果测试控件。

注意：不建议在“2 幅”或“4 幅”视图中预览动画。

3. 在 Web 浏览器中预览动画的操作方法

选择【文件】→【在浏览器中预览】，并从子菜单中选择一个浏览器。

注意：在“优化”面板中必须选择“GIF 动画”作为导出文件“格式”，否则在浏览器中预览文档时将看不到动画。即使打算将动画以 SWF 文件或 Fireworks PNG 文件导入到 Flash 中，也必须这样做。

7.5 导出动画

设置了组成动画的元件和状态后，就可以将文件导出为动画了。在导出文件之前，需要输入一些设置，使动画的载入更容易，播放更流畅；可以设置播放设置（如循环和透明度），然后使用优化处理使导出的文件更小和更容易下载。

7.5.1 设置动画循环

“状态”面板中的循环设置决定动画重复的次数，该功能可以使状态一遍又一遍地循环，如此可以将制作动画所需要的状态数减到最少。

设置动画播放的操作方法如下。

（1）选择【窗口】→【状态】，显示“状态”面板。

（2）单击该面板底部的【GIF 动画循环】按钮。

（3）在打开的列表中选择动画第一遍播放后重复播放的次数。例如，若选择“5”，则动画共播放 6 次，若选择“永久”，则不停地重复播放动画。

7.5.2 设置透明度

作为优化处理的一部分，可以使 GIF 动画文件中的一种或多种颜色在 Web 浏览器中显示为透明，这在需要透过动画显示网页背景或图像时很有用。

在 Web 浏览器中将一种颜色显示为透明的操作方法如下。

（1）若“优化”面板不可见，则选择【窗口】→【优化】，打开“优化”面板，如图 7.24 所示。

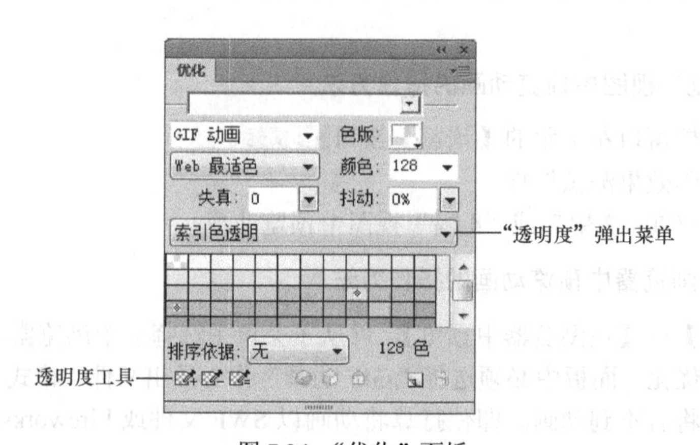

图 7.24 “优化”面板

（2）在“优化”面板的“透明度”弹出菜单中，选择“索引色透明”或“Alpha 透明度”。

（3）使用“优化”面板中的透明度工具选择透明的颜色。

7.5.3　优化动画

优化处理可以将文件压缩到最小，以便快速载入和导出，从而极大地提高在网上下载的速度。优化动画的操作方法如下。

（1）要将动画作为 GIF 动画文件导出，请从“优化”面板的导出文件“格式”下拉菜单中选择“GIF 动画”作为导出文件“格式”。

（2）设置“调色板”、“抖动”或“透明度”。

（3）在“状态”面板中设置状态延迟。

7.5.4　动画导出格式

创建并优化了动画后，就可以将其导出了，GIF 动画可以使剪贴画和卡通图形达到最佳效果。可以将动画导出为 Flash SWF 文件，然后再将其导入 Flash。还可以将动画中的状态或层作为多个文件导出，这在同一对象的不同层上有许多元件时很有用。例如，如果一个公司名称的每个字在图形中都是动态的，那么就可以将该名称的横幅广告作为多个文件导出，每个字都是独立于其他字的。

7.6　使用现有的 GIF 动画

可以使用现有的 GIF 动画文件作为 Fireworks CS6 动画的一部分。可以通过两种方式使用 GIF 动画文件，既可将 GIF 导入到现有 Fireworks CS6 文件中，也可将 GIF 动画作为新文件打开。

当导入 GIF 动画时，Fireworks CS6 将出现一个“半选取框”指针，该指针与先前的 Fireworks 版本的指针不同，Fireworks CS6 中的指针下部多了坐标指示，便于定位。在画布上按住鼠标左键将指针拖动或在画布上单击，Fireworks CS6 将它转换为一个动画元件并放在当前选定的状态中。若该动画的状态数比当前动画的状态多，则将自动添加新状态，以满足该动画状态的要求。

说明：所谓当前动画的状态数是指从当前选定的状态算起至当前动画的最后一个状态。例如，当前动画共有 5 个状态，若当前选定的状态为第 4 个状态，当前动画的状态数就为 2 个状态，那么当导入一个包含有 3 个状态的 GIF 动画时，在画布上按住鼠标左键将“半选取框”指针拖动或在画布上单击，将自动添加 1 个状态；若当前选定的状态为第 3 个状态，当前动画的状态数就为 3 个状态，那么当导入一个包含有 3 个的 GIF 动画时，Fireworks CS6 会自动将其导入到当前动画的第 3、4、5 个状态中，而无须添加新的状态。

导入的 GIF 失去它们原来的状态延迟设置，并采用当前文档的状态延迟。由于导入的文件是一个动画元件，因此可以对它应用其他的动作。例如，可以导入一个人原地走的动画，然后应用方向和动作属性让这个人在屏幕上来回走动。

在 Fireworks CS6 中打开一个 GIF 动画时，会创建一个新文件，并且 GIF 动画中的每一个状态都放在一个单独的状态中。尽管 GIF 动画不是一个动画元件，但它却保留了原始文件中的所有状态延迟设置。

导入文件后，要将文件格式设置为 GIF 动画，以便能够从 Fireworks CS6 中导出动作。

1. 导入 GIF 动画的操作方法

（1）选择【文件】→【导入】。

（2）找到文件并单击【打开】按钮。

（3）在当前选定的状态中，在画布上按住鼠标左键拖动指针或单击鼠标左键。

2. 打开 GIF 动画的操作方法

选择【文件】→【打开】，找到 GIF 动画文件，单击【打开】按钮。

7.7 基于一组图像文件创建一个动画

Fireworks CS6 可基于一组图像文件创建一个动画。例如，打开几个现有的图形并将它们放在同一文档中的不同状态中，就可以创建一个动画广告。

打开多个文件作为一个动画的操作方法如下。

（1）选择【文件】→【打开】。

（2）按住【Shift】键并单击第一个文件和最后一个文件的名称，选择一系列相邻的文件。或者按住【Ctrl】键并单击每一个文件的名称，选择一系列不相邻的文件。

（3）选择“以动画打开”，并单击【打开】按钮。

Fireworks CS6 在一个新的文档中打开这些文件，并按照用户选择它们时的顺序将每个文件依次放在不同的状态中。

7.8 本章软件使用技能要求

动画可以增加图形图像制作的效果，使原本呆板的画面变得栩栩如生。通过本章的学习要掌握以下技能。

1．创建动画

可以使用动画元件和状态创建动画，也可以导入已有动画，还可以用多个图像文件创建动画。

2．对动画效果进行预览

可以随时对动画效果进行预览，及时调整动画创作，提高制作效率，改进动画效果。

3．导出动画

优化处理动画，使导出的文件更小和更容易下载。

第8章 使用样式、元件和 URL

Fireworks CS6 提供了 3 个可用于存储和重新使用的面板。其中，样式存储在“样式”面板中；元件存储在“文档库”面板中；URL 存储在“URL”面板中。

8.1 使用样式

通过创建样式，可以保存并重新应用一组预定义的填充、笔触、动态滤镜效果和文本属性。将样式应用于对象后，该对象就具备了该样式的特性。对同一对象分别应用不同文本创意样式的范例如图 8.1 所示。

图 8.1　对同一对象分别应用不同文本创意样式的范例

Fireworks CS6 提供了许多预定义的样式，可以添加、更改和删除样式。Fireworks CS6 CD-ROM 和 Adobe 网站提供了更多可导入到 Fireworks CS6 中的预定义样式。还可以将样式保存以便与其他 Fireworks CS6 用户共享，或者从其他 Fireworks CS6 文档导入样式。

注意：不能将样式应用于位图对象，只能将样式中的动态滤镜效果应用于位图对象。

8.1.1 将样式应用于对象或文本

使用“样式”面板可以创建、保存样式以及将样式应用于对象或文本。“样式”面板如图 8.2 所示。

说明：在图 8.2 中，只显示了“彩色蜡笔样式”，要想显示其他库样式，请单击“样式”面板中的【样式库选择】按钮，打开下拉列表，从中选择需要的样式库。

将样式应用于对象后，便可在不影响原始对象的前提下更新该样式，Fireworks CS6 不跟踪将哪个样式应用于对象。自定义样式一经删除，便无法恢复；但是，当前使用该样式的任何对象仍会保留其属性，使用该属性还可以重新创建自定义样式。

将样式应用于所选对象或文本的操作方法如下。

（1）选中要应用样式的对象或文本。

（2）选择【窗口】→【样式】，打开“样式”面板。

（3）单击【样式库选择】按钮，打开下拉列表，从中选择需要的样式库。

（4）单击样式库中的某项样式。

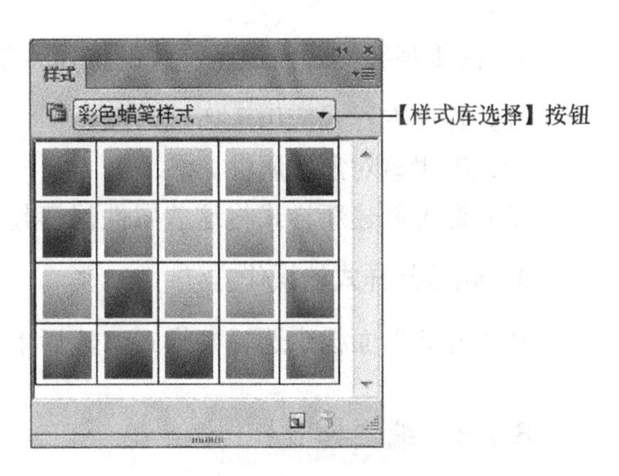

图 8.2　“样式”面板

8.1.2　创建和删除样式

在 Fireworks CS6 中，可基于所选对象的属性来创建样式，创建的样式将显示在“样式”面板的“当前文档”样式库中，也可以从“样式”面板中删除样式。

可以将下列属性保存在样式中。

- 填充类型和颜色，包括图案、纹理、角度、位置和不透明度等矢量渐变属性。
- 笔触类型和颜色。
- 效果。
- 文本属性，如字体、字号、样式（粗体、斜体或下画线）、对齐方式、消除锯齿、自动字距调整、水平缩放、范围微调及字顶距等。

1．创建新样式的操作方法

（1）创建或选择具有所需笔触、填充、动态滤镜效果或文本属性的矢量对象或文本。

（2）单击“样式”面板底部的【新建样式】按钮，打开“新建样式”对话框。

（3）从“新建样式”对话框中选择希望该样式所具有的属性，如图 8.3 所示。

注意：要保存其他未列出的文本属性（如对齐方式、消除锯齿、自动字距调整、水平缩放、范围微调及字顶距等），请选择“其他文字”选项。

（4）在“名称”文本框中为该样式输入一个名称，然后单击【确定】按钮。一个表示该样式的图标随即出现在“样式”面板的“当前文档”样式库中，如图 8.4 所示。

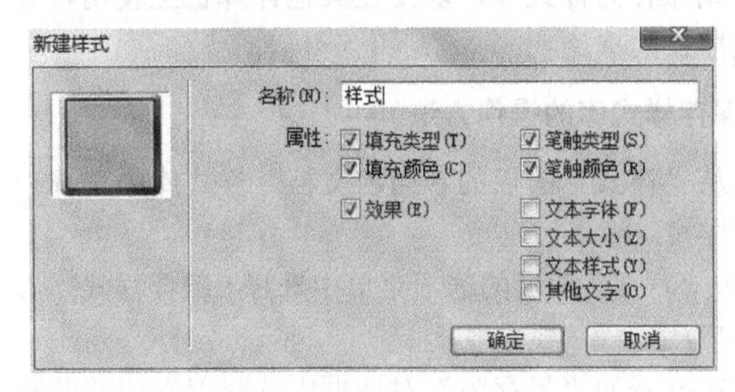

图 8.3　“新建样式”对话框

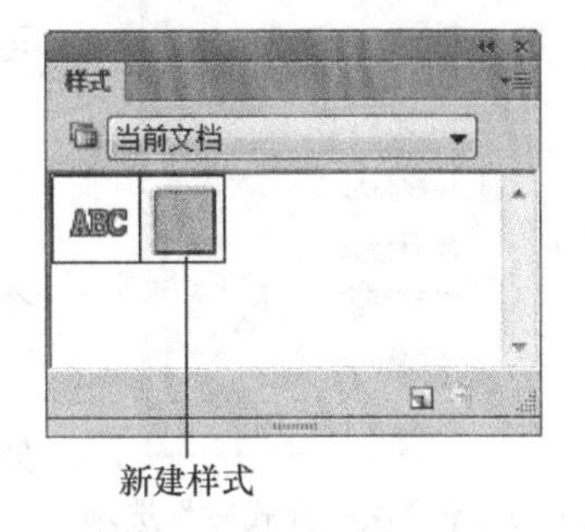

图 8.4　新样式图标显示在“样式”面板中

2．基于现有样式创建新样式的操作方法

（1）将现有样式应用于所选对象。

（2）编辑该对象的属性。

（3）通过创建新样式将这些属性保存起来（如前面过程中所述）。

3．删除某样式的操作方法

从“样式”面板中选择某样式，然后单击“样式”面板中的【删除样式】按钮。

8.1.3 编辑样式

若要更改样式所包含的属性，则可以从“样式”面板对该样式进行编辑，操作方法如下。

（1）选择【选择】→【取消选择】，取消选择画布上的任何对象。

（2）双击“样式”面板中的某个样式，打开“编辑样式”对话框。

（3）在“编辑样式”对话框中，选择或取消选择有关的属性选项。“编辑样式”对话框包含与“新建样式”对话框相同的选项，如图 8.5 所示。

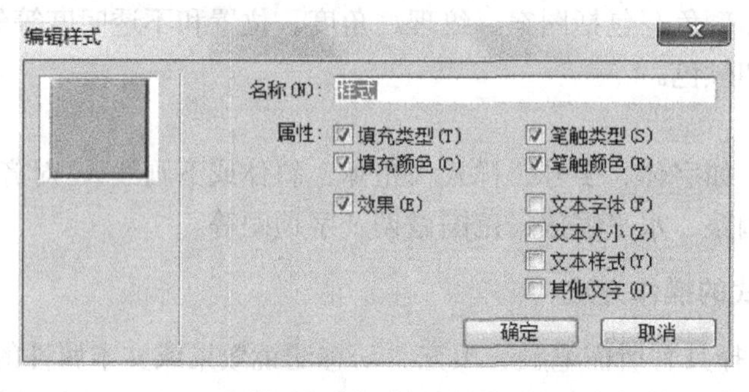

图 8.5 “编辑样式”对话框

（4）单击【确定】按钮，将所做的更改应用于样式。

8.1.4 导出和导入样式

将样式保存为样式库，以便在其他计算机上使用，并可以实现样式共享。

1．保存样式库的操作方法

（1）从“样式”面板的“当前文档”样式库中选择一个或多个样式。

（2）从“样式”面板的选项菜单中选择“保存样式库”，如图 8.6 所示。

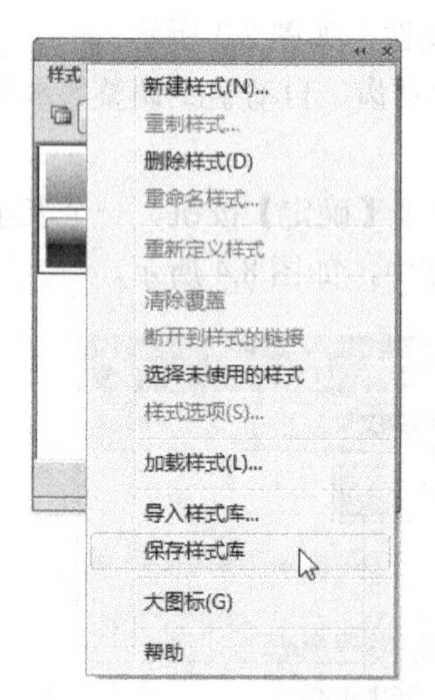

图 8.6 选择“保存样式库”选项

（3）在打开的“另存为”对话框中选择保存位置并输

入文件名，如图 8.7 所示。

图 8.7　“另存为”对话框

（4）单击【保存】按钮。

2. 导入样式库的操作方法

（1）从“样式”面板的选项菜单中选择【导入样式库】，打开“打开”对话框。

（2）在“打开”对话框中查找到要导入的样式库，单击【打开】按钮。

该样式库随即被导入到“样式”面板中所有样式库之后，并且该样式库的所有样式直接显示在“样式”面板中，如图 8.8 所示。

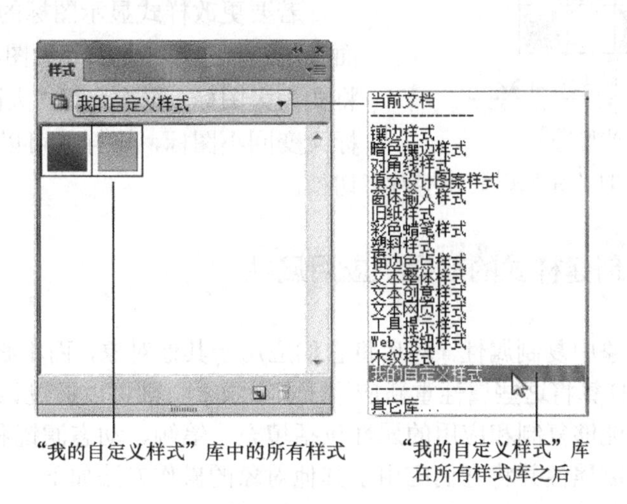

图 8.8　导入样式库

8.1.5 使用加载样式

可以向“样式”面板的“当前文档”样式库中加载样式，其操作方法如下。

（1）从“样式”面板的“当前文档”样式库选中的选项菜单中选择“加载样式”，打开“打开”对话框，如图 8.9 所示。

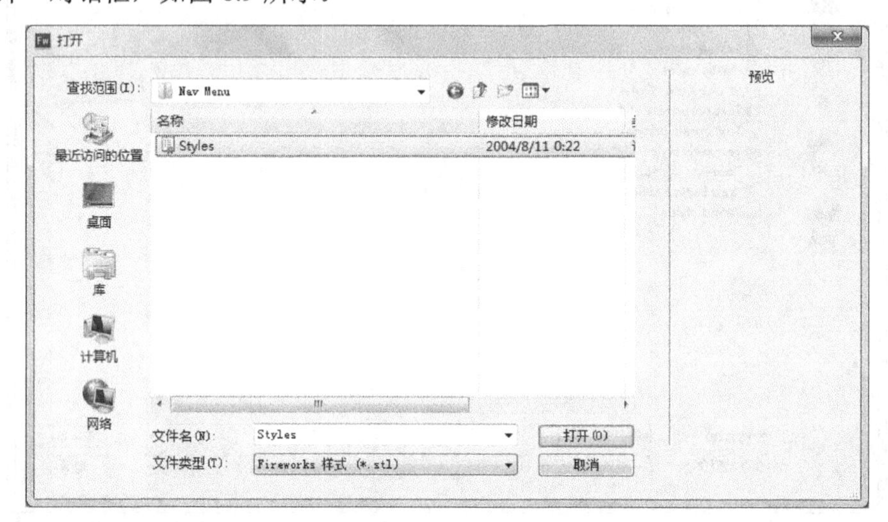

图 8.9 “打开”对话框

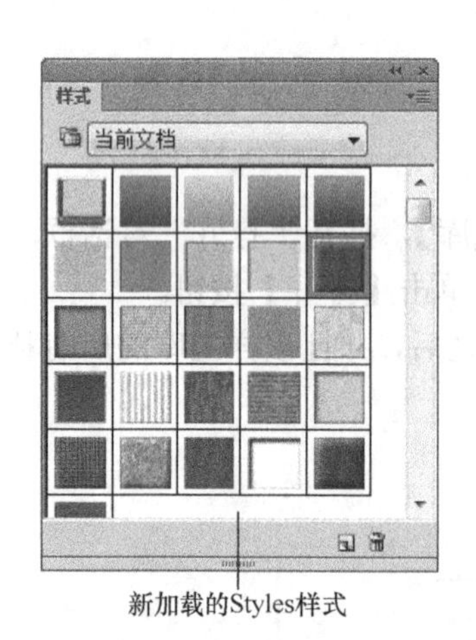

图 8.10 “样式”面板的“当前文档”样式库

（2）在“查找范围”下拉列表框中选择“Nav Menu”文件夹，该文件夹默认路径为“C:\Program Files\Adobe\Adobe Fireworks CS6\First Run\Nav Menu”，选择“Styles”文件，单击【打开】按钮。新加载的 Styles 文件中的样式随即出现在“样式”面板的“当前文档”样式库中，如图 8.10 所示。

若要更改样式显示图标的大小，则从“样式”面板的选项菜单中选择“大图标”，样式显示图标将变为大图标；再次选择“大图标”，样式显示图标又变回小图标，这样就可以在大、小图标之间切换。

8.1.6 在不创建样式的前提下应用属性

可以从某个对象中复制属性，然后将它们应用于其他对象，而不必在“样式”面板中创建新样式。若不打算将这些属性重新应用于其他文档，则可以通过该方法快速地将属性应用于其他对象。能够复制和应用的属性包括填充、笔触、动态滤镜和文本属性。

从某个对象复制属性并将它们应用于其他对象的操作方法如下。

（1）选择要复制其属性的对象。

（2）选择【编辑】→【复制】。

（3）选择要对其应用新属性的对象。

（4）选择【编辑】→【粘贴属性】。

这样，所选对象就具有与原始对象相同的属性。例如，有 a、b 两个对象，按照上述操作，将 a 对象的属性应用到 b 对象，如图 8.11 所示。

attribute attribute—应用属性前
a b
attribute attribute—应用属性后
a b

图 8.11　应用属性范例

8.2　使用元件

Fireworks CS6 提供了 3 种类型的元件：图形、动画和按钮。每种类型的元件都具有适合于其特定用途的独特性质。实例是 Fireworks CS6 元件的表示形式，当对元件进行编辑时，实例会自动更改以反映对元件所做的修改。

元件对于重新使用图形很有用，可将实例放在多个 Fireworks CS6 文档中并保留与元件的关联。元件对于创建按钮及通过多个状态中的对象制作动画也很有帮助。

8.2.1　创建元件

选择【编辑】→【插入】→【新建元件】，可以创建图形、动画和按钮元件。可以从任何对象、文本块或组中创建元件，然后在“文档库”面板中对其进行组织。若要在文档中放置实例，则只要将其从“文档库”面板中拖到画布上。

1．从所选对象中创建新元件的操作方法

（1）选择对象，然后选择【修改】→【元件】→【转换为元件】，打开“转换为元件”对话框，如图 8.12 所示。

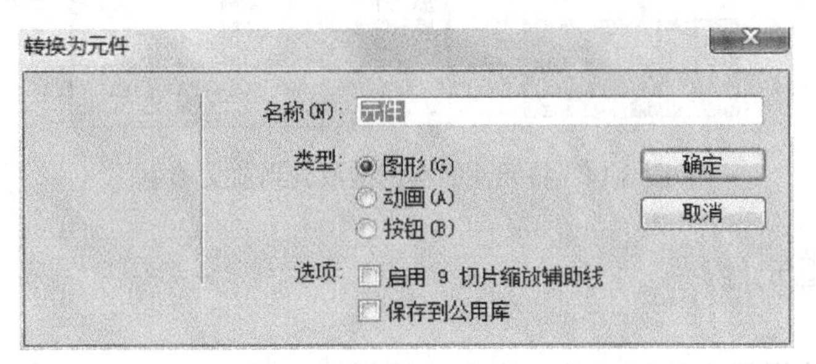

图 8.12　“转换为元件”对话框

（2）在“转换为元件”对话框的“名称”文本框中，为该元件输入一个名称。

（3）选择元件类型：“图形”、“动画”或“按钮”。然后，单击【确定】按钮。

该元件随即出现在“文档库”面板中，所选对象变成该元件的一个实例，同时属性检查器显示该元件属性，如图 8.13 所示。

2．从头开始创建元件的操作方法

（1）选择【编辑】→【插入】→【新建元件】，或者从“文档库”面板的选项菜单中选择“新建元件”。

（2）选择元件类型：“图形”、“动画”或“按钮”。然后，单击【确定】按钮。根据所选元件类型，将打开动画元件编辑器或按钮元件编辑器。

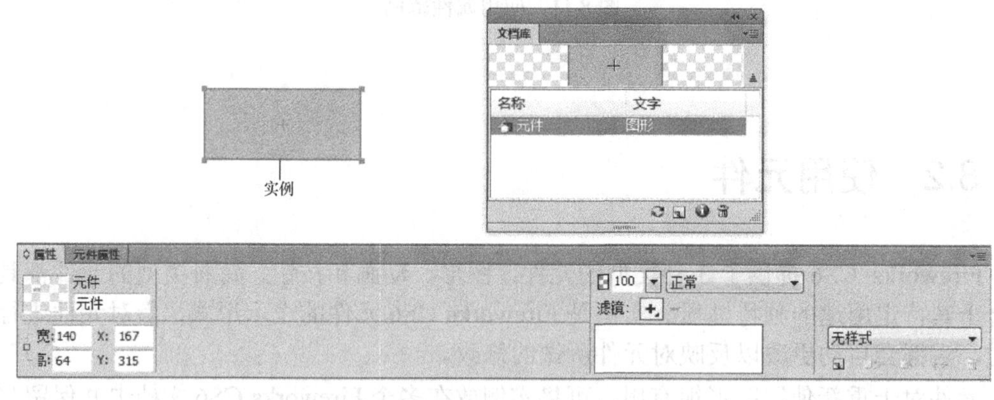

图 8.13　从所选对象中创建新元件

（3）使用工具面板中的工具创建元件，使用属性检查器设置其属性，然后关闭编辑器。

8.2.2　将实例拖到当前文档中

可以使用“指针”工具将元件实例从“文档库”面板中拖到当前文档中，如图 8.14 所示。

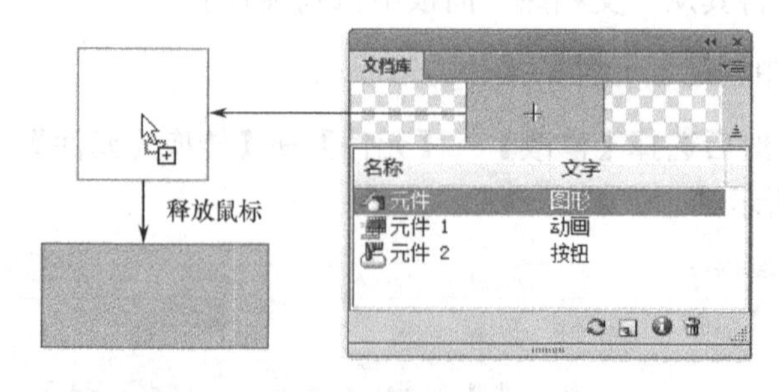

图 8.14　将元件的实例拖放到当前文档中

8.2.3　编辑元件

可以在元件编辑器中编辑元件，当完成编辑时，Fireworks CS6 会自动更新所有关联的实例。

注意：对大多数类型的编辑而言，修改实例会影响元件和所有其他实例，但也有一些例外。

1．编辑元件及其所有实例的操作方法

（1）双击某个实例或选择某个实例，然后选择【修改】→【元件】→【编辑元件】，打开元件编辑器。

（2）对该元件进行修改，然后单击【返回】按钮，关闭窗口。该元件及其所有实例都将反映所做的修改。

2．重命名元件的操作方法

（1）在“文档库”面板中，双击元件名称。

（2）在“转换为元件”对话框的“名称”文本框中，更改元件名称（如更改名称为“图形元件 A”），然后单击【确定】按钮。在“文档库”面板中，元件名称更改为“图形元件 A”，如图 8.15 所示。

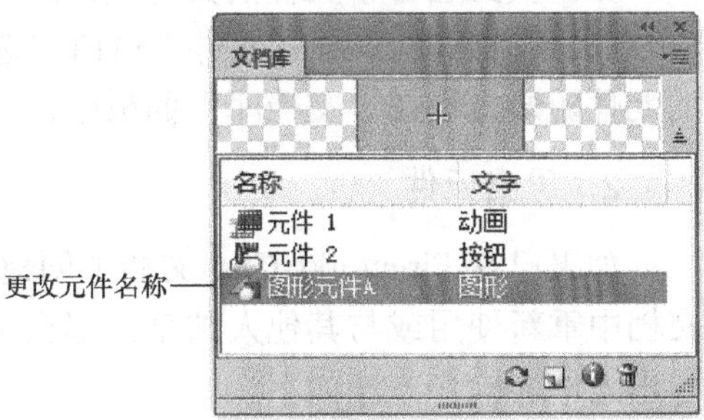

图 8.15　重命名元件

8.2.4　使用“公用库”面板中的元件

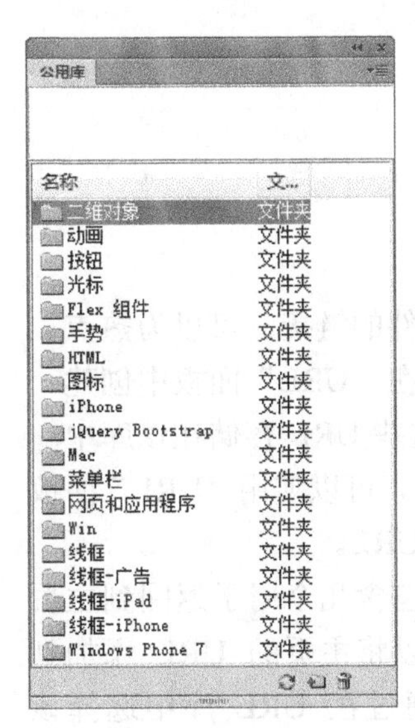

图 8.16　“公用库”面板

在 Fireworks CS6 中，可以直接从“公用库”面板中拖动元件实例到文档中，方法与从“文档库”面板中拖动元件实例到文档中一样。

Fireworks CS6 在“公用库”面板中提供了众多类型的元件库，每种类型的元件库均存放在一个文件夹中，包括二维对象、动画、按钮、光标、Flex 组件、手势、HTML、图标、iPhone、jQuery Bootstrap、Mac、菜单栏、网页和应用程序、Win、线框、线框-广告、线框-iPad、线框-iPhone、Windows Phone 7，如图 8.16 所示。打开任何一个文件夹都会有许多元件，选中某个元件，可以直接从“公用库”面板中拖动元件实例到文档中，方法与从“文档库”面板中拖动元件实例到文档中一样，这里不再赘述。

在“公用库”面板中，还可以创建自定义文件夹，用来存放自己创建并保存的各类元件，使用这些元件的方法与使用其他现成元件一样。

8.2.5　导入和导出元件

在当前文档中创建的图形、动画和按钮元件都存储在“文档库”面板中，“文档库”面板还存储用户导入到当前文档中的元件。虽然“文档库”面板是特定于当前文档的，但

是通过导入、导出、剪切、粘贴、拖放等操作，可以在多个 Fireworks CS6 文档中使用同一个库中的元件。

可以从其他库（包括用户或其他人先前导出的元件库）导入元件。反之，若创建了希望重新使用或共享的元件，则可以导出自己的元件，导出元件时，它是作为 PNG 文件导出的。

1．导入元件

将元件从其他文件导入到“文档库”面板中的操作方法如下。

（1）从“文档库”面板的选项菜单中选择“导入元件”。

（2）找到包含该文件的文件夹，选择该文件，然后单击【打开】按钮。

（3）在打开的“导入元件”窗口中选择要导入的元件，然后单击【导入】按钮。导入的元件随即出现在“文档库”面板中。

2．导出元件

如果已在 Fireworks CS6 文档中创建或导入了元件，并且希望将其保存，以便在其他文档中重新使用或与其他人共享，那么可以通过“文档库”面板的选项菜单将它们导出。导出元件的操作方法如下。

（1）从“文档库”面板的选项菜单中选择“导出元件”。

（2）选择要导出的元件，然后单击【导出】按钮。

（3）在“另存为”对话框中，选择保存文件夹，并为该元件文件输入一个名称，然后单击【保存】按钮。Fireworks CS6 将这些元件保存在单个 PNG 文件中。

8.3 使用 URL

当为网页对象指定 URL 时，将创建一个指向特定页面或文件的链接，可以为热点、按钮和切片对象指定 URL。若打算多次使用同一 URL，则可以在“URL”面板中创建一个 URL 库，并将这些 URL 存储在该库中。在 Fireworks CS6 中，可以使用“URL”面板添加、编辑和组织 URL。

例如，若网站包含几个用于返回到主页的导航按钮，则可以将主页的 URL 添加到 URL 库中，然后通过在 URL 库中选择该 URL，并将它指定给每个导航按钮。若某个 URL 出现在多个文档中，则可以使用“查找和替换”功能进行批量更改。

URL 库对所有 Fireworks CS6 文档都可用，并在会话间保存。“URL”面板如图 8.17 所示。

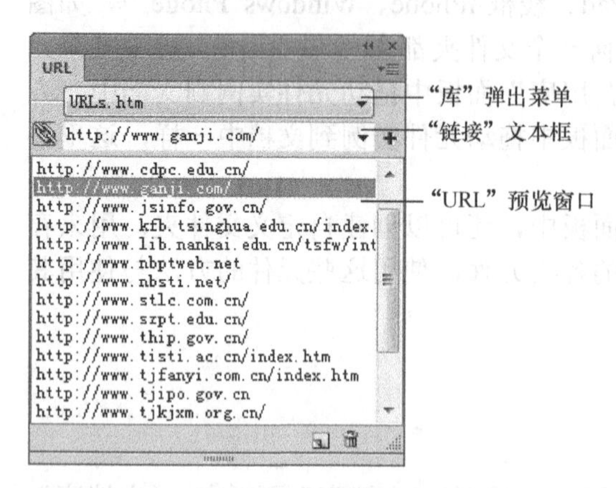

图 8.17 “URL”面板

8.3.1 为网页对象指定 URL

为网页对象指定 URL 的操作方法如下。

（1）在“URL”面板的“链接”文本框中输入一个 URL。

（2）单击加号按钮 +，将该 URL 添加到当前的 URL 库中。

（3）选择网页对象。

（4）从“当前的 URL 库”预览窗口中单击一个 URL，该 URL 便应用到所选网页对象。为网页对象指定 URL 如图 8.18 所示。

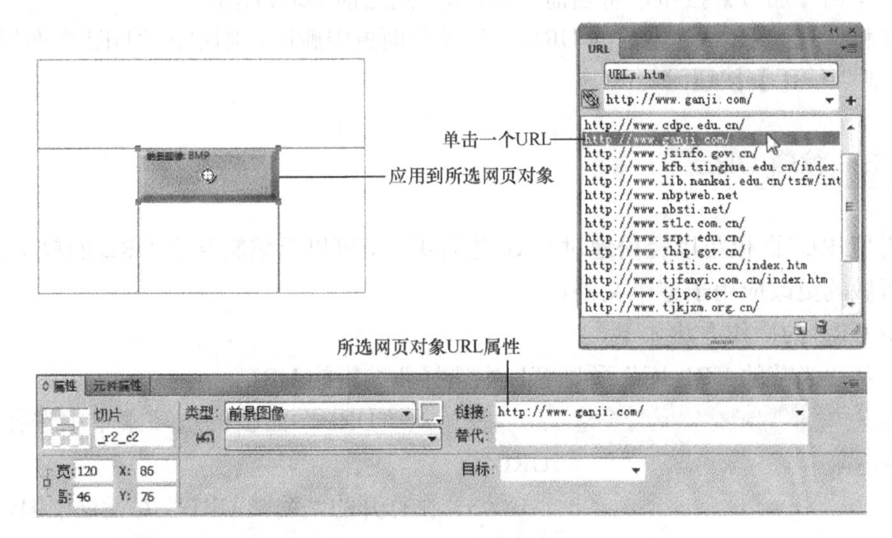

图 8.18 为网页对象指定 URL

8.3.2 创建 URL 库

在 Fireworks CS6 中，可以将 URL 分组放在不同的库中。将相关的 URL 放在一起，从而更容易访问它们。可以将 URL 保存在默认的 URLs.htm 库或新创建的 URL 库中，也可以导入现有 HTML 文档的 URL，然后为它们创建一个库。

URLs.htm 和用户创建的所有新库存储在 URL Libraries 文件夹中，该文件夹位于特定于用户的 Application Data 文件夹下的 Adobe\Fireworks CS6 文件夹中。

1. 创建新 URL 库的操作方法

（1）从“URL”面板的选项菜单中选择【新建 URL 库】。

（2）在打开的“新建 URL 库”对话框的文本框中输入库名称，如图 8.19 所示，然后单击【确定】按钮。

新建库的名称随即出现在“URL”面板的“库”弹出菜单中，如图 8.20 所示。

2. 将新的 URL 添加到 URL 库中的操作方法

（1）从“库”弹出菜单中选择一个 URL 库。

图 8.19 “新建 URL 库”对话框

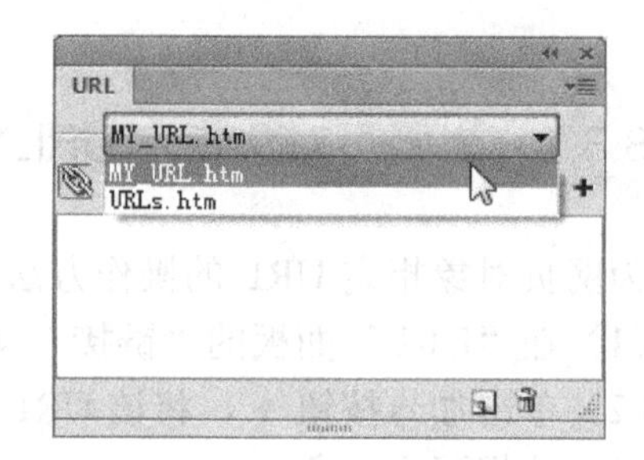

图 8.20 “库”弹出菜单中显示新建库的名称

（2）在“链接”文本框中输入一个 URL。

（3）单击【加号】按钮，将当前 URL 添加到当前 URL 库中。

若要将所选 URL 从“当前的 URL 库”预览面板中删除，则单击“URL”面板底部的【从库中删除 URL】按钮。

8.3.3 编辑 URL

使用“URL”面板可以轻松地对 URL 进行编辑，可以只编辑某个 URL 的单个匹配项，也可将所做的更改应用于整个文档。

编辑 URL 的操作方法如下。

（1）从“当前的 URL 库”预览窗口中选择要编辑的 URL。

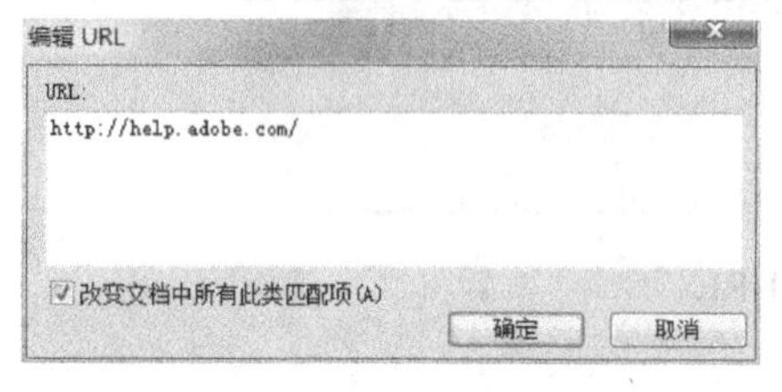

图 8.21 “编辑 URL”对话框

（2）从“URL”面板的选项菜单中选择“编辑 URL”。

（3）在打开的“编辑 URL”对话框中编辑 URL，如图 8.21 所示，若希望在整个文档中更新该链接，则选择“更改文档中所有此类匹配项”，然后单击【确定】按钮。

8.3.4 绝对 URL 和相对 URL

在“URL”面板中可以输入绝对和相对 URL，若要链接的网页位于用户自己的网站之外，则必须使用绝对 URL；若要链接的网页位于用户自己的网站内，则既可以使用绝对 URL，也可以使用相对 URL。

绝对 URL 是包含服务器协议（对网页而言通常为“http://”）的完整 URL。例如，Adobe Fireworks 支持中心网页的绝对 URL 为“http://www.adobe.com/go/fireworks_support_cn”。不管源文档的位置如何，绝对 URL 都能保持链接无误，但在源文档已经移动的情况下，将无法正确链接。

相对 URL 相对于包含源文档的文件夹。下列范例显示了相对 URL 的导航语法。

- “file.htm”链接的文件位于源文档所在的文件夹中。
- “../../file.htm”链接到一个文件，该文件位于比源文档所在文件夹高两级的文件夹中，每个“../”表示一个级别。

- “htmldocs/file.htm” 链接的文件位于名为 htmldocs 的文件夹中，而该文件夹又位于包含源文档的文件夹中。

若要链接的文件始终位于与当前文档相同的文件夹中，使用相对 URL 通常是最简单的。

8.3.5 导入和导出 URL

若“URL”面板中包含要在其他 Fireworks CS6 文档中重新使用的 URL，则可以将其导出，以供日后使用。还可以导入所有在现有 HTML 文档中引用的 URL。

1．导出 URL 的操作方法

（1）从“URL”面板的选项菜单中选择“导出 URL”。

（2）在“另存为”对话框中输入文件名，然后单击【保存】按钮。

这样就可创建一个 HTML 文件，该文件包含导出的 URL。

2．导入 URL 的操作方法

（1）从“URL”面板的选项菜单中选择“导入 URL”。

（2）在“打开”对话框中，选择一个 HTML 文件，然后单击【打开】按钮。

该文件中的所有 URL 随即被导入。

8.4 本章软件使用技能要求

Fireworks CS6 提供了高效率的设计环境。通过样式、元件和 URL 可以预见资源，并能方便使用。通过本章的学习要掌握以下技能。

1．预定义重复使用的样式

“样式”面板包含多种类型的可供选择的预定义样式。此外，若创建了笔触、填充、动态滤镜效果和文本属性的组合，并想重新使用它，则可以将这些属性保存为样式。这只要将它保存在“样式”面板中，然后将该样式应用于其他对象即可，而不必每次都重建属性。

2．预定义重复使用的元件

Fireworks CS6 的“公用库”面板中提供了许多图形、动画和按钮等类型的元件，每种类型的元件都具有适合于其特定用途的独特性质。使用“文档库”面板，除了可以复制、导入、导出和编辑元件外，还可以创建新元件。

3．预定义重复使用的 URL

URL 是因特网上特定页面或文件的地址。若要多次使用同一 URL，则可将 URL 添加到“URL”面板中，可以在 URL 库中对 URL 进行组织和分组。

第9章

层和蒙版

层和蒙版是图形图像制作的重要手段，灵活运用层和蒙版可以使图形图像化腐朽为神奇。例如，可以无痕迹拼接图像，对复杂边缘图像抠图，轻松替换局部图像，配合调整层创造神奇。

9.1 使用层

9.1.1 关于层

文档中的每个对象都驻留在一个层上。可以在绘制之前创建层，也可以根据需要添加层。画布位于所有层之下，它本身不是层，如图 9.1 所示。

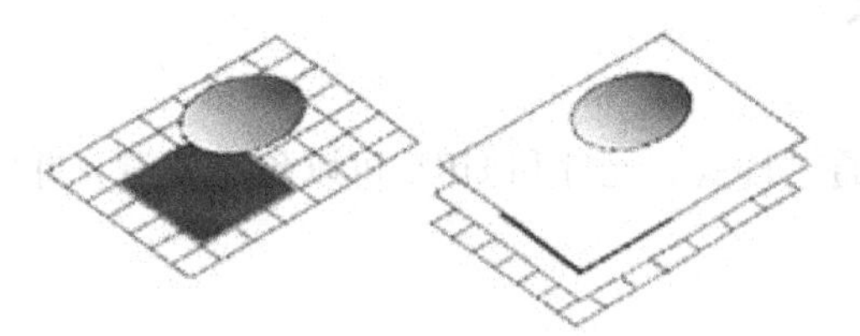

图 9.1 对象、层和画布关系

可以在“图层”面板中查看层和对象的堆叠顺序，即它们出现在文档中的顺序。Fireworks CS6 根据创建层的顺序堆叠层，将最近创建的层放在最上面。堆叠顺序决定各层上对象之间的重叠方式，可以重新排列层的顺序和层内对象的顺序。

“图层”面板显示文档在当前状态中所有层的当前状态。若要查看其他状态，可以使用“状态”面板或从“图层”面板底部的“状态”弹出菜单中选择一个选项。

活动层的名称在“图层”面板中高亮显示，可以展开层查看它上面的所有对象的列表，对象以缩略图的形式显示。

蒙版也显示在“图层”面板中，选择蒙版缩略图可以编辑蒙版。还可以使用“图层”面板创建新的位图蒙版。

不透明度和混合模式控件位于“图层”面板的顶部。“图层”面板及其所属各项功能如图 9.2 所示。

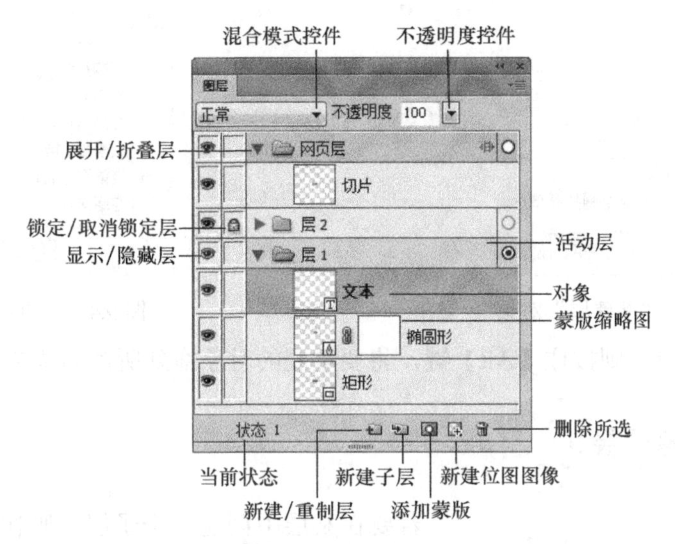

图 9.2 “图层”面板及其所属各项功能

9.1.2 激活层

在“图层”面板中，单击某层或某层上的对象，该层即被激活，成为活动层。随后，绘制、粘贴或导入的对象都位于活动层的顶部。

9.1.3 新建层、删除层和重制层

使用“图层”面板，可以新建层、删除多余的层及重制现有的层和对象。

在新建层时，会在当前所选层的上面插入一个空白层，新层成为活动层，且在“图层”面板中高亮显示。删除层时，在该层上面的层成为活动层。

重制层时会添加一个新层，它包含当前所选层中所包含的相同对象。重制的对象保留原对象的不透明度和混合模式，可以对重制的对象进行更改而不影响原对象。

1. 新建层和删除层的操作方法

在“图层”面板中，单击【新建/重制层】按钮，或者选择【编辑】→【插入】→【层】，将创建一个新层。也可以从“图层”面板的选项菜单中选择【新建层】，将打开“新建层”对话框，输入层名称并单击【确定】按钮，就创建一个新层，如图 9.3 所示。

若要删除某层，则在“图层”面板中，将该层拖到【删除所选】按钮上，或者选择该层后单击【删除所选】按钮。

2. 重制层和对象的操作方法

若要重制层，则将要重制的层拖到【新建/重制层】按钮上，或者选择要重制的层并从“图层”面板的选项菜单中选择【重制层】，打开“重制层”对话框，如图 9.4 所示，在该对话框中选择要插入的重制层的数量及放置它们的位置。

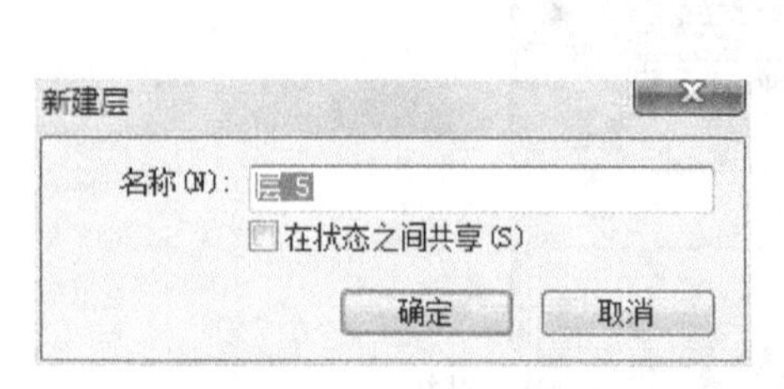

图 9.3 “新建层”对话框

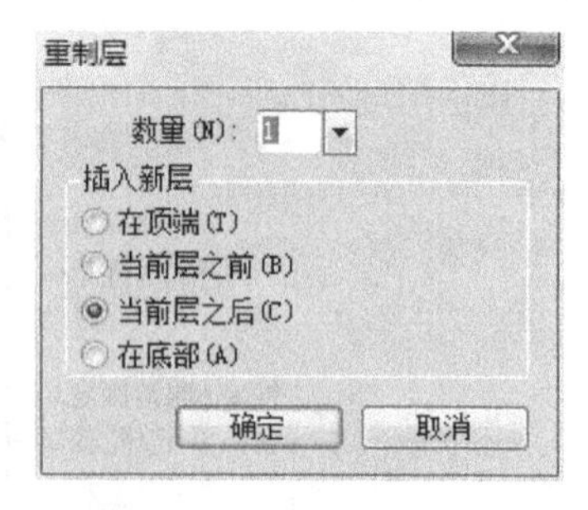

图 9.4 “重制层”对话框

若要重制对象，则按住【Alt】键，将要重制的对象拖到所需的位置。

9.1.4 新建子层

图 9.5 “新建子层”对话框

若要在某层中创建一个子层，则在“图层”面板中选择该层，然后单击“图层”面板底部的【新建子层】按钮；或者从“图层”面板的选项菜单中选择“新建子层”，打开“新建子层”对话框，如图 9.5 所示，在该对话框中输入子层名称并单击【确定】按钮，在所选层中创建了一个子层。

9.1.5 查看层和组织层

“图层”面板以层次结构显示对象和层。若文档中包含许多层和对象，则“图层”面板将变得混乱，在其中导航会很困难，折叠层的显示有助于消除混乱。当需要在层中查看或选择特定对象时，可以展开层，在“图层”面板中还可以同时展开或折叠所有层。

在“图层”面板中，单击层名称左侧的向右箭头图标▶，将展开层上的对象；单击向下箭头图标▼，将折叠层上的对象。按住【Alt】键并单击任意层名称左侧的箭头图标，将展开或折叠所有层。

在“图层”面板中，可以通过命名并重新排列文档中的层和对象来组织它们。对象可以在层内或层间移动。在“图层”面板中移动层和对象将更改对象出现在画布上的顺序。在画布上，层顶端的对象出现在层中其他对象的上方，最顶层上的对象出现在下面层上对象的前面。

注意：将层或对象向上或向下拖到可视区域的边界以外时，“图层”面板将自动滚动。

1. 命名层或对象的操作方法

（1）在“图层”面板中双击层或对象。

（2）为层或对象输入新名称并按【Enter】键。

注意：网页层无法重命名，但是，可以命名网页层内的网页对象，如切片和热点。

2. 移动层或对象的操作方法

在“图层”面板中，将层或对象拖到所需的位置。

3. 将某层上的所有所选对象移到另一个层上的操作方法

将层的选择指示器◎拖到另一层，则层上的所有所选对象将同时移动到另一层。例如，将层 1 上的所有所选对象移到层 3 上，只要将层 1 的选择指示器拖到层 3，如图 9.6 所示。

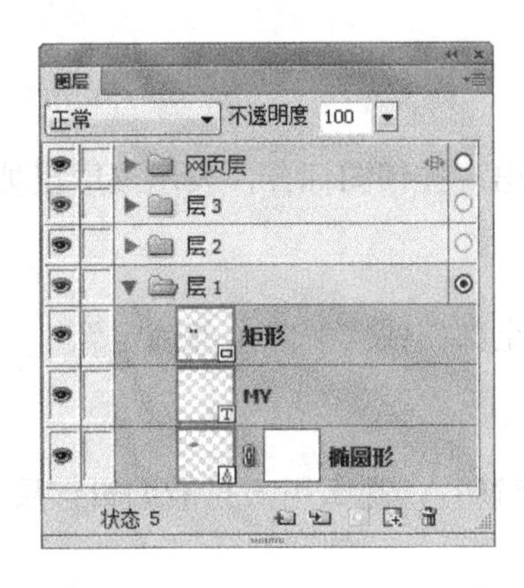

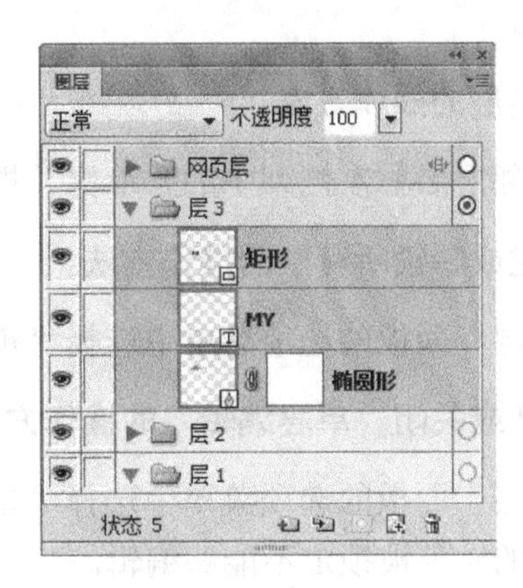

图 9.6　将层 1 上的所有所选对象移动到层 3 上

4. 将某层上的所有所选对象复制到另一层上的操作方法

按住【Alt】键，并将某层的选择指示器拖到另一层，在 Fireworks CS6 会将该层上的所有所选对象复制到另一层。将层 3 上的所有所选对象复制到层 1 上如图 9.7 所示。

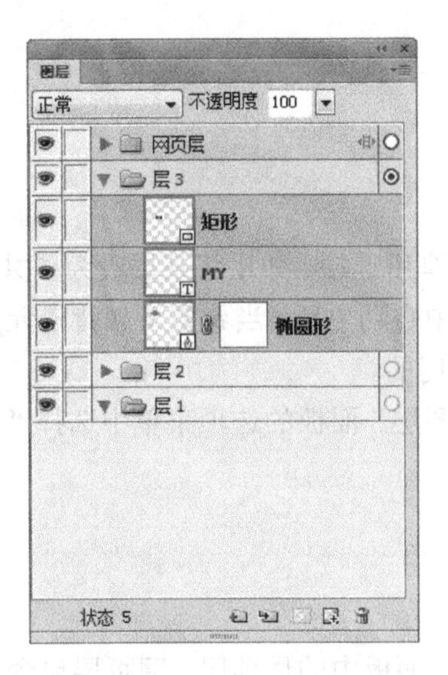

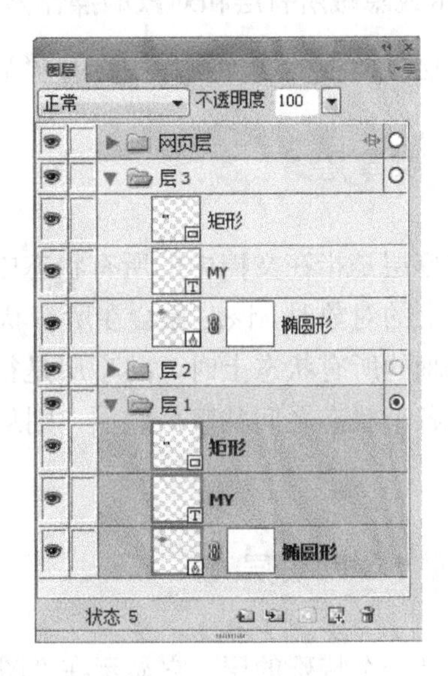

图 9.7　将层 3 上的所有所选对象复制到层 1 上

9.1.6　保护层和对象

“图层”面板提供了许多保护层和对象的选项。为了保护某层上的对象不被意外地选择或编辑，可以将该层“锁定”，这样便可以防止选择或编辑该层上的对象。“单层编辑”功能则可起到保护活动层以外的所有层上的对象不被意外地选择或更改的作用。还可以使用“图层”面板来控制层和对象在画布上的可见性，当对象或层在“图层”面板中被隐藏时，它不会出现在画布上，因此不会被意外地更改或选择。

注意：导出文档时不包括隐藏的层和对象。但是，不论网页层上的对象是否隐藏，始终可以导出。

1. 锁定层的操作方法

单击紧邻层名称左侧列中的方形框，框内出现挂锁图标，表示该层已被锁定。

2. 锁定或解锁所有层的操作方法

在“图层”面板的选项菜单中选择“锁定全部”或“解除全部锁定”。

3. 打开或关闭“单层编辑”的操作方法

从“图层”面板的选项菜单中选择“单层编辑”，那么用户只能编辑该层上的对象，而其他层上的对象被锁定不能够编辑。

4. 显示或隐藏层或层上对象的操作方法

单击层或对象名称最左侧的方形框。眼睛图标指示层或对象是可见的，而消除眼睛图标则指示层或对象是隐藏的。

5. 显示或隐藏所有层和对象的操作方法

从“图层”面板的选项菜单中选择“显示全部”或“隐藏全部”。

9.1.7 共享层

所谓共享层是指在文档中的所有状态中共享所选层。如果将某层设为了共享层，那么当更新该层上的对象时，该对象会在所有状态中自动更新。当希望诸如背景元素之类的对象出现在动画的所有状态上时，共享层是很有用的。

若要在各个状态之间共享所选层，则从“图层”面板的选项菜单中选择“在状态中共享层”。

9.1.8 使用网页层

网页层是一个特殊的层，它显示在“图层”面板中的最顶层，网页层包含用于给导出的 Fireworks CS6 文档指定交互性的网页对象，如切片和热点。

不能取消共享、删除、重制、移动或重命名网页层，也不能合并网页层上的对象。网页层总是在所有状态中共享，即网页对象在每个状态上都可见。

重命名网页层中的切片或热点的操作方法如下。

（1）在“图层”面板中双击该切片或热点。

（2）输入一个新名称，然后在窗口外单击或按【Enter】键。

9.2　使用蒙版

正如其名称所暗示的那样，蒙版能够隐藏或显示对象或图像的某些部分。在 Fireworks CS6 中，可以使用多种蒙版技术，在对象上实现多种创意效果。

9.2.1　关于蒙版

在 Fireworks CS6 中，可以创建矢量蒙版和位图蒙版。

1．关于矢量蒙版

矢量蒙版有时被称为“剪贴路径”或“粘贴于内部”。矢量蒙版对象将下方的对象裁剪或剪贴为其路径的形状，从而产生“切饼模刀”的效果，应用矢量蒙版范例如图 9.8 所示。当创建矢量蒙版时，一个带有钢笔图标的蒙版缩略图会出现在“图层”面板中，表示已经创建了矢量蒙版，如图 9.9 所示。

图 9.8　应用矢量蒙版范例

图 9.9　“图层”面板中的矢量蒙版缩略图

选择矢量蒙版后，属性检查器的上半部分会显示关于蒙版应用方式的信息，属性检查器的下半部分显示其他属性，在属性检查器中可以编辑蒙版对象的笔触和填充，如图 9.10 所示。

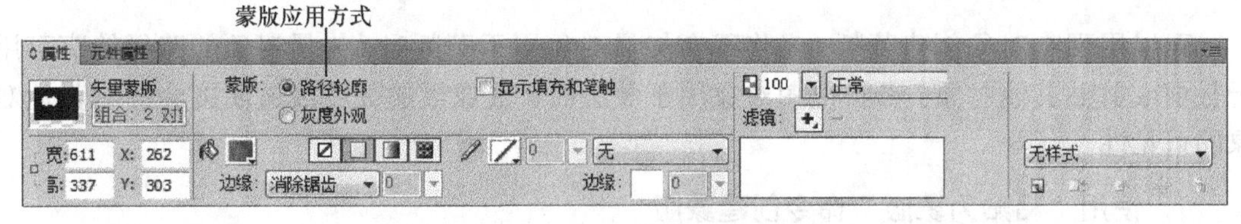

图 9.10　属性检查器显示关于蒙版应用方式的信息

在默认情况下，矢量蒙版通过其路径轮廓进行应用，也可以采用其他方式进行应用（如灰度外观）。

2．关于位图蒙版

如果用户使用过 Photoshop 软件，可能对层蒙版并不陌生。Fireworks CS6 位图蒙版与层蒙版有相似之处：蒙版对象的像素影响下层对象的可见性。原始对象、蒙版对象及灰度外观位图蒙版的应用如图 9.11 所示。但是，Fireworks CS6 位图蒙版的用途要宽广得多，不管是使用其灰度外观，还是使用其自身的透明度，都可以轻松更改其应用方式。另外，Fireworks CS6 的属性检查器使蒙版属性和位图工具选项更易于访问，从而极大地简化了蒙版的编辑过程。选择位图蒙版后，属性检查器不仅会为所选位图蒙版显示各种属性，也会为在编辑蒙版时可能会用到的任何位图工具显示各种属性。

图 9.11　原始对象、蒙版对象及灰度外观位图蒙版的应用

可以按以下两种方法应用位图蒙版。

- 用现有对象来掩盖其他对象，此方法类似于应用矢量蒙版。
- 创建所谓的空蒙版。空蒙版开始时或者完全透明，或者完全不透明。透明（或白色）蒙版显示整个被蒙版对象，而不透明（或黑色）蒙版则隐藏整个被蒙版对象。可以使用位图工具在蒙版对象上绘制或修改蒙版对象，以显示或隐藏底层的被蒙版对象。

当创建位图蒙版时，属性检查器会显示关于如何应用位图蒙版的信息。若在选择位图工具后选择位图蒙版，则属性检查器将为所选工具显示位图蒙版的属性和选项，从而简化了位图蒙版的编辑过程，如图 9.12 所示。

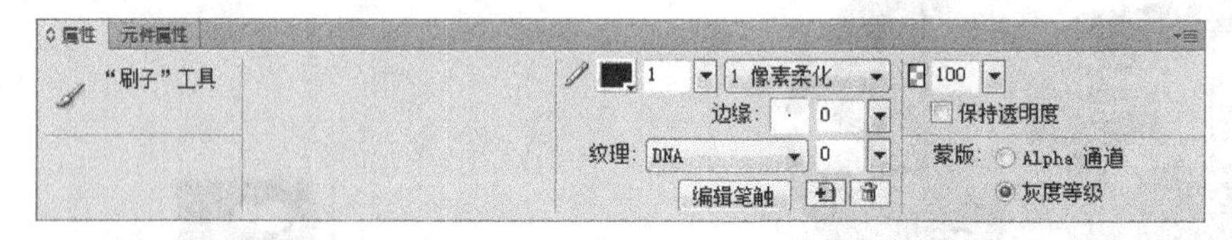

图 9.12　属性检查器为选择位图工具显示位图蒙版的属性和选项

在默认情况下，大多数位图蒙版是以其灰度外观应用的，但也可以用 Alpha 通道来应用。

9.2.2　用现有对象创建蒙版

可以用现有对象创建蒙版。当将现有矢量对象用于蒙版时，矢量对象的路径轮廓可用于裁剪或剪贴其他对象；当将位图对象用于蒙版时，其像素的亮度或透明度会影响其他对象的可见性。

1．使用“粘贴为蒙版”命令创建蒙版

可以使用“粘贴为蒙版”命令创建蒙版。方法是：用另一个对象来掩盖一个对象或一组对象。使用“粘贴为蒙版”命令可以创建矢量蒙版和位图蒙版。当将矢量对象用于蒙版时，“粘贴为蒙版”命令创建一个矢量蒙版，它使用矢量对象的路径轮廓来裁剪或剪贴被遮罩对象；当将位图对象用于蒙版时，“粘贴为蒙版”创建一个位图蒙版，它使用位图对象的灰度颜色值影响被遮罩对象的可见度。

使用“粘贴为蒙版”命令创建蒙版的操作方法如下。

（1）选择要蒙版的对象，按住【Shift】键并单击可以选择的多个对象。

注意：若将多个对象用于蒙版，则 Fireworks CS6 总是会创建矢量蒙版（即使两个对象都是位图也是一样）。

（2）定位选区，使它与要掩盖的对象或对象组重叠放置。

用于蒙版的对象可以位于要掩盖的对象或对象组的前面或后面。例如，用于蒙版的对象位于要掩盖的对象后面如图 9.13 所示。

（3）选择【编辑】→【剪切】，剪切要用于蒙版的对象。

（4）选择要掩盖的对象或对象组，如图 9.14 所示。

图 9.13 用做蒙版的对象位于要掩盖的对象后面

图 9.14 选择要掩盖的对象

注意：若要掩盖多个对象，则这些对象必须要组合在一起。

（5）选择【编辑】→【粘贴为蒙版】或选择【修改】→【蒙版】→【粘贴为蒙版】，粘贴蒙版。应用“粘贴为蒙版”命令后的效果如图 9.15 所示。创建蒙版后，“图层”面板中的蒙版如图 9.16 所示。

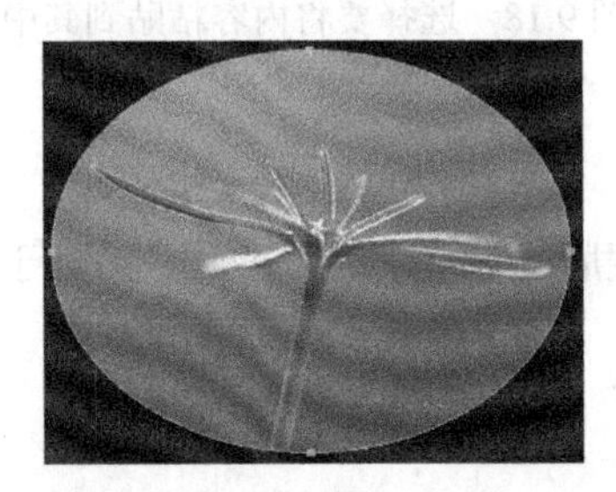

图 9.15 应用“粘贴为蒙版”命令后的效果

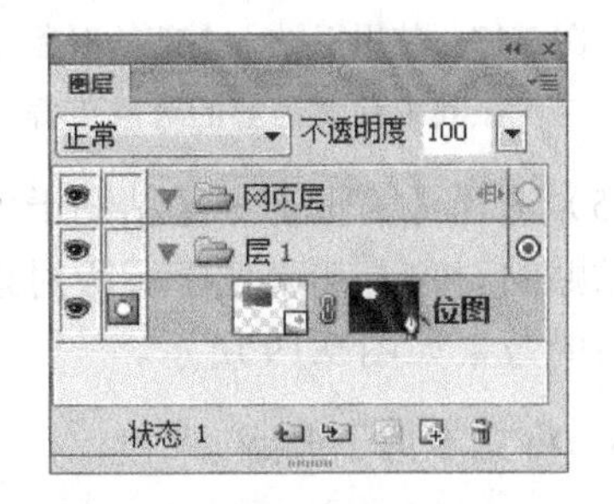

图 9.16 “图层”面板中的蒙版

2. 使用“粘贴于内部”命令创建蒙版

可以使用“粘贴于内部”命令创建蒙版。是创建矢量蒙版还是位图蒙版，具体取决于所使用的蒙版对象的类型。“粘贴于内部”命令通过使用以下其他对象填充封闭路径或位图对象来创建蒙版：矢量图形、文本和位图图像。路径本身有时称为剪贴路径，而它包含的项目则称为内容或贴入内部，超出剪贴路径的内容被隐藏。

Fireworks CS6 中的“粘贴于内部”命令产生与“粘贴为蒙版”命令类似的效果，但有以下几处不同。

- 使用“粘贴于内部”命令时，剪切并粘贴的对象就是要掩盖的对象。而使用“粘贴为蒙版”命令时，剪切并粘贴的对象是蒙版对象。
- 对于矢量蒙版，“粘贴于内部”命令显示蒙版对象本身的填充和笔触。在默认情况下，使用“粘贴为蒙版”命令时，矢量蒙版对象的填充和笔触不可见，不过，可以使用属性检查器显示或隐藏矢量蒙版的填充和笔触。

使用“粘贴于内部”命令创建蒙版的操作方法如下。

（1）选择要用于贴入内部的对象。

（2）放好这些对象，使它们与要在其中粘贴内容的对象重叠，如图 9.17 所示。

注意：只要用于贴入内部的对象保持选定状态，堆叠顺序就无关紧要。这些对象在“图层”面板中可以位于蒙版对象的上方或下方。

（3）选择【编辑】→【剪切】，将对象移到剪贴板。

（4）选择要将内容粘贴到其中的对象，将此对象将用于蒙版或剪贴路径，如图 9.18 所示。

图 9.17　使用于贴入内部的对象与要在其中粘贴内容的对象重叠

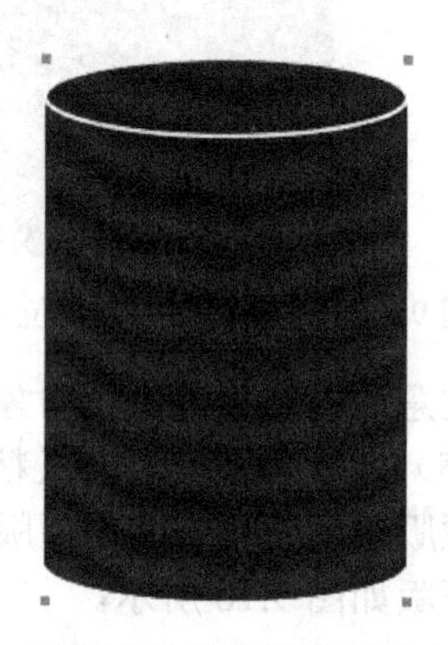

图 9.18　选择要将内容粘贴到其中的对象

（5）选择【编辑】→【粘贴于内部】。

粘贴的对象看起来位于蒙版对象的内部，或者被蒙版对象剪贴了。应用“粘贴于内部”命令后的效果如图 9.19 所示。

3．将文本用于蒙版

文本蒙版是一种矢量蒙版，应用文本蒙版的方式与使用现有对象应用蒙版的方式一样，只要将文本用于蒙版对象即可。应用文本蒙版的常用方法是使用其路径轮廓，但也可以使用其灰度外观。使用文本的路径轮廓应用文本蒙版如图 9.20 所示。

图 9.19　应用“粘贴于内部”命令后的效果

文本蒙版示例

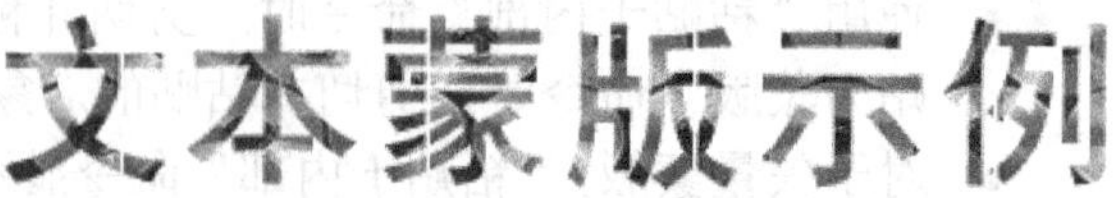

图 9.20　使用文本的路径轮廓应用文本蒙版

9.2.3 使用“图层”面板创建位图蒙版

添加透明（白色）的空位图蒙版的最快捷方法是使用“图层”面板。“图层”面板在对象中添加一个白色蒙版，可以自定义这个蒙版。其方法是：用位图工具在它上面绘制。

使用“图层”面板创建位图蒙版的操作方法如下。

（1）选择要掩盖的对象，如图 9.21 所示。

（2）单击“图层”面板底部的【添加蒙版】按钮，Fireworks CS6 会将空蒙版应用到所选的对象，“图层”面板显示一个表示空蒙版的蒙版缩略图，如图 9.22 所示。

图 9.21 选择要掩盖的对象

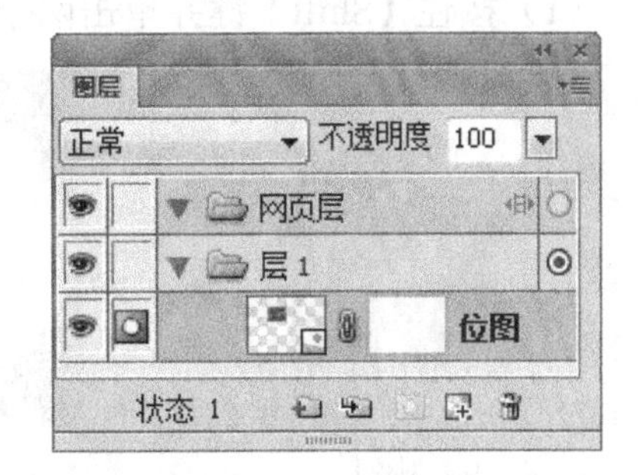

图 9.22 “图层”面板中显示空蒙版缩略图

（3）若被蒙版对象是位图，也可以使用一种“选取框”工具或“套索”工具来创建像素选区，如图 9.23 所示。

（4）从工具面板中选择一种位图绘图工具，如“刷子”、“铅笔”、“油漆桶”或“渐变”工具。

（5）在属性检查器中设置所选工具的选项。

（6）当蒙版仍处于选定状态时，在空蒙版上绘制。在绘制的区域中，下方的被遮罩对象是隐藏的，如图 9.24 所示。

图 9.23 使用“选取框”工具或“套索”工具来创建像素选区

图 9.24 在绘制的区域中，下方的被遮罩对象是隐藏的

图 9.25 应用了蒙版的图像

应用了蒙版的图像如图 9.25 所示。

9.2.4 将对象组合为蒙版

可以组合两个或更多个对象来创建蒙版，最顶层的对象成为蒙版对象。

可以将对象组合为位图蒙版或矢量蒙版，堆叠顺序决定所应用的蒙版类型。若顶层对象是矢量对象，则结果为矢量蒙版；若顶层对象是位图对象，则结果为位图蒙版。

将对象组合为蒙版的操作方法如下。

（1）按住【Shift】键并单击两个或更多个重叠的对象，如图 9.26 所示。

(a) 对象1

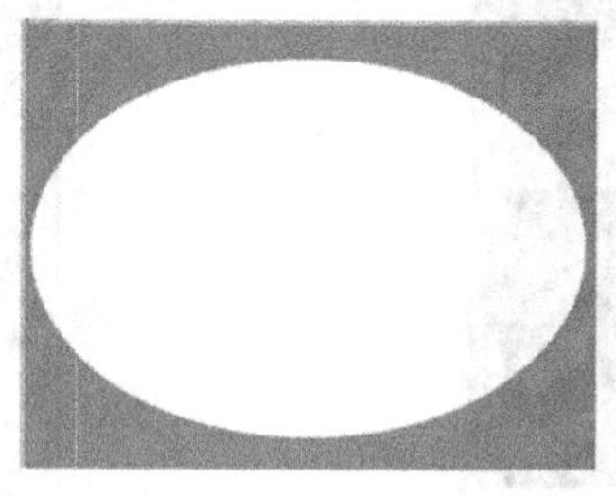

(b) 对象2

(c) 将两个对象重叠并选中

图 9.26 按住【Shift】键并单击两个重叠的对象

注意：可以从不同的层中选择对象。

（2）选择【修改】→【蒙版】→【组合为蒙版】，其效果如图 9.27 所示。

图 9.27 应用【组合为蒙版】命令后的效果

9.3 本章软件使用技能要求

作为灵活运用 Fireworks CS6 进行图形图像制作的基本功，掌握层和蒙版的使用技巧是必不可少的。通过本章的学习要掌握以下技能。

1. 使用层

在 Fireworks CS6 中，“图层”面板列出每一层及其包含的对象。使用“图层”面板，可以新建层、删除多余的层、重制现有的层和对象，以及重新排列文档中的层和对象。

2.使用蒙版

使用蒙版可以创造性地控制层和对象。可以从“图层”面板中应用蒙版和混合模式。还可以用“编辑”菜单和“修改”菜单上的选项创建蒙版。

第10章

创建交互

实现网页交互功能是制作网页的基本要求。切片和热点是用于创建交互效果的重要元素，彼此互相有关联。

切片是 Fireworks CS6 中用于创建交互性的基本构造块，是网页对象，它不是以图像的形式存在，而是最终以 HTML 代码的形式出现。

可以使用拖放变换图像方法将交互性附加到切片，可以在工作区中快速创建变换图像和交换图像效果，也可以在“行为”面板中查看指定的行为，并使用该面板创建更复杂的交互。

还可以使用热点将交互性结合到网页中。热点用于创建图像映射，即在 HTML 文档中定义热区的 HTML 代码。这些区域不一定链接到某个地方，它们可能只是触发一个行为或定义替代文本。热点还可以接收鼠标事件，使得 JavaScript 行为在切片中起作用。

10.1 创建和编辑切片

切片将 Fireworks CS6 文档分割成多个较小的部分并将每部分导出为单独的文件。导出时，Fireworks CS6 还创建一个包含表格代码的 HTML 文件，以便在浏览器中重新装配图形。

对图像进行切片，有以下 3 个主要优点。

（1）优化。网页设计的挑战之一是在确保图像快速下载的同时保证质量，使用切片能以最适合的文件格式和压缩设置来优化每个独立切片。

（2）交互性。可以使用切片来创建响应鼠标事件的区域。

（3）更新网页的某些部分。使用切片可以轻松地更新网页中经常更改的部分，例如，某公司的网页中可能包含每月更改一次的“本月员工”部分，使用切片可以快速更改员工的姓名和照片而不用更换整个网页。

10.1.1 创建切片

可以使用“切片”工具绘制切片对象，或者用基于所选对象插入切片的方法来创建切片对象。

从切片对象延伸的线称为切片引导线，它确定导出时将文档拆分成单独图像文件的边界。在默认情况下，这些引导线为红色，如图 10.1 所示。

1. 基于所选对象插入矩形切片的操作方法

（1）选择对象。

（2）选择【编辑】→【插入】→【矩形切片】。插入的切片是一个矩形，它的区域包括所选对象最外面的边缘。

（3）若选择了多个对象，然后选择【编辑】→【插入】→【矩形切片】，则打开“Fireworks”提示框，询问要创建一个还是多个切片，如图 10.2 所示。

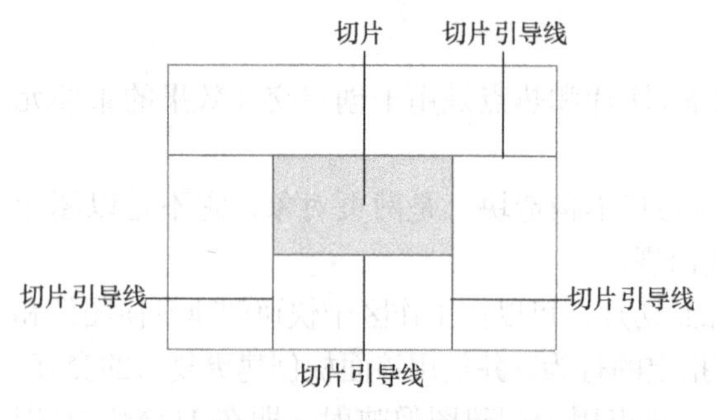

图 10.1 切片引导线

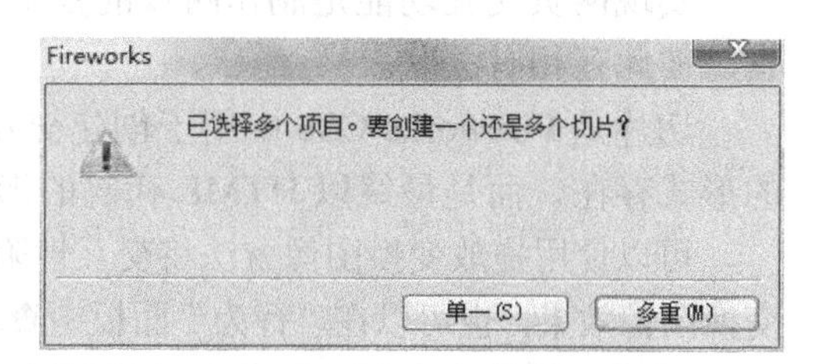

图 10.2 “Fireworks”提示框

（4）请选择应用切片的方式。

- 若选择单击【单一】按钮，则可创建覆盖全部所选对象的单个切片对象，如图 10.3 所示。
- 若选择单击【多重】按钮，则可为每个所选对象创建一个切片对象，如图 10.4 所示。

图 10.3 覆盖全部所选对象的单个切片对象

图 10.4 为每个所选对象创建一个切片对象

2. 绘制矩形切片对象的操作方法

（1）在工具面板中选择“切片”工具。

（2）拖动“切片”工具以绘制切片对象。切片和切片引导线出现在文档中，同时切片对象出现在网页层上。

提示：在绘制过程中，可以随时调整切片的位置；在按住鼠标左键的同时，只要按住空格键，即可将切片拖到画布上的另一个位置，释放空格键还可以继续绘制切片。

3. 创建HTML切片

HTML 切片指定浏览器中出现普通 HTML 文本的区域。HTML 切片不导出图像，它导出由切片定义的表格单元格中的 HTML 文本。若要快速更新出现在站点中的文本而无须创建新图形，则 HTML 切片很有用。

创建 HTML 切片的操作方法如下。

（1）绘制切片对象并将其保留为选定状态。

（2）在属性检查器中，从“类型”弹出菜单中选择“HTML”。

（3）单击【编辑】按钮，打开“编辑 HTML 切片”窗口，如图 10.5 所示。

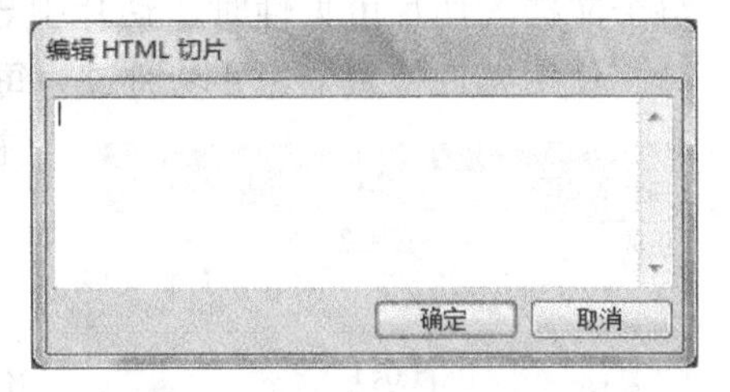

图 10.5 “编辑 HTML 切片”窗口

（4）在“编辑 HTML 切片”窗口中输入文本。若需要，则通过添加 HTML 文本格式设置标记来设置文本的格式，或者在使用文本编辑器或 HTML 编辑器（如 Adobe Dreamweaver CS6）导出 HTML 后，将 HTML 文本格式设置标记添加到 HTML。

（5）单击【确定】按钮，应用更改并关闭“编辑 HTML 切片”窗口。输入的文本和 HTML 标记以原始 HTML 代码的形式出现在 Fireworks PNG 文件的切片的正文中。

注意：在不同的浏览器及不同的操作系统中查看 HTML 文本切片时，它们的外观可能会有所不同，这是因为浏览器中可以设置字体大小和类型。

4. 创建非矩形切片

当试图将交互性附加到非矩形图像时，矩形切片可能无法满足需要。例如，若打算将变换图像行为附加到切片，而切片对象互相重叠或形状不规则，则矩形切片可能会与交换图像交换出非用户所要的背景图像。Fireworks CS6 解决此问题的方法是：使用“多边形切片”工具绘制任何多边形形状的切片。一个使用“多边形切片”工具绘制多边形切片的范例如图 10.6 所示。

图 10.6 一个使用“多边形切片”工具绘制多边形切片的范例

绘制多边形切片对象的操作方法如下。

（1）选择“多边形切片”工具。

（2）单击以放置多边形切片的矢量点。

说明：“多边形切片”工具仅绘制直线段。

（3）当在具有柔边的对象周围绘制多边形切片对象时，请确保包括整个对象，以免在切片图形中创建多余的实边。

（4）若要停止使用“多边形切片”工具，则从工具面板中选择另一个工具，不必再次单击第一个点以关闭多边形。

注意：请小心不要过度使用多边形切片，这是因为与类似的矩形切片相比，它们需要更多的 JavaScript 代码，从而可能会增加 Web 浏览器的处理时间。

从矢量对象或路径创建多边形切片的操作方法如下。

（1）选择一个矢量对象或路径。

（2）选择【编辑】→【插入】→【热点】。

（3）选择【编辑】→【插入】→【矩形切片（或多边形切片）】，生成一个与该矢量对象或路径形状一致的切片。

10.1.2 查看并显示切片和切片引导线

可以使用“图层”面板和工具面板控制文档中切片和其他网页对象的可见性。当关闭整个文档的切片可见性时，切片引导线也将被隐藏。

使用属性检查器，可以通过为每个切片对象指定唯一的颜色来组织切片，也可以通过“视图”菜单更改切片引导线（辅助线）的颜色。

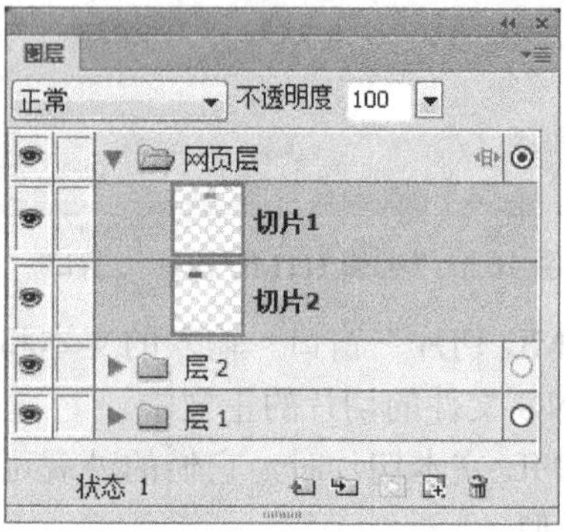

1．在“图层”面板中查看切片

网页层显示文档中的所有网页对象，可以从中查看并选择每个网页对象。

在“图层”面板中查看并选择切片的操作方法如下。

（1）选择【窗口】→【层】，打开“图层”面板。

（2）单击网页层标题栏左侧的向右箭头▶，展开网页层，网页层显示文档中当前网页对象的完整列表，如 10.7 所示。

（3）单击一个切片名称以选择该切片。该切片在“网页层”中高亮显示，并且在画布上处于选定状态。

图 10.7 网页层显示文档中当前网页对象的完整列表

2．隐藏和显示切片

当隐藏一个切片时，该切片在 Fireworks PNG 文件中变为不可见。可以关闭全部或某些网页对象。由于切片是网页对象，因此它们在“图层”面板中的网页层中列出，在此处可以打开或关闭所选切片的可见性，也可以通过工具面板控制切片可见性。隐藏一个切片对象时，并不会阻碍将该切片导出到 HTML。

隐藏或显示特定的切片的操作方法如下。

（1）在“图层”板中，单击网页对象旁边的眼睛图标，将隐藏该切片。

（2）在眼睛列中单击，可以重新打开可见性，也即当网页对象再次可见时，眼睛图标将重新出现。

隐藏或显示所有切片的操作方法如下（请执行下列操作之一）。

（1）从工具面板的“Web”工具部分中选择“隐藏切片和热点”工具或“显示切片和热点”工具。

（2）在“图层”面板中，单击网页层旁边的眼睛图标。

若要在任何文档视图中隐藏或显示切片引导线，则选择【视图】→【切片辅助线】。

10.1.3 编辑切片

在 Fireworks CS6 中，可以像处理文字处理应用程序中的表格一样处理切片布局。当拖动切片引导线以调整切片大小时，Fireworks CS6 也将自动调整所有相邻的矩形切片的大小。另外，可以使用属性检查器来调整切片大小及切片变形，就像对待矢量对象和位图对象一样。

1. 拖动切片引导线以编辑切片

切片引导线定义切片的宽、高和位置。超出切片对象的切片引导线定义在导出时如何对文档的其余部分进行切片。通过拖动矩形切片对象周围的切片引导线，可以更改其形状，如图 10.8 所示。

注意：不能通过拖动切片引导线来调整非矩形切片对象的大小。

若多个切片对象沿单条切片引导线对齐，则可以通过拖动该切片引导线来同时调整全部切片对象的大小，如图 10.9 所示。若沿给定的坐标拖动一条引导线，则同一坐标上的所有其他引导线将会随它一起移动。

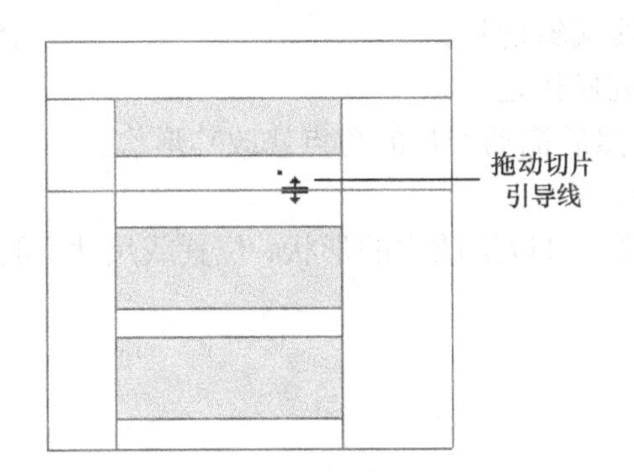

图 10.8 通过拖动矩形切片对象的切片引导线调整其大小

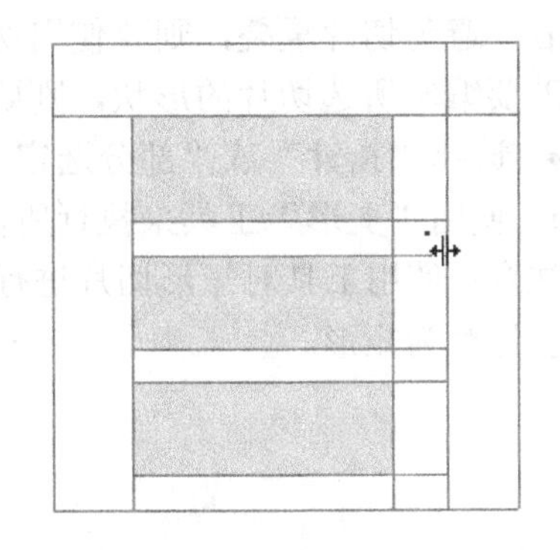

图 10.9 通过拖动单条切片引导线调整多个切片对象的大小

调整一个或多个切片的大小的操作方法如下。

(1) 将“指针”或“部分选定”工具放在切片引导线上，此时指针变为引导线移动指针 ◂|▸（横向移动指针）或 ≑（上下移动指针）。

(2) 将切片引导线拖到所需位置，切片大小即被调整。

将切片引导线定位到画布的边缘的操作方法是：使用“指针”或“部分选定”工具，将切片引导线拖出画布的边缘。

移动相邻的引导线的操作方法如下。

(1) 按住【Shift】键并拖动一条切片引导线经过相邻的切片引导线。

(2) 在所需位置释放该切片引导线，拖动时经过的所有切片引导线都将移到此位置，如图 10.10 所示。

提示：在释放鼠标之前释放【Shift】键，可以取消此操作，此时所有已选取的切片引导线将重新回到原来的位置。

2. 使用工具编辑切片对象

可以使用“指针”、“部分选定”和“变形”工具更改切片的形状或调整切片的大小。对于多边形切片，则只能进行倾斜和扭曲编辑。

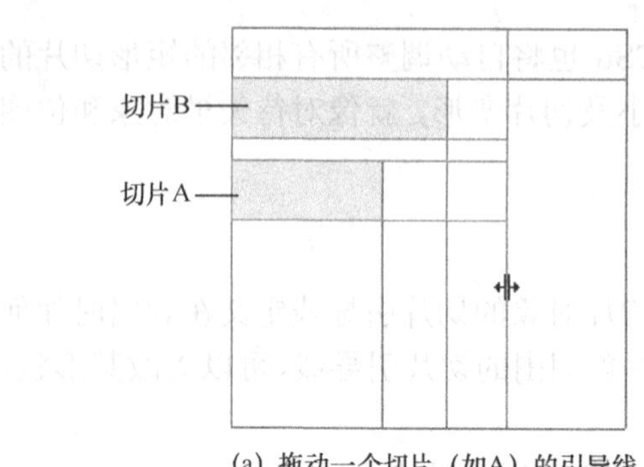

(a) 拖动一个切片（如A）的引导线

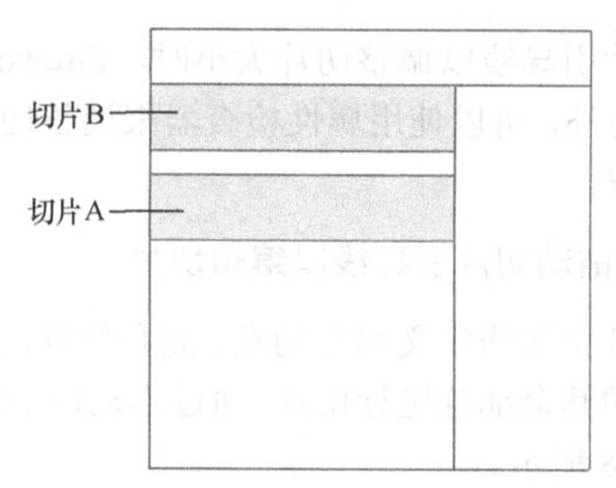

(b) 所有切片引导线都将移到与A相同的位置

图 10.10 移动相邻的切片引导线

注意：使用这些工具更改切片形状或调整切片大小时会创建相互重叠的切片，因为相邻切片对象的大小不会自动调整。当切片相互重叠时，若发生交互，则最顶层的切片将优先。若要避免切片重叠，则要使用切片引导线编辑切片。

若要编辑所选切片的形状，则要执行下列操作之一。

- 选择"指针"或"部分选定"工具，然后拖动切片的角点修改其形状。
- 使用"变形"工具来执行所需的变形。

注意：使用工具对矩形切片进行变形处理，可以更改它的形状、位置或尺寸，但切片本身仍保持为矩形。

10.2 使切片交互

在 Fireworks CS6 中创建交互效果的基本生成块是切片对象，Fireworks CS6 提供了两种使切片交互的方式。

一种是拖放变换图像方法，它是使切片交互的最简单方法。该方法只要拖动（单击并按住鼠标左键，移动鼠标）切片的行为手柄并将其放在目标切片中，即可快速创建简单的交互效果。

另一种是使用"行为"面板的方法，它可以创建更复杂的交互。"行为"面板包含多种交互行为，可以将它们附加到切片中。通过将多个行为附加到单个切片，可以创建有趣的效果。也可以从触发交互行为的多种鼠标事件中进行选择。

Fireworks CS6 中的行为与 Dreamweaver 中的行为兼容。在将 Fireworks CS6 变换图像导出到 Dreamweaver 时，可以使用 Dreamweaver 的"行为"面板对 Fireworks CS6 行为进行编辑。

10.2.1 使切片具有简单的交互效果

拖放变换图像方法是创建变换图像和交换图像效果的快速而有效的方法。具体来说，使用拖放变换图像方法可以确定指针经过一个切片时该切片所发生的变化，最终结果通常称为变换图像。变换图像是在网页浏览器中指针经过其上方移动时，其外观发生变化的图形。

当选定切片时，一个带有十字的圆圈出现在切片的中央，该圆圈称为行为手柄，如图 10.11 所示。

通过从触发切片拖动行为手柄并将其放置在目标切片上，可以轻松地创建变换图像和交换图像效果。触发器和目标也可以是同一切片，如图 10.12 所示。

说明：热点也具有用于添加交换图像行为的行为手柄。

1. 关于变换图像

变换图像的工作方式都是一样的，当指针滑过一个图像时，该图像将触发另一个图像的显示。触发器是一个网页对象——切片、热点或按钮。

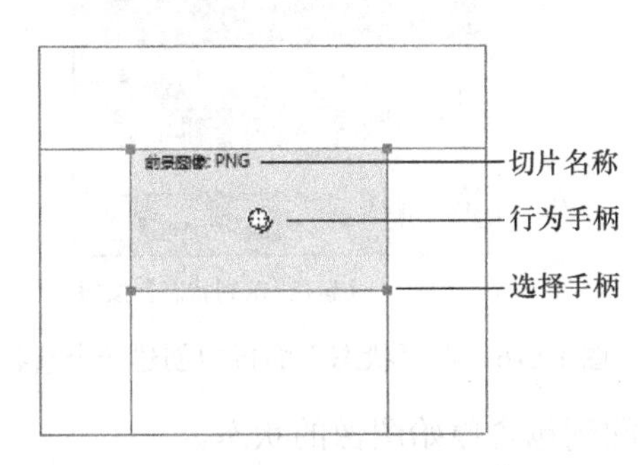

图 10.11　切片的行为手柄

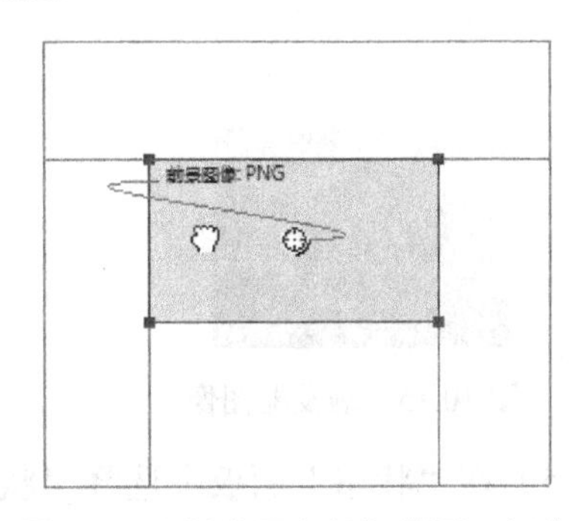

图 10.12　触发器和目标是同一切片

最简单的变换图像是将第 1 状态中的一个图像与紧挨着它下面第 2 状态中的图像交换，还可以生成更复杂的变换图像。交换图像可以交换来自任何状态的图像，不相交变换图像交换来自除触发器切片之外的切片中的图像。

当在 Fireworks CS6 中选择一个使用行为手柄或“行为”面板创建的触发器网页对象时，将显示它的所有行为关系。在默认情况下，变换图像交互由一条蓝色行为线表示，如图 10.13 所示。

2. 创建简单变换图像

简单变换图像在顶部状态正下方的状态中进行交换，并且只涉及一个切片，如图 10.14 所示。

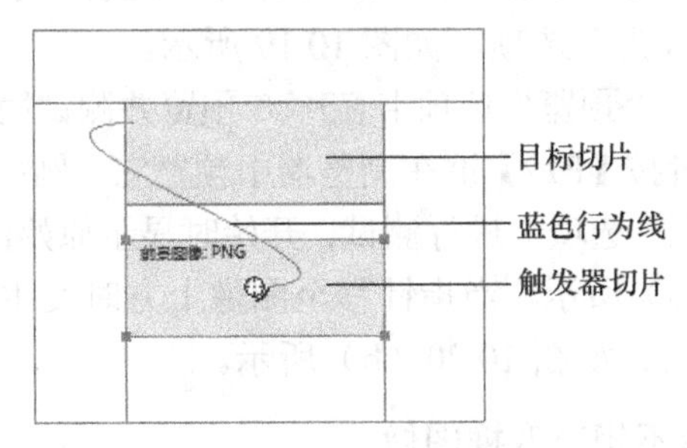

图 10.13　从触发器切片拖动行为手柄并将其放置在目标切片上

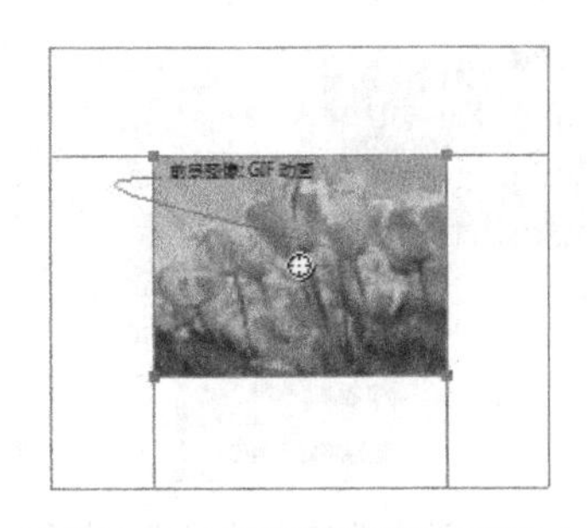

图 10.14　创建简单变换图像

将简单变换图像附加到切片的操作步骤方法如下。

（1）创建、粘贴或导入一幅图像（原始图像）作为触发器对象（如图 10.15 所示），且确保该触发器对象不在共享层上。

（2）选中该图像，然后选择【编辑】→【插入】→【矩形切片】，在触发器对象上面创建切片。

（3）单击“状态”面板中的【新建/重制状态】按钮 ，创建一个新状态，如图 10.16 所示。

（4）创建、粘贴或导入一幅用于新状态上的交换图像的图像，如图 10.17 所示，并且将该图像放在步骤（2）中创建的切片（即使现在位于状态 2 中，该切片仍然可见）的下面。

注意：切片在所有状态中都是可见的，并且可在任何状态中选择该切片。

图 10.15　触发器图像

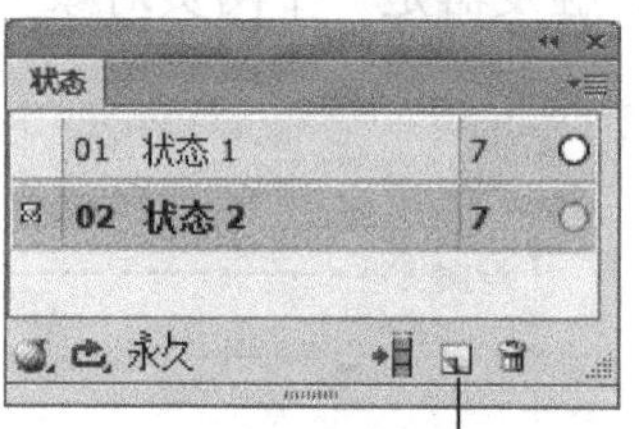

图 10.16　在“状态”面板中创建一个新状态

（5）在“状态”面板中选择“状态 1”，返回到包含原始图像的状态。

（6）选择切片并将指针放在行为手柄上方，指针随即变为手形，如图 10.18 所示。

图 10.17　用做新状态上的交换图像的图像

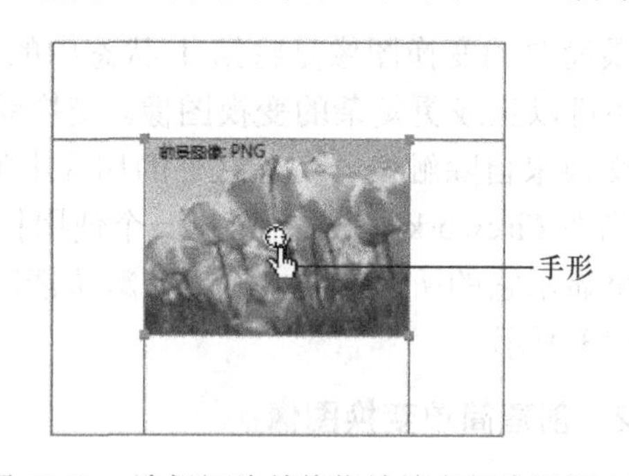

图 10.18　选择切片并将指针放在行为手柄上方

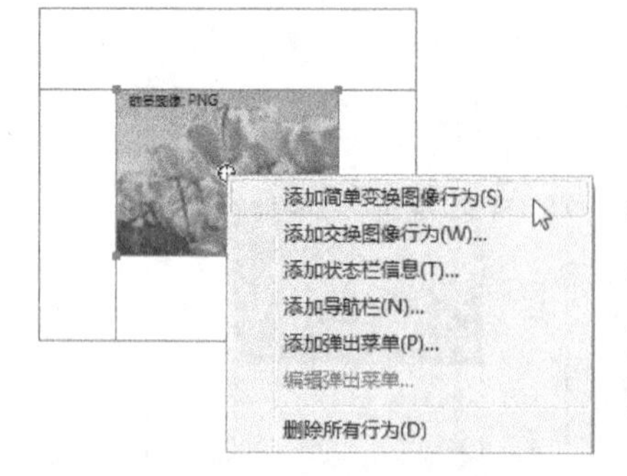

图 10.19　从弹出菜单中选择“添加简单变换图像行为”选项

（7）单击行为手柄，并从弹出菜单中选择“添加简单变换图像行为”选项，如图 10.19 所示。

（8）单击“预览”选项卡 预览 预览并测试简单变换图像，或者按【F12】键在浏览器中预览它。例如，选择单击“预览”选项卡进行测试，开始时显示原始图像，如图 10.20（a）所示，当指针移至图像上方时发生简单变换图像行为，如图 10.20（b）所示。

3．创建不相交变换图像

当指针在一个网页对象上方滑动时，不相交变换图像交换另一个网页对象下方的图像，即当指针滑过（或单击）一个触发器图像时，作为响应会在网页的另一个位置中出现一个图像。

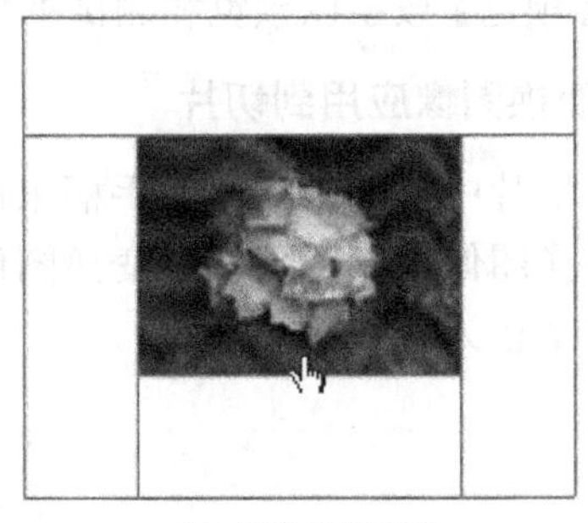

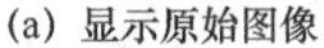

(a) 显示原始图像　　　　(b) 简单变换图像

图 10.20　发生简单变换图像行为

注意：不相交变换图像的触发器不一定必须是切片，热点和按钮也具有可用于创建不相交变换图像的行为手柄。

创建不相交变换图像的操作方法如下。

（1）创建、粘贴或导入一幅图像（原始图像）作为触发器图像，且确保该触发器图像不在共享层上。

（2）选择【编辑】→【插入】→【矩形切片】或【热点】，将切片或热点附加到触发器图像。

（3）单击“状态”面板中的【新建/重制状态】按钮，创建一个新状态。

（4）在新状态中，在画布上的所需位置再放置一个用于目标的图像，可以将该图像放在除在步骤（2）创建的切片下方以外的任何位置。

（5）选择该图像，然后选择【编辑】→【插入】→【矩形切片】，将切片附加到图像上。

（6）在“状态”面板中选择“状态 1”，返回到包含原始图像的状态。

（7）选择覆盖触发器区域（原始图像）的切片或热点，然后将指针放在行为手柄上，指针随即变为手形。

（8）将触发器切片或热点的行为手柄拖到在步骤（5）中创建的目标切片上，将会出现一条从触发器中心延伸到目标切片左上角的行为线，同时打开“交换图像”对话框，如图 10.21 所示。

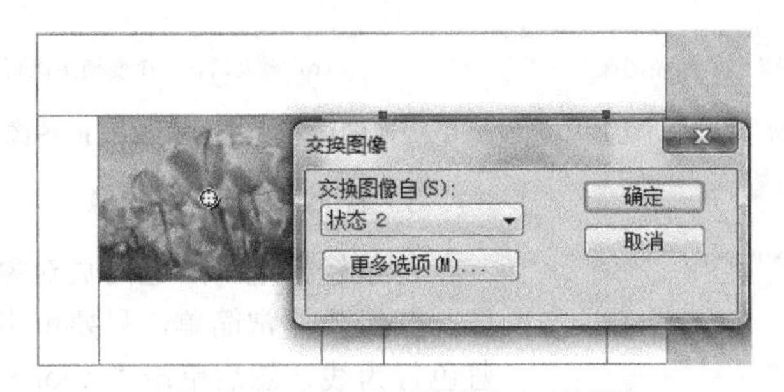

图 10.21　打开“交换图像”对话框

（9）从“交换图像自”弹出菜单中，选择在步骤（3）中创建的状态，然后单击【确定】按钮。

（10）单击【预览】按钮以预览和测试不相交变换图像。预览测试效果如图 10.22 所示。

4．将多个变换图像应用到切片

可以从单个切片中拖动多个行为手柄来创建多个变换图像行为。例如，可以从同一切片中触发一个变换图像和一个不相交变换图像，如图 10.23 所示。当然，也可以使用“行为”面板添加多个行为。

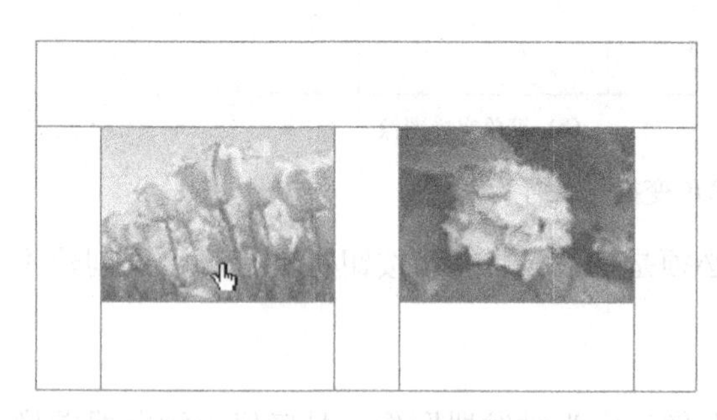

图 10.22 预览测试效果

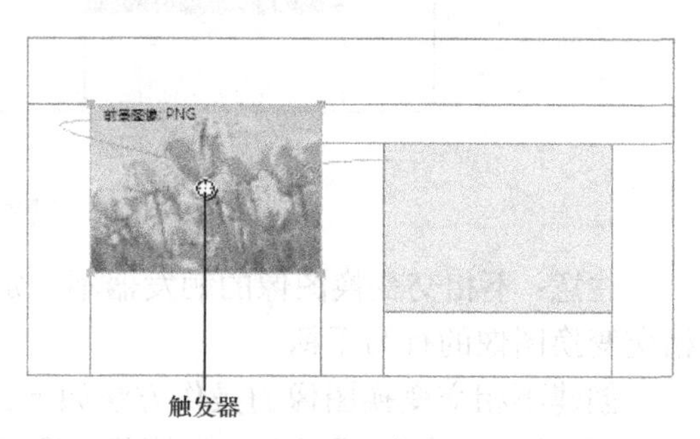

图 10.23 从同一切片中触发一个变换图像和一个不相交变换图像

将多个变换图像应用到所选切片的操作方法如下。

（1）将行为手柄从所选切片拖到同一切片的边缘或其他切片上。将手柄拖到同一切片的边缘时可创建一个变换图像，将手柄拖到其他切片上可创建不相交变换图像。

（2）选择交换图像的状态，然后单击【确定】按钮。

（3）根据需要，重复执行步骤（1）和（2）可以创建多个变换图像。

例如，从同一切片中触发一个变换图像和一个不相交变换图像，效果如图 10.24 所示。

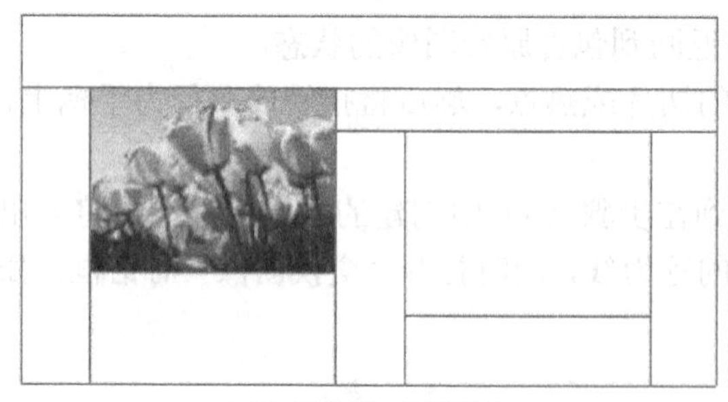

（a）触发前，原始图像

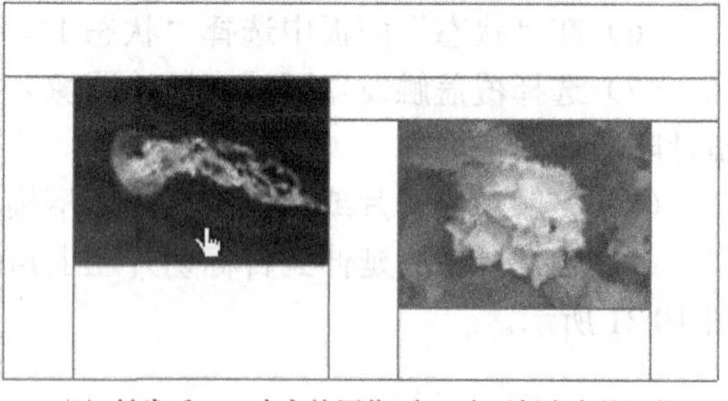

（b）触发后，一个变换图像h和一个不相交变换图像

图 10.24 从同一切片中触发一个变换图像和一个不相交变换图像的效果

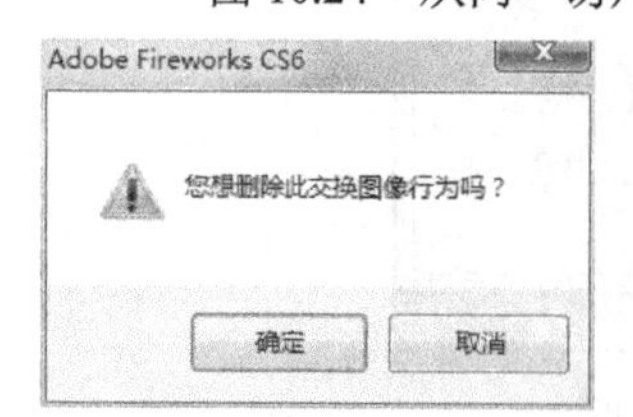

图 10.25 “Adobe Fireworks CS6”提示框

5．删除拖放变换图像

可以轻松地从所选网页对象中删除拖放变换图像，其操作非常简单，只要单击要删除变换图像的蓝色行为线，然后单击“Adobe Fireworks CS6”提示框中的【确定】按钮，如图 10.25 所示。

10.2.2　向切片添加交互效果

除变换图像以外，还可以使用“行为”面板向切片中附加其他类型的交互效果，可以通过编辑现有行为来创建自定义交互。

Adobe Fireworks CS6 中提供了下列行为。

- “简单变换图像”：通过将状态 1 用于“弹起”状态、将状态 2 用于“滑过”状态来向所选切片添加变换图像行为。选择此行为后，要使用同一切片在状态 2 中创建一个图像以创建“滑过”状态。“简单变换图像”选项实际上是包含“交换图像”和“恢复交换图像”行为的行为组。
- “交换图像”：使用另一个状态的内容或外部文件的内容来替换指定切片下面的图像。
- “恢复交换图像”：将目标对象恢复为它在状态 1 中的默认外观。
- “设置导航栏图像”：将切片设置为 Fireworks CS6 导航栏的一部分，作为导航栏一部分的每个切片都必须具有此行为。“设置导航栏图像”选项实际上是包含“滑过导航栏”、“按下导航栏”和“恢复导航栏”等行为的行为组。当使用元件编辑器（结合属性检查器）创建一个包含“包括按下时滑过”状态或“载入时显示按下图像”状态的按钮时，在默认情况下自动为用户设置此行为。当创建两种状态的按钮时，会为其切片指定简单变换图像行为。当创建 3 种或 4 种状态的按钮时，会为其切片指定“设置导航栏图像”行为。
- “滑过导航栏”：为作为导航栏一部分的当前所选切片指定“滑过”状态，还可根据需要指定“预先载入图像”状态和“包括按下时滑过”状态。
- “按下导航栏”：为作为导航栏一部分的当前所选切片指定“按下”状态，并根据需要指定“预先载入图像”状态。
- “恢复导航栏”：将导航栏中的所有其他切片恢复到它们的“弹起”状态。
- “设置弹出菜单”：将弹出菜单附加到切片或热点上。当应用弹出菜单行为时，可以使用“弹出菜单编辑器”。
- “设置状态栏文本”：使用户能够定义在大多数浏览器窗口底部的状态栏中显示的文本。

1．附加行为

使用“行为”面板，可以向切片附加行为，并且可以附加多个行为。使用“行为”面板向所选切片附加行为的操作方法如下。

（1）单击“行为”面板中的【添加行为】按钮，如图 10.26 所示。

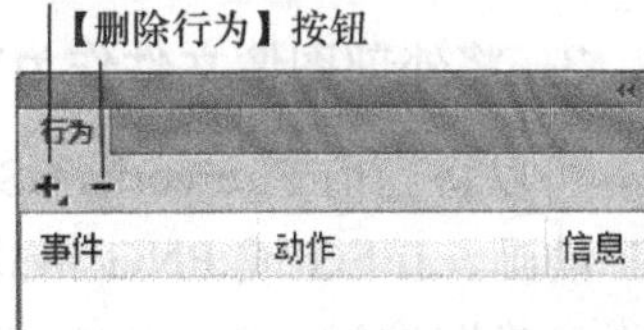

图 10.26　“行为”面板中的【添加行为】按钮

（2）在弹出菜单中选择一个行为，如图 10.27 所示。

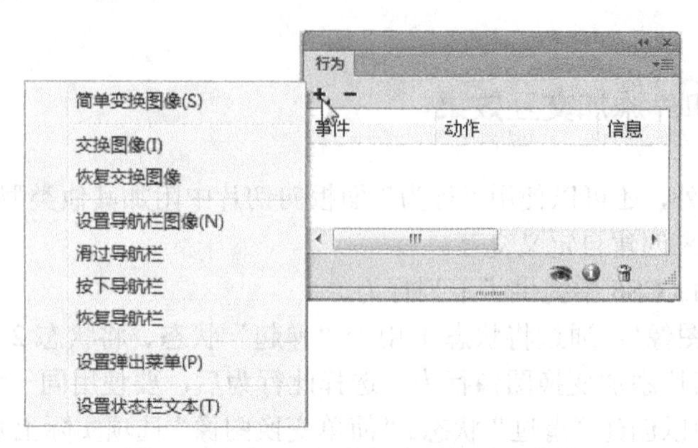

图 10.27 【添加行为】按钮的弹出菜单

2. 编辑行为

使用“行为”面板还能够对现有行为进行编辑，可以指定触发该行为的鼠标事件类型（如 onClick）。

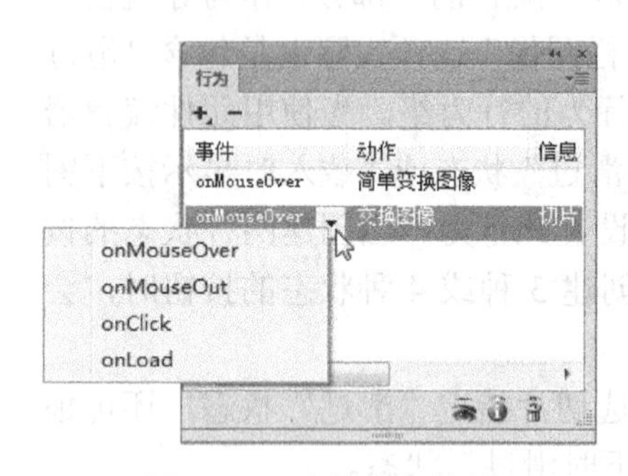

图 10.28 事件弹出菜单

注意：不能更改“简单变换图像”和“设置导航栏图像”事件。

若要更改激活行为的鼠标事件，则要执行如下操作。

（1）选择包含要修改行为的触发器切片或热点，此时与该切片或热点关联的所有行为都显示在“行为”面板中。

（2）选择要编辑的行为。

（3）单击事件旁边的箭头，然后从弹出菜单中选择一个新事件，如图 10.28 所示。

- “onMouseOver”——在指针滑过触发器区域时触发行为。
- “onMouseOut”——在指针离开触发器区域时触发行为。
- “onClick”——在单击触发器对象时触发行为。
- “onLoad”——在载入网页时触发行为。

3. 将外部图像文件作为交换图像的来源

可以将当前 Fireworks CS6 文档外部的图像用于交换图像的来源，源图像可以是 GIF、GIF 动画、JPEG 或 PNG 格式。如果选择将外部文件作为图像源，那么在 Web 浏览器中触发交换图像时，Fireworks CS6 会将该文件与目标切片相交换。

该图像文件的宽度和高度必须与它交换到的切片相同，若不相同，则浏览器将调整该图像文件的大小使之适合切片对象。调整图像文件大小时可能会降低图像文件质量，尤其是 GIF 动画的质量。

若要将外部图像文件作为交换图像的来源，则执行以下操作。

（1）在“交换图像”、“滑过导航栏”或“按下导航栏”对话框中，选择“图像文件”，然后单击文件夹图标。

（2）导航到要使用的文件，然后单击【打开】按钮。

（3）当需要时，请取消选择“预先载入图像”（如果外部文件是 GIF 动画）。因为预缓存可能妨碍将 GIF 动画显示为变换图像状态，为了避免此问题，请在设置变换图像时取消选择“预先载入图像”。

注意：若打算导出文件以便在网页上使用，则要确保能够从导出的 Fireworks HTML 中访问所使用的外部图像文件。Fireworks CS6 可以创建图像文件的文档相关路径，首先将外部文件放在用户的本地站点，然后在 Fireworks CS6 中将其用于交换图像。将文件上传时，要确保同时上传该外部图像文件。

10.3　设置切片属性以供导出

使用属性检查器，可以通过向切片指定链接和目标框架来使它们具有交互效果；还可以指定在图像正在载入时浏览器中显示的替换文本；此外，还可选择一种导出文件“格式”来优化所选切片。属性检查器中的切片属性如图 10.29 所示。

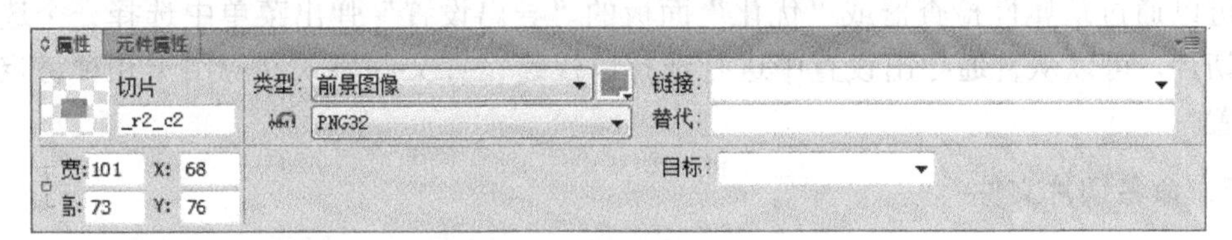

图 10.29　属性检查器中的切片属性

使用属性检查器或“图层”面板，可以为切片提供唯一的名称。Fireworks CS6 使用用户指定的名称来命名在导出时从切片生成的文件。若未在属性检查器或“图层”面板中输入切片名称，则 Fireworks CS6 将在导出时自动命名切片。可通过选择【文件】→【HTML 设置】来更改 Fireworks CS6 使用的自动命名惯例。

Fireworks CS6 将经过切片的 Fireworks CS6 文档导出为一个 HTML 文件和一系列图形文件，可以使用“HTML 设置”对话框定义导出的 HTML 文件属性。

1．指定 URL

URL 是因特网上特定网页或文件的地址。为切片指定 URL 后，便可以通过在其 Web 浏览器中单击切片所定义的区域来导航到该地址。

为所选切片指定 URL 的方法为：在属性检查器的“链接”文本框中输入一个 URL。

2．输入替代文本

从网页下载图像时，替代文本出现在图像占位符上；替代文本还替代不能下载的图像。在某些较新版本的浏览器中，该文本还出现在指针旁边用作工具提示。

输入简短而有意义的替代文本在网页设计中已经变得越来越重要。例如，许多视觉障碍人士在使用屏幕朗读应用程序，那么当指针经过网页上的图像时，该应用程序将替代文本转换为计算机生成的语音。

若要为所选切片或热点指定替代文本，则在属性检查器的"替代"文本框中输入文本。

3．指定目标窗口

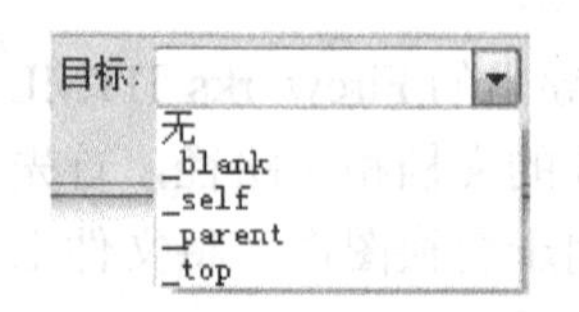

图 10.30 "目标"弹出菜单

可以在属性检查器中为所选切片指定目标窗口，在其中可以打开链接文档的替换网页框架或 Web 浏览器窗口。

在属性检查器中，为所选切片或热点指定目标窗口的操作方法：在"目标"文本框中输入 HTML 框架的名称或从"目标"弹出菜单中选择一个保留目标，如图 10.30 所示。

- "_blank"——将链接文档加载到一个新的未命名浏览器窗口中。
- "_self"——将链接文档加载到链接所在的框架或窗口中。此目标窗口是隐含的，因此通常不用指定它。
- "_parent"——将链接文档加载到包含该链接的框架的父框架集或窗口中。若包含该链接的框架不是嵌套的，则将链接文档加载到整个浏览器窗口。
- "_top"——将链接文档加载到整个浏览器窗口，从而删除所有框架。

4．导出设置

可以通过从属性检查器或"优化"面板的"导出设置"弹出菜单中选择一个选项来优化切片，可以从普通导出设置中进行选择以快速设置文件格式并应用于几种特定格式的设置。

5．命名切片文件

Fireworks CS6 将每个状态上的每个部分都导出为单独的文件，而每个文件都会有一个名称。Fireworks CS6 在导出时自动对每个切片文件进行命名，也可以更改默认的自动命名，还可以为每个切片输入一个自定义名称。

6．定义导出 HTML 表的方式

切片定义了在导出 Fireworks CS6 文档以供在网页上使用时，HTML 表结构的显示方式。

将一个经过切片的 Fireworks CS6 文档导出到 HTML 中时，文档将使用 HTML 表重新装配。Fireworks CS6 文档中的每个切片元素都驻留在一个表格单元格中。导出后，Fireworks CS6 切片就转换到 HTML 中的表格单元格中。

可以指定在浏览器中重建 Fireworks CS6 表的方式。除了其他选项以外，还可以选择在导出到 HTML 中时，是使用间隔符还是使用嵌套表格。

- 间隔符是指在浏览器中查看表格单元格时，有助于表格单元格正确对齐的图像。
- 嵌套表格是指表格内的表格。嵌套表格不使用间隔符，它们在浏览器中的加载速度可能更慢，但由于没有间隔符，编辑其 HTML 也会更加容易。

若要定义 Fireworks CS6 如何导出 HTML 表，则执行如下操作。

（1）选择【文件】→【HTML 设置】，或者单击"导出"对话框中的【选项】按钮 选项(O)... 。打开"HTML 设置"对话框。

（2）单击“表格”选项卡，如图 10.31 所示。

图 10.31 “HTML 设置”对话框中的“表格”选项卡

（3）从“间距”弹出菜单中选择一个间距选项。

（4）为 HTML 切片选择单元格颜色。若要使单元格的背景色与文档画布的背景色相同，则选择“使用画布颜色”；若要另选一种颜色，则取消选择“使用画布颜色”，然后从“单元格颜色”弹出窗口中选择一种颜色。

注意：若从“单元格颜色”弹出窗口中选择一种颜色，则该颜色仅适用于 HTML 切片；图像切片继续使用画布颜色。

（5）从“内容”弹出菜单中选择要在空单元格中放置的内容。

注意：只有在导出期间取消选择“导出”对话框中的“包括无切片区域”时，才会出现空单元格。

（6）单击【确定】按钮。

注意：可以为每个文档中的切片对象指定唯一的表格导出设置；或者可以单击“HTML 设置”对话框的“文档特定信息”选项卡上的【设为默认值】按钮，将默认设置应用于所有新文档。

10.4 使用热点和图像映射

所谓图像映射是指将图像区域链接到 URL，可以在图像中设置多个链接区域（称为图像映射区域），这些区域可以与文本文件、其他图像、音频、视频或多媒体文件、本站点的其他页或其他 Web 站点链接。在 Fireworks CS6 中，可以使用热点来使较大图像中的各个小部分产生交互，并将网页图像区域链接到 URL，通过从包含热点的文档中导出 HTML，创建图像映射。例如，使用“多边形热点”工具，沿着某城市规划道路单击绘制热点区域，绘制热点区域后，使用属性检查器为热点指定 URL、替代文本、目标窗口和

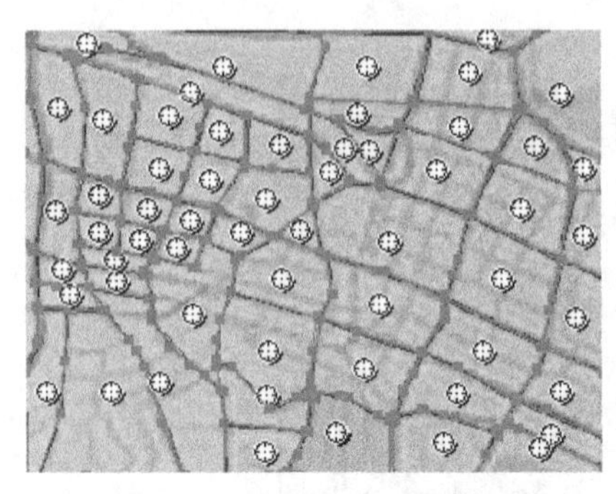
图 10.32　包含热点的图像映射

自定义名称，然后从中导出 HTML，创建图像映射，如图 10.32 所示。

热点和图像映射通常要比切片图像要求的资源少。对于 Web 浏览器来说，切片要求的资源比较多，因为它们必须下载附加的 HTML 代码，并且需要重新装配切片图像所需的处理软件。

10.4.1　创建热点

在源图像中标出可作为导航点的区域后，就可以创建热点，然后为它们指定 URL、替代文本、目标窗口和自定义名称。创建热点的方法有以下两种。

方法 1：使用“矩形热点”工具、“圆形热点”工具或“多边形热点”工具在图像的目标区域周围绘制热点。

方法 2：选择一个对象，然后选择【编辑】→【插入】→【热点】，在该对象上插入热点。

热点不必总是矩形或圆形的，还可以创建由多个点组成的多边形热点。若是处理复杂的图像，则要使用多边形热点。

1．创建矩形或圆形热点的操作方法

（1）从工具面板的“Web”部分选择“矩形热点”工具或“圆形热点”工具，如图 10.33 所示。

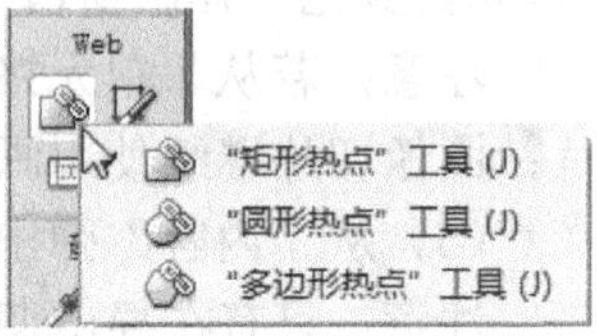

图 10.33　工具面板“Web”部分的热点工具

（2）拖动热点工具，在图像的某个区域上绘制热点。按住【Alt】键可从中心点开始绘制。

注意：可以在拖动已绘制热点的同时调整热点的位置。

方法是：在按住鼠标左键的同时，按住空格键，然后将热点拖到画布上的另一个位置。释放空格键可继续绘制热点。

2．创建不规则形状热点的操作方法

（1）选择“多边形热点”工具。

（2）单击已放置的矢量点，这与使用“钢笔”工具绘制直线线段很类似。不管路径是断开的还是封闭的，填充都将定义热点区域。

3．通过跟踪一个或多个选定对象来创建热点的操作方法

（1）选择【编辑】→【插入】→【热点】。若已选择多个对象，则会显示一个“Fireworks”提示框，提示并询问用户是要创建覆盖所有对象的一个热点，还是要创建多个热点，即每个对象对应一个热点，如图 10.34 所示。

（2）单击【单一】按钮或【多重】按钮，网页层中将显示新的热点。例如，选择了 3 个对象，单击【多重】后，网页层将显示 3 个新的热点，如图 10.35 所示。

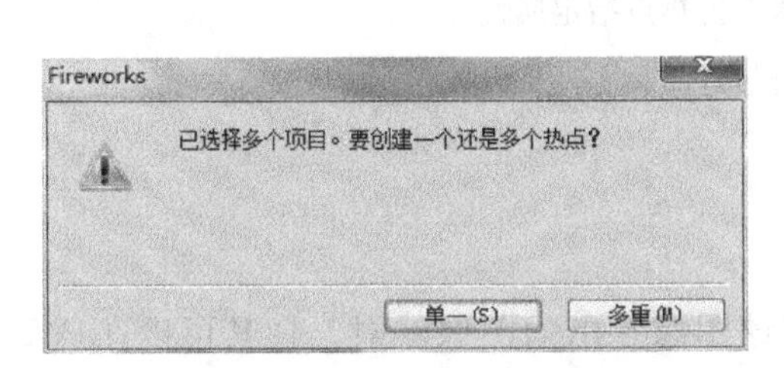

图 10.34 “Fireworks”提示框

图 10.35 新创建的热点在网页层中显示

10.4.2 编辑热点

热点是网页对象，并且同其他许多对象一样，可以使用“指针”工具、“部分选定”工具和“变形”工具对其进行编辑。也可以使用属性检查器或“信息”面板，以数字方式更改热点的位置和大小，还可以使用属性检查器更改热点的形状。

图 10.36 属性检查器中的热点“形状”弹出菜单

若要将所选热点转换为矩形热点、圆形热点或多边形热点，则在属性检查器的热点“形状”弹出菜单中选择“矩形”、“圆形”或“多边形”，如图 10.36 所示。

例如，所选热点为一多边形热点，如图 10.37（a）所示；在属性检查器的热点“形状”弹出菜单中选择“矩形”，所选多边形热点则转换为矩形热点，如图 10.37（b）所示；在属性检查器的热点“形状”弹出菜单中选择“圆形”，所选热点（已为矩形热点）转换为圆形热点，如图 10.37（c）所示;，在属性检查器的热点“形状”弹出菜单中选择“多边形”，所选热点（已为圆形热点）转换为多边形热点，如图 10.37（d）所示。

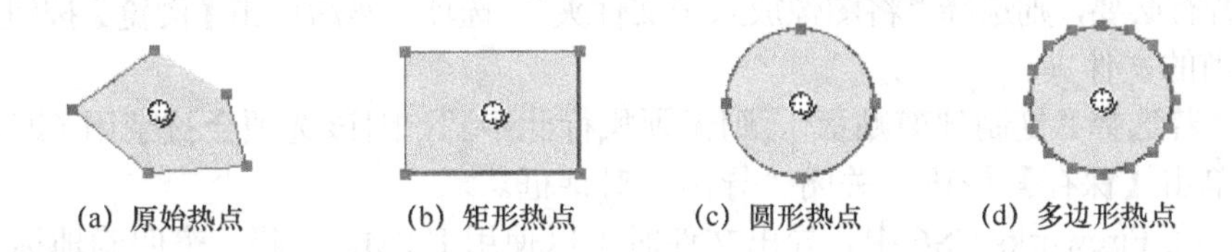

(a) 原始热点　(b) 矩形热点　(c) 圆形热点　(d) 多边形热点

图 10.37 编辑热点

10.4.3 设置热点属性

使用属性检查器可以为热点指定 URL、替代文本、目标窗口和自定义名称，如图 10.38 所示。

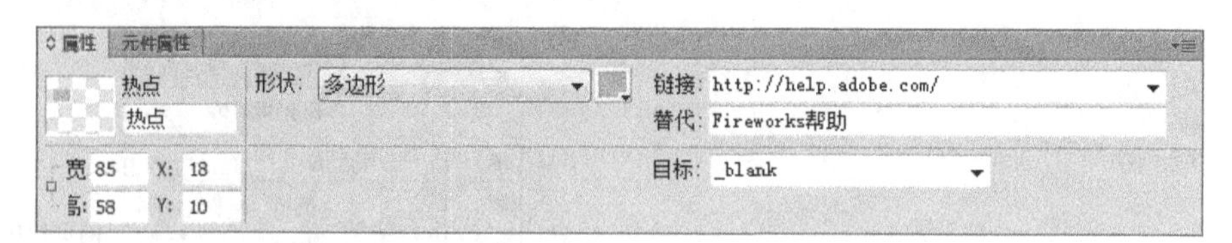

图 10.38　在属性检查器中为热点指定属性

指定热点属性的方法与指定切片属性的方法类似，这里不再赘述。

10.4.4　创建图像映射

在所需图像上插入几个热点之后，必须将该图像导出为图像映射，使其可以在 Web 浏览器中运行。导出图像映射时，将生成包含有关热点及相应 URL 链接的映射信息的图像和 HTML。

注意：在 Fireworks CS6 中，导出时只产生客户端图像映射。

除了可以导出之外，还可以将图像映射复制到剪贴板中，然后将其粘贴到 Dreamweaver 或其他 HTML 编辑器中。

导出图像映射或将其复制到剪贴板中的操作方法如下。

（1）对图像进行优化，以使其做好导出准备。

（2）选择【文件】→【导出】。

（3）若要导出图像（而不是将其复制到剪贴板中），则导航到要放置 HTML 文件的文件夹，并为该文件命名。若已经为网站生成了一个本地文件结构，则可以将图像保存到本地站点的适当文件夹中。

（4）在“导出类型”弹出菜单中，选择【HTML 和图像】。

（5）从“HTML”弹出菜单中选择一个选项。

- “导出 HTML 文件”：生成所需的 HTML 文件和相应的图像文件，以后可以将这些文件导入到 Dreamweaver 或其他 HTML 编辑器中。
- “复制到剪贴板”：将所有必需的 HTML（若文档经过切片，则包括表格）复制到剪贴板中，以便以后可以将其粘贴到 Dreamweaver 或其他 HTML 编辑器中。

（6）从“切片”弹出菜单中选择一个选项，只有在文档不包含切片时才选择“无”。

（7）若有必要，则选择“将图像放入子文件夹” 选项，然后单击【浏览】按钮 浏览(B)...，浏览到适当的文件夹。

注意：若选择“复制到剪贴板”，则无须执行此步骤，因该选项会被禁用（即不可用）。

（8）单击【保存】按钮，关闭“导出”对话框。

提示：在 Fireworks CS6 中，导出文件时可以使用 HTML 注释，来明确地标记所创建的图像映射和其他网页功能代码的开头和结尾。在默认情况下，HTML 注释不包括在代码中。若要在代码中包括注释，则在“HTML 设置”对话框的“常规”选项卡中选择“包含 HTML 注释”。

10.4.5　使用热点创建变换图像

若目标区域是由切片定义的，则可以使用创建交互的拖放变换图像方法，轻松地向热点附加不相交的变换图像效果。将变换图像效果应用于热点的方式与将其应用于切片的方式是相同的。

注意：一个热点只能触发一个不相交的变换图像，它不能是来自其他热点或切片的变换图像的目标。

10.4.6　在切片上使用热点

可以将热点放在切片上以触发一个动作或行为。若图像很大，而用户又只想将其中很小一部分作为某个动作的触发器，则可能要进行此操作。

例如，使用的大图像上可能包含一小部分文本，而用户恰恰只希望用该文本来触发一个动作或行为（如变换图像效果）。这时用户可以将一个切片放在图像上，然后在文本上放置一个热点，这样只要滑过文本即可触发变换图像效果，但在发生变换图像效果时，切片下的整个图像都会被交换出去，如图 10.39 所示。

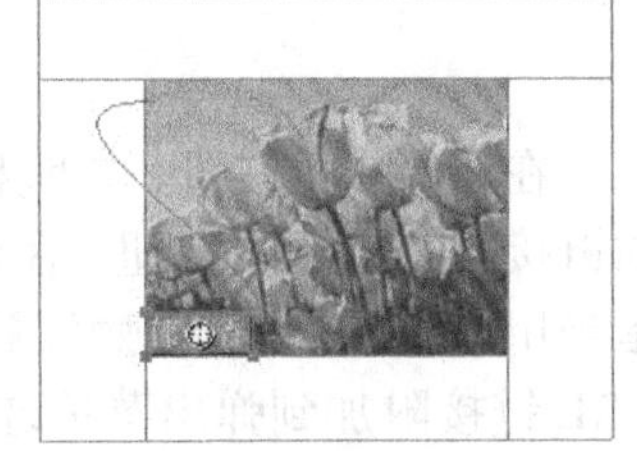

图 10.39　将热点放在切片上以触发一个动作或行为

注意：应避免创建覆盖多个切片的热点，否则可能会产生无法预料的行为。

在切片上使用热点创建变换图像效果的操作方法如下。

（1）在要交换出去的图像上插入一个切片，然后在切片上插入一个小热点。

（2）在“状态”面板中创建一个新状态（如状态 2），然后插入要交换的图像。请确保将其放在步骤（1）中插入的切片下方。

（3）将一条行为线从热点拖到包含要交换的图像的切片上，“交换图像”对话框打开。

（4）从“交换图像显示自”列表中，选择保存有变换的图像的状态（如状态 2），然后单击【确定】按钮。

10.5　本章软件使用技能要求

切片和热点是实现网页交互的基本要素。在 Fireworks CS6 中，二者功能不尽相同，但又彼此关联。通过本章的学习要掌握以下技能。

1．使用切片实现交互

使用切片可以创建简单变换图像，可以创建不相交变换图像；可以将多个变换图像应用到切片；可以使用“行为”面板向切片中添加其他类型的交互效果。

2．使用热点实现交互

使用热点可以创建图像映射，可以创建变换图像。

3．将切片和热点关联

在切片上使用热点，可以创建变换图像效果。

第 11 章

创建按钮、导航栏和弹出菜单

在网页中，按钮、导航栏和弹出菜单通常相互依存。导航栏是指提供到网站不同区域的链接的一组导航按钮。在通常情况下，所有网页的导航栏外观都是一样的。弹出菜单是指当用户将指针移到触发网页对象上或单击这些对象时，浏览器中将弹出的菜单，可以将URL 链接附加到弹出菜单选项，以便于导航。

11.1 创建按钮元件

按钮是网页的导航元素。在 Fireworks CS6 中，使用按钮元件编辑器结合属性检查器创建的按钮具有以下特点。

（1）几乎可以将任何图形、图像或文本对象制作成按钮。

（2）可以从头创建新按钮，也可以将现有对象转换为按钮，还可以导入已创建好的按钮。

（3）按钮是一种特殊类型的元件，可以将按钮元件实例从“文档库”面板拖到文档中，如此就可以在更改了单个按钮的图形外观后，自动更新导航栏中所有按钮元件实例的外观。

（4）可以在不影响同一按钮元件的其他实例，并在不断开元件和实例之间关系的前提下，编辑这个按钮元件实例的文本、URL 和目标。

（5）按钮元件实例是经过封装的，在文档中拖动按钮元件实例时，Fireworks CS6 会移动与之关联的所有组件和状态，因此不用进行多状态编辑。

（6）按钮易于编辑。双击画布上的实例后，就可以使用按钮元件编辑器结合属性检查器对其进行更改。

（7）同其他元件一样，按钮也有注册点。注册点即一个中心点，该中心点有助于在元件编辑器中将文本和不同的按钮状态对齐。

（8）在属性检查器中，当启用“9 切片缩放辅助线”后，在按钮元件编辑器中的被编辑按钮周围出现了数条辅助线，该辅助线有助于在按钮元件编辑器中将文本和不同的按钮状态对齐，如图 11.1 所示。

11.1.1 按钮的状态

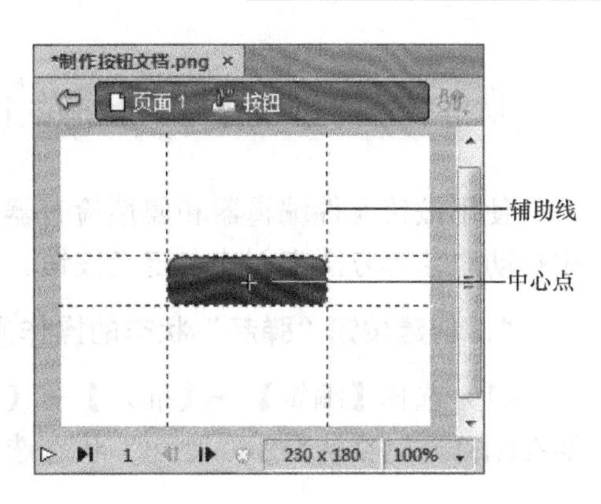

图 11.1 辅助线

按钮最多有 4 种不同的状态，每种状态都表示该按钮在响应鼠标事件时的外观。各种按钮状态的解释如下。

- “弹起”状态是指按钮的默认外观或静止时的外观，它是按钮的一般状态。
- “滑过”状态是指当指针滑过按钮时该按钮的外观，该状态的作用是提醒用户单击鼠标时很可能会引发一个动作。
- “按下”状态表示单击按钮后的按钮外观。按钮的凹下图像通常用于表示按钮已按下。该按钮状态通常在多按钮导航栏上表示当前网页。
- “按下时滑过”状态是指将指针滑过处于“按下”状态的按钮时该按钮的外观。该按钮状态通常表明指针正位于多按钮导航栏中当前网页的按钮上方。

利用按钮元件编辑器结合属性检查器，可以创建所有这些不同的按钮状态及用来触发按钮动作的区域。

11.1.2 使用按钮元件编辑器和属性检查器

使用按钮元件编辑器结合属性检查器，可以在 Fireworks CS6 中创建和编辑 JavaScript 按钮元件。按钮元件编辑器的下面是与之相应的属性检查器，当打开按钮元件编辑器后，属性检查器随即显示与之相应的信息，其中包括状态选项。在该选项下拉列表中有 5 个选项分别对应 4 种按钮状态和活动区域，打开每个选项，属性检查器随即显示与之相应的信息。属性检查器中还包括【导入按钮】按钮。按钮元件编辑器和属性检查器如图 11.2 所示。

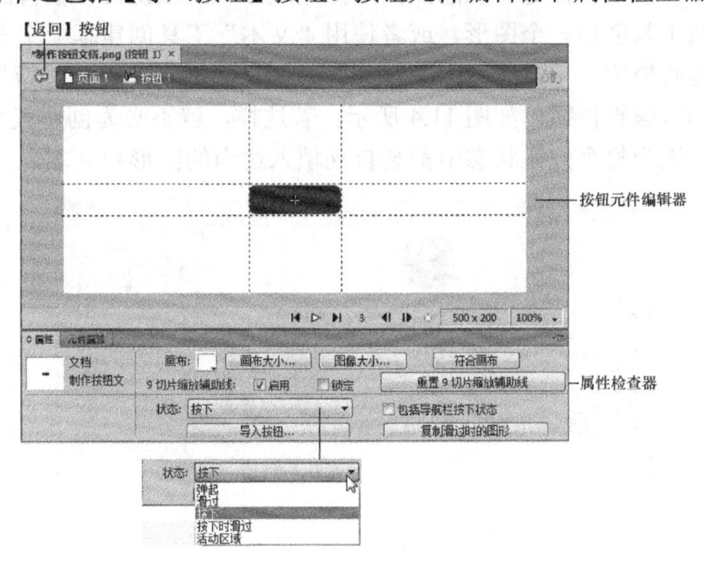

图 11.2 按钮元件编辑器和属性检查器

11.1.3 创建具有两种状态的简单按钮

使用按钮元件编辑器和属性检查器，可以通过绘制图形、导入图形图像或从文档窗口中拖动对象等方法来创建自定义按钮。

1. 创建按钮“弹起”状态的操作方法

（1）选择【编辑】→【插入】→【新建按钮】，打开按钮元件编辑器。按钮元件编辑器在刚打开时默认显示“弹起”状态选项，如图 11.3 所示。

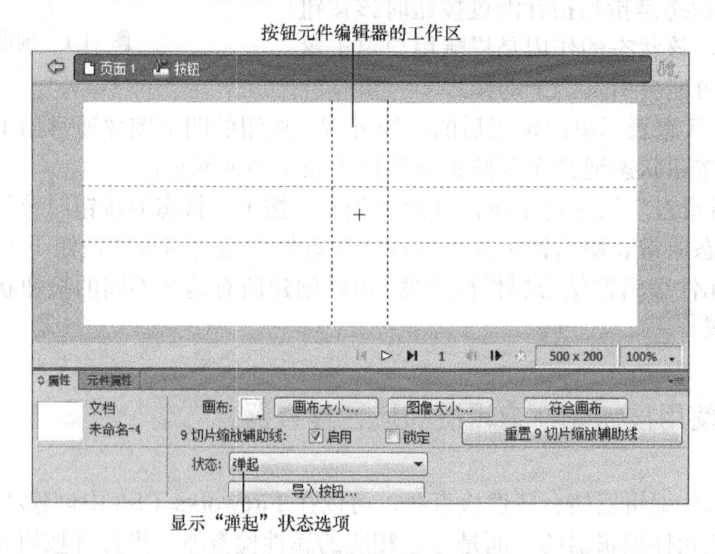

图 11.3　按钮元件编辑器在刚打开时显示“弹起”状态选项

（2）执行下列操作之一，可创建按钮“弹起”状态的图形。

- 将要显示为按钮“弹起”状态的图形拖到或导入到按钮元件编辑器的工作区。
- 使用绘图工具创建一个图形，或者使用“文本”工具创建基于文本的图形。
- 在属性检查器中，单击【导入】按钮，然后从“导入元件：按钮”窗口中选择一个现成的可编辑按钮，如图 11.4 所示。若这样，就不必为创建其余的按钮状态而费心了，因为每个按钮状态中都会自动填入适当的图形和文本。

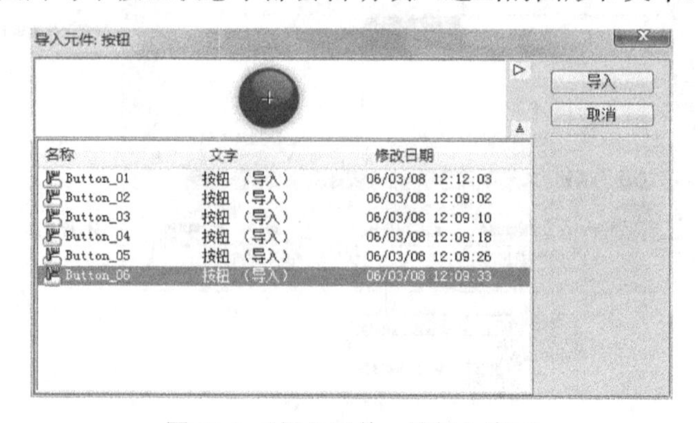

图 11.4 “导入元件：按钮”窗口

（3）使用“文本”工具，创建按钮的文本（可选）。

2．创建按钮“滑过”状态的操作方法

（1）在按钮元件编辑器打开情况下，在属性检查器中选择“滑过”选项。

（2）执行下列操作之一，以创建按钮的“滑过”状态图形。

- 单击【复制弹起时的图形】按钮，可将“弹起”状态图形的一个副本粘贴到“滑过”窗口中，然后对其外观进行编辑、更改。
- 拖放、导入或绘制图形。

11.1.4 创建具有 3 种或 4 种状态的按钮

在创建按钮时，除了“弹起”状态和“滑过”状态之外，用户还可能要创建“按下”状态和“按下时滑过”状态，这些状态为网页浏览者提供了额外的可视化提示。

可以使用包含两种状态或 3 种状态的按钮创建导航栏，但只有包含所有 4 种状态的按钮才能够真正作为 Fireworks CS6 中的导航栏按钮。Fireworks CS6 包括几种导航栏行为，使得各个按钮之间似乎是相互关联的。例如，可以创建类似于老式车载收音机按钮的导航栏按钮，当单击某个按钮时，该按钮将保持按下状态，直至单击另一个按钮为止。

11.1.3 节介绍了创建按钮的“弹起”状态和“滑过”状态，接下来介绍创建按钮的“按下”状态和“按下时滑过”状态。

1．创建按钮“按下”状态的操作方法

（1）当在按钮元件编辑器中打开一个包含两种状态的按钮时，在属性检查器中选择“按下”选项。

（2）单击【复制滑过时的图形】按钮，可将“滑过”状态按钮的一个副本粘贴到“按下”窗口中，然后对其外观进行编辑、更改；或者拖放、导入或绘制图形。

注意：在为“按下”状态插入或创建图形时，Fireworks CS6 会自动选择“包括导航栏按下状态”选项，如图 11.5 所示，此按钮状态适用于导航栏中的按钮。

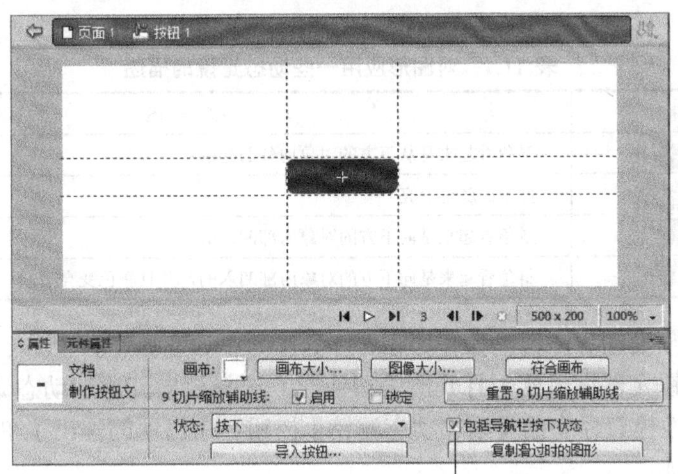

图 11.5 “按下”状态

2．创建按钮“按下时滑过”状态的操作方法

（1）当在按钮元件编辑器中打开一个包含 3 种状态的按钮时，在属性检查器中选择“按下时滑过”选项。

（2）单击【复制按下时的图形】按钮，可将“按下”状态图形的一个副本粘贴到“按下时滑过”窗口中，然后对其外观进行编辑、更改；或者拖放、导入或绘制图形。

注意：在为“按下时滑过”状态插入或创建图形时，Fireworks CS6 会自动选择“包括导航栏按下后滑过状态”选项，如图 11.6 所示，此按钮状态适用于导航栏中的按钮。

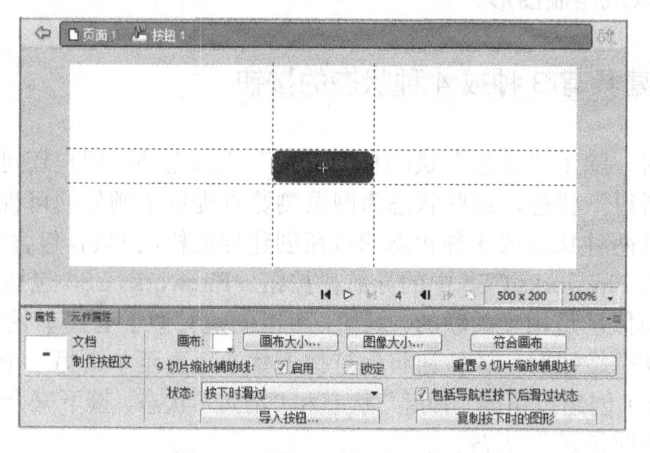

图 11.6 “按下时滑过”状态

11.1.5 使用动态滤镜创建按钮状态

在创建按钮状态的图形时，可以应用预设的动态滤镜来创建每种状态的外观。例如，若要创建包含 4 种状态的按钮，则可以对“弹起”状态图形应用“凸起”效果，对“滑过”状态图形应用“高亮显示”效果等。

在 Fireworks CS6 中，预设的动态滤镜很多。对图形应用一些动态滤镜的描述如表 11.1 所示。

表 11.1 对图形应用一些动态滤镜的描述

按钮预设效果	描述
凸起	斜角看起来是从下方的对象向外凸起的
高亮显示	按钮的颜色变亮
凹入	斜角看起来是向下方的对象内部凹入的
反转	斜角看起来是向下方的对象内部凹入的，并且颜色变亮

对按钮应用预设动态滤镜的操作方法如下。

（1）当在按钮元件编辑器中打开所需按钮时，选择要向其添加动态滤镜的图形。

（2）单击属性检查器中的【添加动态滤镜】按钮，在出现的弹出菜单中，选择一种按钮预设滤镜，例如：

- 选择【斜角和浮雕】→【内斜角】。

- 选择【斜角和浮雕】→【凸起浮雕】。
- 选择【斜角和浮雕】→【凹入浮雕】。
- 选择【斜角和浮雕】→【外斜角】。
- 选择【阴影和光晕】→【光晕】。
- 选择【阴影和光晕】→【内侧光晕】。
- 选择【阴影和光晕】→【内侧阴影】。
- 选择【阴影和光晕】→【投影】。
- 选择【阴影和光晕】→【纯色阴影】。

（3）循环操作步骤（1）和（2），为每种状态提供一种不同的按钮预设滤镜。

11.1.6　将 Fireworks CS6 变换图像转换为按钮元件

可以利用在 Fireworks CS6 中创建的变换图像来创建按钮元件，其操作方法如下。

（1）删除覆盖变换图像的切片或热点。

（2）从“状态”面板的“洋葱皮”弹出菜单上选择“显示所有状态”，如图 11.7 所示。

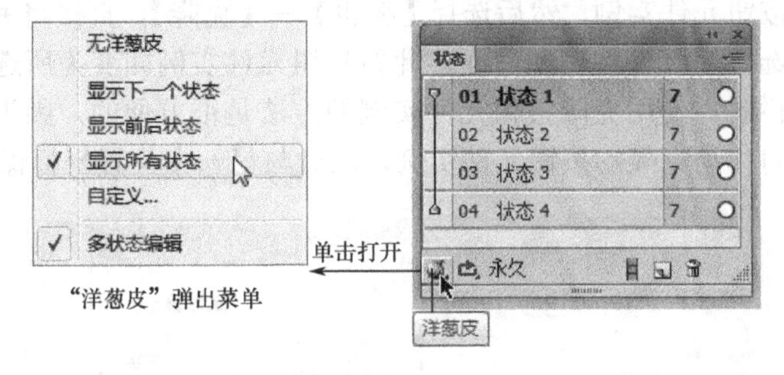

图 11.7 “状态”面板及“洋葱皮”弹出菜单

（3）选择包括在按钮元件中的所有对象。

提示：使用“选择后方对象”工具来选择隐藏在其他对象后面的对象。

（4）选择【修改】→【元件】→【转换为元件】，打开“转换为元件”对话框，如图 11.8 所示。

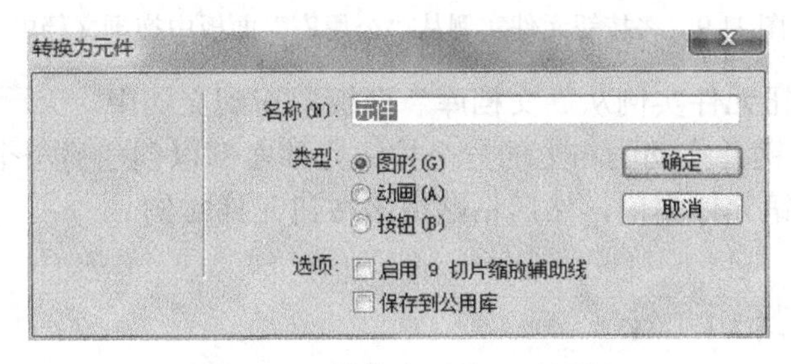

图 11.8 “转换为元件”对话框

（5）在“名称”文本框中输入按钮元件的名称。

（6）在“类型”中，选择“按钮”。

（7）在“选项”中，勾选“启用 9 切片缩放辅助线”，可启用该选项；勾选“保存到公用库”，可将该按钮元件保存到“公用库”面板中；在默认情况下，保存到“公用库”面板中的“自定义元件”文件夹下。

（8）单击【确定】按钮，新按钮随即被添加到“文档库”面板中。若勾选了“保存到公用库”选项，则新按钮元件同时被添加到“公用库”面板中。

说明：保存到“公用库”面板中的按钮元件可以随时被其他文档调用。

提示：还可以将包含 4 个状态的动画转换为按钮元件。只要选择所有这 4 个状态的对象，每个对象就处于各自的按钮元件状态中了。

11.1.7 将按钮元件实例放置到文档中

1. 在“公用库”面板中将按钮元件实例放置到文档中的操作方法

（1）打开“公用库”面板。

（2）用鼠标将按钮元件实例从“公用库”中拖到文档中，如图 11.9 所示。

2. 把更多按钮元件实例放置到文档中的操作方法（请执行下列操作之一）

- 选择一个按钮元件实例，然后选择【编辑】→【克隆】，直接将另一个按钮元件实例放在所选按钮元件实例的前面，此新按钮元件实例即变为所选对象。在创建对齐的导航栏时，使用克隆按钮元件实例的方法是很方便的，因为可以使用箭头键沿一个方向移动克隆的按钮元件实例，同时与另一个位置坐标保持对齐。

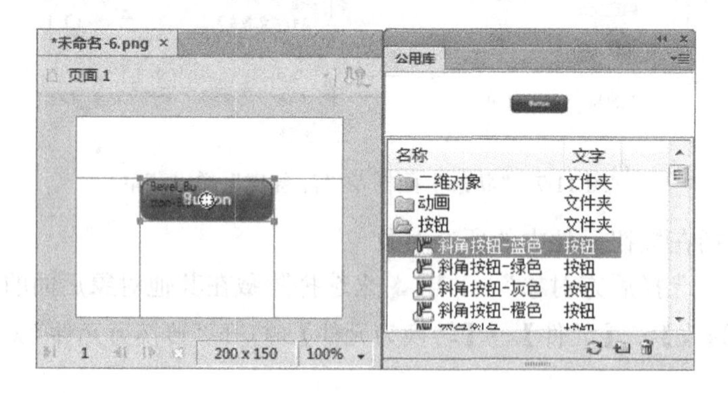

图 11.9　将按钮元件实例从“公用库”面板中拖到文档中

- 将另一个按钮元件实例从“文档库”面板中拖到文档中。
- 按住【Alt】键并拖动画布上的一个按钮元件实例以创建另一个按钮元件实例。
- 复制一个按钮元件实例，然后粘贴更多按钮元件实例。

11.1.8 导入按钮元件

在 Fireworks CS6 中，“公用库”面板中存放了许多系统自带的现成的种类繁多的可编辑按钮、动画、图形等不同类型的元件，可以应用于各个文档。而“文档库”面板中的元件是特定于文档的，如按钮元件就是特定于文档的。假如，用户已经打开了一个文档，并且在“文档库”面板中已经有一些元件，这时若用户再创建一个新文档，则该新文档中的“文档库”面板将是空的。但是，可以从另一个“文档库”面板中或另一个 Fireworks CS6 文档中将按钮元件导入新文档的“文档库”面板，并且方法有多种。

- 将按钮元件实例从其他 Fireworks CS6 文档拖到该文档中。该操作能够进行的前提条件是两个文档要同时打开（文档窗口不能开到最大化）。
- 将按钮元件实例从其他 Fireworks CS6 文档中剪切，并粘贴到该文档中。
- 从“公用库”面板中导入现成的按钮元件。
- 将按钮元件实例从其他 Fireworks CS6 文档中导出到“公用库”面板中，创建自定义元件，然后将按钮元件实例从“公用库”面板导入该文档。

导入和导出按钮元件的方法与导入和导出动画或图形元件一样。

11.1.9 编辑按钮元件

Fireworks CS6 按钮元件是一种特殊的元件。它们具有两种属性：当编辑元件的实例时，某些属性将在所有实例中发生更改，而其他属性则只影响当前实例。在按钮元件编辑器中可以编辑按钮元件。

1. 编辑元件级属性

所谓元件级属性是指在导航栏按钮元件实例中通常一致的属性，包括：

- 对图形外观（如笔触颜色和类型、填充颜色和类型、路径形状及图像）的改进。
- 应用于按钮元件中独立对象的动态滤镜、不透明度或混合模式。
- 活动区域的大小和位置。
- 核心按钮行为。
- 优化和导出设置。
- URL（也可用做实例级属性）。
- 替代文本。
- 目标（也可用作实例级属性）。

编辑元件级按钮属性的操作方法如下。

（1）双击工作区中的按钮元件实例，或者在“文档库”面板中双击按钮元件预览或按钮元件旁边的元件图标，以便在按钮元件编辑器中打开按钮元件，如图 11.10 所示。

（2）在按钮元件编辑器中更改按钮元件属性，然后单击位于工作区左上角的【返回】按钮，所做的更改将应用于按钮元件的所有实例。

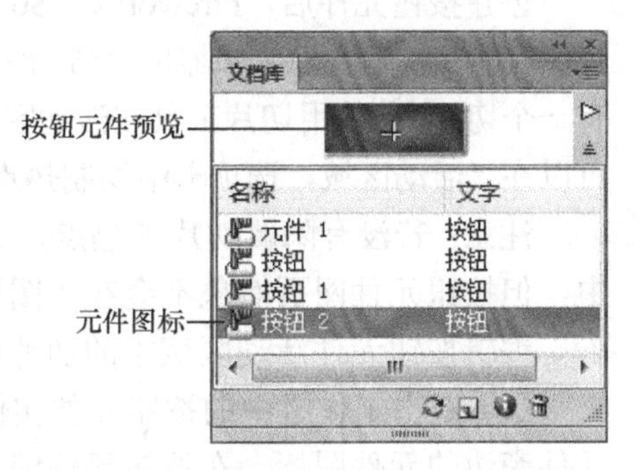

图 11.10　按钮元件预览和元件图标

2. 编辑实例级属性

选择单个按钮元件实例后，可以在属性检查器中编辑实例级属性。更改按钮元件实例的这些属性，不会影响该元件的关联元件或任何其他实例。在一系列按钮元件中，这些属性通常随按钮元件的不同而不同。这些属性如下。

- 按钮元件实例的对象名称，它出现在“图层”面板上，并用于在导出时为按钮元件实例命名导出的切片。
- 应用于整个按钮元件实例的动态滤镜、不透明度或混合模式。
- 文本字符和文本格式，如字体、字号、方向和颜色。
- URL（优先于以元件级属性形式存在的任何 URL）。
- 替代文本。
- 目标框架（优先于以元件级属性形式存在的任何目标）。
- 使用“行为”面板指定给按钮元件实例的其他行为。
- 导航栏内按钮元件实例的属性检查器中的“载入时显示按下状态”选项。

说明：在 Fireworks CS6 中，不用为导航栏内的每个按钮元件实例都选择“载入时显示按下状态”选项。“HTML 设置”对话框的“文档特定信息”选项卡中包含一个名为“导出多个文件 HTML 选项”的选项，当选择此选项后导出导航栏时，Fireworks CS6 会将每个 HTML 页面与相应按钮元件实例的“按下”状态一起导出。

编辑单个按钮元件实例的实例级属性的操作方法如下。

（1）在工作区中选择按钮元件实例。

（2）在属性检查器中设置属性。

11.1.10 设置交互按钮元件属性

使用 Fireworks CS6 可以控制按钮元件的交互元素，包括活动区域、URL、目标和替代文本。

1．修改按钮元件的活动区域

当用户将指针滑过按钮元件的活动区域或在 Web 浏览器中单击它时，按钮元件的活动区域将触发交互作用。活动区域是元件级属性，并且是按钮元件所独有的。

创建按钮元件后，Fireworks CS6 将自动创建一个足以包含所有按钮元件状态的特殊切片。只能在按钮元件编辑器的“活动区域”选项卡中编辑按钮元件切片，每个按钮元件只能有一个切片。若使用切片工具在活动区域中绘制切片，则新绘制的切片将会替换原来的切片。可以在“活动区域”选项卡中绘制热点对象，但只能在按钮元件编辑器中编辑这些热点。

注意：若没有隐藏切片和热点，则定义按钮元件活动区域的网页对象就会出现在文档中，但按钮元件网页对象不会在“图层”面板中列出，并且不能在工作区中编辑。

编辑按钮元件活动区域中的切片或热点的操作方法如下。

（1）双击工作区中的按钮元件实例，或在“文档库”面板中双击按钮元件预览或按钮元件旁边的元件图标，在按钮元件编辑器中打开按钮元件。

（2）在文档属性检查器中，选择“活动区域”选项，如图 11.11 所示，然后执行下列操作之一。

- 使用“指针”工具移动切片或更改切片形状，或者移动切片引导线。
- 使用任意一种切片或热点工具来绘制新的活动区域。

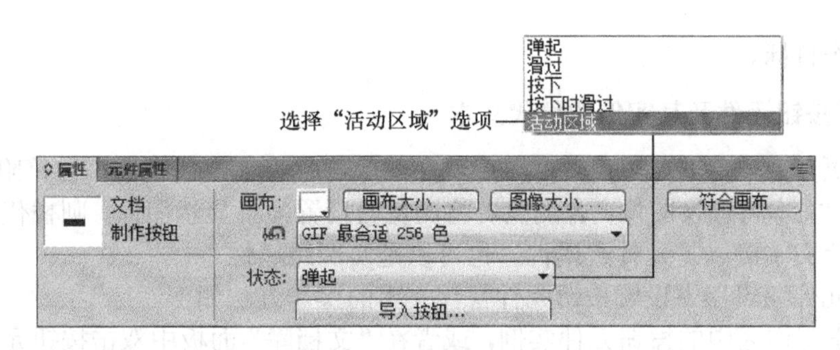

图 11.11　文档属性检查器

2. 设置按钮元件及其实例的 URL

URL 可以是元件级属性，也可以是实例级属性。可以在属性检查器或“URL”面板中将 URL 附加到所选按钮元件实例上。

也可以将 URL 附加到按钮元件上，以便使同一个 URL 出现在每个按钮元件实例的属性检查器的“链接”文本框中。在输入站点内的绝对 URL 时，这样做很有用；用户只要在每个按钮元件实例的属性检查器的“链接”文本框中输入 URL 的最后一部分，即可链接按钮元件实例。

在按钮元件编辑器中设置按钮元件 URL 的操作方法如下。

（1）双击工作区中的按钮元件实例，或在“文档库”面板中双击按钮元件预览或按钮元件旁边的元件图标，在按钮元件编辑器中打开按钮元件。

（2）在文档属性检查器中，选择“活动区域”选项。

（3）选择“活动区域”切片或热点，然后在属性检查器的“链接”文本框内输入 URL，或者从“URL”面板中选择一个 URL。

注意：更改按钮元件的 URL 不会更改该元件已指定了唯一 URL 的现有按钮元件实例的 URL。这也适用于对按钮元件的目标和替代文本所做的更改。

可以在属性检查器的“链接”文本框内输入 URL，或者从“URL”面板中选择一个 URL，设置工作区内所选按钮元件实例的 URL。

3. 设置按钮元件及其实例的目标

目标是指在单击某个按钮元件实例时用来显示目标网页的窗口或框架。若没有在属性检查器中输入目标，则网页将显示在与调用它的链接相同的窗口或框架中。目标可以是元件级属性，也可以是实例级属性。用户可以设置按钮元件的目标，以使该按钮元件的所有实例都具有相同的目标选项。

在按钮元件编辑器中设置按钮元件目标的操作方法如下。

（1）双击工作区中的按钮元件实例，或者在“文档库”面板中双击按钮元件预览或按钮元件旁边的元件图标，在按钮元件编辑器中打开按钮元件。

（2）在属性检查器中的“目标”弹出菜单中选择一个预设目标，或者在“目标”文本框中输入一个目标。

为工作区中的按钮元件实例设置目标的操作方法如下。

（1）在工作区中选择按钮元件实例。

（2）在属性检查器中的“目标”弹出菜单中选择一个预设目标，或者在“目标”文本框中输入一个目标。

4．设置按钮元件及其实例的替代文本

在从网页下载图像时，替代文本将出现在图像占位符上方或图像占位符附近；若下载失败，则替代文本将替换图像；若浏览者将浏览器设置为不显示图像，则替代文本也会替换图形。替代文本可以是元件级属性，也可以是实例级属性。

在按钮元件编辑器中设置按钮元件替代文本的操作方法如下。

（1）双击工作区中的按钮元件实例，或者在“文档库”面板中双击按钮元件预览或按钮元件旁边的元件图标，在按钮元件编辑器中打开按钮元件。

（2）在属性检查器中输入要在浏览器中显示为替代文本的文本。

注意：更改按钮元件的替代文本不会更改该元件已指定了唯一替代文本的现有按钮元件实例的替代文本。

为工作区中的按钮元件实例设置替代文本的操作方法如下。

（1）在工作区中选择按钮元件实例。

（2）在属性检查器的“替代文本”文本框中输入文本。

11.2 创建导航栏

创建按钮元件后，便可以创建基本导航栏。导航栏由一组按钮组成，其功能是提供到网站不同区域的链接。导航栏对于整个网站内容有提纲的作用，它通常在整个站点保持一致，从而可以提供一种固定的导航方法，而不管用户处在站点中的什么位置上。所有网页的导航栏外观都是一样的，但在某些情况下，这些链接可能会特定于某个页面的功能。

在 Fireworks CS6 中创建基本导航栏的操作方法如下。

（1）创建一个按钮元件。

（2）从“文档库”面板中将该元件的一个实例拖到工作区中。

（3）选择该按钮元件实例，然后选择【编辑】→【克隆】，或者按住【Alt】键并拖动该按钮元件实例，以便制作一个按钮元件实例副本。

（4）按住【Shift】键并拖动按钮元件实例，可使其水平或垂直对齐。要进行更为精确的控制，请使用箭头键来移动按钮元件实例。

（5）重复步骤（3）和步骤（4），创建其他按钮元件实例。

（6）选择每个按钮元件实例，然后使用属性检查器为其指定唯一的替代文本、URL 和其他属性。

11.3 创建弹出菜单

弹出菜单是指当用户将指针移到触发网页对象（如切片、热点）上或单击这些对象时，浏览器中将弹出的菜单，可以将 URL 链接附加到弹出菜单选项，以便于导航。例如，可以使用弹出菜单来组织与导航栏中某个按钮相关的若干个导航选项。可以根据需要在弹出菜单中创建任意多级子菜单。

每个弹出菜单项都以 HTML 或图像单元格的形式显示，有“弹起”状态和“滑过”状态，并且在这两种状态中都包含文本。若要在浏览器中预览弹出菜单，则按【F12】键。

注意：Fireworks CS6 工作区中的预览不会显示弹出菜单。

11.3.1 “弹出菜单编辑器”

“弹出菜单编辑器”是一个带有选项卡的对话框，它会引导用户完成整个弹出菜单的创建过程，它的许多用于控制弹出菜单特征的选项被组织在以下 4 个选项卡中。

- “内容”选项卡包含用于确定基本菜单结构以及每个菜单项的文本、URL 链接和目标选项。
- “外观”选项卡包含可确定每个菜单单元格的“弹起”状态和“滑过”状态的外观，以及菜单的垂直或水平方向选项。
- “高级”选项卡包含可确定单元格大小、单元格边距、单元格间距、文字缩进、菜单延迟、边框宽度、边框颜色、阴影和高亮选项。
- “位置”选项卡包含可确定菜单和子菜单位置的选项。其中，【菜单位置】按钮用于相对于切片放置弹出菜单，预设位置包括切片的底部、右下部、顶部和右上部；【子菜单位置】按钮用于将弹出子菜单放在父级菜单的右侧或右下部，或者放在其底部。

可以随时编辑任意选项卡中的设置，因此，根据弹出菜单的设计，可能不要使用“弹出菜单编辑器”中所有的选项卡或选项。但是，至少应该在“内容”选项卡中添加一个菜单项，这样才能创建可在浏览器中预览的菜单，如图 11.12 所示。

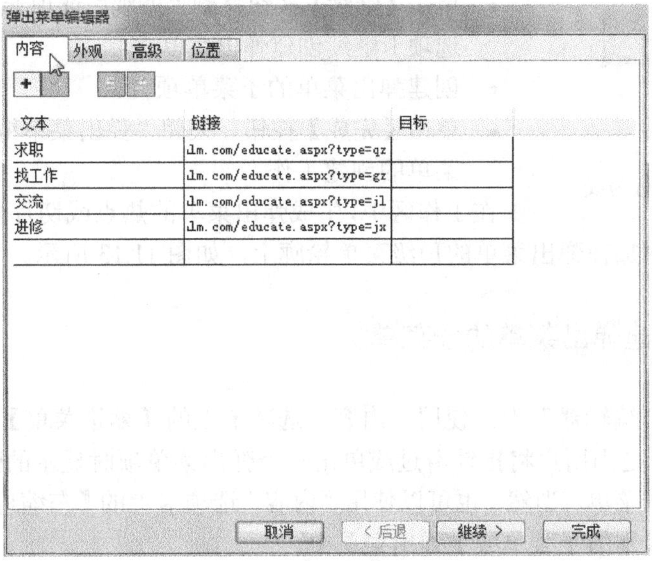

图 11.12 “弹出菜单编辑器”的“内容”选项卡

11.3.2 创建基本弹出菜单

在“弹出菜单编辑器”的“内容”选项卡上，可以确定弹出菜单的基本结构和内容。其他“弹出菜单编辑器”选项卡上选项的当前或默认设置会在用户创建菜单时应用于该菜单。

创建基本弹出菜单的操作方法如下。

（1）选择一个切片或热点，作为弹出菜单的触发器区域。

（2）选择【修改】→【弹出菜单】→【添加弹出菜单】，或者单击切片中间的行为手柄，然后选择【添加弹出菜单】选项，以打开“弹出菜单编辑器”。

（3）在“内容”选项卡中，单击【添加菜单】按钮 + 以添加一个空菜单项。

注意：可以随时添加、删除和编辑菜单项。

（4）双击每个单元格，并输入或选择适当的信息，其中：

- “文本”——指定该菜单项的文本。
- “链接”——确定该菜单项的 URL。可以输入自定义链接；也可以从“链接”弹出菜单中选择一个链接（如果存在链接），若用户已经为文档中的其他网页对象输入了 URL，则这些 URL 将在“链接”弹出菜单中列出。
- “目标”——指定 URL 的目标。可以输入自定义目标，也可以从“目标”弹出菜单中选择一个预设目标。
- 在窗口中的最后一行输入内容后，Fireworks CS6 会在该行的下面自动增加一个空行。

（5）重复步骤（3）和步骤（4），直到添加了所有菜单项。

（6）可以随意地删除菜单项。方法是：高亮显示该项，然后单击【删除菜单】按钮 − 。

（7）执行下列操作之一。

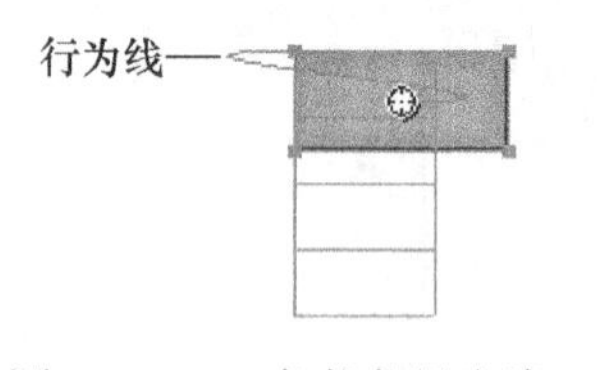

图 11.13 一条蓝色行为线

- 单击【继续】按钮移到“外观”选项卡，或者选择另一个选项卡继续创建弹出菜单。
- 创建弹出菜单的子菜单项目。
- 单击【完成】按钮，关闭“弹出菜单编辑器”，完成弹出菜单的创建工作。

在工作区中，生成弹出菜单的热点或切片会显示一条蓝色行为线，该行为线附加在弹出菜单的顶级菜单轮廓上，如图 11.13 所示。

11.3.3 创建弹出菜单的子菜单

在“弹出菜单编辑器”中，使用“内容”选项卡上的【缩进菜单】按钮 可以创建子菜单。子菜单就是当用户将指针滑过或单击一个弹出菜单项时显示的弹出菜单。可以根据需要创建多级子菜单。当然，也可以使用“内容”选项卡上的【左缩进菜单】按钮 将菜单项移到较高级别的子菜单或主弹出菜单中。

创建弹出菜单的子菜单的操作方法如下。

（1）打开“弹出菜单编辑器”的“内容”选项卡并创建菜单项。同时创建用于子菜单的菜单项，并将其直接放在要拥有它们的菜单项下。

（2）单击要使其成为子菜单项的菜单项。

（3）单击【缩进菜单】按钮，将该项指定为上面菜单项下的子菜单项。

（4）若要将下一项目添加到子菜单，则先高亮显示它，然后单击【缩进菜单】按钮。所有在同一级别上缩进的相邻项构成单个弹出子菜单。

（5）可以随时高亮显示一个菜单项或子菜单项，然后单击【添加菜单】按钮，在紧邻该高亮显示项的下方插入一个新项。

（6）执行下列操作之一。

- 单击【继续】按钮移动到下一个选项卡，或者选择其他选项卡继续创建弹出菜单。
- 单击【完成】按钮，关闭“弹出菜单编辑器”。

11.3.4 设计弹出菜单的外观

在创建了基本菜单和子菜单（可选）之后，就可在“弹出菜单编辑器”的“外观”选项卡上对文本进行格式设置，对“滑过”状态和“弹起”状态应用图形样式，选择垂直或水平方向。“弹出菜单编辑器”的“外观”选项卡如图 11.14 所示。

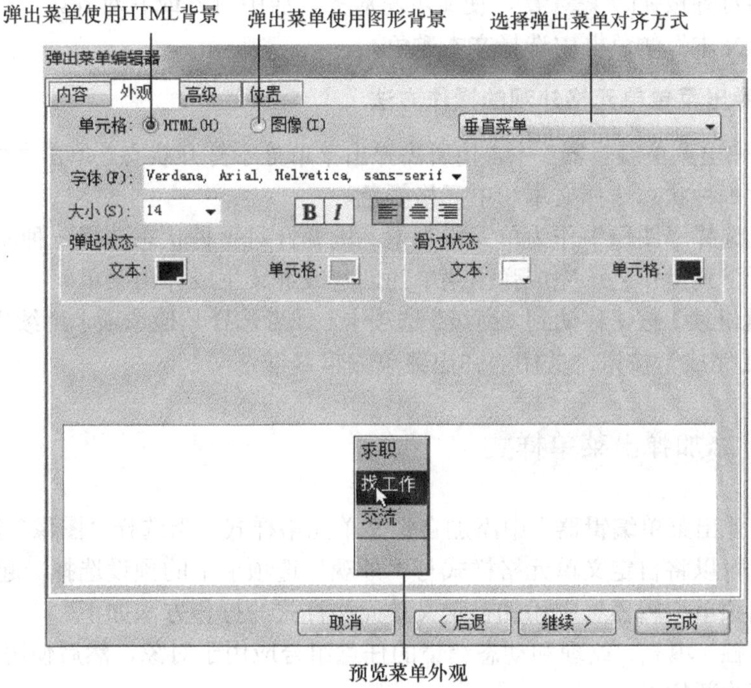

图 11.14 “弹出菜单编辑器”的“外观”选项卡

1．设置弹出菜单方向的操作方法

（1）在“弹出菜单编辑器”中，使所需弹出菜单处于打开状态，单击“外观”选项卡。

（2）从“选择弹出菜单的对齐方式”下拉列表中选择“垂直菜单”或“水平菜单”。

2．设置弹出菜单是基于 HTML 还是基于图像的操作方法

（1）在“弹出菜单编辑器”中，使所需弹出菜单处于打开状态，单击“外观”选项卡。

（2）选择“单元格”选项，其中：

- “HTML”——仅使用 HTML 代码设置菜单的外观。该设置产生的页面文件较小。
- “图像”——为用户提供一组精选的图形图像样式，可用于单元格的背景。该设置产生的页面文件较大。

3．在当前弹出菜单中设置文本格式的操作方法

（1）在“弹出菜单编辑器”中，使所需弹出菜单处于打开状态，单击“外观”选项卡。

（2）从“大小”下拉列表中选择预设大小，或者输入一个值。

注意：若在“弹出菜单编辑器”的“高级”选项卡中，单元格的宽度和高度都设置为“自动”，则将由文本大小来确定与该菜单项关联的图形大小。

（3）从“字体”下拉列表中选择一个系统字体组，或者输入自定义字体的名称。

注意：选择字体时要十分小心。若用户的网页浏览者在其系统上未安装用户选择的字体，则他们的 Web 浏览器中将显示替代字体。

（4）可以随时单击文本样式按钮 **B** *I*，以应用粗体或斜体样式。

（5）单击对齐按钮，使文本左对齐、居中对齐或右对齐。

（6）从“文本”颜色框中选择文本颜色。

4．设置弹出菜单单元格外观的操作方法

（1）在“弹出菜单编辑器”中，使所需弹出菜单处于打开状态，单击“外观”选项卡。

（2）针对每种状态选择文本和单元格颜色。

（3）若已选择“图像”作为单元格类型，则要针对每种状态选择一种图形样式。

（4）执行下列操作之一完成弹出菜单的创建或继续生成弹出菜单。

- 单击【继续】按钮移动到“高级”选项卡，或者选择其他选项卡继续生成弹出菜单。
- 单击【完成】按钮，关闭“弹出菜单编辑器”。

11.3.5 添加弹出菜单样式

可以向“弹出菜单编辑器”中添加自定义单元格样式。当选择“图像”选项作为单元格类型时，就可以将自定义单元格样式与“外观”选项卡上的预设选择一起使用了。

向“弹出菜单编辑器”中添加自定义单元格样式的操作方法如下。

（1）将笔触、填充、纹理和动态滤镜的任意组合应用于对象，然后使用“样式”面板将该组合保存为新样式。

（2）在“样式”面板中选择该新样式，然后从“样式”面板的选项菜单中选择“保存样式库”。

（3）导航到硬盘上的 Nav Menu 文件夹，若需要则可重命名该样式文件（样式文件的扩展名为.stl），然后单击【保存】按钮。

注意：Nav Menu 文件夹的确切位置会因操作系统的不同而不同。在 Microsoft Windows 7 操作系统中，Nav Menu 文件夹的确切位置为“C:\用户\计算机名\AppData\Roaming\Adobe\Fireworks CS6\Nav Menu”。

当返回到“弹出菜单编辑器”的“外观”选项卡并选择了“图像”单元格背景选项时，就可以将该新样式与弹出菜单单元格的“弹起”状态和“滑过”状态的预设样式一起使用了。

11.3.6 设置高级弹出菜单属性

“弹出菜单编辑器”的“高级”选项卡提供了以下各项附加设置：单元格大小、单元格边距、单元格间距、文字缩进、菜单延时、边框宽度、边框颜色、阴影和高亮。“弹出菜单编辑器”的“高级”选项卡如图 11.15 所示。

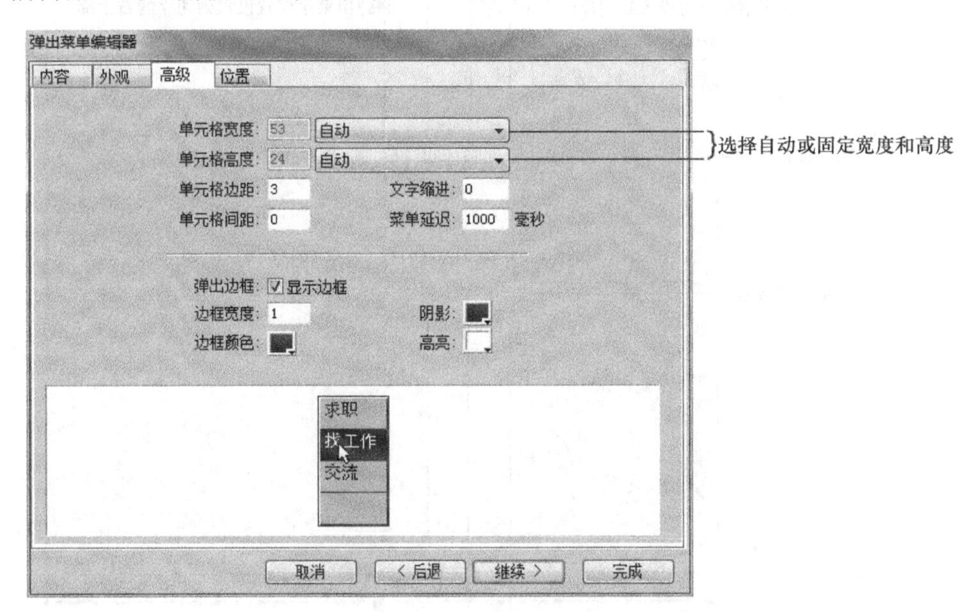

图 11.15 “弹出菜单编辑器”的“高级”选项卡

为当前弹出菜单设置高级单元格属性的操作方法如下。

(1) 在“弹出菜单编辑器”中，使所需弹出菜单处于打开状态，单击“高级”选项卡。

(2) 从“自动/像素”下拉列表中选择宽度或高度约束。

(3) 在“单元格边距”文本框中输入一个值，用以设置弹出菜单文本和单元格边缘之间的距离。

(4) 在“单元格间距”文本框中输入一个值，用以设置菜单单元格之间的间距。

(5) 在“文字缩进”文本框中输入一个值，用于设置弹出菜单文本的缩进量。

(6) 在“菜单延迟”文本框中输入一个值，用以设置当指针从菜单移开后，菜单仍保持可见的时间量（单位为 ms）。

(7) 设置弹出边框属性。

(8) 执行下列操作之一完成弹出菜单的创建或继续生成弹出菜单。

- 单击【继续】按钮移动到“位置”选项卡，或者选择其他选项卡继续生成弹出菜单。

- 单击【完成】按钮，关闭“弹出菜单编辑器”。

11.3.7 控制弹出菜单和子菜单的位置

使用“弹出菜单编辑器”的“位置”选项卡可以指定弹出菜单的位置。当网页层可见时，还可以通过在工作区中拖动顶级弹出菜单的轮廓来调整其位置。“弹出菜单编辑器”的“位置”选项卡如图 11.16 所示。

1. 使用“弹出菜单编辑器”设置弹出菜单位置的操作方法

（1）在“弹出菜单编辑器”中，使所需弹出菜单处于打开状态，单击“位置”选项卡。

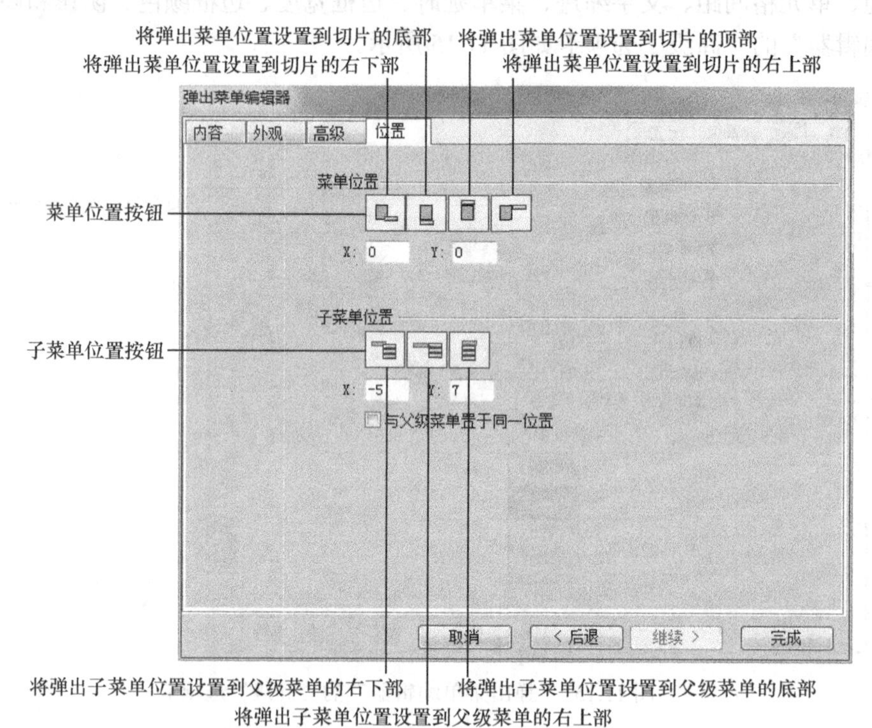

图 11.16 “弹出菜单编辑器”的“位置”选项卡

（2）单击【菜单位置】按钮，相对于触发弹出菜单的切片来调整菜单的位置。或者输入坐标，定义弹出菜单位置，若坐标为（0，0），则会将弹出菜单的左上角和触发它的切片或热点的左上角对齐。

（3）执行下列操作之一。

- 若有子菜单，可以按照下面的说明调整它们的位置。
- 单击【后退】按钮，修改其他选项卡中的属性。
- 单击【完成】按钮，关闭“弹出菜单编辑器”。

2. 使用“弹出菜单编辑器”设置弹出子菜单位置的操作方法

（1）在“弹出菜单编辑器”中，使所需弹出菜单处于打开状态，单击“位置”选项卡。

（2）单击子菜单位置按钮，以相对于触发该子菜单的弹出菜单项调整子菜单的位置，或者输入坐标，定义弹出子菜单的位置，若坐标为（0，0），则会将弹出子菜单的左上角和触发它的菜单或菜单项的右上角对齐。

（3）执行下列操作之一。

- 若要相对于触发弹出子菜单的父级菜单项来安排每个弹出子菜单的位置，请为弹出子菜单位置撤消选择“与父级菜单置于同一位置”选项。
- 若要相对于触发弹出子菜单的父级弹出菜单来安排每个弹出子菜单的位置，请选择“与父级菜单置于同一位置”。

（4）单击【完成】按钮，关闭“弹出菜单编辑器”，或者单击【后退】按钮修改其他选项卡中的属性。

3．通过拖动弹出菜单来为其设置位置的操作方法

（1）若需要，则单击工具面板中的“显示切片和热点”按钮，或者在“图层”面板中，单击包含眼睛图案的列，以显示网页层。

（2）选择作为弹出菜单触发器的网页对象。

（3）将弹出菜单的轮廓拖到工作区中的其他位置。

11.3.8 编辑弹出菜单

在“弹出菜单编辑器”中，可以编辑或更改弹出菜单的内容，可以重新排列菜单项，或者更改 4 个选项卡中任意选项卡中的其他属性。

1．在“弹出菜单编辑器”中编辑弹出菜单的操作方法

（1）若需要，则单击工具面板中的“显示切片和热点”按钮，或者在“图层”面板中，单击包含眼睛图案的列，以显示网页层。

（2）选择弹出菜单所附加到的切片。

（3）在工作区中双击弹出菜单的蓝色轮廓，即会打开“弹出菜单编辑器”，并显示弹出菜单项。

（4）在 4 个选项卡中的任意选项卡上进行所需修改，然后单击【完成】按钮。

2．更改弹出菜单项的操作方法

（1）在“弹出菜单编辑器”中，使所需弹出菜单处于显示状态，单击“内容”选项卡。

（2）双击“文本”、“链接”或“目标”文本框并编辑菜单文本。

（3）在项目列表外单击鼠标左键，以应用所做的更改。

（4）单击【完成】按钮。

3．在弹出菜单中移动菜单项的操作方法

（1）在“弹出菜单编辑器”中，使所需弹出菜单处于显示状态，单击“内容”选项卡。

（2）将该菜单项拖到列表中的新位置。

（3）单击【完成】按钮。

11.3.9 导出弹出菜单

Fireworks CS6 生成了在 Web 浏览器中查看弹出菜单所需的所有 JavaScript。在将包含弹出菜单的 Fireworks CS6 文档导出为 HTML 文件时，同时会将一个名为 mm_css_menu.js 的 JavaScript 文件导出到与该 HTML 文件相同的位置。

在上传文件时，应该将 mm_css_menu.js 上传到与包含该弹出菜单网页的相同位置。若希望将该文件发送到其他位置，则必须在 HTML 代码中更新引用 mm_css_menu.js 的超级链接，以便反映自定义位置。若文档中包含若干个弹出菜单，或者有若干个包含弹出菜单的文档，则 Fireworks CS6 并不创建额外的 mm_css_menu.js 文件；对于所有文档中的所有菜单，仅使用一个文件。

当包含子菜单时，Fireworks CS6 会生成一个名为 arrows.gif 的图像文件。该图像是一个出现在菜单项旁边的小箭头，它告诉用户存在一个子菜单，无论文档中包含多少个子菜单，Fireworks CS6 总是使用同一个 arrows.gif 文件。

11.4 本章软件使用技能要求

按钮、导航栏和弹出菜单是用户在网页中经常使用的部分。通过本章的学习要掌握以下技能。

1．使用按钮元件编辑器创建按钮元件

在 Fireworks CS6 中，使用按钮元件编辑器结合属性检查器可以引导用户完成按钮元件的创建过程，并且自动完成许多按钮元件实例的制作任务，从而使用户能够得到一个便于使用的按钮元件。

2．创建导航栏

创建了按钮元件后，就可以轻松地创建该元件的实例来制作导航栏了。

3．使用“弹出菜单编辑器”创建弹出菜单

使用“弹出菜单编辑器”可以方便快速地创建垂直或水平弹出菜单。使用“弹出菜单编辑器”的“高级”选项卡，能够发挥用户的创造力来控制单元格间距、单元格边距、文字缩进、单元格边框及其他属性。

第12章 优化和导出

优化的目的是使图形、图像、动画达到最佳显示效果，即寻找颜色、压缩和品质的最佳组合。完成优化后将其以需要的文件格式导出，应用于不同的需求。

12.1 优化和导出方法

本节将介绍有关优化方法、使用“导出向导”和使用“图像预览”的内容。

12.1.1 优化方法

在 Fireworks CS6 中进行优化涉及下列操作。

- 选择最佳文件格式。每种文件格式都有不同的压缩颜色信息的方法，为某些类型的图形选择适当的文件格式可以大大减小文件大小。
- 设置格式特定的选项。每种图形文件格式都有一组唯一的选项，可以用诸如色阶这样的选项来减小文件大小。某些图形文件格式（如 GIF 和 JPEG）还具有控制图像压缩的选项。
- 调整图形中的颜色（仅限于 8 位文件格式）。可以通过将图像局限于一个称为调色板的特定颜色集来限制颜色，然后，修剪掉调色板中未使用的颜色。调色板中的颜色越少意味着图像中的颜色也越少，从而使用该调色板的图像文件的文件大小也越小。

注意：用户应尽可能多地尝试用一些优化控制来寻找图像品质和文件大小的最佳平衡点。

12.1.2 使用“导出向导”

使用“导出向导”可以轻松导出图形，而不用了解优化和导出的细节。“导出向导”能够带领用户逐步完成优化和导出过程。在“导出向导”中回答关于文件目的地和预期用途的问题，“导出向导”将就文件类型和优化设置向用户提出建议。“导出向导”可以根据用户设置的大小限制将文件优化到目标文件的大小。

使用“导出向导”导出文档的操作方法如下。

（1）选择【文件】→【导出向导】，打开“导出向导”对话框，如图 12.1 所示。

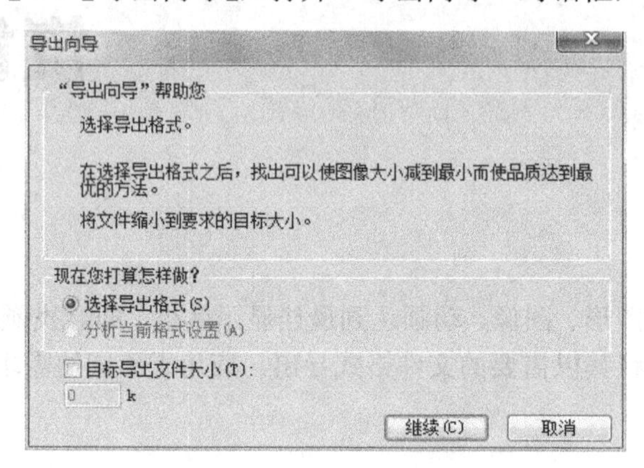

图 12.1 “导出向导”对话框

（2）在该对话框中选择“目标导出文件大小”选项，并在下面的文本框中输入文件大小（以优化到最大的文件大小），然后单击【继续】按钮。

（3）在其他对话框中回答出现的任何问题，并在每个对话框中单击【继续】按钮。

（4）在“导出向导”的“分析结果”对话框中单击【退出】按钮，打开“图像预览”窗口，其中显示建议的导出选项，如图 12.2 所示。

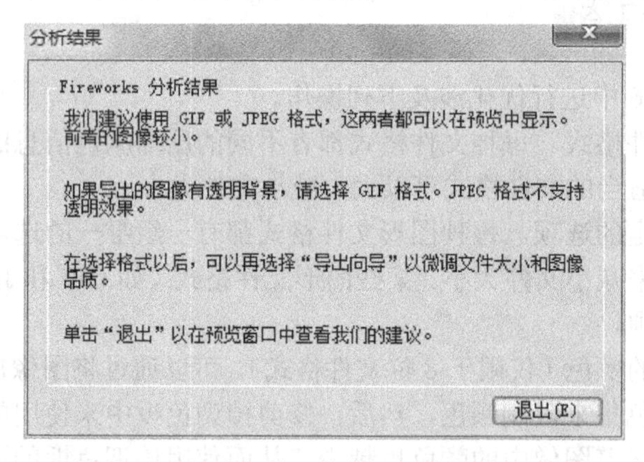

图 12.2 “导出向导”的“分析结果”对话框

12.1.3 使用“图像预览”

有两种使用“图像预览”的方法，一种是通过“导出向导”打开“图像预览”窗口；再有就是选择【文件】→【图像预览】，打开“图像预览”窗口。当通过“导出向导”访问时，“图像预览”显示为当前文档建议的优化和导出选项。当从【文件】菜单中直接选择时，“图像预览”显示当前文档的导出设置（在“优化”面板中定义）。

“图像预览”的预览区域所显示的文档或图形与导出时的文档或图形完全相同，该区域还估算当前导出设置下的文件大小和下载时间，如图 12.3 所示。

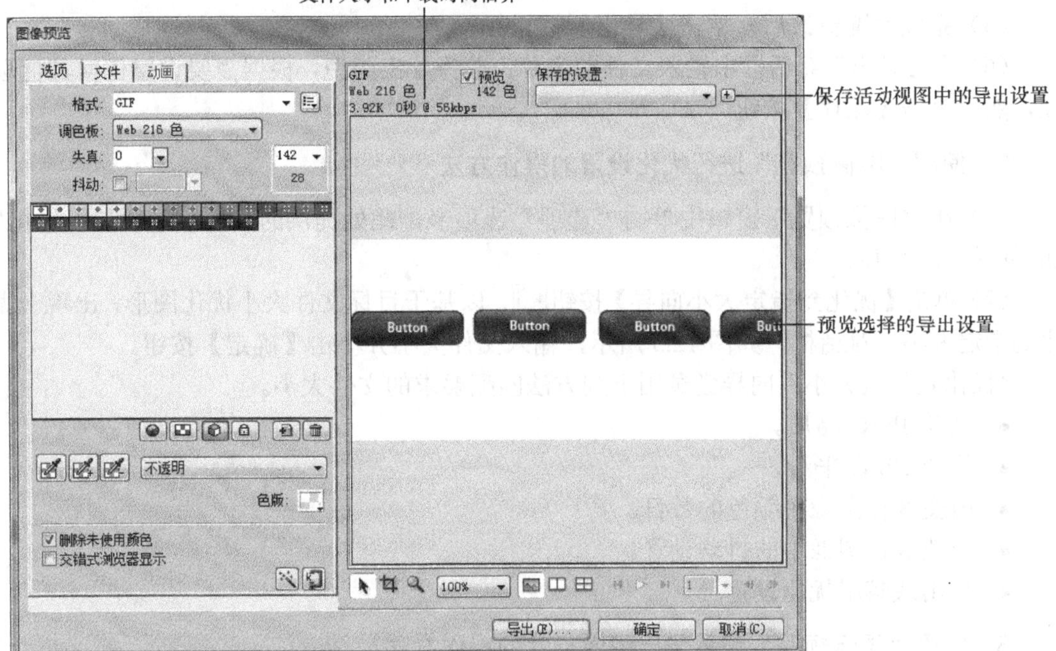

图 12.3 “图像预览”显示当前文档的导出设置

可以用拆分视图比较各种设置，以便在保持可接受的品质级别的同时找到最小的文件大小，还可以用“优化到指定大小向导”限制文件大小。当导出 GIF 动画或 JavaScript 变换图像时，预估的文件大小表示所有状态的总大小。

1. 从“文件”菜单中直接选择“图像预览”导出文档或图形的操作方法

（1）选择【文件】→【图像预览】，打开“图像预览”窗口。

- 若要进行优化设置，则单击“选项”选项卡。
- 若要设置导出图像的大小和区域，则单击“文件”选项卡，然后更改所需的设置。
- 若要进行图像的动画设置，则单击“动画”选项卡，然后更改所需的设置。

（2）使用“图像预览”窗口底部的【放大/缩小】按钮，在预览中实现放大或缩小。使用方法：单击该按钮以激活“放大”工具，然后在预览中单击该按钮以放大预览；按住【Alt】键，“放大”工具会变为“缩小”工具，在预览中单击该按钮以缩小预览。

（3）执行下列操作之一，平移预览区域。

- 单击对话框底部的【指针】按钮，在预览窗口按下鼠标左键（此时指针变成了手形）并拖动鼠标。
- 当“缩放”指针处于活动状态时，按住空格键并在预览窗口按下鼠标左键并拖动鼠标。

（4）单击【拆分视图】按钮将预览区域分为 2 个或 4 个预览区，以便比较各种设置。【拆分视图】按钮如图 12.4 所示，每个预览窗口可以显示具有不同导出设置的图形预览。

1个预览窗口
4个预览窗口
2个预览窗口

图 12.4 【拆分视图】按钮

注意：若在多个视图处于打开状态时执行缩放或移动操作，则所有视图将同时缩放和移动。

（5）完成设置更改后，单击【导出】按钮。

（6）在“导出”对话框中输入文件的名称，选择导出类型，根据需要设置任何其他选项，然后单击【保存】按钮。

2．使用“图像预览”进行优化设置的操作方法

（1）在“图像预览”窗口中单击“选项”选项卡，此处提供的大多数选项与“优化”面板中的选项相似。

（2）单击【优化到指定大小向导】按钮，以基于目标文件大小优化图形，出现“优化到指定大小”对话框，如图 12.5 所示，输入文件大小并单击【确定】按钮。

“优化到指定大小”向导尝试用下列方法匹配要求的文件大小。

- 调整 JPEG 品质。
- 修改 JPEG 平滑。
- 改变 8 位图像中颜色的数目。
- 更改 8 位图像中的抖动设置。
- 启用或禁用优化设置。

3．使用“图像预览”设置导出图像尺寸的操作方法

（1）单击“文件”选项卡。

（2）指定缩放百分比或以像素为单位输入所需的宽度和高度。选择“约束比例”选项时，可按比例缩放宽度和高度，如图 12.6 所示。

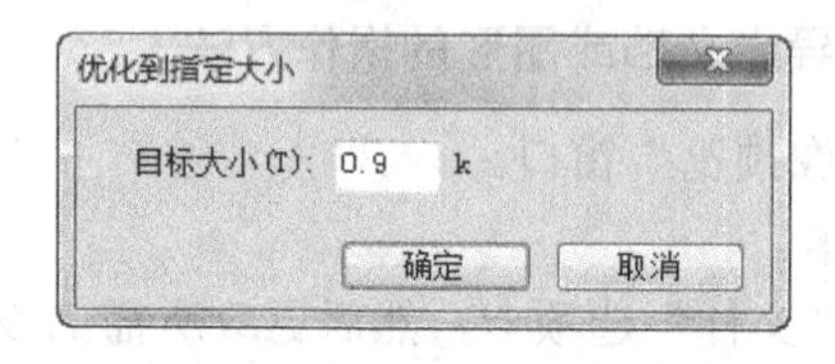

图 12.5 “优化到指定大小”对话框

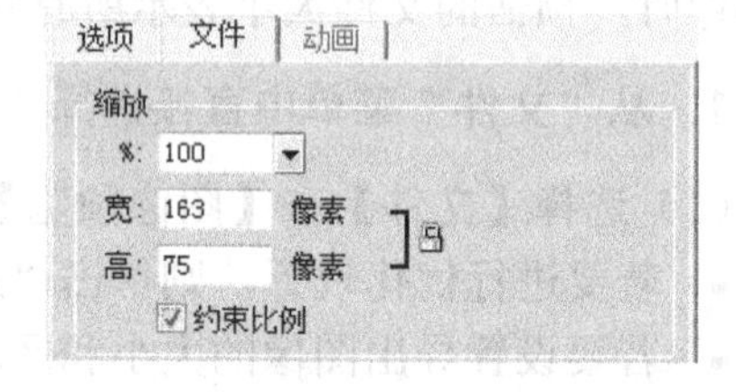

图 12.6 使用“图像预览”设置导出图像的尺寸

4．使用“图像预览”来定义导出部分图像的操作方法

（1）单击“文件”选项卡。

（2）选择“导出区域”选项，并执行以下操作之一，来指定导出区域。

- 拖动出现在预览区域周围的虚线框，直到它包围所需的导出区域为止（在预览区域内拖动可将隐藏区域移动到视图中）。
- 输入导出区域边界的像素坐标，如图 12.7 所示。

5．使用“图像预览”进行动画设置的操作方法

（1）单击“动画”选项卡，如图 12.8 所示。

（2）使用以下方法来预览动画的状态。

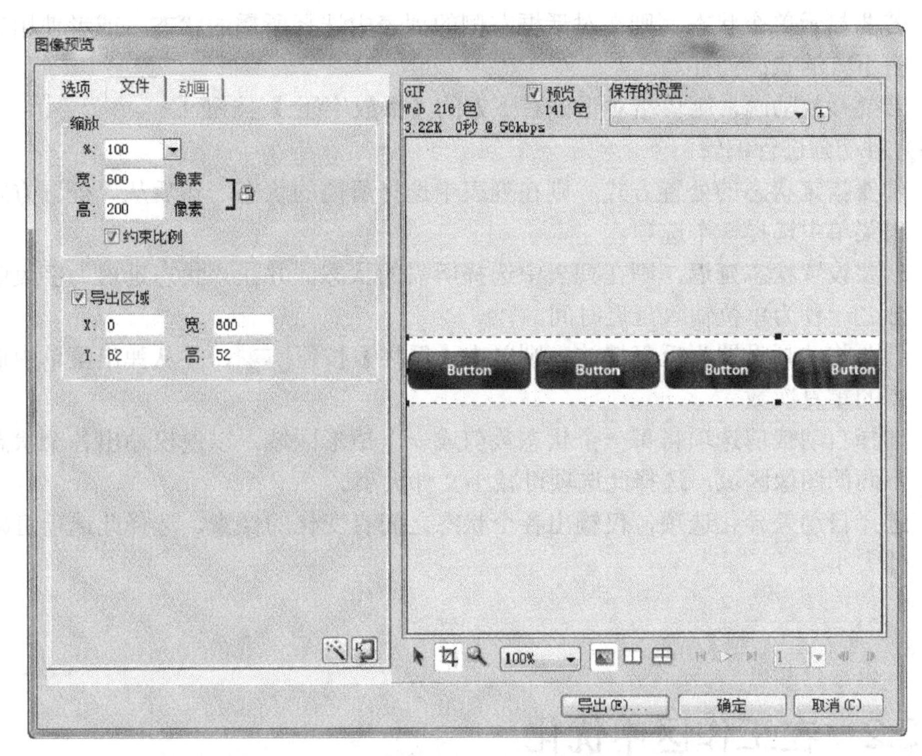

图 12.7 使用“图像预览”来定义导出部分图像

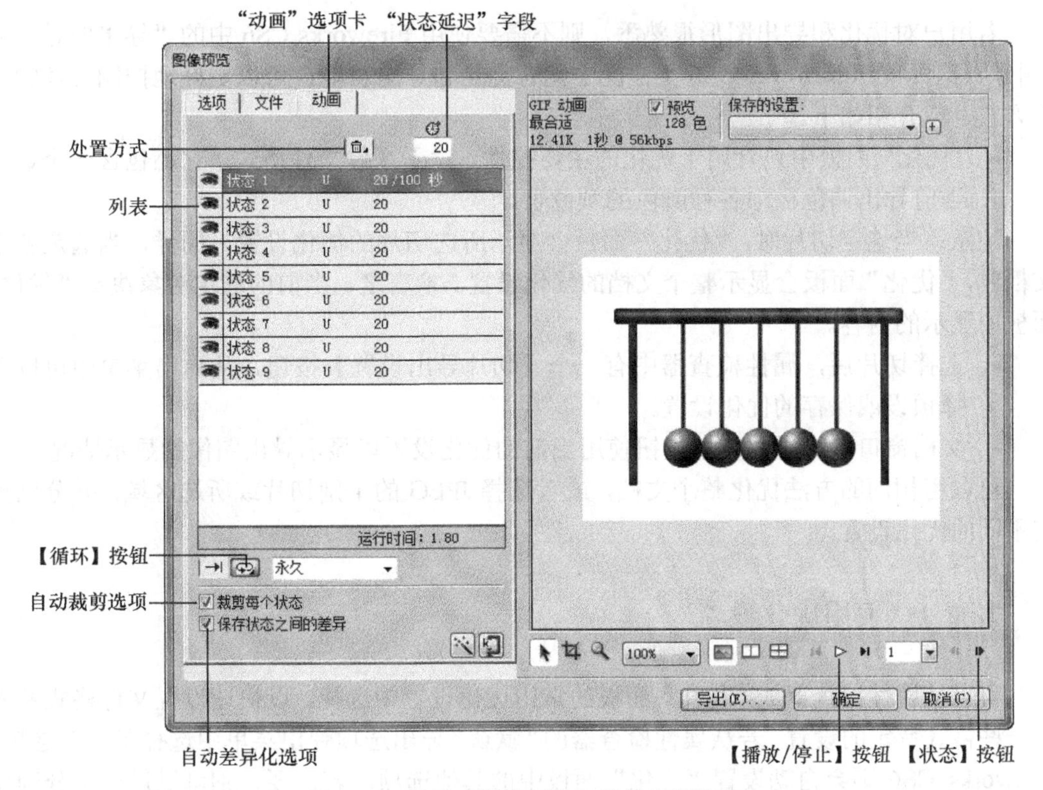

图 12.8 使用“图像预览”进行动画设置

- 若要显示单个状态，则在对话框左侧的列表中选择所需的状态，或者使用对话框右下方的状态控件。
- 若要播放动画，则单击对话框右下方的【播放/停止】按钮 ▷ 。

（3）对动画进行编辑。

- 若要指定状态的处置方式，则在列表中选择所需的状态，然后从“处置方式”弹出菜单中选择一个选项。
- 若要设置状态延迟，则在列表中选择所需的状态，并在“状态延迟”字段中以百分之一秒为单位输入延迟时间。
- 若要将动画设置为反复播放，则单击【循环】按钮，并从弹出菜单中选择所需的重复次数。
- 选择自动裁剪选项将每一个状态裁剪成一个矩形区域，以便仅输出各个状态之间不同的图像区域，选择此选项可减小文件大小。
- 选择自动差异化选项，仅输出各个状态之间有变化的像素，选择此选项可减小文件大小。

12.2 在工作区中优化

若用户对优化和导出图形很熟悉，则不需要使用 Fireworks CS6 中的“导出向导”或“图像预览”。在 Fireworks CS6 工作区中就有优化和导出功能，可以更好地控制文件的导出方式，现介绍如下。

- “优化”面板中包含用于优化的主要控件。对于 8 位文件格式，它还包含一个显示当前导出调色板中各种颜色的颜色表。

注意：当选定切片时，“优化”面板会显示所选切片的优化设置。同样，当选定整个文档时，“优化”面板会显示整个文档的优化设置。换言之，当前的选定对象决定“优化”面板中显示的内容。

- 选择切片后，属性检查器中有一个【切片导出设置】按钮，从弹出菜单中可以选择预设或保存的优化设置。
- 文档窗口中的【预览】按钮使用当前的优化设置以显示导出图像的显示情况。

可以用相同的方法优化整个文档，或者选择 JPEG 的个别切片或所选区域，并分别指定不同的优化设置。

12.2.1 使用优化设置

可以从属性检查器或“优化”面板的常用优化设置中选择，以快速设置文件格式并应用一些格式特定的设置。若从属性检查器的“默认”导出选项弹出菜单中选择了一个选项，Fireworks CS6 则会自动设置“优化”面板中的其他选项。若需要，则可以进一步分别调整每个选项。

若需要的自定义优化控制超出了预设选项所提供的控制，则可以在“优化”面板中创建自定义优化设置。还可以用“优化”面板中的颜色表来修改图形的调色板。

选择预设的优化设置的操作方法如下。

从属性检查器或“优化”面板的“设置”弹出菜单中选择一种预设。“优化”面板及其“设置”弹出菜单如图 12.9 所示。

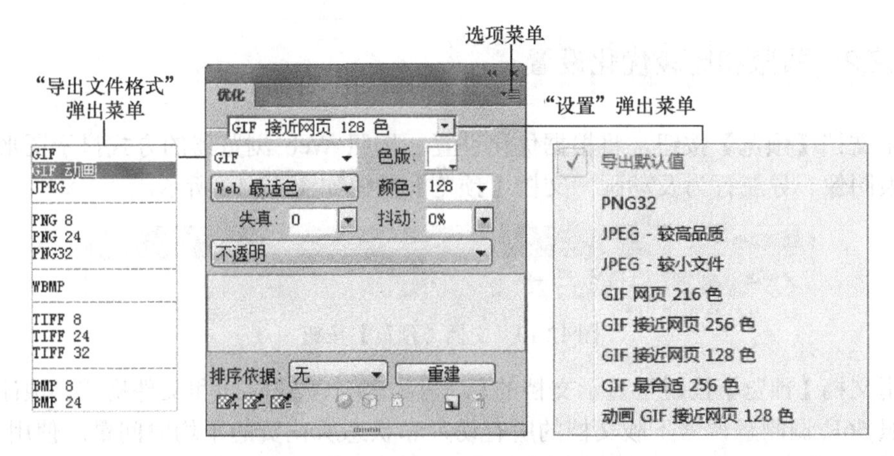

图 12.9 “优化”面板及其“设置”弹出菜单

- “GIF 网页 216 色”——强制所有颜色为网页安全色，该调色板最多包含 216 种颜色。
- “GIF 接近网页 256 色”——将非网页安全色转换为与其最接近的网页安全色，调色板最多包含 256 种颜色。
- “GIF 接近网页 128 色”——将非网页安全色转换为与其最接近的网页安全色，调色板最多包含 128 种颜色。
- “GIF 最合适 256 色”——是一个只包含图形中实际使用颜色的调色板，调色板最多包含 256 种颜色。
- “JPEG - 较高品质”——将品质设为“80”、平滑度设为“0”，生成的图形品质较高但占用空间较大。
- “JPEG - 较小文件”——将品质设为“60”、平滑度设为“2”，生成的图形大小不到“JPEG - 较高品质”的一半，但品质有所下降。
- “动画 GIF 接近网页 128 色”——将文件格式设为 GIF 动画，并将非网页安全色转换为与其最接近的网页安全色，调色板最多包含 128 种颜色。

1. 指定自定义优化设置的操作方法

（1）在“优化”面板中，从“导出文件格式”弹出菜单中选择选项。

（2）设置格式特定的选项，如色阶、抖动和品质。

（3）根据需要从“优化”面板的选项菜单中选择其他优化设置。

（4）可以命名并保存自定义优化设置。

当选择切片、按钮或画布时，将在“优化”面板和属性检查器的“设置”弹出菜单的预设优化设置中显示已保存设置的名称。

2．修改调色板的操作方法

若“优化”面板尚未打开，则选择【窗口】→【优化】，以查看并编辑文档的调色板。

3．优化个别切片的操作方法

（1）单击切片将其选中。

（2）使用“优化”面板优化所选切片。

12.2.2 预览和比较优化设置

单击文档【预览】按钮，将根据优化设置，按照 Web 浏览器的方式显示图形，可以预览变换图像、导航行为及动画。文档【预览】按钮如图 12.10 所示。

图 12.10 文档【预览】按钮

使用文档【预览】按钮可显示文档的总大小、预计下载时间和文件格式。预计下载时间是参照 56K 调制解调器下载文档的所有切片和状态所花费的平均时间量。使用【2 幅】按钮和【4 幅】按钮可显示一些随所选文件类型的不同而变化的附加信息。

12.2.3 选择文件类型

选择文件格式时，应基于图形的设计和用途来考虑。使用不同的压缩类型时，图形的外观会因格式而异。另外，大多数 Web 浏览器只接受特定的图形文件类型。一些文件类型只适合于印刷出版或用于多媒体应用程序。

可用的文件类型有 GIF、JPEG、PNG、WBMP、TIFF 和 BMP，现分述如下。

（1）GIF 是 Graphics Interchange Format 的缩写，即为图形交换格式，其文件扩展名为.gif，它是 CompuServe 公司推出的位映图形标准。它采用非常有效的无损耗压缩方法（即 Lempel-Ziv 算法）使图形文件大大缩小，并基本保持了图片的原貌，是一种很流行的网页图形格式。目前，几乎所有图形编辑软件都具有读取和编辑这种文件的功能。GIF 中最多包含 256 种颜色，GIF 还可以包含一块透明区域和多个动画状态。在导出为 GIF 格式时，包含纯色区域的图像的压缩质量最好。GIF 通常适合于卡通、徽标、包含透明区域的图形及动画。

（2）JPEG 是由联合图像专家组（Joint Photographic Experts Group）专门为照片或增强色图像开发的。JPEG 支持数百万种颜色（24 位）。JPEG 格式最适合用于扫描的照片、使用纹理的图像、具有渐变颜色过渡的图像和任何需要 256 种以上颜色的图像。

（3）PNG 即为可移植网络图形，是一种通用的网页图形格式。但是，并非所有的 Web 浏览器都能查看 PNG 图形。PNG 最多可以支持 32 位的颜色，可以包含透明度或 Alpha 通道，并且可以是连续的。PNG 是 Fireworks 的工作文件格式，但是，Fireworks PNG 文件包含应用程序特定的附加信息，导出的 PNG 文件或在其他应用程序中创建的文件中不存储这些信息。

（4）WBMP 即为无线位图，是一种为移动计算设备（如手机和 PDA）创建的图形格式。此格式用在“无线应用协议（WAP）”网页上，WBMP 是 1 位格式，因此只有两种颜色可见，即黑与白。

（5）TIFF 即为标签图像文件格式，是一种用于存储位图图像的图形格式。TIFF 常用于印刷出版，许多多媒体应用程序也接受导入的 TIFF 图形。

（6）BMP 为 Microsoft Windows 图形文件格式，是一种常见的文件格式，用于显示位图图像。BMP 主要用在 Windows 操作系统上，许多应用程序都可以导入 BMP 图像。

12.2.4 保存和重新使用优化设置

可以保存自定义优化设置，以便将来用于优化处理或批处理。以下信息保存在自定义预设优化中。

- “优化”面板中的设置和颜色表。
- “状态”面板中所选的状态延迟设置（仅限于动画）。

1．将优化设置另存为预设的操作方法

（1）从“优化”面板的选项菜单中单击【保存设置】，打开“预设名称”对话框，如图 12.11 所示。

（2）输入优化预设的名称并单击【确定】按钮。

保存的优化设置出现在“优化”面板中“保存的设置”弹出菜单和属性检查器中“默认导出选项”弹出菜单的底部，如图 12.12 所示。它可用于随后的所有文档。优化预设文件保存在特定用户的 Fireworks CS6 配置文件夹下的“导出设置”文件夹中。

图 12.11 “预设名称”对话框

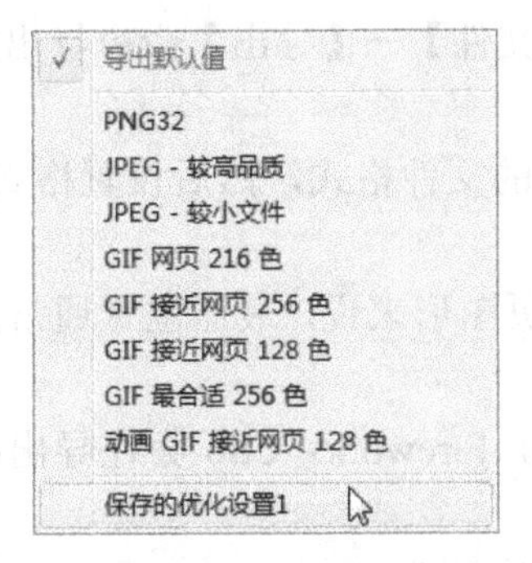

（a）“保存的设置”弹出菜单

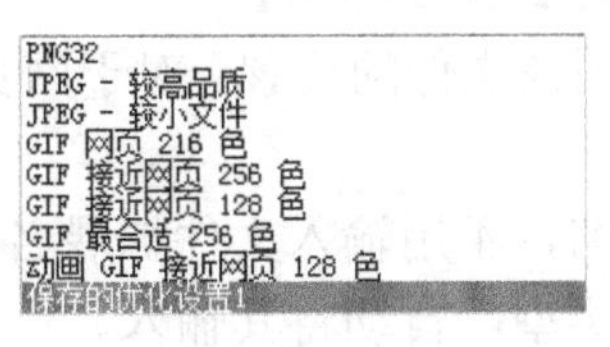

（b）“默认导出选项”弹出菜单

图 12.12 “保存的设置”弹出菜单和“默认导出选项”弹出菜单

2．共享保存的优化设置的操作方法

将保存的优化预设文件从“导出设置”文件夹复制到其他计算机上的同一文件夹中。注意：“导出设置”文件夹的位置随操作系统的不同而不同。

3. 删除自定义预设优化处理的操作方法

（1）在“优化”面板的“保存的设置”弹出菜单中选择要删除的优化设置。

（2）从“优化”面板的选项菜单中选择【删除设置】。

注意：不能删除 Fireworks CS6 的预设优化设置。

12.3 从 Fireworks CS6 导出

从 Fireworks CS6 导出的过程分为两步：首先，必须通过优化来准备要导出的图形或文档；然后，将其导出或保存，视其源文件类型而定。

可以用多种方法导出 Fireworks CS6 图形：可以将文档导出为 GIF、JPEG 或其他图形文件格式的单个图像，也可以将整个文档导出为 HTML 文件及其相关的图像文件。可以选择只导出所选切片，也可以只导出文档的指定区域。另外，也可以将 Fireworks CS6 状态和层导出为单独的图像文件。

Fireworks CS6 导出文件的默认位置由以下因素确定。

（1）文档的当前导出首选参数。该首选参数在导出该文档并保存了 PNG 时确定。

（2）当前导出/保存位置。这在从“保存”、“另存为”、“保存副本”或“导出”对话框中的默认位置浏览时确定。

（3）当前文件的位置。

（4）在操作系统中保存新文档或图像的默认位置。

12.3.1 导出图像

在工作区中完成优化之后，可以使用【文件】→【导出】命令导出图像，其操作方法如下。

（1）在“优化”面板中选择要用于导出的文件格式，然后设置格式特定的选项。

（2）选择【文件】→【导出】。

（3）选择导出图像文件的位置。对于网页图形来说，最佳位置通常是本地站点内的一个文件夹。

（4）输入文件名，不用输入文件扩展名，Fireworks CS6 会在导出时使用用户在优化设置中指定的文件类型，自动将其输入。

（5）从“导出类型”弹出菜单中选择“仅图像”。

（6）若该文档包含多页图像，且要求导出整个文档，则取消选择“仅限当前页”选项。

（7）单击【保存】按钮。

说明：若正在使用在 Fireworks CS6 中打开的现有图像，则可以保存而不是导出，这要根据图像的原始文件类型而定。例如，打开的现有图像的文件类型为.jpg，保存图像时仍为.jpg 类型。

12.3.2 导出使用切片的文档

在默认情况下，当导出使用切片的 Fireworks CS6 文档时，将导出一个 HTML 文件及其相关图像。导出的 HTML 文件可以在 Web 浏览器中查看，或者将其导入其他应用程序以供进一步编辑。在导出前，请确保在“HTML 设置”对话框中选择了适当的 HTML 样式，如 Dreamweaver HTML。

导出使用切片的 Fireworks CS6 文档的操作方法如下。

（1）选择【文件】→【导出】，打开“导出”对话框。

（2）导航到在硬盘上所需的文件夹。

（3）从“导出类型”弹出菜单中选择“HTML 和图像”。

（4）在“文件名”文本框中输入文件名。

（5）从“HTML”弹出菜单中选择“导出 HTML 文件”。

（6）从“切片”弹出菜单中选择“导出切片”。

（7）（可选）选择“将图像放入子文件夹”选项。

（8）若该文档包含多页内容，且要求导出整个文档，则取消选择“仅限当前页”选项。

（9）单击【保存】按钮。

从 Fireworks CS6 导出的文件出现在硬盘上所选文件夹中，在“导出”对话框中指定的位置将会生成图像和一个 HTML 文件。

说明：HTML 代码是在导出、复制或更新 HTML 时，由 Fireworks CS6 自动生成的，不懂 HTML 代码的用户也可以使用它。HTML 代码生成后不需要更改即可生效，只要不重命名或移动文件。

HTML 是目前在因特网上显示网页的标准。HTML 文件是包含下列元素的文本文件。

- 在网页上显示的文本。
- HTML 标记，用于定义内容的格式设置和结构，包括网页上显示的文本、整个文档及指向图像和其他 HTML 文档（网页）的链接。

HTML 标记括在尖括号（<和>）中，其形式为：

<TAG>被影响的文本</TAG>

其中，开始标记<TAG>告诉浏览器以某种方式设置下面文本的格式或包含图形，结束标记</TAG>（如果有）表示该格式设置的结束。

Fireworks HTML 中有很好的注释，其作用是告诉用户代码的各部分涉及什么内容。Fireworks HTML 注释以“<!--”开始，以“-->”结束，这两个标记之间的任何内容都不被解释为 HTML 或 JavaScript 代码。若想在 HTML 中包含注释，则必须首先告诉 Fireworks CS6 启用该选项。若要在导出的 HTML 中包含注释，则在导出前，在“导出”对话框中单击【选项】按钮，然后在打开的“HTML 设置”对话框的“常规”选项卡上选择“包含 HTML 注释”选项。

12.3.3 导出动画

创建并优化了动画后，就可以导出了。可以将动画导出为 GIF 动画、Flash SWF 文件。

将动画导出为 GIF 动画的操作方法如下。

（1）选择【选择】→【取消选择】，取消选择所有切片和对象，并在“优化”面板中选择“动画 GIF”作为文件格式。

（2）选择【文件】→【导出】。

（3）在“导出”对话框中输入文件名称并选择目标。

（4）单击【保存】按钮。

12.4 本章软件使用技能要求

图形图像的大小直接影响显示效果，优化处理是图形图像制作的基本功。通过本章的学习要掌握以下技能。

1. 会使用优化方法

对于优化，可使用“优化”面板和文档窗口中的【预览】按钮，使用这些工具可以更好地控制优化过程。“优化”面板中包含用于优化的主要控件。对于 8 位文件格式，它还包含一个显示当前导出调色板中各种颜色的颜色表。

2. 会导出不同类型的文件

对于导出，可使用“导出”对话框和“图像预览”窗口。

从 Fireworks CS6 中，分两步导出文档：首先，准备好要导出的文档或各个切片图形，即选择优化设置并对预览结果进行比较，在品质和文件大小之间确定一个可接受的平衡点；然后，使用适合于它们在网页或其他位置目标的导出设置，导出（或在某些情况下保存）文档或各切片图形。

第13章

Fireworks CS6 和其他应用程序

Fireworks CS6 与 Flash CS6、Dreamweaver CS6 合称网页三剑客，并可与 Photoshop、Illustrator 等软件无缝集成，是当今网站开发的必备工具。

13.1 将 Fireworks 与 Photoshop 一起使用

Photoshop 是 Adobe 公司旗下最为出名的图像处理软件之一，集图像扫描、编辑修改、图像制作、广告创意，图像输入与输出于一体的图形图像处理软件，深受广大平面设计人员和计算机美术爱好者的喜爱。

Fireworks 主要用于网站和移动应用程序设计，适用于发布适用于热门的平板计算机和智能手机的矢量和点阵图、模型、3D 图形和交互式内容。Photoshop 更多用于平面设计，而 Fireworks 更多用于屏幕显示设计，两者的侧重点不同。

Fireworks 可以导出固有的 Photoshop（PSD 格式）文件并保留许多 Photoshop 功能。还可以将 Fireworks 图形导出到 Photoshop 中进行详细的图像编辑。

13.1.1 将 Photoshop 图像置入 Fireworks 中

在 Fireworks CS6 中，可以使用【文件】→【导入】和【文件】→【打开】命令，或通过将文件拖到画布上的方法将 Photoshop 图像置入 Fireworks CS6 中。拖动、打开或导入的每个图像将成为新的位图对象。

注意：在 Windows 中，文件名必须包括扩展名 PSD，这样 Fireworks 才会将它识别为 Photoshop 文件类型。

若要将 Photoshop 图形拖到 Fireworks 中，请将图形从 Photoshop 拖到 Fireworks 中一个已打开的文档中。文本也作为位图对象导入，但不可作为文本进行编辑。

将 Photoshop 图形或文件打开或导入到 Fireworks 中的操作方法如下。

（1）执行下列任一操作。

- 将 Photoshop 图像或文件拖到打开的 Fireworks 文档中。

- 选择【文件】→【打开】或【文件】→【导入】，然后定位到 Photoshop（PSD）文件。

（2）单击【打开】按钮。

（3）在出现的对话框中，设置图像选项，然后单击【确定】按钮。

（4）若使用【文件】→【导入】命令，会出现形状类似倒 L 的光标⌜，在光标的下面有一个随鼠标移动而变化的坐标。在画布上，单击要放置图像左上角的位置。

13.1.2 使用 Photoshop 滤镜和插件

Fireworks 使用户可以使用许多 Photoshop 和其他第三方滤镜和插件。可以使用“首选参数”对话框使用 Photoshop 插件，也可以使用“动态滤镜”窗口使用 Photoshop 插件。

注意：有的 Photoshop 版本的插件和滤镜与 Fireworks CS6 不兼容。

1. 使用“首选参数”对话框启用 Photoshop 插件

使用“首选参数”对话框启用 Photoshop 和其他第三方滤镜及插件的操作方法如下。

（1）选择【编辑】→【首选参数】。

（2）单击“插件”类别。

（3）选择【Photoshop 插件】选项。“选择 Photoshop 插件文件夹”对话框会自动打开，如图 13.1 所示。

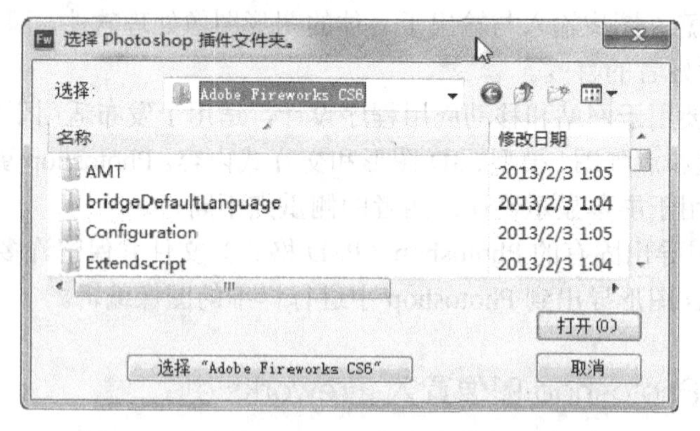

图 13.1 “选择 Photoshop 插件文件夹”对话框

注意：如果该对话框未打开，请单击【浏览】按钮 浏览... 。

（4）定位到安装 Photoshop 或其他滤镜和插件的文件夹，然后单击【选择 Adobe Fireworks CS6】按钮。

（5）单击【确定】按钮，关闭“首选参数”对话框。

（6）重新启动 Fireworks CS6，以载入滤镜和插件。

2. 使用“动态滤镜”窗口启用 Photoshop 插件

使用“动态滤镜”窗口来启用 Photoshop 和其他第三方滤镜及插件的操作方法如下。

（1）在画布上选择任何矢量对象、位图对象或文本块，然后在属性检查器中单击【添加动态滤镜】按钮。

（2）从弹出菜单中选择【选项】→【查找插件】。

（3）定位到安装 Photoshop 或其他滤镜和插件的文件夹，然后单击【选择 Adobe Fireworks CS6】按钮。如果出现一个消息框，提示用户必须重新启动 Fireworks 才能从新目录载入插件，请单击【确定】按钮。如图 13.2 所示。

图 13.2 “Adobe Fireworks CS6”消息框

（4）重新启动 Fireworks CS6，以载入滤镜和插件。

注意：用户也可以将插件直接安装到 Fireworks Plug-ins 文件夹中。

13.1.3 将 Fireworks 图形置入 Photoshop 中

Fireworks 全面支持以 Photoshop（PSD）格式导出文件。当导出到 Photoshop 中的 Fireworks 图像在 Fireworks 中作为其他 Photoshop 图形重新打开时，它保持原来的可编辑性。Photoshop 用户可以在 Fireworks 中处理图形，然后继续在 Photoshop 中编辑。可以使用“PSD 保存”扩展，将 Fireworks 文档中的页面和状态快速导出为单独的 PSD 文件。

以 Photoshop 格式导出文件的操作方法如下。

（1）选择【文件】→【另存为】。

（2）为文件命名，然后从“另存为类型”下拉列表中选择“Photoshop PSD”。

（3）若要指定对象、效果和文本的预设导出设置，请单击【选项】按钮。打开“Photoshop 导出选项”对话框，如图 13.3 所示。

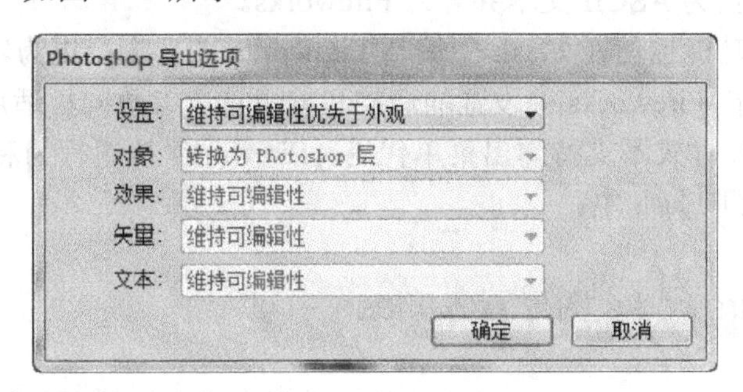

图 13.3 “Photoshop 导出选项”对话框

（4）从“设置”下拉菜单中选择下面的预设。

- 维持可编辑性优先于外观。

将对象转换为层、保持效果的可编辑性并将文本转换为可编辑的 Photoshop 文本层。如果打算在 Photoshop 中充分编辑图像并且不用保持 Fireworks 图像的确切外观，请选择此选项。

- 维持 Fireworks 外观。

将每个对象转换为一个单独的 Photoshop 图层，同时效果和文本变为不可编辑。如果既要在 Photoshop 中保持对 Fireworks 对象的控制，又要保持 Fireworks 图像的原始外观，则选择此选项。

- 较小 Photoshop 文件。

将每一层拼合成一个完全渲染的图像。如果导出一个包含大量 Fireworks 对象的文件，选择此选项。

- 自定义。

用户可以为对象、效果和文本选择具体的设置。

（5）单击【保存】按钮，导出 Photoshop 文件。

13.2 将 Fireworks 与 Flash 一起使用

Flash CS6 是一种用于动画创作与应用程序开发于一身的创作软件。该软件内含强大的工具集，具有排版精确、版面保真和丰富的动画编辑功能，能帮助用户清晰地传达创作构思。Flash 被大量应用于互联网网页的矢量动画设计。因为使用向量运算（VectorGraphics）的方式，产生出来的影片占用存储空间较小。使用 Flash 创作出的影片有自己的特殊存储格式（SWF），据称全世界 97%的网络浏览器都内建 Flash 播放器（FlashPlayer）。Flash 是 Macromedia 提出的“富互联网应用”（RIA）概念的实现平台之一。

- 用户可以轻松地导入、复制和粘贴或导出 Fireworks 的矢量、位图、动画和多态按钮图形，以便在 Flash 中使用。
- Flash 中的 TLF 文本会作为空白位图对象复制到 Windows 上运行的 Fireworks。将 TLF 文本转换为 ASCII 文本并导入 Fireworks。
- 启动和编辑功能也使在 Flash 中编辑 Fireworks 图形变得更为容易。在 Flash 中工作时，用户在 Fireworks 中设置的启动和编辑首选参数同样适用。
- Flash HTML 样式不支持弹出菜单代码。Fireworks 按钮行为和其他类型的交互性不会被导入到 Flash 中。

13.2.1 将 Fireworks 图形置入 Flash 中

导入或复制 Fireworks PNG 文件使用户能够在最大程度上控制如何将图形和动画添加到 Flash 中。用户还可以导入已经从 Fireworks 中导出的 JPEG、GIF、PNG 和 SWF 文件。

注意：Fireworks 图形被导入或复制并粘贴到 Flash 中之后，有些属性（如动态滤镜和纹理）会丢失。用户不能将轮廓渐变效果从 Fireworks 导入或复制并粘贴到 Flash 文档中。另外，Flash 仅支持实心填充、渐变填充和基本笔触。

1．将 Fireworks PNG 文件导入 Flash 中

可以直接将 Fireworks PNG 源文件导入到 Flash 中，而无须先导出为其他任何图形格式。所有 Fireworks 矢量、位图、动画和多态按钮图形都可以导入 Flash 中。

注意：Fireworks 按钮行为和其他类型的交互性不会被导入 Flash 中，因为 Fireworks 行为是由该文件格式外部的 JavaScript 启用的。而 Flash 使用内部 ActionScript 代码。

将 Fireworks PNG 文件导入 Flash 中的操作方法如下。

（1）在 Fireworks 中保存文档。

（2）切换到 Flash 中一个已打开的文档。

（3）（可选）单击要将 Fireworks 内容导入其中的关键状态和层。

（4）选择【文件】→【导入】。

（5）定位并选择 PNG 文件。

（6）在“导入 Fireworks 文档”对话框中，执行下列操作之一。

- 选择“作为一个拼合的位图导入”选项。
- 从两个弹出菜单中选择导入选项。

（7）选择文本的导入方式。

（8）单击【确定】按钮。

注意：在“导入 Fireworks 文档”对话框中的选择将被保存，并作为默认设置。

2．将 Fireworks 图形复制或拖到 Flash 中

将 Fireworks 图形复制或拖到 Flash 中的操作方法如下。

（1）在 Fireworks 中选择要复制的一个或多个对象。

（2）选择【文件】→【复制】，然后从 Flash 弹出菜单中选择“复制”。

（3）在 Flash 中创建新文档，并选择【编辑】→【粘贴】，或将文件直接从 Fireworks 拖到 Flash。

（4）在“导入 Fireworks 文档”对话框中选择“至”选项。

- 当前状态为电影剪辑。

要粘贴内容将作为影片剪辑导入，并置于 Flash 文件的活动状态和层中，保留 PNG 文件中层的层次结构和状态。

- 新建层。

粘贴的内容导入为新层。状态将作为单独的状态导入到时间轴中。

（5）选择如何导入矢量对象。

（6）选择文本的导入方式。

（7）单击【确定】。

注意：用户在“导入 Fireworks 文档”对话框中的选择将被保存并作为默认设置。

3．将 Fireworks 图形导出为其他格式以便在 Flash 中使用

可以将 Fireworks 图形导出为 JPEG、GIF、PNG 和 Adobe Illustrator 8（AI）文件，然后将它们导入 Flash 中。

虽然 PNG 是 Fireworks 的固有文件格式，但是从 Fireworks 导出的 PNG 图形文件不

同于保存在 Fireworks 中的源 PNG 文件。与 GIF 或 JPEG 相同，导出的 PNG 文件只包含图像数据，不包含有关切片、层、交互性、动态滤镜或其他可编辑内容的信息。

1）将 Fireworks 图形和动画导出为 SWF 文件

Fireworks 图形和动画可以导出为 Flash SWF 文件。若要保留笔触大小和笔触颜色格式，请在“Flash SWF 导出选项”对话框中选择“维持外观”。

在导出为 SWF 格式的过程中，以下格式将会丢失：混合模式、层、蒙版（导出前应用）、切片对象、图像映射、行为、图案填充和轮廓渐变。

将 Fireworks 图形和动画导出为 SWF 文件的操作方法如下。

（1）选择【文件】→【另存为】。

（2）输入文件名并选择目标文件夹。

（3）选择“Adobe Flash SWF”格式。

（4）单击【选项】。然后选择“对象”选项。

- 维持路径。

可以保持路径的可编辑性，效果和格式将丢失。

- 维持外观。

根据需要将矢量对象转换为位图对象，并保持应用了笔触和填充的外观，可编辑性将丢失。

（5）选择一个文本选项。

- 维持可编辑性。

可以保持文本的可编辑性，效果和格式将丢失。

- 转换为路径。

将文本转换为路径，保持用户在 Fireworks 中输入的任何自定义字距或间距，作为文本的可编辑性将丢失。

（6）使用“JPEG 品质”弹出滑块设置 JPEG 图像的品质。

（7）选择要导出的状态，并选择以秒为单位的状态速率。

（8）单击【确定】，然后在“导出”对话框中单击【保存】。

2）导出具有透明度的 8 位 PNG 文件

若要导出具有透明度的 32 位 PNG 文件，只要直接将 Fireworks PNG 源文件导入 Flash 中。若要导出具有透明度的 8 位 PNG 文件，则执行如下操作。

（1）在 Fireworks 中，选择【窗口】→【优化】以打开“优化”面板。

（2）选择 PNG 8 作为导出文件格式，并从“透明度”弹出菜单中选择“Alpha 透明度”。

（3）选择【文件】→【导出】。

（4）从“保存类型”弹出菜单中选择“仅图像”。

（5）命名并存储文件。

3）将导出的 Fireworks 图形和动画导入到 Flash 中

将导出的 Fireworks 图形和动画导入到 Flash 中的操作方法如下。

（1）在 Flash 中创建一个新文档。

注意：如果将 Fireworks 图形导入现有的 Flash 文件中，请在 Flash 中创建一个新层。

（2）选择【文件】→【导入】并找到图形或动画文件。

（3）单击【打开】，导入该文件。

13.2.2 在 Flash 中使用 Fireworks 编辑图形

有了启动和编辑集成功能，可以使用 Fireworks 更改以前导入到 Flash 中的图形，即使图像不是从 Fireworks 中导出也是如此。

注意：导入 Flash 中的 Fireworks 固有的 PNG 文件是一个例外，PNG 文件必须作为拼合的位图对象导入。

如果图形是从 Fireworks 导出的，并且已保存原始 PNG 文件，则可以在 Flash 中编辑 Fireworks 中的 PNG 文件。当返回到 Flash 时，PNG 文件和 Flash 中的图形都会更新。

在 Flash 中使用 Fireworks 编辑图形的操作方法如下。

（1）在 Flash 中，用鼠标右键单击“文件库“面板中的图形文件。

（2）从弹出菜单中选择“使用 Fireworks 编辑”。

注意：如果“使用 Fireworks 编辑”未出现在弹出菜单中，请选择“编辑方式”并定位 Fireworks 应用程序。

（3）在“查找源”框中单击【是】来定位 Fireworks 图形的原始 PNG 文件，然后单击【打开】。

（4）编辑图像，并在完成后单击【完成】。Fireworks 会将新的图形文件导出到 Flash 中，并保存原始 PNG 文件。

13.3 将 Fireworks 与 Dreamweaver 一起使用

Dreamweaver 是世界上最优秀的可视化网页设计制作工具和网站管理工具之一，支持最新的 Web 技术，包含 HTML 检查、HTML 格式控制、HTML 格式化选项、HomeSite/BBEdit 捆绑、可视化网页设计、图像编辑、全局查找替换、全 FTP 功能、处理 Flash 和 Shockwave 等富媒体格式和动态 HTML、基于团队的 Web 创作。

Dreamweaver 和 Fireworks 可以识别和共享许多相同的文件编辑，其中包括对链接、图像映射、表格切片的更改。Dreamweaver 和 Fireworks 还为在 HTML 页面中编辑、优化和放置网页图形文件提供了一个优化的工作流程。此外，Fireworks CS6 中的行为与 Dreamweaver 中的行为兼容。在将 Fireworks CS6 变换图像导出到 Dreamweaver 时，可以使用 Dreamweaver 的“行为”面板对 Fireworks CS6 行为进行编辑。

13.3.1 在 Dreamweaver 文件中放置 Fireworks 图像

在 Dreamweaver 中，可以使用“文件”面板、“插入”菜单将 Fireworks 图像插入到 Dreamweaver 中。也可以使用图像占位符创建 Fireworks 图像。

1. 使用“文件”面板将 Fireworks 图像插入到 Dreamweaver 中

在 Dreamweaver 中，使用“文件”面板将 Fireworks 图像插入到 Dreamweaver 中的操作方法如下。

（1）在 Fireworks 中，将图像导出到在 Dreamweaver 中定义的本地站点文件夹。

（2）在 Dreamweaver 中，打开一个 Dreamweaver 文档并确保处于“设计”视图中。

（3）将图像从 Dreamweaver 的“文件”面板中拖到 Dreamweaver 文档中。

2. 使用“插入”菜单将 Fireworks 图像插入到 Dreamweaver 中

在 Dreamweaver 中，使用“插入”菜单将 Fireworks 图像插入到 Dreamweaver 中的操作方法如下。

（1）在 Dreamweaver 中，将插入点放在 Dreamweaver 文档窗口中希望图像出现的位置。

（2）执行下列操作之一。

- 选择【插入】→【图像】。打开“选择图像源文件”对话框。
- 在“插入”面板的“常用”类别中单击“图像”中的【图像】按钮。打开“选择图像源文件”对话框。

（3）定位到从 Fireworks 中导出的图像，然后单击【确定】按钮。

3. 使用 Dreamweaver 图像占位符创建新的 Fireworks 文件

图像占位符使用户能够在为页面创建最终图片之前尝试各种不同的网页布局。使用图像占位符来指定以后要在 Dreamweaver 中放置的 Fireworks 图像的大小和位置。

当使用 Dreamweaver 图像占位符创建 Fireworks 图像时，系统会用与所选占位符尺寸相同的画布创建一个新的 Fireworks 文档。

一旦 Fireworks 会话结束并且用户返回到 Dreamweaver，所创建的新 Fireworks 图形即会取代最初选择的图像占位符。

在 Dreamweaver 中，使用图像占位符创建新的 Fireworks 文件的操作方法如下。

（1）在 Dreamweaver 中，将所需的 HTML 文档保存到 Dreamweaver 站点文件夹内的一个位置。

（2）将插入点放在文档中的所需位置，然后执行下列操作之一。

- 选择【插入】→【图像对象】→【图像占位符】，打开“图像占位符”对话框。
- 在“插入”面板的“常用”类别中单击“图像”中的“图像”弹出菜单，并选择“图像占位符”。打开“图像占位符”对话框。

（3）输入图像占位符的名称、尺寸、颜色和替换文本。

图像占位符即会插入到 Dreamweaver 文档中，如图 13.4 所示。

（4）执行下列操作之一。

- 选择图像占位符，然后在属性检查器中单击【创建】。
- 按住【Ctrl】键并双击图像占位符。
- 选择图像占位符，用鼠标右键单击，然后单击【创建图像】。

Fireworks 即会打开，并显示一个大小与占位符图像完全相同的空画布。文档窗口的顶部会指示出用户编辑的是 Dreamweaver 中的图像。

（5）在 Fireworks 中创建图像，然后单击【完成】。

（6）指定源 PNG 文件的名称和位置。

（7）指定导出的图像文件的名称。

（8）在 Dreamweaver 站点文件夹中为导出的文件指定位置，然后单击【保存】。

返回到 Dreamweaver 时，新 Fireworks 图像或表格将取代最初选择的图像占位符，如图 13.5 所示。

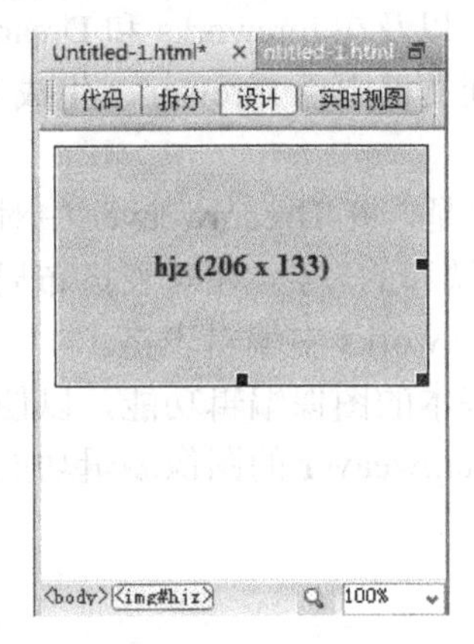

图 13.4　在 Dreamweaver 文档中插入图像占位符

图 13.5　新 Fireworks 图像取代选择的图像占位符

13.3.2　将 Fireworks HTML 代码置入 Dreamweaver 中

将 Fireworks 文件置入 Dreamweaver 中分两步进行。首先，将文件从 Fireworks 直接导出到一个 Dreamweaver 站点文件夹中。此操作将在指定的位置生成一个 HTML 文件和相关联的图像文件。然后，使用“插入 Fireworks HTML”功能将 HTML 代码置入 Dreamweaver 中。

将 Fireworks HTML 代码置入 Dreamweaver 中的操作方法如下。

（1）将 Fireworks HTML 文档导出为 HTML 格式。

（2）在 Dreamweaver 中，将文档保存到已定义的站点中。

（3）将插入点放在文档中开始插入 HTML 代码的位置。

（4）执行下列操作之一。

- 选择【插入】→【图像对象】→【Fireworks HTML】。
- 在“插入”面板的“常用”类别中单击【图像】并弹出菜单，选择“Fireworks HTML”。

（5）在出现的“插入 Fireworks HTML”对话框中，单击【浏览】选择所需的 Fireworks HTML 文件。

注意：在“插入 Fireworks HTML”对话框中，如果选择“插入后删除文件”，将 HTML 文件移到回收站。此选项不会影响与 HTML 文件关联的源 PNG 文件。

（6）单击【确定】，将 HTML 代码连同它的相关图像、切片和 JavaScript 一起插入到 Dreamweaver 文档中。

此外，还可以复制 Fireworks HTML 代码，以便在 Dreamweaver 中使用。在 Fireworks 中对 PNG 文档进行更改，更新导出到 Dreamweaver 文档中的 HTML 和 JavaScript 代码的操作。将 Fireworks 文件导出到 Dreamweaver 库的操作，这里不再详述。

13.3.3 在 Dreamweaver 中编辑 Fireworks 文件

“自由导入导出 HTML”功能将 Fireworks 和 Dreamweaver 紧密集成在一起。它使用户可以在一个应用程序中进行更改，并在另一个应用程序中完整地反映这些更改。

Fireworks 识别并保留在 Dreamweaver 中对文档所做的大多数类型的编辑，包括更改的链接、编辑的图像映射、HTML 切片中编辑的文本和 HTML 以及在 Fireworks 和 Dreamweaver 之间共享的行为。Dreamweaver 中的属性检查器帮助识别文档中由 Fireworks 生成的图像、表格切片和表格。

Fireworks 支持大多数类型的 Dreamweaver 编辑。但是，在 Dreamweaver 中对表格结构进行较大的更改可能会在两个应用程序之间产生不可调和的差异。在对表格布局进行重大更改时，请使用 Dreamweaver 的启动和编辑功能在 Fireworks 中编辑表格。

注意：利用 Fireworks 技术，Dreamweaver 可提供基本的图像编辑功能，以便在不使用外部图像编辑应用程序的情况下对图像进行修改。Dreamweaver 的图像编辑功能仅适用于 JPEG 和 GIF 图像文件格式。

1. 编辑放置在 Dreamweaver 中的 Fireworks 图像

编辑放置在 Dreamweaver 中的 Fireworks 图像的操作方法如下。

（1）在 Dreamweaver 中，选择【窗口】→【属性】，打开属性检查器。

（2）执行下列操作之一。

- 选择所需的图像。属性检查器将选区识别为 Fireworks 图像，并显示该图像的已知 PNG 源文件的名称。然后在属性检查器中单击【编辑】。
- 按住【Ctrl】键并双击要编辑的图像。
- 用鼠标右键单击所需的图像，然后从上下文菜单中选择【编辑】→【Fireworks】。

（3）如果出现提示，请指定是否为放置的图像定位源 Fireworks 文件。

（4）在 Fireworks 中编辑图像。应用的编辑保留在 Dreamweaver 中。

（5）单击【完成】，使用当前优化设置导出图像，更新 Dreamweaver 使用的 GIF 或 JPEG 文件，在选择了 PNG 源文件时还保存该源文件。

2. 编辑放置在 Dreamweaver 中的 Fireworks 表格

编辑放置在 Dreamweaver 中的 Fireworks 表格的操作方法如下。

（1）在 Dreamweaver 中，选择【窗口】→【属性】，打开属性检查器。

（2）执行下列操作之一，在文档窗口中打开源 PNG 文件：

- 在表格内部单击，然后单击状态栏中的 TABLE 标签选择整个表格。属性检查器将选区识别为 Fireworks 表格，并显示该表格的已知 PNG 源文件的名称。然后在属性检查器中单击【编辑】。
- 选择表格中的图像，然后在属性检查器中单击【编辑】。
- 用鼠标右键单击图像，然后从上下文菜单中选择【编辑】→【Fireworks】。

（3）在 Fireworks 中进行编辑。

Dreamweaver 识别并保留在 Fireworks 中应用于表格的所有编辑。

（4）编辑完表格后，在文档窗口中单击【完成】。

表格的 HTML 和图像切片文件将使用当前的优化设置导出，放置在 Dreamweaver 中的表格将被更新，而 PNG 源文件将被保存。

13.3.4 优化放置在 Dreamweaver 中的 Fireworks 图像和动画

1．更改放置在 Dreamweaver 中的 Fireworks 图像的优化设置的操作方法

（1）在 Dreamweaver 中选择图像，然后执行下列操作之一。

- 选择【命令】→【优化图像】。
- 在属性检查器中单击【优化】按钮。
- 用鼠标右键单击并从弹出菜单中选择“在 Fireworks 中优化”。

（2）如果出现提示，请指定是否打开所放置图像的 Fireworks 源文件。

（3）在“导出预览”对话框中进行编辑。

- 若要编辑优化设置，请单击“选项”选项卡。
- 若要编辑所导出图像的大小和区域，请单击“文件”选项卡。如果在 Fireworks 中更改了图像尺寸，则当返回到 Dreamweaver 时，用户必须在属性检查器中重设图像的大小。
- 若要编辑图像的动画设置，请单击“动画”选项卡。

（4）在完成图像编辑后，单击【确定】按钮，导出图像，在 Dreamweaver 中更新图像，然后保存此 PNG。

如果更改了图像格式，Dreamweaver 的链接检查器将提示您更新对该图像的引用。

2．更改动画设置

如果打开并优化的是 GIF 动画文件，还可以编辑动画设置。“导出预览”对话框中的动画选项类似于 Fireworks“状态”面板中的可用选项。

注意：若要编辑 Fireworks 动画中的图形元素，必须打开和编辑 Fireworks 动画。

13.4 将 Fireworks 与 Illustrator 一起使用

Adobe 公司的 Illustrator 是出版、多媒体和在线图像的工业标准矢量插画软件。无论是生产印刷出版线稿的设计者和专业插画家、生产多媒体图像的艺术家、还是互联网页或在线内容的制作者，都会发现 Illustrator 不仅仅是一个艺术产品工具。该软件为用户的线稿提供无与伦比的精度和控制，适合生产任何小型设计到大型的复杂项目。

作为全球著名的图形软件 Illustrator，以其强大的功能和体贴用户的界面已经占据美国 MAC 机平台矢量软件的 97%以上的市场份额。尤其基于 Adobe 公司专利的 PostScript 技术的运用，Illustrator 在桌面出版领域发挥了极大的优势。

可以在 Fireworks 和 Illustrator 之间轻松共享矢量图形。不过，Fireworks 并不会与所有矢量图形应用程序之间共享所有相同的功能，因此对象的外观可能有所不同。

Fireworks 支持导入固有的 Illustrator（AI）CS2 和更高版本（如 Adobe Illustrator CS6）的文件，并提供保留导入文件的许多方面（包括层、图案）的选项。但不导入链接的图像。

因此，可以将 Illustrator 图像导入 Fireworks 中做进一步的编辑和网页优化。还可以从 Fireworks 导出 Illustrator 文件。

若想逐个导入画板，则使用【文件】→【导入】选项，导入包含多个画板的 Illustrator 文件。

导入包含多个画板的 Illustrator 文件时，会启用“矢量文件选项”对话框中的“页面”菜单。在“页面”菜单中选择要导入的画板。会将 Illustrator 中的每个画板映射到 Fireworks 中的页面。“矢量文件选项”对话框如图 13.6 所示。

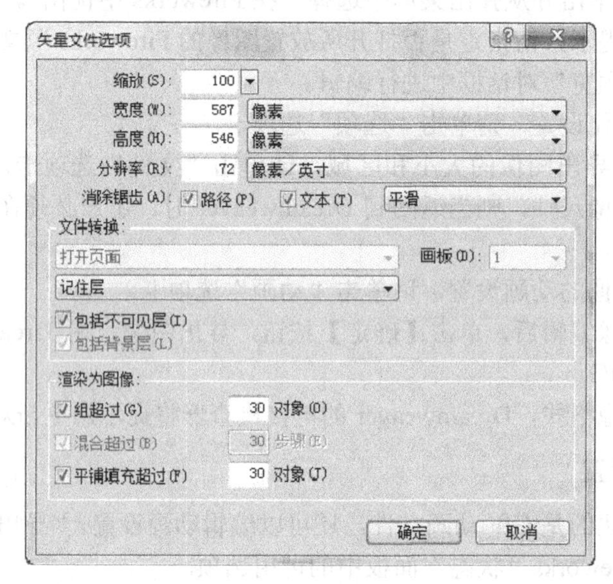

图 13.6 “矢量文件选项”对话框

若要打开某个 Illustrator 文件中的所有画板，请选择【文件】→【打开】，然后打开包含画板的 Illustrator 文件。由于所有画板都作为单独的页面导入，因此会禁用“矢量文件选项”对话框中的“文件转换”选项。

13.5 在 Adobe device central 的各种移动模拟器中预览 Fireworks 文档

Adobe device central（设备中心）是由 Adobe 公司开发的一个软件。该软件为手机、Tablet 和消费电子设备简化了创新、引人注目的内容制作，并规划、预览并测试引人入胜的体验，将它们交付到几乎任何设备上的任何用户。

Adobe Device Central 为移动内容开发人员和测试人员提供了一种方式，可以在多种设备上轻松地创建和预览移动内容。Adobe Device Central 可以显示多种移动设备的逼真皮肤，即显示设备外观以及内容在这些设备上的显示外观。这使用户可以与模拟的设备进行交互，而且就像真实世界中的交互一样，包括测试不同的性能级别、存储器、电池电量和灯光类型。Adobe Device Central 提供了一个可供选择的设备库。每个设备都有一个包含设备相关信息的配置文件，其中包括设备所支持的媒体和内容类型（即各个设备上可以使用的内容，如屏幕保护程序、墙纸和独立 Flash Player）。用户可以搜索所有可用的设备、比较多个设备和创建常用的自定设备组。Adobe Device Central 支持不同的媒体格式，包括 Flash 格式、位图格式、视频格式和 Web 格式。用户可以使用不同的媒体格式创建不同类型的内容（例如屏幕保护程序或墙纸）。

13.5.1 Adobe device central 的功能

Adobe device central 的功能如下。

（1）Adobe AIR 2.5 设备配置文件。使用 Flash Professional CS5.5 和 Flash Builder 4.5 为多个屏幕创建内容，并规划要显示在支持 Adobe AIR 2.5 的最新设备上的项目。

（2）高级设备输入模拟。模拟位置和移动等输入，测试受支持设备的响应。借助地理位置、加速计和多点触控等 Adobe 设备的 API，充分利用移动设备的物理特性。

（3）自动化和性能模拟。通过为各种设备配置文件实现测试自动化节省时间。实现吞吐量节流，并模拟不同无线网络的等待时间，模拟真实环境中内容的性能。

（4）更多设备配置文件。通过动态更新的在线设备库获取各种最新设备的配置文件，其中包括 Apple 和 RIM 的智能手机和 Tablet。

（5）Flash Builder 4.5 集成。通过访问 Device Central 在线设备配置文件库，在 Flash Builder 4.5 中快速、准确地设置新的移动项目。

（6）高质量视频支持。通过 FLV 模拟支持与 After Effects 的集成并入视频。通过记录内容的高品质影片剪辑，向客户和管理人员快速传达内容和应用程序构思。

（7）HTML 渲染。借助内建的 WebKit 支持与 Adobe Dreamweaver 集成，测试嵌入的 SWF 或 FLV 和基于 HMTL 的内容。模仿服务器请求并检查 Flash Player 内存耗用情况，根据移动环境调整网络性能。

（8）HTML5 支持。在支持的设备上模拟 HTML5 内容，充分利用最新版 WebKit 对媒体查询、视频和画布等进行概要分析。

（9）改进的 HTML 调试。测试可访问 WebKit 默认样式表、字体映射和设备 API 模拟的 HTML 内容。查看源代码、启用/禁用 JavaScript 和 CSS，并按实际设备大小进行预览。

（10）与 Creative Suite 5.5 集成。通过 Adobe Device Central 和 Adobe Flash Professional、Flash Builder、Fireworks、Photoshop、Illustrator、Dreamweaver、Adobe Premiere Pro 以及 After Effects 之间的集成，简化移动创作工作流程。

（11）移动开发人员资源。能够加入成为 Adobe 移动开发人员，计划并访问移动设备开发人员中心，充分利用各种在线资源（包括提示与技巧、示例、论坛等）。

（12）设备配置文件在线库。通过动态更新的设备库获取最新的设备配置文件。浏览、搜索大量设备配置文件并对它们进行排序，比较多个设备，以及创建自定义设备集以便快速访问项目。

（13）井井有条的移动项目。从一个中心位置管理和存储所有资源、瞄准设备配置文件并导出移动项目的相关选项。

（14）智能测试环境。为经过移动设备优化的最新版 Adobe Flash ® Player 预览和测试内容，使用 Flash Professional CS5.5 为台式机、Tablet 和移动设备创建多屏幕内容。

（15）Flash Player 10.2 支持。为经过移动设备优化的最新版 Adobe Flash® Player 预览和测试内容，使用 Flash Professional CS5.5 为台式机、Tablet 和移动设备创建多屏幕内容。

使用 Adobe Device Central，用户可以为移动设备或其他设备选择配置文件，然后启动自动工作流程以创建 fireworks 项目。该项目具有目标设备的屏幕大小和分辨率。设计完成后，用户可以使用设备中心的仿真功能在各种条件下预览此设计。还可以创建自定义设备配置文件。

改进的移动设计工作流程包括使用 Adobe Device Central 整合的交互设计的仿真。

可以在“设备中心”的各种移动模拟器中预览 Fireworks 文档。“设备中心”随 Fireworks 一起自动安装。

在“设备中心”中预览 Fireworks 文档的操作如下。

（1）创建要在 Fireworks 中预览的文档。还可以创建具有一组页面的文档并且单独预览每个页面。

（2）选择【文件】→【在设备中心中预览】。

（3）在“设备中心”中，预览“测试设备”面板中列出的各个设备的文档。

页面的背景颜色作为预览期间的背景颜色。如果将背景设置为透明，则预览期间的背景颜色显示为白色。预览文档时使用 Device Central 中的各个选项。

13.5.2 基于所选的移动设备创建 Fireworks 文档

1．为某个特定移动设备创建文档的操作方法

（1）选择【文件】→【设备中心】。

（2）在“设备中心”窗口的“测试设备”面板中，选择要为其创建 Fireworks 文档的设备。

注：如果要创建一个 Fireworks 文档，而该文档的大小与指定的移动面板大小稍有不同，请选择“使用自定义大小”，根据需要修改值。

（3）单击【创建】。

（4）在 Fireworks 中打开所选大小的文档。

2．为一组具有相同尺寸的移动设备创建文档的操作方法

（1）选择【文件】→【设备中心】。

（2）在“设备中心”窗口的“测试设备”面板中，选择要为其创建 Fireworks 文档的设备。

注：选择不同大小的设备时，“设备中心”会创建包含相似大小的设备的组。在“匹

配的大小预设”面板中显示这些组。

（3）在“匹配的大小预设”面板中，选择要为其创建 Fireworks 文档的组。

（4）单击【创建】。

（5）在 Fireworks 中打开所选大小的文档。

以上介绍了 Fireworks 与 Photoshop 一起使用、与 Flash 一起使用、与 Dreamweaver 一起使用、与 Illustrator 一起使用以及在 Adobe device central 的各种移动模拟器中预览 Fireworks 文档等内容。

此外，Fireworks 还可以与 Adobe XMP 共享图像元数据；与 Director 一起使用；与 HomeSite、GoLive 和其他 HTML 编辑器一起使用；Fireworks 还可将公用库资源导出为已知的组件，以便在 Adobe Flex Builder 中使用，从而有助于开发下一代丰富 Internet 应用程序。由于篇幅原因，这里不再介绍。

13.6 本章软件使用技能要求

Fireworks CS6 与 Flash CS6、Dreamweaver CS6 合称网页三剑客，并可与 Photoshop、Illustrator 等软件无缝集成，是当今网站开发的必备工具。通过本章的学习要掌握以下技能。

1. 了解 Fireworks 与 Photoshop 如何一起使用
2. 了解 Fireworks 与 Flash 如何一起使用
3. 了解 Fireworks 与 Dreamweaver 如何一起使用
4. 了解 Fireworks 与 Illustrator 如何一起使用
5. 了解 Adobe device central 的功能及基于所选的移动设备创建 Fireworks 文档的操作方法

习　题

一、单选题（请从 4 个选项中选择最佳答案）

1．在使用“油漆桶”工具时，属性检查器中的容差值____。

A．决定了填充的像素在颜色上必须达到的相似程度

B．决定了颜色改变的程度

C．决定了颜色的范围

D．决定了填充边缘的平滑程度

2．从颜色框弹出窗口中采集颜色时，____。

A．只能采集文档内的颜色

B．可以从计算机屏幕的任意位置采集颜色

C．只能采集当前打开的图像颜色

D．可以从 Fireworks CS6 窗口的任意位置采集颜色

3．能重新排列所选对象的动态滤镜效果应用顺序的是____。

A．选中一个效果，使用键盘上的箭头键

B．选中一个效果，将其拖到属性检查器的动态滤镜列表中的所需位置

C．选中一个效果，使用键盘上的数字键

D．在属性检查器上的选项菜单中进行选择

4．关于路径的描述，错误的是____。

A．路径只有一个状态，即闭合状态

B．只有在同一点开始和结束的路径才是封闭路径

C．路径的长度、形状、颜色等属性都可以被修改

D．路径至少有两个点：起点和终点

5．“刷子”工具的作用是____。

A．可以使用“填充颜色”框中的颜色绘制刷子笔触

B．选择像素区域

C．可以使用“笔触颜色”框中的颜色绘制刷子笔触

D．绘制出单像素的线条或受约束的直线

6．拖动点手柄，编辑贝济埃曲线时，若要将点手柄移动的方向限制为 45°，请在拖动时____。

A．按住【Alt】键　　B．按住【Shift】键

C．按住【Ctrl】键　　D．按住【Ctrl＋Shift】组合键

7．在 Fireworks CS6 的动态滤镜效果中，没有设置项的是____。

A．曲线　　B．投影　　C．内斜角　　D．自动色阶

8．在位图图像中正确使用“油漆桶”工具的是____。

A．选择“油漆桶”工具。在“填充颜色”框中选择一种颜色，在属性检查器中设置容差值，单击图像，容差范围内的所有像素都变成笔触颜色

B．选择“油漆桶”工具。在“笔触颜色”框中选择一种颜色，在属性检查器中设置容差值，单击图像，容差范围内的所有像素都变成笔触颜色

C．选择“油漆桶”工具。在“填充颜色”框中选择一种颜色，在属性检查器中设置容差值，单击图像，容差范围内的所有像素都变成填充颜色

D．选择“油漆桶”工具。在“填充颜色”框中选择一种颜色，在属性检查器中设置容差值，在图像上拖动，拖动范围内的所有像素都变成填充颜色

9．Fireworks CS6 文档中的所有文本均显示在____。

A．文本块的内部　　B．“页面”面板上

C．“图层”面板上　　D．“样式”面板上

10．在 Fireworks CS6 的动态滤镜效果中，使用 Photoshop 动态效果可以添加____。

A．投影、内侧阴影、内侧光晕、外侧光晕

B．斜角和浮雕、缎纹、笔触

C．颜色叠加、渐变叠加、图案叠加

D．以上都可以

11．“刀子”工具的作用是____。

A．改变路径的填充

B．擦除路径的一部分

C．将一个路径切成两个或多个路径

D．重绘路径

12．将文本附加到路径后，该路径____。

A．保留其笔触、填充及动态滤镜效果属性

B．会暂时失去其笔触、填充及动态滤镜效果属性

C．会保留笔触、填充属性

D．会保留动态滤镜效果属性

13．关于属性检查器的描述，错误的是____。

A．属性检查器是一个上下文关联面板，它显示当前选区、当前工具选项或文档的属性

B．使用属性检查器可以快速设置当前所使用的工具或所选对象的参数属性

C．属性检查器浮于界面上方，可以把它移到界面的任何一个地方

D．在默认情况下，属性检查器停放在界面的顶部

14．使用“铅笔”工具时，属性检查器上的“自动擦除”选项的作用是____。

A．自动擦除绘制的线条

B．在笔触颜色上单击就会使用填充颜色绘制

C．在笔触颜色上单击用白色进行填充

D．将原来绘制出的笔触删去

15．关于“钢笔”工具作用的描述，错误的是____。

A．使用“钢笔”工具，在路径上没有点的任何位置单击，可以在所选路径上插入点

B．使用“钢笔”工具，可以将直线路径段转换为曲线路径段

C．使用“钢笔”工具，可以将曲线路径段转换为直线路径段

D．使用“钢笔”工具，不可以绘制根据数学公式推导出的平滑曲线（即贝济埃曲线）

16．在 Fireworks CS6 中，PNG 代表____。

A．可移植网络图形　　B．无线位图

C．标签图像文件格式　　D．图形交换格式

17．“平面化所选”命令的作用是____。

A．可以将所选矢量对象转换成位图对象

B．可以将所选位图对象转换成矢量对象

C．将所选位图对象锁定

D．将所选矢量对象锁定

18．关于颜色框的描述，错误的是____。

A．从工具面板的“颜色”部分到属性检查器，再到“混色器”面板，都能找到颜色框

B．颜色框显示当前选中对象的颜色

C．在各个对象之间切换时，颜色框的颜色不会发生变化

D．单击任意颜色框时，会有一个颜色框弹出窗口打开

19．将选取框转换为路径的方法是____。

A．选择【编辑】→【将选取框转换为路径】

B．选择【选择】→【将选取框转换为路径】

C．选择【修改】→【将选取框转换为路径】

D．选择【命令】→【将选取框转换为路径】

20．“URL”面板的作用是____。

A．创建按钮　　B．创建热点

C．创建、包含经常使用的 URL 库　　D．创建切片

21．下面说法错误的是____。

A．“魔术棒”工具的作用是在图像中选择一个颜色相似区域

B．“橡皮擦”工具的作用是擦除所选位图对象或像素选区中的像素

C．“星形”工具的作用是绘制顶点数为 3～25 的星形形状的对象组

D．“矩形热点”工具的作用是在目标区域周围绘制矩形热点

22．用“铅笔”工具绘制水平、竖直或 45° 倾斜线时，正确的方法是____。

A．按住【Alt】键并拖动　　B．按住【Shift】键并拖动

C．按住【Ctrl】键并拖动　　D．按住【Enter】键并拖动

23．对于附加到路径的文本，更改文本在路径上的起始点的方法是____。

A．在属性检查器的“字间距”文本框中输入一个值，然后按【Enter】键

B．在属性检查器的“字顶距”文本框中输入一个值，然后按【Enter】键
C．在属性检查器的“文本偏移”文本框中输入一个值，然后按【Enter】键
D．在属性检查器的“段落缩进”文本框中输入一个值，然后按【Enter】键

24．下面说法正确的是____。
A．对位图对象可以应用滤镜效果，但对路径对象却不能
B．对位图对象应用滤镜效果，通常只对位图对象的边缘有效
C．对一个对象只能添加一种滤镜效果
D．可以将滤镜效果保存起来供以后调用

25．在“笔触选项”弹出窗口中，设置可以得到最硬边缘笔触的方法是____。
A．把“边缘柔化”滑块一直拉到底
B．把“边缘柔化”滑块一直拉到顶
C．把“尖端大小”滑块一直拉到底
D．把“尖端大小”滑块一直拉到顶

26．在向“样本”面板中添加颜色时，鼠标指针将变为____。
A．剪刀的样子　　B．油漆桶的样子
C．刷子的样子　　D．滴管的样子

27．下面说法错误的是____。
A．“样式”面板中的样式可以应用于位图
B．“样式”面板中的样式可以应用于路径
C．“样式”面板中的样式可以应用于文本
D．“样式”面板中的样式可以应用于切片

28．当颜色框弹出窗口打开时，鼠标指针变成____。
A．油漆桶的样子　　B．滴管的样子
C．刷子的样子　　D．剪刀的样子

29．将文本转换为路径以后，文本将成为____。
A．拆分的路径　　B．单独的路径
C．合并的路径　　D．组合的路径

30．在绘制矩形时，以中心点为基准绘制矩形的方法是____。
A．按住【Shift】键　　B．按住【Ctrl】键
C．按住【Alt】键　　D．按住【Ctrl+Shift】组合键

31．快速浏览各种颜色模式颜色栏的方法是____。
A．按住【Shift】键并单击“混色器”面板底部的颜色栏
B．单击“混色器”面板底部的颜色栏
C．按住【Alt】键并单击“混色器”面板底部的颜色栏
D．按住【Ctrl】键并单击“混色器”面板底部的颜色栏

32．在属性检查器中，可以对文本对象的____属性进行编辑。
A．字体、字号　　B．字距、字顶距
C．水平缩放　　D．以上都是

33．文本块是一个____。

A．带有手柄的矩形　　B．带有手柄的椭圆形
C．带有条状框的矩形　　D．带有条状外框的椭圆形

34．正确删除渐变中颜色样本的方法是____。

A．选中颜色样本，双击鼠标
B．将“颜色样本”从“编辑渐变”弹出窗口中拖走
C．选中颜色样本，按【Delete】键
D．选中颜色样本，单击鼠标右键

35．要创建位图图像，可以____。

A．用位图工具绘制和绘画　　B．将矢量对象转换成位图对象
C．打开或导入位图对象　　D．以上都可以

36．将各个所选对象组合起来，然后将它们作为单个对象处理的方法是____。

A．选择【编辑】→【组合】　　B．选择【修改】→【组合】
C．选择【编辑】→【取消组合】　　D．选择【修改】→【取消组合】

37．“矢量路径”工具的作用是____。

A．绘制贝济埃曲线　　B．绘制自由变形矢量路径
C．绘制将路径限制为垂直线　　D．绘制将路径限制为水平直线

38．“色阶”功能可以校正____。

A．像素高度集中在高亮部分的位图
B．像素高度集中在中间色调部分的位图
C．像素高度集中在阴影部分的位图
D．以上都可以

39．使用“指针”工具在对象周围拖动可以选中____。

A．单独的对象　　B．选区内的所有对象
C．组合对象　　D．对象上的点

40．【克隆】命令的作用是____。

A．复制出一个完全相同、位置不同的对象
B．复制出一个完全相同、位置也相同的对象
C．将对象放到剪贴板，删除原来的对象
D．将对象放到剪贴板，保留原来的对象

41．使用“多边形”工具的“边”弹出滑块最多可以选择____。

A．360 条边　　B．36 条边　　C．25 条边　　D．180 条边

42．“克隆”命令和“重制”命令之间的区别是____。

A．“克隆”命令复制出来的对象完全相同，位置也相同，“重制”命令复制出来的对象位置有一点错开
B．“克隆”命令复制出来的对象完全相同，位置有点错开，“重制”命令复制出来的对象位置也相同
C．“克隆”命令可以重复粘贴，其他都相同
D．“重制”命令可以重复粘贴，其他都相同

43．合并两个断开的路径的方法是____。

A．选择“铅笔”工具，双击其中一个路径的端点，将指针移动到另一个路径的端点并双击

B．选择“钢笔”工具，双击其中一个路径的端点，将指针移动到另一个路径的端点并双击

C．选择“钢笔”工具，单击其中一个路径的端点，将指针移动到另一个路径的端点并单击

D．选择“铅笔”工具，单击其中一个路径的端点，将指针移动到另一个路径的端点并双击

44．使“笔触颜色”框或“填充颜色”框变为活动状态的方法是____。

A．在“图层”面板中单击“笔触颜色”或“填充颜色”框旁边的图标，活动颜色框区域在工具面板中显示为一个被按下的按钮

B．在“样本”面板中单击“笔触颜色”或“填充颜色”框旁边的图标，活动颜色框区域在工具面板中显示为一个被按下的按钮

C．在工具面板中单击“笔触颜色”或“填充颜色”框旁边的图标，活动颜色框区域在工具面板中显示为一个被按下的按钮

D．在“样式”面板中单击“笔触颜色”或“填充颜色”框旁边的图标，活动颜色框区域在工具面板中显示为一个被按下的按钮

45．在绘制基本图形时，改变其位置的方法是____。

A．在按住鼠标左键的同时，按住【Shift】键，然后将对象拖到画布上的另一个位置

B．在按住鼠标左键的同时，按住【Alt】键，然后将对象拖到画布上的另一个位置

C．在按住鼠标左键的同时，按住【Ctrl】键，然后将对象拖到画布上的另一个位置

D．在按住鼠标左键的同时，按住空格键，然后将对象拖到画布上的另一个位置

46．改变画布大小的方法是____。

A．选择【编辑】→【画布】→【画布大小】

B．选择【修改】→【画布大小】

C．选择【修改】→【画布】→【画布大小】

D．选择【选择】→【画布大小】

47．动态滤镜效果可以应用于____。

A．矢量对象　B．位图对象　C．文本　D．以上都可以

48．“加深”工具的作用是____。

A．减淡图像中的部分区域　B．锐化图像中的区域

C．加深图像中的部分区域　D．选取像素区域

49．能够对文本对象进行的操作是____。

A．对文本对象应用填充　B．对文本对象应用动态滤镜效果

C．对文本对象应用样式　D．以上操作都可以

50．将文本从所选路径分离出来的方法是____。
A．选择【文本】→【从路径分离】
B．选择【文本】→【附加到路径】
C．选择【文本】→【转换到路径】
D．选择【修改】→【从路径分离】

51．使用内斜角和外斜角动态滤镜效果，可以产生的作用是____。
A．使对象模糊　B．使对象产生立体感
C．使对象向下凹陷　D．使对象发光

52．可以选择全部对象的命令是____。
A．选择【编辑】→【全选】　B．选择【修改】→【全选】
C．选择【修改】→【转换】　D．选择【选择】→【全选】

53．“笔触颜色”框弹出窗口中“在笔触上方填充”选项的作用是____。
A．在笔触下方绘制填充　B．在笔触上绘制填充
C．使填充不可见　D．缩小笔触的设置

54．向渐变填充中添加新颜色的方法是____。
A．双击渐变色阶上方的区域　B．单击渐变色阶上方的区域
C．双击渐变色阶下方的区域　D．单击渐变色阶下方的区域

55．按住【Shift+Alt】组合键，拖动“椭圆”工具可以____。
A．以中心点为基准绘制圆形　B．以最左边为基准绘制圆形
C．绘制椭圆　D．绘制圆形

56．创建自己的样本组并存盘后，文件的扩展名为____。
A．.jpg　B．.rom　C．.act　D．.pad

57．在 Fireworks CS6 中，标尺的单位是____。
A．厘米　B．英寸　C．毫米　D．像素

58．按住【Shift】键的同时，使用“直线”工具可以绘制出来____。
A．45° 直线　B．30° 直线　C．60° 直线　D．弧形

59．文本颜色是由____控制的。
A．“笔触颜色”框　B．“填充颜色”框
C．“页面”面板　D．“图层”面板

60．在绘制椭圆时，以中心点为基准绘制椭圆的方法是____。
A．按住【Alt】键　B．按住【Shift】键
C．按住【Ctrl】键　D．按住【Ctrl+Shift】组合键

二、多选题（请从 4 个选项中找出所有正确的答案）

1．“指针”工具的作用是____。
A．单击对象选择对象　B．在其周围拖动选区时选择这些对象
C．选择组内的个别对象　D．选择一个对象后面的对象

2．下面关于矢量图形的说法，正确的是____。
A．矢量对象是以路径定义形状的计算机图形

B．矢量路径的形状由路径上绘制的点确定

C．矢量对象是利用点描述定义的图形

D．矢量对象是用一系列直线和曲线组成的计算机图像

3．可以对位图图像填充颜色的工具是____。

A．油漆桶 B．钢笔 C．橡皮擦 D．渐变

4．对文本对象能够进行的操作有____。

A．对文本对象应用填充 B．对文本对象应用动态滤镜

C．对文本对象进行变形 D．对文本对象应用样式

5．使用“部分选定”工具可以____。

A．选择组内的个别对象 B．单击对象选择对象

C．选择矢量对象的点 D．选择一个对象后面的对象

6．在新建一个文档时，画布的颜色主要有____。

A．白色 B．透明色 C．背景颜色 D．自定义颜色

7．关于位图图像的描述，正确的是____。

A．使用像素来定义的图像，每个像素都有一个特定的位置和颜色

B．对位图图像放大和缩小，不会影响其品质

C．编辑位图图像时修改的是像素

D．位图图像与分辨率有关，它包含固定数量的像素

8．在选择了一个对象以后，移动对象的方法是____。

A．使用“指针”工具拖动 B．使用键盘上的数字键

C．使用键盘上的箭头键 D．在“信息”面板上输入数值

9．关于“自由变形”工具，下面说法正确的是____。

A．能够直接对矢量对象执行弯曲和变形操作，而不是对各个点执行操作

B．可以推动或拉伸路径的任何部分，而不管点的位置如何

C．删除所选路径对象的某些部分

D．在更改矢量对象的形状时，会自动添加、移动或删除路径上的点

10．关于附加文本到路径上的操作，下面叙述错误的是____。

A．将文本附加到路径上时，应用到文本上的笔触、填充等属性不会消失

B．将文本附加到路径上时，应用到路径上的笔触、填充等属性也不会消失

C．将文本附加到路径上后，无法改变文本的形状

D．将文本附加到路径上后，无法直接修改路径的形状

11．关于编辑投影效果，下面说法正确的是____。

A．拖动“距离”滑块设置投影与对象的距离

B．拖动“柔化”滑块设置投影的清晰度

C．单击颜色框打开颜色框弹出窗口并设置投影颜色

D．选择“去底色”隐藏对象而仅显示阴影

12．下面关于属性检查器的描述，正确的是____。

A．在默认情况下，属性检查器在文档窗口的右部

B．属性检查器会根据所选择的工具和所选中的对象发生变化

C．属性检查器可以显示部分的属性，也可以显示全部的属性

D．属性检查器是可以伸缩的

13．被编排在工具面板“矢量”类别中的工具是____。

A．“铅笔”工具　　B．“钢笔”工具

C．“魔术棒”工具　　D．“文本”工具

14．关于图案填充，下列说法正确的是____。

A．可以添加自定义图案填充

B．Fireworks CS6 附带了包括贝伯地毯、叶片和木纹等 60 种图案填充

C．图案填充可以对位图进行填充

D．图案填充只能使用 PNG 格式的图案进行填充

15．工具面板的“位图”部分包括____。

A．选择像素的工具　　B．转化像素的工具

C．绘制像素的工具　　D．编辑像素的工具

16．在“混色器”面板中创建的颜色应用于____。

A．矢量对象　　B．位图对象

C．“笔触颜色”框　　D．“填充颜色”框

17．具有可修改的笔触属性的工具是____。

A．钢笔　　B．铅笔　　C．刷子　　D．矢量路径

18．对于 Fireworks CS6 中 6 种对图像进行模糊处理的功能选项，下面说法正确的是____。

A．6 种模糊功能选项分别是“模糊”、“进一步模糊”、“高斯模糊”、“运动模糊”、“放射状模糊”和“缩放模糊”

B．“模糊”的功能是柔化所选像素的焦点

C．“进一步模糊”的功能是进一步柔化所选像素的焦点，其处理效果大约是“模糊”的两倍

D．“高斯模糊”的功能是对每个像素应用加权平均模糊处理以产生朦胧效果

19．若要单独编辑转换为路径的文本，则可以____。

A．将文本取消组合　　B．用“部分选定”工具选择

C．用“指针”工具选择　　D．按住【Shift】键单击

20．关于工具面板的描述，正确的是____。

A．工具面板被编排为“选择”、“位图”、“矢量”、“Web”、“颜色”和“视图”6 个类别

B．凡是右下角带有小三角的工具图标都是工具组，小三角表示该工具是某个工具组的一部分

C．“矩形”工具属于基本形状工具，基本形状工具包括“矩形”、“椭圆”和“多边形”3 种基本工具

D．选择【窗口】→【工具】，可打开或关闭工具面板

21．在像素区域中使用“渐变”工具的方法是____。

A．选择像素区域，选择“渐变”工具，在属性检查器中设置填充属性，单击像

素选区应用填充

B．选择像素区域，选择“渐变”工具，在属性检查器中设置填充属性，在像素选区中拖动应用填充

C．选择像素区域，选择“渐变”工具，在属性检查器中设置填充属性，双击像素选区应用填充

D．以上几种方法都可以

22．扭曲对象的方法是____。

A．使用“扭曲”工具　　B．选择【修改】→【变形】→【扭曲】

C．选择“倾斜”工具　　D．选择【修改】→【变形】→【倾斜】

23．可以绘制出基本的矢量图形的工具是____。

A．“直线”工具　　B．“矢量路径”工具

C．“椭圆”工具　　D．“矩形”工具

24．使用“橡皮图章”工具时，下面说法正确的是____。

A．要指定另一个要克隆的像素区域，可以按住【Ctrl】键并单击另一个像素区域，将其指定为源

B．要指定另一个要克隆的像素区域，可以按住【Alt】键并单击另一个像素区域，将其指定为源

C．移到图像中的其他区域并按动指针，此时指针变成两个指针

D．移到图像中的其他区域并按动指针，此时指针变成一个指针

25．关于“多边形”工具，下面说法正确的是____。

A．可以绘制出从三角形到 36 条边的多边形

B．在绘制多边形的过程中，可以移动鼠标来改变多边形的尺寸与角度

C．绘制多边形时，先点击鼠标左键选择起始点，然后再拖动鼠标绘制图形，并在结束点处松开鼠标完成多边形的绘制

D．用“多边形”工具绘制的这种多边形，所有的边长都是一样的，所有的角也一样大

26．在使用“魔术棒”工具时，容差的作用是____。

A．确定选取区域的大小　　B．决定颜色类似的程度

C．设置选取区域的边缘光滑程度　　D．确定选区区域的颜色改变程度

27．使用 Fireworks PNG 作为源文件的优点是____。

A．源 PNG 文件始终是可编辑的

B．若打开一个其他格式的现成文件，则原始文件会受到保护，实际的更改是对 Fireworks PNG 文件进行的

C．在 PNG 文件中，复杂图形可以分割成多个切片，然后导出具有不同文件格式和不同优化设置的多个文件

D．PNG 格式文件具有动画功能

28．关于文本块的描述，下面正确的是____。

A．在 Fireworks CS6 中，文本块分为自动调整大小和固定宽度两种类型

B．自动调整大小文本块在输入文本时沿水平方向自动扩展

C．当使用“文本”工具在画布上单击并开始输入文本时，默认情况下会创建固定宽度文本块

D．当使用“文本”工具拖动以绘制文本块时，默认情况下会创建自动调整大小文本块

29．在 Fireworks CS6 的对象编辑中，可以进行的操作是____。

A．拖动　　B．剪切　　C．粘贴　　D．通道

30．关于在 Fireworks CS6 的按钮元件编辑器中创建按钮，下列说法正确的是____。

A．几乎可以将任何图形、图像或文本对象制作成按钮

B．可以从头创建新按钮，也可以导入已创建好的按钮

C．按钮是一种特殊类型的元件，可以将按钮元件实例从“文档库”面板拖到文档中

D．可以在不影响同一按钮元件的其他实例的前提下，编辑某个按钮实例的文本、URL 和目标

三、判断题

1．在 Fireworks CS6 中，“滴管”工具被编排在工具面板的“位图”类别中。

A．正确　　B．错误

2．在 Fireworks CS6 中，可以向任何填充中添加纹理，Fireworks CS6 附带了 74 种可供选择的纹理；可以向任何笔触中添加纹理，Fireworks CS6 附带了 74 种可供选择的纹理。

A．正确　　B．错误

3．属性检查器会根据所选择的工具和所选中的对象发生变化。

A．正确　　B．错误

4．在 Fireworks CS6 中，工具栏可分为主要工具栏、修改工具栏和状态工具栏。

A．正确　　B．错误

5．使用“多边形”工具绘制多边形时总是从中心开始的。

A．正确　　B．错误

6．单击任意一个颜色框时，都会有一个颜色框弹出窗口打开。

A．正确　　B．错误

7．要改变笔触的粗细，可以使用“笔尖大小”滑块或向“笔尖大小”文本框中输入数值来实现。

A．正确　　B．错误

8．在文档中单击希望文本块开始的位置，这将创建一个固定大小的文本块。

A．正确　　B．错误

9．滤镜排列的顺序不会对图像的外观产生影响。

A．正确　　B．错误

10．除了通过拖动来缩放、调整大小或旋转对象之外，还可以通过在属性检查器中输入特定值将其变形。

A．正确　　B．错误

11．在 Fireworks CS6 中，对于多个状态的文档，可以在“状态”面板中选择各个状态，也可以在“图层”面板中选择各个状态，还可以在属性检查器中选择各个状态。

A．正确 B．错误

12．选择任何一种变形工具或变形菜单命令都会显示变形手柄。

A．正确 B．错误

13．在 Fireworks CS6 中，“调色板”面板包括“选择器”、“混色器”和“混合器”3 个选项卡。

A．正确 B．错误

14．Fireworks CS6 文档中的所有文本均显示在文本块的内部。

A．正确 B．错误

15．在堆叠的对象上反复单击“选择后方对象”工具，将以堆叠顺序自上而下选中对象。

A．正确 B．错误

16．动态滤镜应用到对象上的效果，不由属性检查器的动态滤镜列表中的顺序来决定，而与应用的先后次序有关。

A．正确 B．错误

17．在 Fireworks CS6 中，输入的文字和位图一样是作为像素进行保存的。

A．正确 B．错误

18．在“状态”面板中，可以添加、重制、删除状态和改变状态的顺序。

A．正确 B．错误

19．使用“样式”面板不可以重命名或删除自定义动态滤镜效果。

A．正确 B．错误

20．“文档库”面板中的元件是特定用于文档的，而“公用库”面板中的元件适用于所有 Fireworks CS6 文档。

A．正确 B．错误

21．在 Fireworks CS6 中，【命令】菜单的【创意】子菜单中包括【图像渐隐】命令。

A．正确 B．错误

22．可以从保存为 GIF 文件的调色板文件中导入自定义样本。

A．正确 B．错误

23．在属性检查器的“笔触颜色”框弹出窗口中选择一种颜色，“调色板”面板的“选择器”、“混色器”和“混合器”3 个选项卡中的“笔触颜色”框也随之改变颜色。

A．正确 B．错误

24．可以从一些预设的渐变填充和图案填充中进行选择，不可以创建自己的渐变填充和图案填充。

A．正确 B．错误

25．可以将对象组合为位图蒙版或矢量蒙版，堆叠顺序决定所应用的蒙版类型，若顶层对象是矢量对象，则结果为矢量蒙版；若顶层对象是位图对象，则结果为位图蒙版。

A．正确 B．错误

26．在 Fireworks CS6 中，可以将热点放置在切片上以触发一个动作或行为。

A．正确　　　　　　　　　　B．错误

27．“替换颜色”工具的功能为选择一种颜色，并用另外一种颜色覆盖该颜色进行绘画。

A．正确　　　　　　　　　　B．错误

28．按钮的“按下时滑过”状态，是指当指针滑过按钮时该按钮的外观，该状态的作用是提醒用户单击鼠标时很可能会引发一个动作。

A．正确　　　　　　　　　　B．错误

29．在“状态”面板中，若要选择一系列不相邻的状态，则要按住【Shift】键并单击每一个状态的名称。

A．正确　　　　　　　　　　B．错误

30．在 Fireworks CS6 中，以“油漆桶”工具为代表的工具组被编排在工具面板的“颜色”类别中。

A．正确　　　　　　　　　　B．错误

31．Fireworks CS6 与 Flash CS6、Dreamweaver CS6 合称网页三剑客。

A．正确　　　　　　　　　　B．错误

32．Fireworks CS6 中的行为与 Dreamweaver 中的行为兼容。

A．正确　　　　　　　　　　B．错误

33．Fireworks 更多用于平面设计，而 Photoshop 更多用于屏幕显示设计。

A．正确　　　　　　　　　　B．错误

34．在 Fireworks CS6 中，可以使用许多 Photoshop 和其他第三方滤镜和插件。

A．正确　　　　　　　　　　B．错误

35．Fireworks 图形被导入到 Flash 中之后，所有属性不会丢失。

A．正确　　　　　　　　　　B．错误

习题答案

一、单选题答案

1. A	2. D	3. B	4. A	5. C	6. B	7. D	8. C
9. A	10. D	11. C	12. B	13. D	14. B	15. D	16. A
17. A	18. C	19. B	20. C	21. C	22. B	23. C	24. D
25. A	26. B	27. D	28. B	29. D	30. C	31. A	32. D
33. A	34. B	35. D	36. B	37. B	38. D	39. B	40. B
41. C	42. A	43. C	44. C	45. D	46. C	47. D	48. C
49. D	50. A	51. B	52. D	53. B	54. D	55. A	56. C
57. D	58. A	59. B	60. A				

二、多选题答案

1. AB	2. ABD	3. AD	4. ABCD	5. ABC	6. ABD
7. ACD	8. ACD	9. ABD	10. BC	11. ABCD	12. BD
13. BD	14. AB	15. ACD	16. ACD	17. ACD	18. ABD
19. AB	20. ABD	21. ABCD	22. AB	23. ABCD	24. BC
25. BCD	26. AB	27. ABCD	28. AB	29. ABC	30. ABCD

三、判断题答案

1. B	2. A	3. A	4. B	5. A	6. A	7. A	8. B
9. B	10. A	11. A	12. B	13. A	14. A	15. A	16. B
17. B	18. A	19. B	20. A	21. B	22. A	23. B	24. B
25. A	26. A	27. A	28. B	29. B	30. A	31. A	32. A
33. B	34. A	35. B					

第二部分

实 例 部 分

实例部分将通过13个实例，全面地介绍Fireworks CS6的基本功能及基本工具。这13个实例包括登录页面、网站首页、横幅广告、生日贺卡、文件夹、变换图像、可爱的水杯、网页广告、苹果标志、播放器水晶图标、母亲节贺卡、彩色光球、点炮仗。学习本部分的目的是让读者在学习了基础部分的基础上，尽快熟悉和掌握Fireworks CS6中各种工具、功能的使用和运用。对实例操作进行详尽的介绍，以便于读者学习和理解，使读者不但能够快速入门，掌握Fireworks CS6的基本功能，创建出多种多样实用的网页元素或非网页用格式图形，而且可以达到较高的水平。通过这些实例可以起到举一反三的作用，帮助读者创建或修饰符合自己需要的网页元素或其他非网页用格式图形。

实例 1：登录页面

本实例将详细讲解登录页面的制作过程。

通过本实例主要熟悉 Fireworks CS6 中“矩形”、“文本”、“部分选定”、“选取框”、“指针”等工具以及箭头键的使用，属性检查器、“图层”面板和菜单栏的使用，使用“粘贴为蒙版”命令创建蒙版的方法，主要工具栏的使用，导入、导出文件的方法。

登录页面的制作效果如图 1.1 所示，其制作过程可分解成若干个小任务，分步完成。

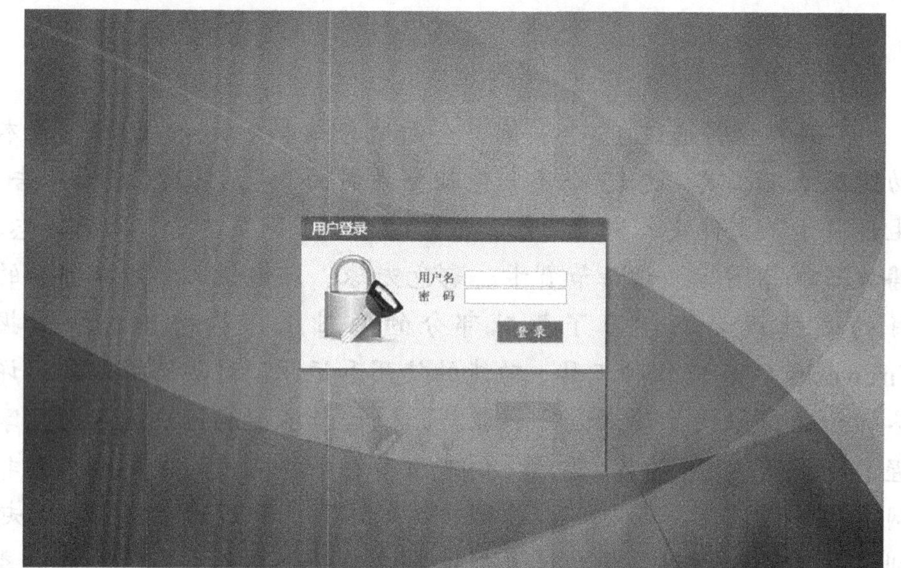

任务一：创建新文档　　任务二：导入“登录页面背景.JPEG”图片　　任务三：绘制“用户登录图片”
任务四：制作“倒影”　　任务五：导出文件　　任务六：登录页面功能部分　　任务七：浏览登录页面效果

图 1.1　分解登录页面制作任务

说明：本实例所介绍的内容并不是整个登录页面的全部内容，还应包括一些功能，如文本框、按钮等，这些功能是使用其他软件（如 Dreamweaver CS6、记事本）完成的。

任务一：创建新文档

（1）在 Fireworks CS6 中，单击【文件】→【新建】，在打开的“新建文档”对话框中以像素为单位输入画布的宽度和高度值“992×657”，设置画布颜色为透明，单击【确定】按钮，创建一个新文档，为文档起名“登录页面”。

任务二：导入“登录页面背景.JPEG”图片

（2）单击【文件】→【导入】，在打开的“导入”对话框中选择用于制作“登录页面”的背景图片“登录页面背景.JPEG”，该图片已事先准备好并存放在“登录页面”文件夹中。单击【打开】按钮，会出现形状类似倒 L 的光标厂，在光标的下面有一个随鼠标移动而变化的坐标显示，选择坐标（0，0）位置，按住鼠标左键向右移动，将“登录页面背景.JPEG”图片导入。图片尺寸设置为与画布一样，如图1.2所示。

图 1.2 导入“登录页面背景.JPEG”图片

任务三：绘制“用户登录图片”

（3）使用“矩形”工具在背景图片上适当位置绘制一个“249×28”的线性渐变填充的矩形，并在属性检查器中设置其属性，该矩形效果及属性设置如图1.3所示。

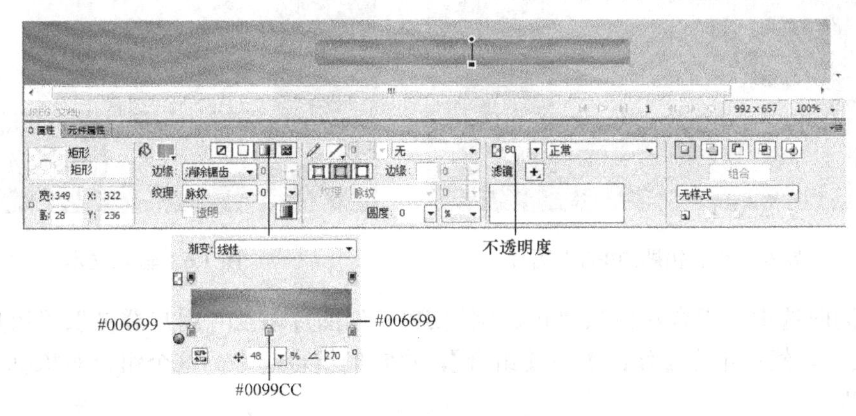

图 1.3 矩形效果及属性设置

（4）在矩形的下方，再用“矩形”工具绘制一个“249×150”的实色填充的矩形，填充颜色值为#F5F6F8。

（5）同时选中这两个矩形，然后单击【修改】→【组合】，将它们组合起来。

（6）选中这个组合对象，然后在属性检查器中单击【添加动态滤镜】按钮 +，在弹出菜单中选择【阴影和光晕】→【投影】，为组合对象添加“投影”动态滤镜效果，其效果及属性设置如图1.4所示。

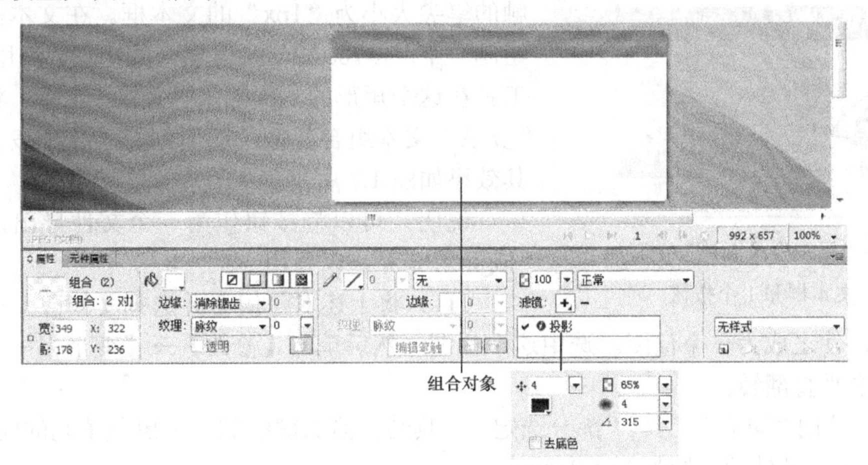

图 1.4 组合对象效果及属性设置

（7）单击【文件】→【导入】，在打开的“导入”对话框中选择用于绘制“用户登录图片”的“锁、钥匙.JPEG”图片，该图片已事先准备好并存放在“登录页面”文件夹中。单击【打开】按钮，在“组合对象”中的适当位置按住鼠标左键向右下移动，将“锁、钥匙.JPEG”图片导入，如图 1.5 所示。

（8）使用“文本”工具在“组合对象”中适当位置分别输入“用户登录”、“用户名”和“密码”文本，其效果如图 1.6 所示。

图 1.5　导入“锁、钥匙.JPEG”图片

图 1.6　输入文本

（9）同时选中“组合对象”、“锁、钥匙.JPEG”图片以及“用户登录”、“用户名”和“密码”文本，然后单击【修改】→【组合】，将它们组合起来。这个组合对象称为“用户登录图片”。

任务四：制作“倒影”

说明：要完成此任务可新建一个文档，为文档起名“登录页面辅助制作”，在这个新文档中完成“倒影”的制作。然后，将制作好的“倒影”复制/粘贴(或作为单独的文件导出，然后再将该文件导入)到“登录页面”文档中。

（10）在“登录页面”文档中复制一份“用户登录图片”，然后将其粘贴到“登录页面辅助制作”文档中。使用“矩形”工具在“用户登录图片”上绘制两个同样的无填充、笔触的笔尖大小为“1px”的文本框。在文本框的下面绘制一个“#4768A1”颜色填充的矩形，使用“文本”工具在这个矩形的上面输入“登录”文本，将矩形和“登录”文本组合起来，从而创建了一个按钮图片，其效果如图 1.7 所示。

图 1.7　在“用户登录图片”上添加 2 个文本框和 1 个按钮

说明：可以将按钮作为一个文件导出，起名为“login.JPEG”，以备用。

（11）将上述对象组合并选择【修改】→【平面化所选】，使之成为一个位图。选中这个位图，然后单击【修改】→【变形】→【垂直翻转】，使之垂直翻转。

（12）使用“钢笔”工具、“部分选定”工具结合箭头键绘制一个黑色填充的闭合路径，其效果和垂直翻转的位图如图 1.8 所示。

（13）同时选中闭合路径和垂直翻转的位图，选择【修改】→【对齐】→【垂直居中】，然后再选择【修改】→【对齐】→【顶对齐】，得到如图 1.9 所示的效果。

图 1.8　闭合路径和垂直翻转的位图

图 1.9　闭合路径和垂直翻转位图的排列效果

（14）选中闭合路径，选择【编辑】→【剪切】；然后选中垂直翻转位图，选择【编辑】→【粘贴为蒙版】，创建一个矢量蒙版，得到垂直翻转位图的显示效果，如图 1.10 所示。

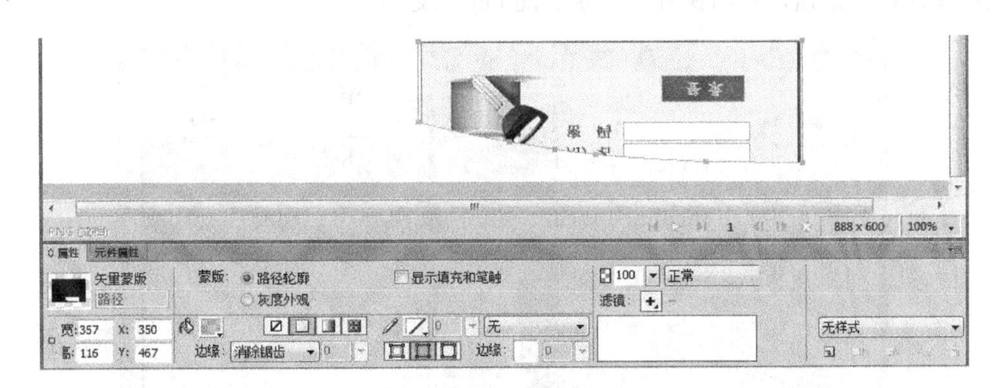

图 1.10　创建矢量蒙版后，垂直翻转位图的显示效果

（15）选择【修改】→【平面化所选】命令，使之成为一个位图。在“图层”面板中修改这个位图的名称为“倒影”。

（16）在“登录页面辅助制作”文档中，选中“倒影”，在主要工具栏中单击【复制】按钮。然后，打开“登录页面”文档，在主要工具栏中单击【粘贴】按钮并将“倒影”放置到“用户登录图片”的下方位置并居中对齐，其效果如图 1.11 所示。

（17）在“图层”面板中先将“倒影”锁住🔒，以免在制作其他对象时将其移动。然后，使用“选取框”工具选取与“倒影”同样宽高的部分“登录页面背景”图片，单击主要工具栏中的【复制】/【粘贴】按钮，得到部分“登录页面背景”图片（“图层”面板中显示其名称为“位图”）。使用“指针”工具，在“图层”面板中将该位图移动到“倒影”层的上面，如图 1.12 所示。

（18）选中该位图，在属性检查器中将不透明度调至 90%。

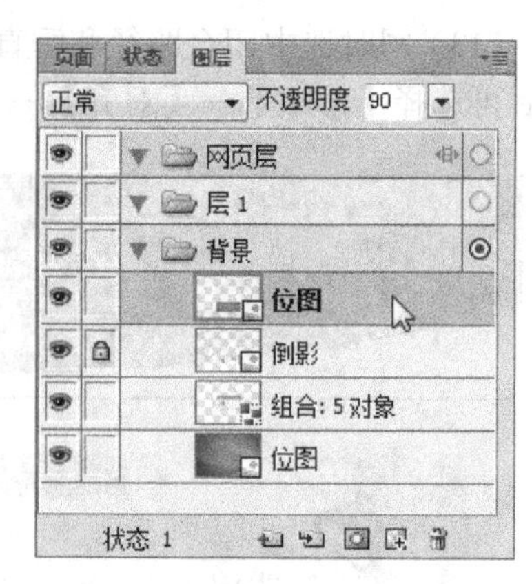

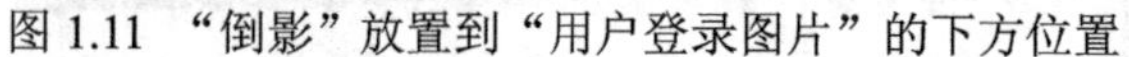

图 1.11 “倒影”放置到“用户登录图片”的下方位置　　图 1.12 将位图移动到“倒影”层的上面

任务五：导出文件

（19）选择【文件】→【图像预览】，打开“图像预览”窗口，在导出文件“格式”下拉列表框中选择“JPEG”，如图 1.13 所示。

（20）单击【导出】按钮，在打开的“导出”对话框中选择保存位置，为文件起名“登录页面”，选择导出类型为“HTML 和图像”，然后单击【保存】按钮。导出结束后，单击文档的【保存】按钮，重新保存“登录页面.png”文档。

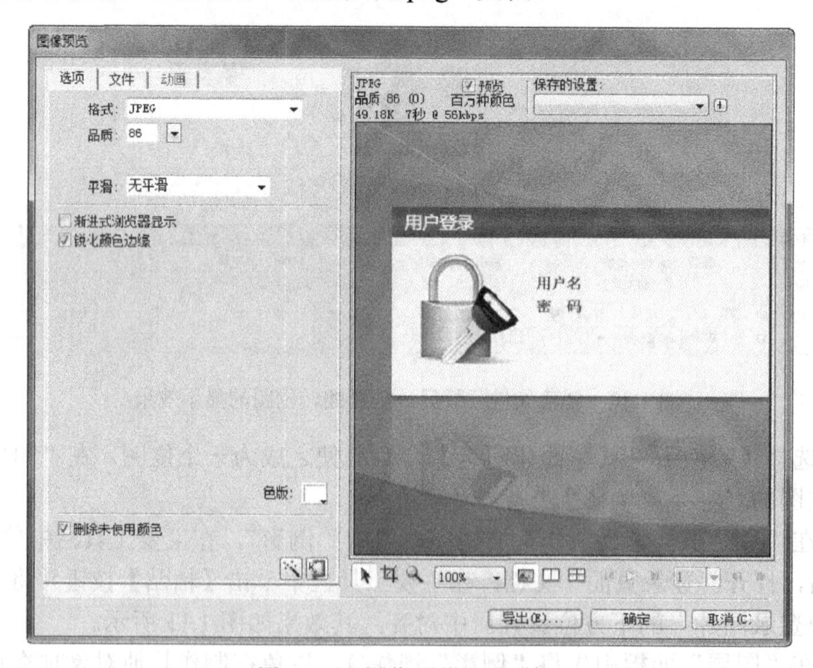

图 1.13 “图像预览”对话框

任务六：登录页面功能部分

以上使用 Fireworks CS6 完成了“登录页面”的制作。接下来，使用 Dreamweaver CS6 或其他网页编辑工具（如记事本）继续完成登录页面的功能。因本实例比较简单，故此使用记事本完成登录页面的功能部分的编辑。

（21）将导出的“登录页面.htm”文件用记事本打开，然后将其另存为“default.htm”文件。在“default.htm”文件中输入 2 个文本框和 1 个按钮，并对文本框和按钮的属性以及显示格式进行设置。其完整代码如下：

```
<!DOCTYPE HTML PUBLIC "-//W3C//DTD HTML 4.01 Transitional//EN">
<html>
<head>
<title>登录页面</title>
<meta http-equiv="Content-Type" content="text/html; charset=gb2312" />
<link href="New_Skin.css" type=text/css rel=stylesheet />
</head>
<body>
<div class="div">
    <table width="992"height="646"border="0"cellpadding="0"cellspacing="0"bgcolor="#FFFFFF">
    <tr>
            <td colspan="2"   background="登录页面.jpg">
            <div class="div">
            <br>
            <form name="form1" method="post" action="userinfo.asp">
            <br>
              
               
    
            <input name="username"type="text"size="16"maxlength="30"onFocus="this.value=''">
            <br>
              
               
    
            <input name="password"type="password"size="16"maxlength="30"height="23"onFocus=
                    "this.value=''">
            <br><br>
              
               
             
            <input name="image"type="image"src="login.jpg"border="0">
            </form>
            </div>
            </td>
            <td rowspan="2"></td>
        </tr>
    </table>
</div>
</body>
</html>
```

任务七：浏览登录页面效果

（22）双击 default.htm，在浏览器中打开 default.htm 文件，如图 1.14 所示。

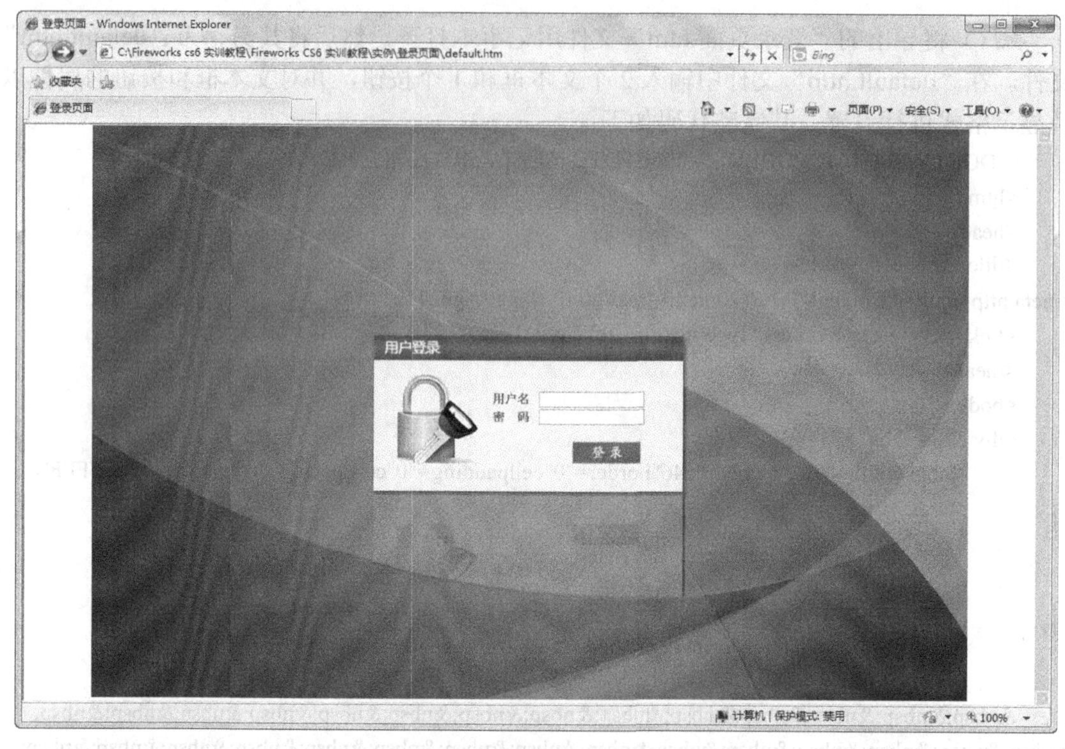

图 1.14　在浏览器中打开 default.htm 文件

（23）输入用户名和密码后，单击登录按钮，并提交给名为“userinfo.asp”的 ASP 程序。由于本实例主要是介绍 Fireworks CS6 的使用，为了简化程序的复杂程度，特将用户登录后执行的 ASP 程序改为这样一行说明文字，其效果如图 1.15 所示。

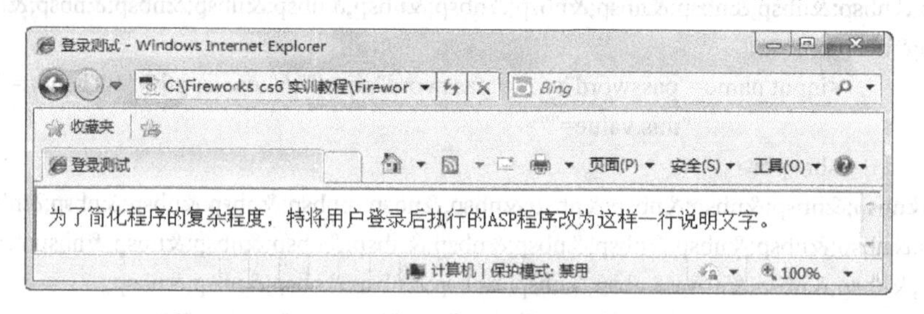

图 1.15　用户登录后页面

实例 2：网站首页

首页是打开网站后看到的第一个页面。该页面通常在整个网站中起导航作用，是建设一个网站的主要任务和亮点。本实例将详细讲解网站首页的制作过程。

通过本实例主要熟悉 Fireworks CS6 中“矩形热点”工具和“弹出菜单编辑器”的使用，“图层”面板和属性检查器的使用，菜单栏和“矩形”、“文本”等工具的使用，以及导入图片和导出图像及 HTML 的方法。

本实例所介绍的网站首页主要是在该首页中放置许多矩形色块，在每个色块上放置一个与色块同样大小的矩形热点。在每个矩形热点上添加弹出菜单，以实现网站首页导航功能。此外，在网站首页的顶部和底部还分别放置了一幅图片和一段文字，作为首页的页头和页尾。

所谓弹出菜单是指当用户将指针移到触发网页对象（如热点）上时，浏览器中将显示弹出菜单，可以将 URL 链接附加到弹出菜单选项，以便导航。每个弹出菜单项都以 HTML 或图像单元格的形式显示，有“弹起”状态和“滑过”状态，并且在这两种状态中都包含文本。

网站首页制作效果如图 2.1 所示，其制作过程可分解成若干个小任务，分步完成。

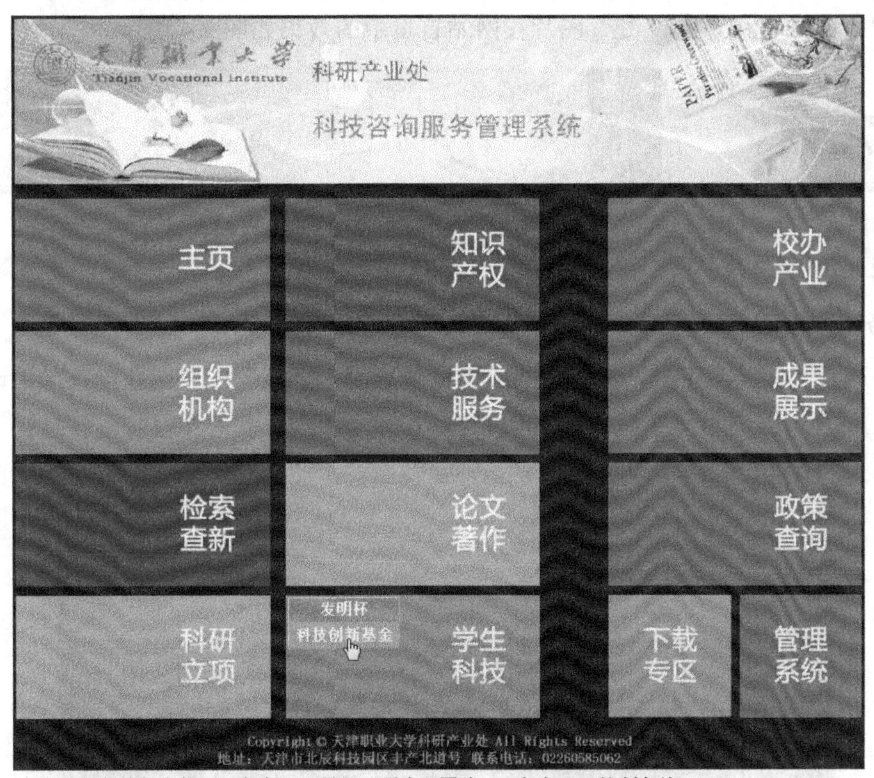

任务一：创建新文档　任务二：导入“页头”图片　任务三：绘制色块

任务四：在每个色块上分别输入导航文字说明　任务五：设置“页尾”文字

任务六：为“主页”色块创建矩形热点，在矩形热点上创建弹出菜单

任务七：为“知识产权”色块创建矩形热点，在矩形热点上创建弹出菜单

任务八：为“校办产业”等其他 11 个色块创建矩形热点并创建弹出菜单

任务九：预览“网站首页”效果　任务十：导出“网站首页”文件　任务十一：使“网站首页”居中显示

图 2.1　分解“网站首页”制作任务

任务一：创建新文档

（1）在 Fireworks CS6 中，单击【文件】→【新建】，在打开的“新建文档”对话框中以像素为单位输入画布的宽度和高度值（1024×730），设置画布颜色为#000000，单击【确定】按钮，创建一个新文档，为文档起名“网站首页”。

任务二：导入“页头”图片

用于网站首页的“页头”图片是一幅名为“科研产业处”的图片，已事先准备好。

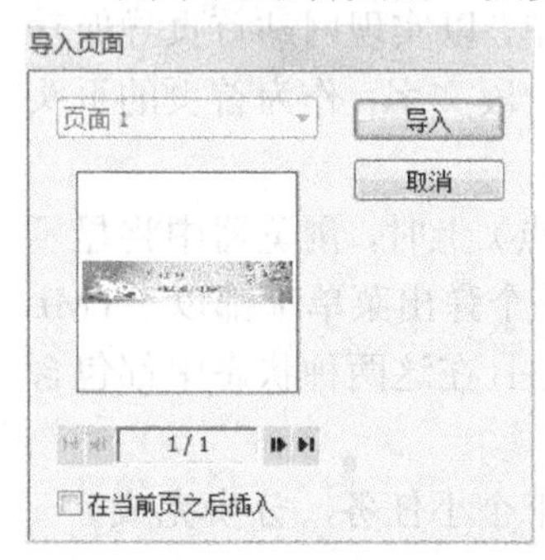

图 2.2 “导入页面”对话框

（2）单击【文件】→【导入】，在打开的“导入”对话框中选择“科研产业处”图片。单击【打开】按钮，弹出“导入页面”对话框，如图 2.2 所示。

（3）单击【导入】按钮，会出现形状类似倒 L 的光标┌，在光标的下面有一个随鼠标移动而变化的坐标显示，如图 2.3 所示。

（4）选择合适位置，按住鼠标左键向右移动，将“科研产业处”图片导入。根据需要调整图片位置及大小。“科研产业处”图片在网站首页中的效果如图 2.4 所示。

图 2.3 “导入”鼠标指针形状及鼠标位置坐标

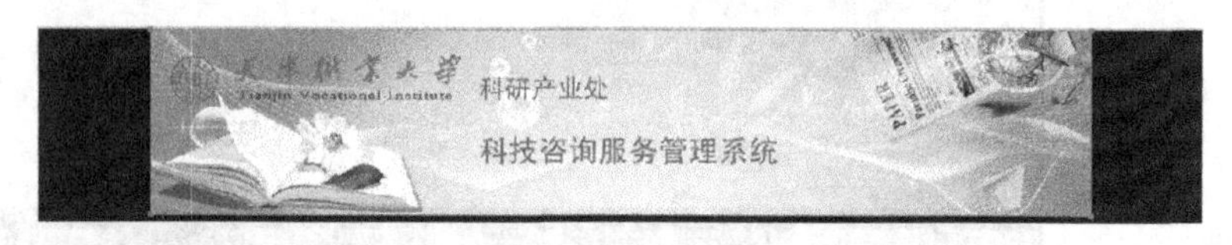

图 2.4 “科研产业处”图片在网站首页中的效果

任务三：绘制色块

（5）使用“矩形”工具，在画布的适当位置绘制一个矩形，在属性检查器中设置矩形的属性。该矩形的效果及属性如图 2.5 所示。

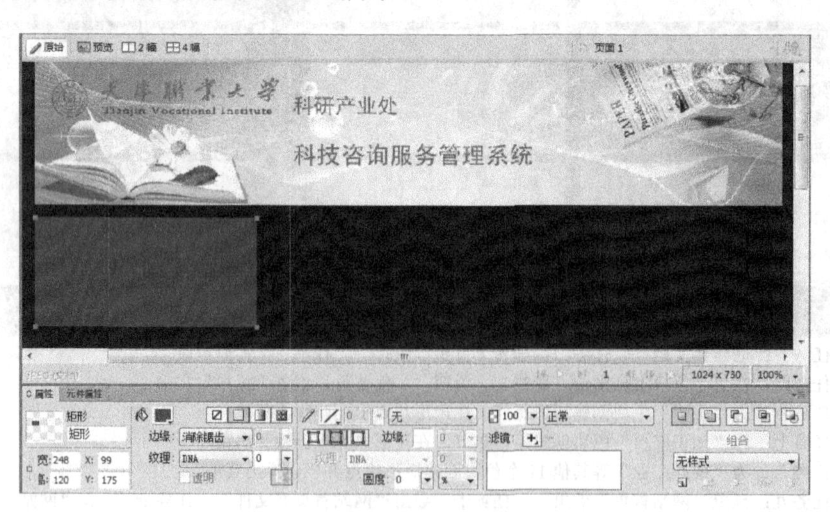

图 2.5 矩形的效果及属性

（6）选中该矩形，单击【修改】→【平面化所选】，将该矩形矢量图变成一个位图。

（7）采用同样的方法，首先使用“矩形”工具，在画布的适当位置绘制其他 12 个矩形，并在属性检查器中设置矩形的属性。然后将这些矩形均变成位图。

注意调整各个色块的相对位置。绘制色块完成后的效果如图 2.6 所示。

图 2.6　绘制色块效果

任务四：在每个色块上分别输入导航文字说明

（8）使用“文本”工具，在每个色块上分别输入导航文字说明，并在属性检查器中设置文字属性，最后的文字效果如图 2.7 所示。

图 2.7　各色块上的文字效果

任务五：设置“页尾”文字

（9）使用“文本”工具，在网页的底部输入文字“Copyright © 天津职业大学科研产业处 All Rights Reserved　地址：天津市北辰科技园区丰产北道号　联系电话：02260585062”，将其改为两行，并且在网页中居中显示。

任务六：为“主页”色块创建矩形热点，在矩形热点上创建弹出菜单

（10）选中“主页”色块，然后选择【编辑】→【插入】→【热点】，创建热点对象，插入一个矩形热点，它的区域包括所选对象最外面的边缘。

（11）选中该热点对象，然后选择【修改】→【弹出菜单】→【添加弹出菜单】，打开“弹出菜单编辑器”，它是一个带有选项卡的对话框，它会引导用户完成整个弹出菜单的创建过程，它的许多用于控制弹出菜单特征的选项被组织在 4 个选项卡中，在“弹出菜单编辑器”对话框中首先显示的是“内容”选项卡。在“内容”选项卡中添加的内容如图 2.8 所示。

（12）单击【继续】按钮或直接单击“外观”选项卡，进入“外观”选项卡对话框，在其中编辑弹出菜单的外观，设置参数及预览效果如图 2.9 所示。

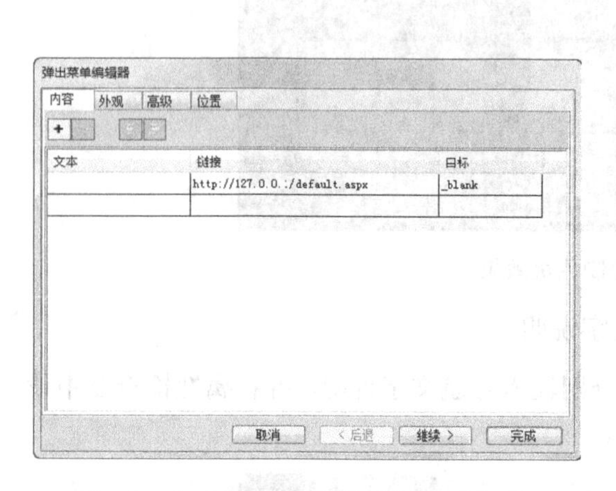

图 2.8　在“内容”选项卡中添加“主页”弹出菜单内容

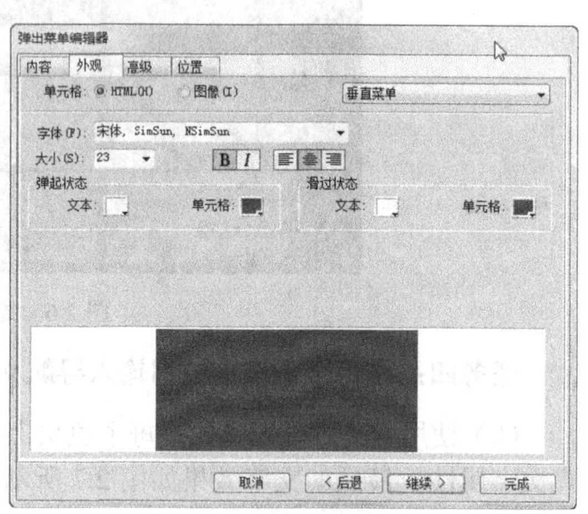

图 2.9　在“外观”选项卡中编辑弹出菜单的外观

（13）单击【继续】按钮或直接单击“高级”选项卡，进入“高级”选项卡对话框，在其中编辑弹出菜单的相关参数，设置参数及预览效果如图 2.10 所示。

（14）单击【继续】按钮或直接单击“位置”选项卡，进入“位置”选项卡对话框，设置弹出菜单的位置坐标为（1，1），如图 2.11 所示。

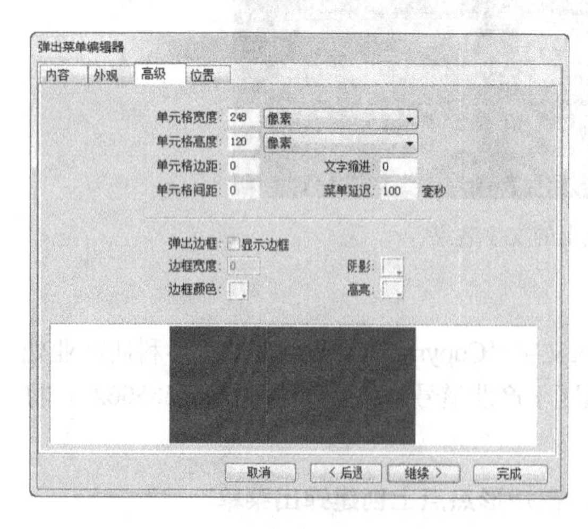

图 2.10　在“高级”选项卡中编辑弹出菜单的相关参数

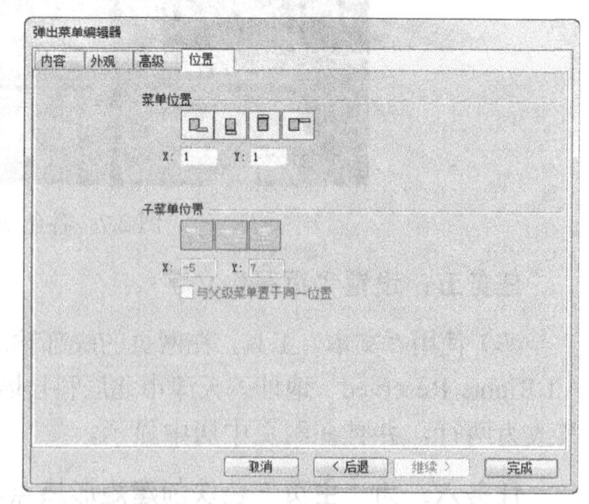

图 2.11　设置弹出菜单的位置坐标为（1，1）

（15）单击【完成】按钮，得到“主页”色块热点弹出菜单效果，如图 2.12 所示。

图 2.12 “主页”色块热点弹出菜单效果

任务七：为“知识产权”色块创建矩形热点，在矩形热点上创建弹出菜单

（16）选中“知识产权”色块，然后选择【编辑】→【插入】→【热点】，创建热点对象，插入一个矩形热点，它的区域包括所选对象最外面的边缘。

（17）选中该热点对象，然后选择【修改】→【弹出菜单】→【添加弹出菜单】，打开“弹出菜单编辑器”，在“内容”选项卡中添加“知识产权”弹出菜单内容，如图 2.13 所示。

（18）单击【继续】按钮或直接单击“外观”选项卡，进入“外观”选项卡对话框，在其中编辑弹出菜单的外观，设置参数及预览效果，如图 2.14 所示。

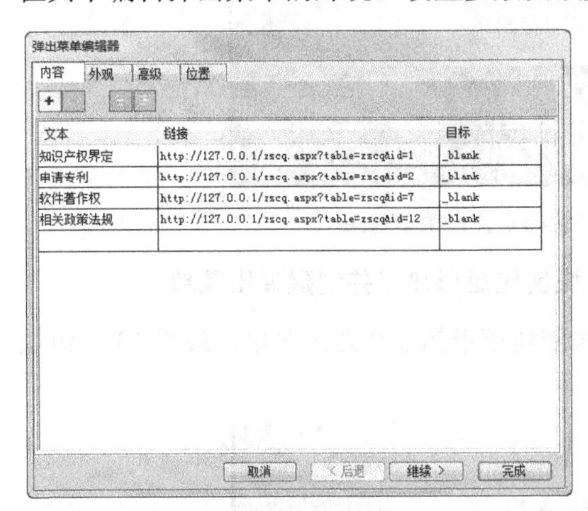

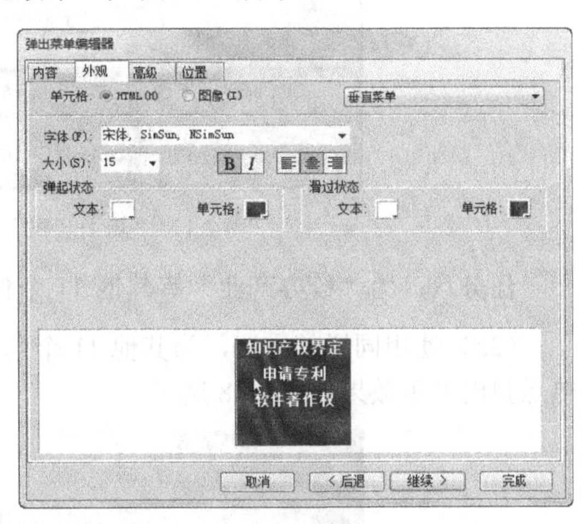

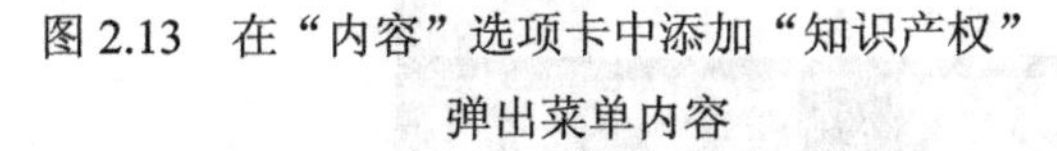

图 2.13 在“内容”选项卡中添加“知识产权”弹出菜单内容

图 2.14 在“外观”选项卡中编辑弹出菜单的外观

（19）单击【继续】按钮或直接单击“高级”选项卡，进入“高级”选项卡对话框，在其中编辑弹出菜单的相关参数，设置参数及预览效果，如图 2.15 所示。

（20）单击【继续】按钮或直接单击“位置”选项卡，进入“位置”选项卡对话框，设置弹出菜单的位置坐标为（1，1），如图 2.16 所示。

（21）单击【完成】按钮，得到“知识产权”色块热点弹出菜单效果，如图 2.17 所示。

“知识产权”弹出菜单与“主页”弹出菜单相比较有一些不同。“主页”弹出菜单只有一项菜单内容，且设置单元格的尺寸与矩形热点一样大。当鼠标指针移动到其上面时，其指针变为手形，单击鼠标左键，按照在内容选项卡中设置的链接打开相应的“主页”。“知识产权”弹出菜单则包含 4 项菜单选项，单击任一选项将会链接到该选项相应的网页。

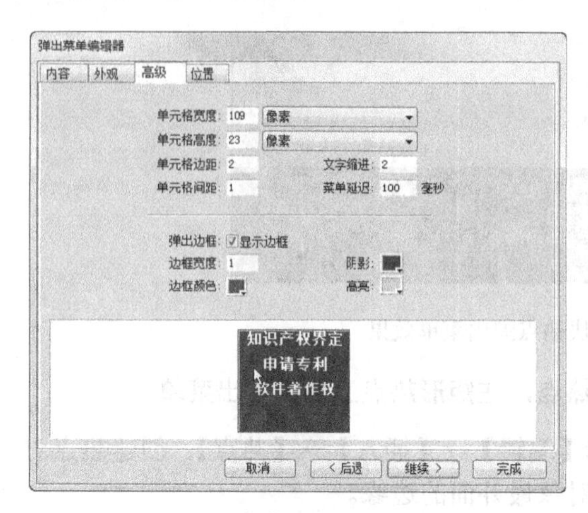

图 2.15　在“高级”选项卡中编辑弹出菜单的相关参数

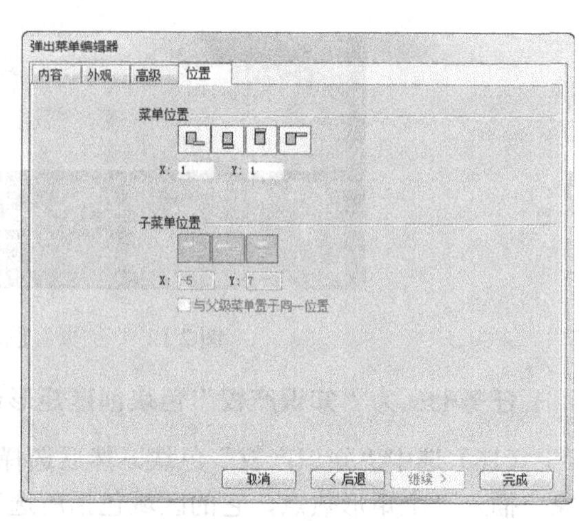

图 2.16　设置弹出菜单的位置坐标为（1，1）

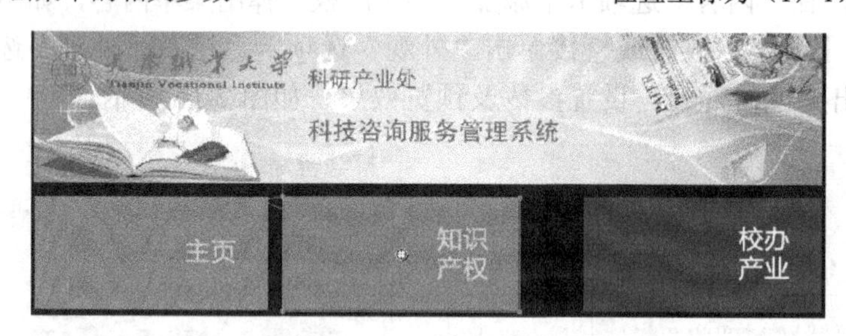

图 2.17　“知识产权”色块热点弹出菜单效果

任务八：为“校办产业”等其他 11 个色块创建矩形热点并创建弹出菜单

（22）使用同样的方法，为其他 11 个色块创建矩形热点和弹出菜单。最终 13 个色块热点弹出菜单效果如图 2.18 所示。

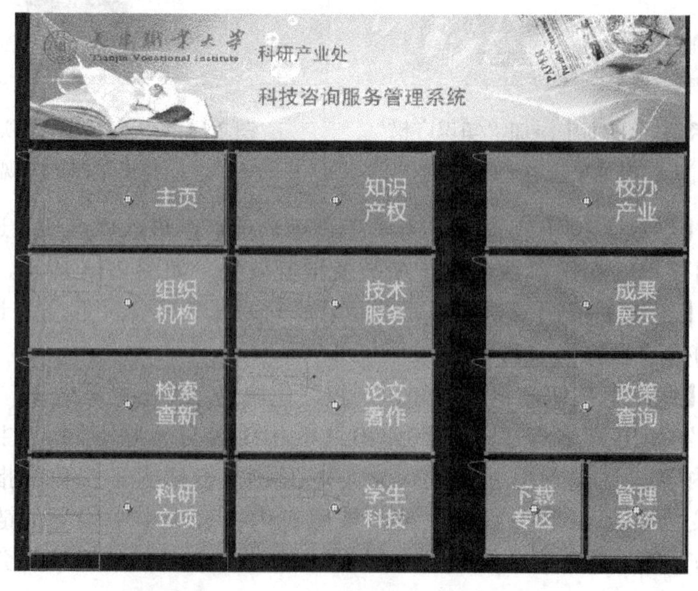

图 2.18　最终 13 个色块热点弹出菜单效果

任务九：预览“网站首页”效果

（23）按【F12】键，预览每个色块热点区域弹出菜单的制作效果。若对于制作效果满意则可进行下一步骤。若对制作效果不满意，则可进行修改。修改的方法是：单击需要修改的热点，然后单击位于热点中央的行为手柄，在弹出的菜单中单击【编辑弹出菜单】，如图 2.19 所示。系统打开“弹出菜单编辑器”，在该编辑器中对弹出菜单的设置进行修改。

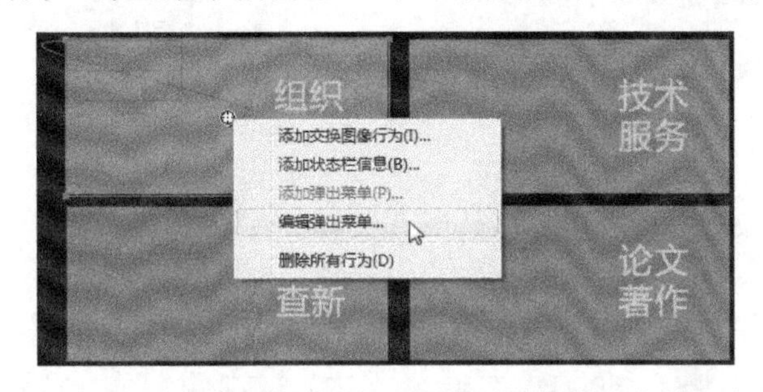

图 2.19　单击热点的行为手柄，选择【编辑弹出菜单】选项

任务十：导出“网站首页”文件

（24）选择【文件】→【图像预览】，打开“图像预览”窗口，在导出文件“格式”下拉列表框中选择“JPEG”，如图 2.20 所示。

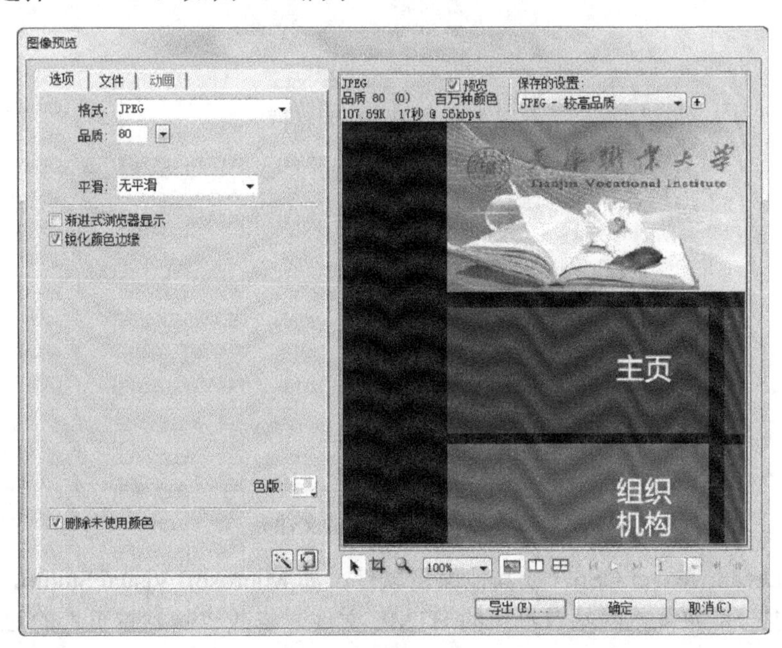

图 2.20　“图像预览”对话框

（25）单击【导出】按钮，在打开的“导出”对话框中选择保存位置，为文件起名“网站首页”，选择导出类型为“HTML 和图像”，选择 HTML 为“导出 HTML 文件”，选中“将图像放入子文件夹”复选框，如图 2.21 所示，然后单击【保存】按钮。

注意：为文件起名时，.JPEG 可以不写，Fireworks CS6 会自动加上。

（26）导出结束后，单击文档的【保存】按钮，重新保存“网站首页.png”文档。

（27）打开保存“网站首页”文件的文件夹，如图 2.22 所示。在该文件夹中包含一个 images 文件夹，它里面存放导出网站首页的 JPEG 图像，一个名为 mm_css_menu 的 JScript 文件，一个名为网站首页的层叠样式表 CSS 文档和一个名为网站首页的 HTML 文件。

图 2.21 “导出”对话框

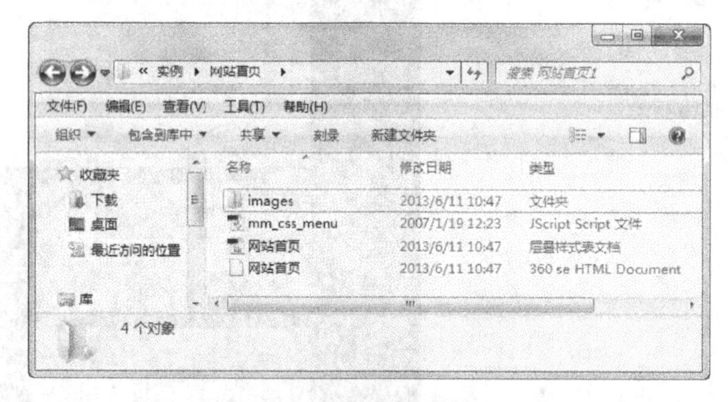

图 2.22 保存文件的文件夹

可以在 Dreamweaver CS6（或其他编辑软件，如 Microsoft Visual Studio，也可以使用记事本）中进一步完善“网站首页”的 HTML 文件，修改“网站首页”的 CSS 文档，修改 mm_css_menu 的 JScript 文件，使用 Dreamweaver CS6 做这些工作十分方便。考虑到有的读者没有学过 Dreamweaver，故这里不做介绍。

任务十一：使“网站首页”居中显示

（28）在保存“网站首页”文件的文件夹中，右键单击“网站首页”的 HTML 文件，在打开的菜单中选择【打开方式】→【360 极速浏览器（选择其他浏览器也可以）】，浏览制作的“网站首页”效果，如图 2.23 所示。

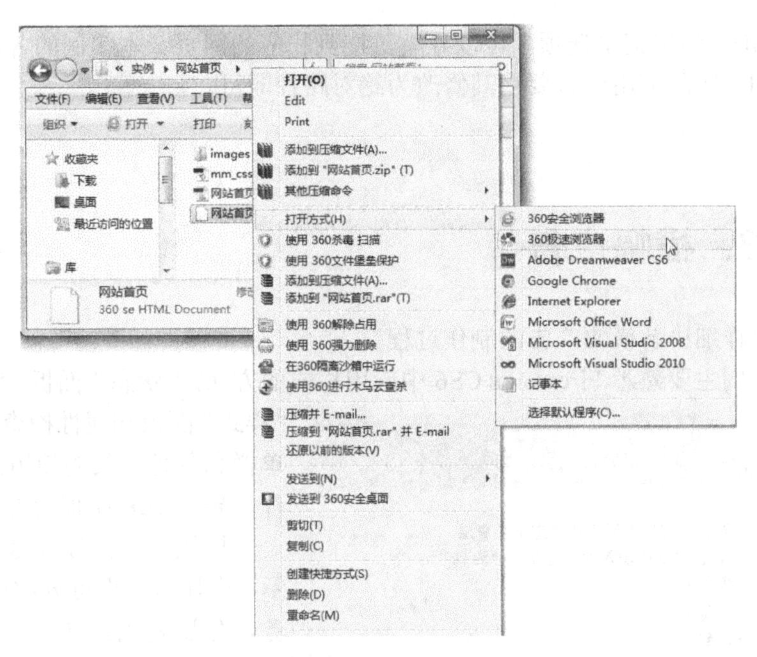

图 2.23　浏览制作的“网站首页”效果

在浏览器中显示的网站首页在默认情况下是左对齐的，这显然不符合大多数用户的浏览习惯。若要将网页居中显示，只要在“网站首页”HTML 文件的主体部分加上一个“<div></div>”标记，使网页的主体部分放置在该标记内。这样，当设置“<div></div>”标记居中显示时，它“承载”的内容也就随之居中显示了。

（29）使用记事本打开“网站首页”HTML 文件，在主体部分前后加上“<div align="center">…</div>”标记。

至此，整个“网站首页”制作完成，下面可以浏览一下“网站首页”的制作效果。

（30）使用浏览器，浏览制作的“网站首页”效果。在浏览器中，当用鼠标指针移到不同的触发网页对象（如热点）上时，浏览器中将显示弹出菜单，如图 2.24 所示。

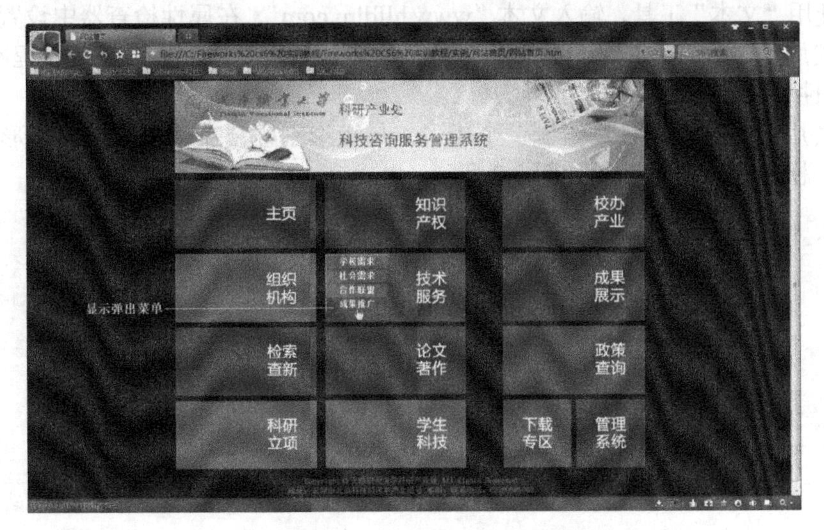

图 2.24　浏览器中“网站首页”的显示效果

（31）单击某弹出菜单选项，可以导航链接到相应的网页。本实例的各选项链接均是设置在本机的，实际应用中只要将其修改为绝对路径即可。

实例 3：横幅广告

本实例将详细讲解横幅广告的制作过程。

通过本实例主要熟悉 Fireworks CS6 中应用样式的方法，“状态”面板、“图层”面板、“样式”面板和属性检查器的使用，菜单栏和各种工具的使用，以及导入图片、导出 GIF 动画的方法。

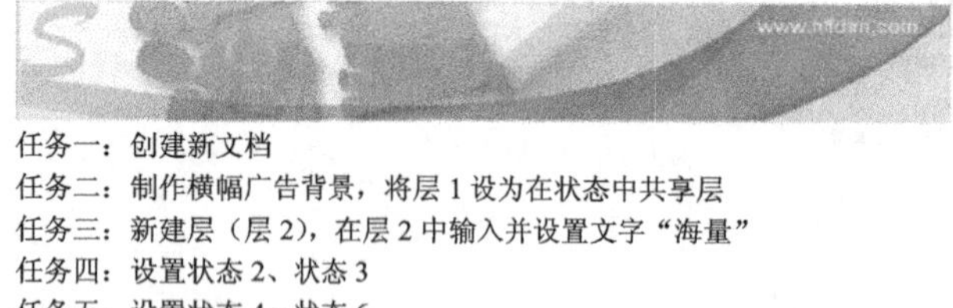

任务一：创建新文档
任务二：制作横幅广告背景，将层 1 设为在状态中共享层
任务三：新建层（层 2），在层 2 中输入并设置文字“海量”
任务四：设置状态 2、状态 3
任务五：设置状态 4～状态 6
任务六：设置状态 7～状态 13
任务七：创建状态 14～状态 17
任务八：创建状态 18
任务九：调整各个状态的延迟时间

图 3.1　分解横幅广告制作任务

横幅广告的制作效果如图 3.1 所示，其制作过程可分解成若干个小任务，分步完成。

任务一：创建新文档

（1）在 Fireworks CS6 中，单击【文件】→【新建】，在打开的“新建文档”对话框中以像素为单位输入画布的宽度和高度值“468×60”，设置画布颜色为“#FFFFFF”，单击【确定】按钮，创建一个新文档，为文档起名为“横幅广告”。

任务二：制作横幅广告背景，将层 1 设为在状态中共享层

（2）单击【文件】→【导入】，在打开的“导入”对话框中选择用于制作横幅广告的背景图片。由于背景图片比较大，本例将背景图片尺寸宽度设置为与画布一样，即为“468”。然后选择【修改】→【画布】→【剪切画布】，使背景图片尺寸与画布宽度和高度值一样。

（3）使用“文本”工具，输入文本“www.hlfdlm.com”，在属性检查器中设置文本属性。

（4）使用“文本”工具，输入文本“s”（该文本在这里是作为“免费教程网”标记之用），在属性检查器中设置文本属性。

（5）使用“矩形”工具，绘制一个矩形，使矩形刚好覆盖背景图片。矩形属性、“图层”面板、横幅广告背景效果如图 3.2 所示。

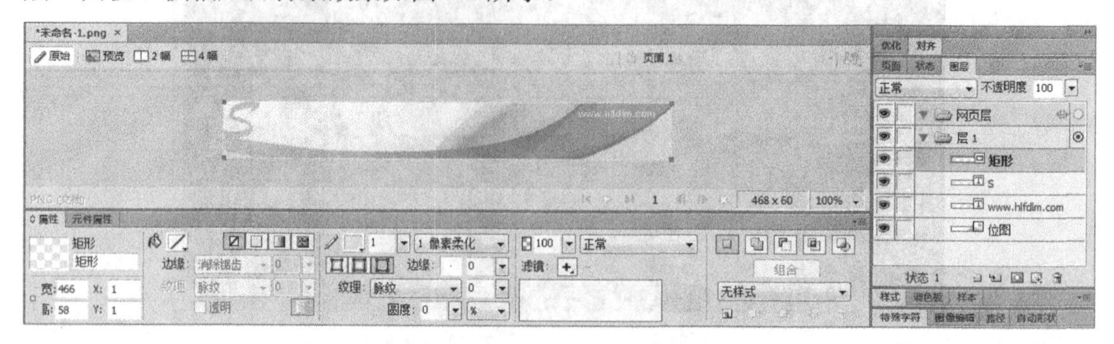

图 3.2　矩形属性、“图层”面板、横幅广告背景效果

（6）在“图层”面板中，选中层 1，然后单击面板右上角的【选项菜单】按钮，在打开的菜单中选择“在状态中共享层”。该层中的内容将在各状态之间共享。此时，“图层”面板如图 3.3 所示。

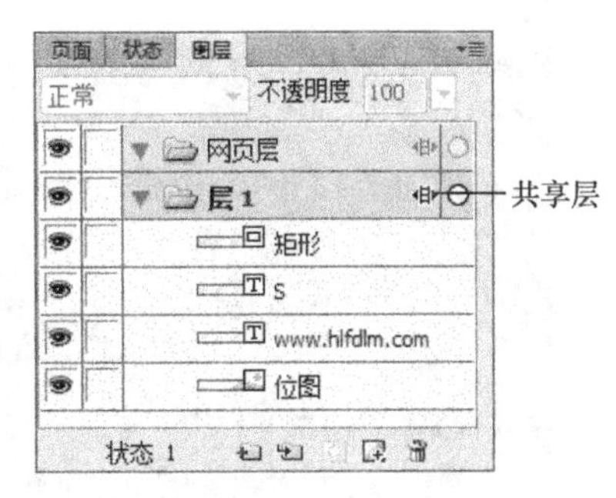

图 3.3 “图层”面板

任务三：新建层（层 2），在层 2 中输入并设置文字“海量”

（7）在“图层”面板中，单击面板底部的【新建/重置层】按钮，新建一个默认名为“层 2”的层。

（8）在“层 2”中，使用“文本”工具输入文字“海量”，在属性检查器中设置文字的字体大小等属性，使用“缩放”工具调整文字的旋转方向、大小。

（9）选中文字“海量”，单击【文本】→【转换为路径】，将“海量”文本转换为路径。选中该路径对象，然后在“样式”面板中选择一种预设的样式应用到该路径对象上。在属性检查器中设置“投影”滤镜效果，设置不透明度为“66”。“海量”路径对象最终的效果如图 3.4 所示。

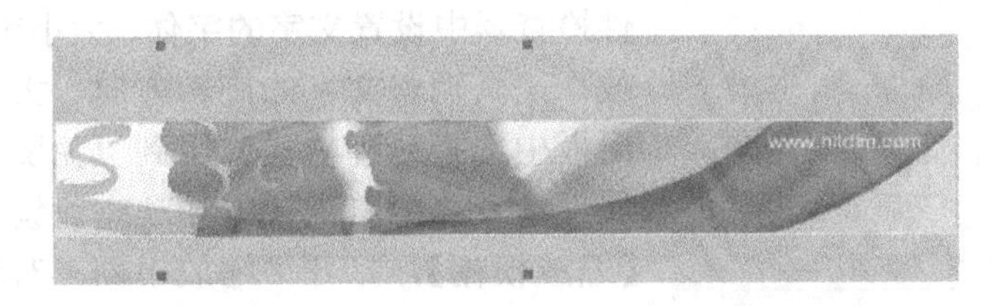

图 3.4 “海量”路径对象最终的效果

任务四：设置状态 2、状态 3

在这两个状态中主要是设置“海量”路径对象的变化。

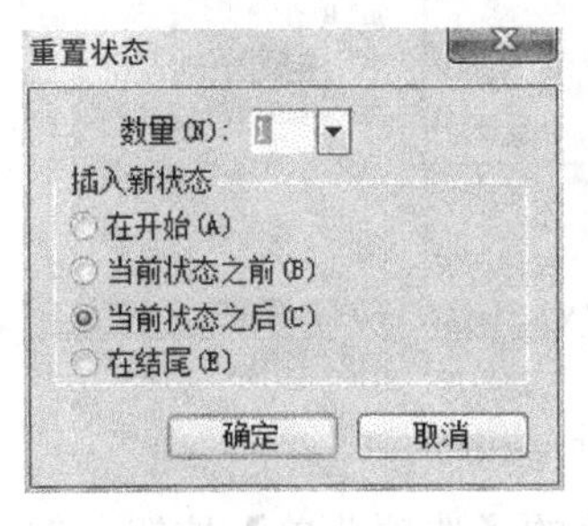

图 3.5 “重置状态”对话框

（10）在“状态”面板中，单击面板右上角的【选项菜单】按钮，在打开的菜单中选择“重置状态”选项。在打开的“重置状态”对话框中选择重置状态数量为“1”，选择在当前状态之后插入新状态，如图 3.5 所示。

（11）单击【确定】按钮，在“状态”面板中重置了一个和状态 1 中的对象、对象之间相对位置等一模一样的新状态（状态 2）。

（12）在状态 2 被选中的情况下，使用“缩放”工具调整“海量”路径对象的大小，并在属性检查器中将不透明度设置为“90”。状态 2 中“海量”路径对象的效果及属性如图 3.6 所示。

（13）在状态 2 被选中的情况下，单击“状态”面板右上角的【选项菜单】按钮，在打开的菜单中单击【重置状态】，重置状态 3。使用“缩放”工具适当调整“海量”路径对象的大小。

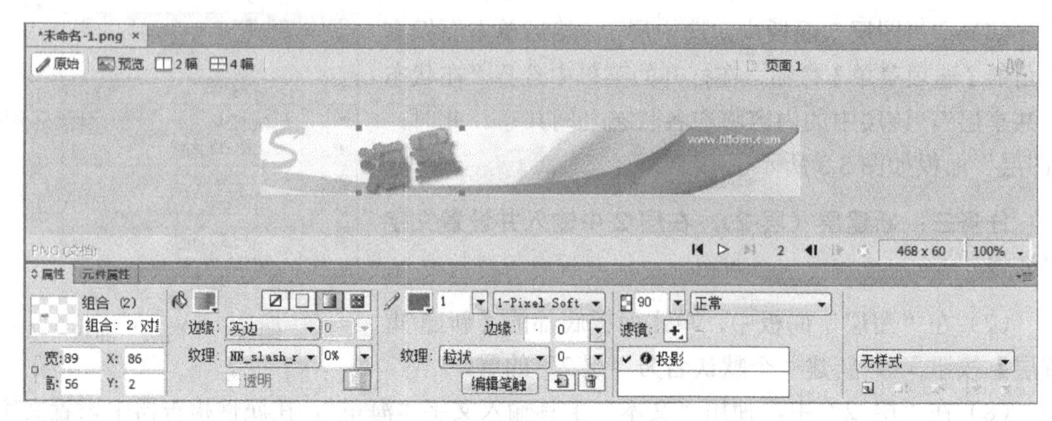

图 3.6　状态 2 中“海量”路径对象的效果及属性

任务五：设置状态 4～状态 6

这 3 个状态中主要是设置文字“免费”的变化。

（14）在状态 3 被选中的情况下，单击“状态”面板右上角的【选项菜单】按钮，在打开的菜单中单击【重置状态】，重置状态 4。使用“文本”工具输入文字“免费”，在属性检查器中设置文字的字体、大小等属性，使用“缩放”工具调整文字的旋转方向、大小。在“样式”面板中选择一种样式应用到“免费”上。然后，在属性检查器中单击【添加动态滤镜】→【模糊】→【缩放模糊】，打开“缩放模糊”对话框，在该对话框中设置参数，如图 3.7 所示。状态 4 中“免费”文本的效果及属性如图 3.8 所示。

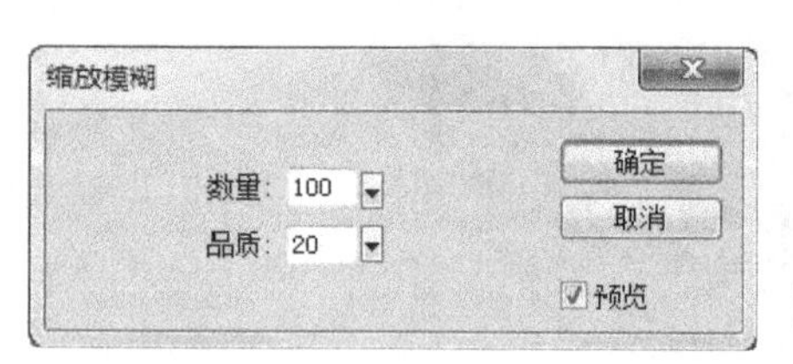

图 3.7　“缩放模糊”对话框

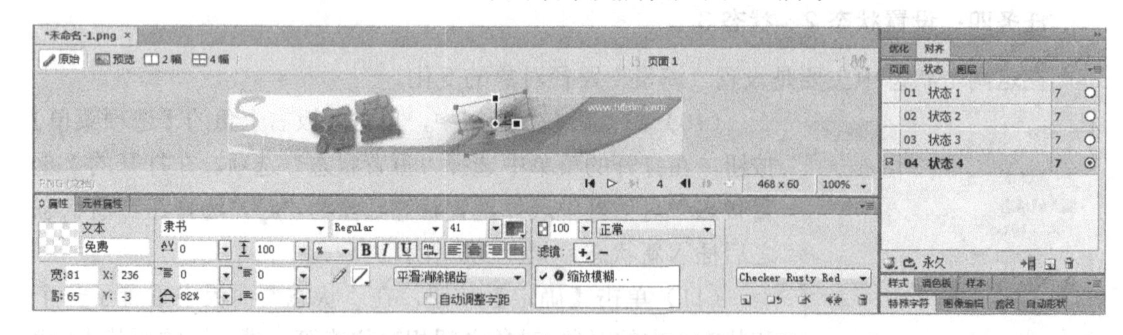

图 3.8　状态 4 中“免费”文本的效果及属性

（15）在状态 4 被选中的情况下，单击“状态”面板右上角的【选项菜单】按钮，在打开的菜单中单击【重置状态】，重置状态 5。选中文字“免费”，在属性检查器中双击“编辑并排列效果”框中的“缩放模糊”，打开“缩放模糊”对话框，在该对话框中对模糊参数进行修改，如图 3.9 所示。

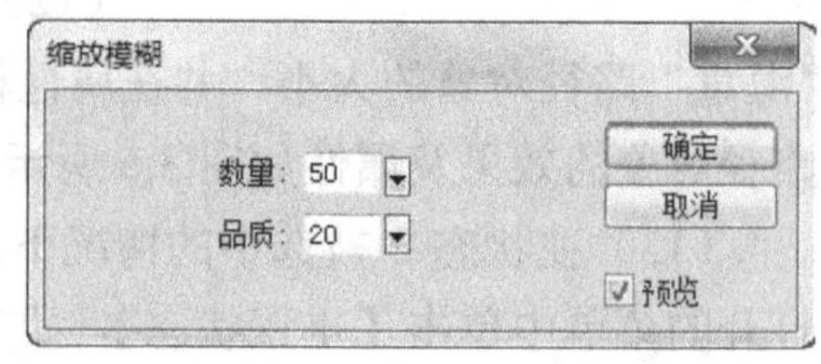

图 3.9　对模糊参数进行修改

（16）在状态 5 被选中的情况下，单击“状态”面板右上角的【选项菜单】按钮，在打开的菜单中单击【重置状态】，重置状态 6。选中文字“免费”，在属性检查器中选中“编辑并排列效果”框中的“缩放模糊”，单击【删除当前所选的动态滤镜】按钮，删除对文字“免费”的“缩放模糊”应用。文字“免费”的效果如图 3.10 所示。

图 3.10　文字“免费”的效果

任务六：设置状态 7～状态 13

这 7 个状态中主要是设置文字“教程”的变化。

（17）在状态 6 被选中的情况下，单击“状态”面板右上角的【选项菜单】按钮，在打开的菜单中单击【重置状态】，重置状态 7。使用“文本”工具输入文字“教”，在属性检查器中设置文字的字体、大小等属性。在“样式”面板中选择一种样式应用到“教”上。状态 7 中文字“教”的效果及属性如图 3.11 所示。

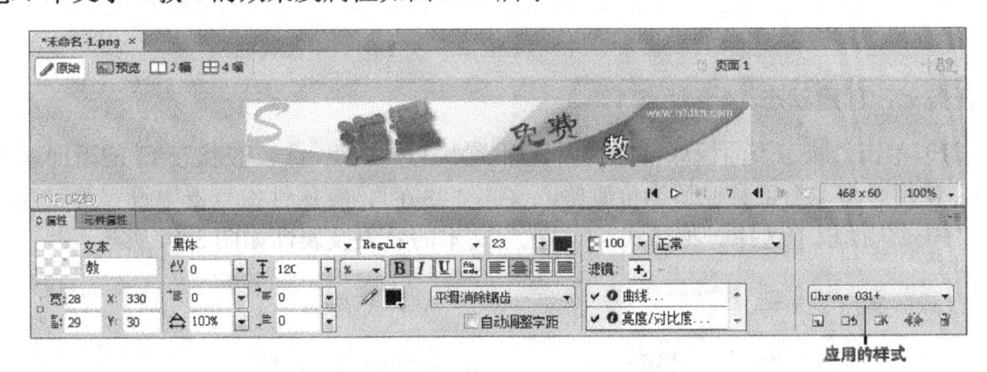

图 3.11　状态 7 中文字“教”的效果及属性

（18）采用和前面同样的方法，重置状态 8。使用“文本”工具单击文字“教”的后面，这时光标在“教”后面闪烁，然后输入 1 个“程”字，使状态 7 中的“教”字变成了状态 8 中的“教程”。在属性检查器中设置文字“教程”的 *X* 方向位置与状态 7 中的“教”字的 *X* 方向位置一样。状态 8 中文字“教程”的效果及属性如图 3.12 所示。

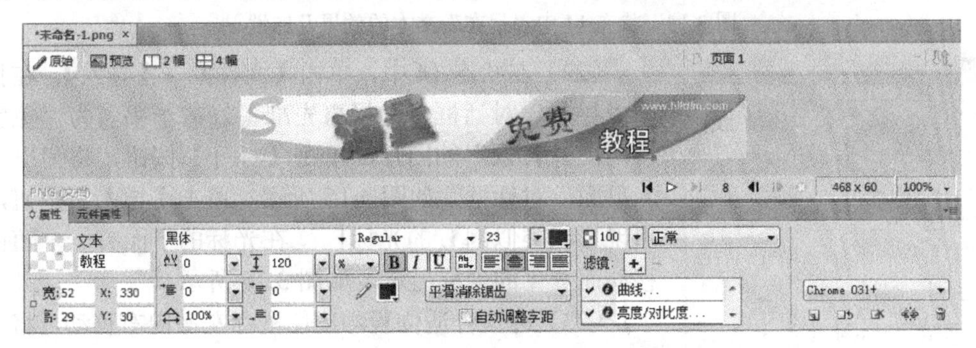

图 3.12　状态 8 中文字“教程”的效果及属性

（19）采用同样的方法，重置状态 9。使用“文本”工具单击“教程”的后面，然后添加 1 个点“.”。设置“教程.”的 *X* 方向位置与状态 7、状态 8 中文字的 *X* 方向位置一样。

（20）采用同样的方法，重置状态 10～状态 13。在每个状态的“教程”的后面都添加 1 个点“.”。使得状态 10 中“教程”后面增加了 2 个点，即“教程..”，状态 11 中为“教程...”，状态 12 中为“教程....”，状态 13 中为“教程.....”。注意在属性检查器中设置文字“教程..”、“教程...”、“教程....”、“教程.....”的 *X* 方向位置都要一样。状态 13 中“教程.....”文本的效果及属性如图 3.13 所示。

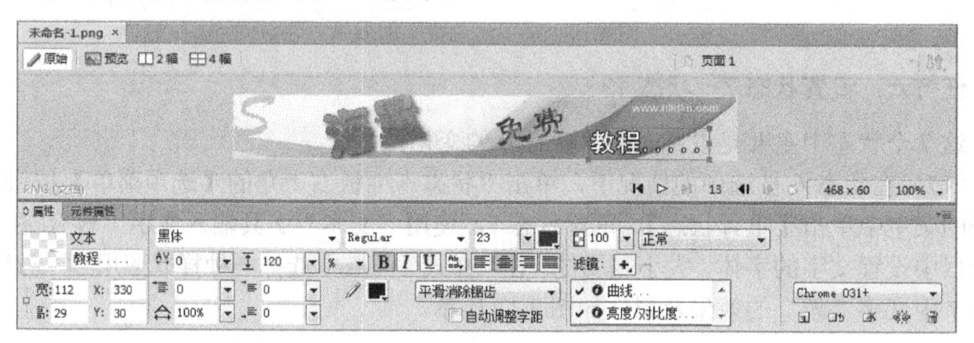

图 3.13　状态 13 中“教程.....”文本的效果及属性

任务七：创建状态 14～状态 17

（21）单击“状态”面板底部的【新建/重置状态】按钮，在状态 13 的下面新建状态 14。使用“文本”工具在适当位置输入文本“尽在”，在属性检查器中设置其属性，然后在“样式”面板中选择一种样式。“尽在”文本的效果及属性如图 3.14 所示。

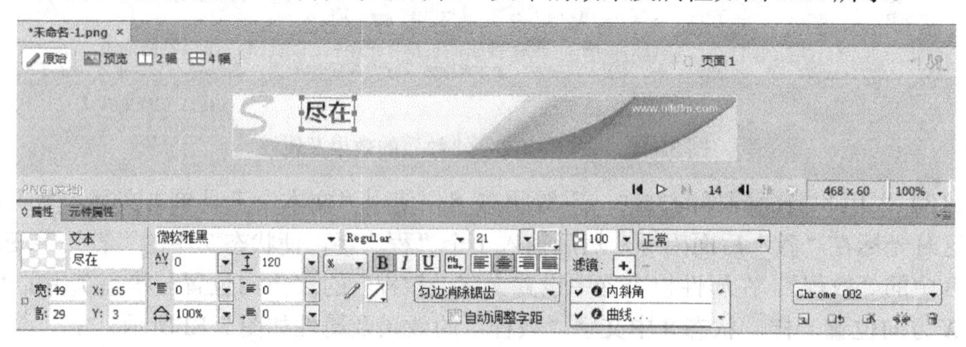

图 3.14　状态 14 中“尽在”文本的效果及属性

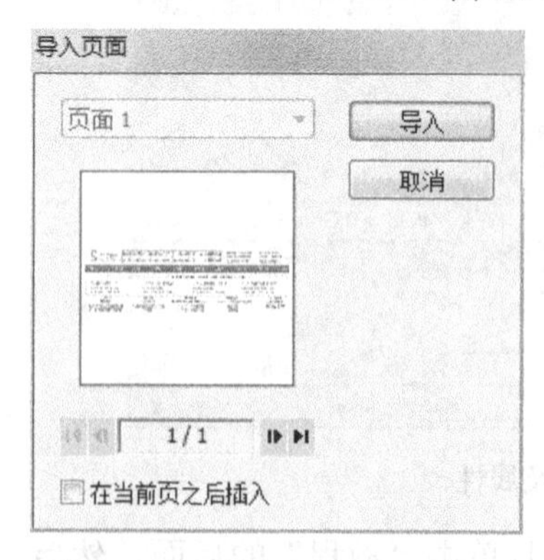

图 3.15　“导入页面”对话框

（22）在状态 14 中，单击【文件】→【导入】，在打开的“导入”对话框中选择事先准备好的一幅名为“免费教程网图片背景”的图片，单击【打开】按钮，将弹出“导入页面”对话框，如图 3.15 所示。单击【导入】按钮，会出现形状类似倒 L 的光标┌，在光标的下面有一个随鼠标移动而变化的坐标显示，如图 3.16 所示。

（23）选择合适位置，按住鼠标左键向右移动，将“免费教程网图片背景”图片导入。根据需要调整图片位置及大小。状态 14 中“免费教程网图片背景”图片效果如图 3.17 所示。

图 3.16 “导入”鼠标指针形状及鼠标位置坐标

图 3.17 状态 14 中“免费教程网图片背景”图片效果

（24）在状态 14 被选中的情况下，单击“状态”面板右上角的【选项菜单】按钮，在打开的菜单中单击【重置状态】，重置状态 15。选中“免费教程网图片背景”图片，然后按向上箭头键将图片向上移动到适当位置。状态 15 中“免费教程网图片背景”图片位置如图 3.18 所示。

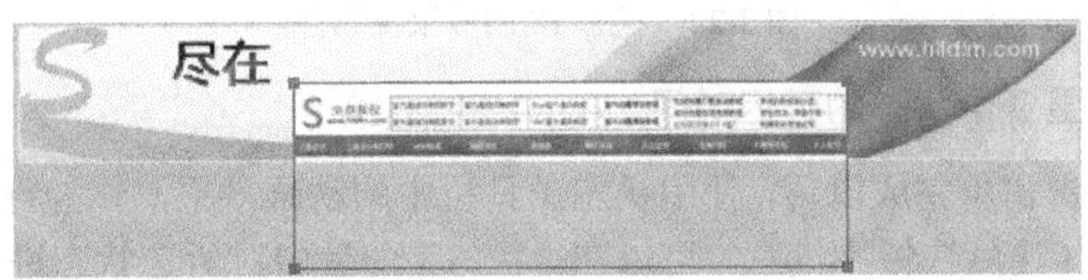

图 3.18 状态 15 中“免费教程网图片背景”图片位置

（25）用同样方法，制作状态 16。状态 16 中“免费教程网图片背景”图片位置如图 3.19 所示。

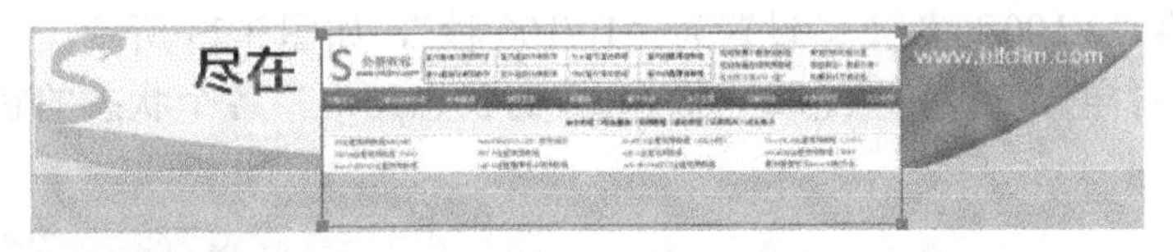

图 3.19 状态 16 中“免费教程网图片背景”图片效果

（26）在状态 16 被选中的情况下，单击“状态”面板右上角的【选项菜单】按钮，在打开的菜单中单击【重置状态】，重置状态 17。使用“文本”工具在图片的上面输入文本“www.hlfdlm.com”，然后在属性检查器中设置文本的属性。状态 17 中文本“www.hlfdlm.com”的效果及属性如图 3.20 所示。

图 3.20 状态 17 中文本“www.hlfdlm.com”的效果及属性

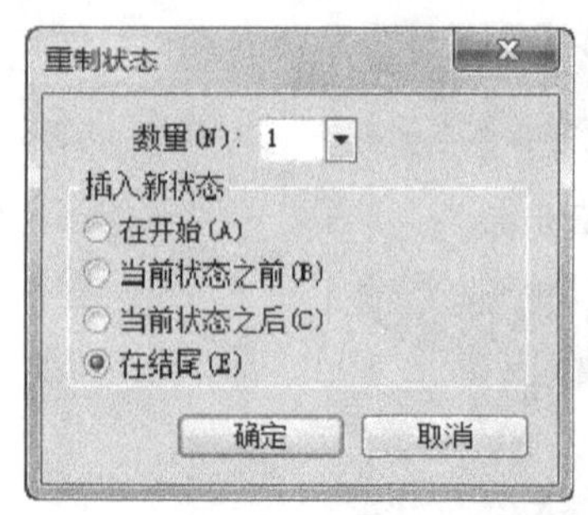

图 3.21　在“重置状态”对话框中选择“在结尾”插入新状态

任务八：创建状态 18

（27）在“状态”面板中单击选中状态 13，然后单击“状态”面板右上角的【选项菜单】按钮，在打开的菜单中单击【重置状态】，打开“重置状态”对话框。在“重置状态”对话框中选择“在结尾”插入新状态，如图 3.21 所示。

（28）单击【确定】按钮，重置状态 18。在状态 18 中，使用“文本”工具单击“教程.....”最后 1 个点“.”后面，然后添加 1 个点。在属性检查器中设置文字“教程......”的 X 方向位置。状态 18 的效果及属性如图 3.22 所示。

图 3.22　状态 18 的效果及属性

任务九：调整各个状态的延迟时间

制作横幅广告初步完成以后，使用状态工具栏中的动画效果测试控件，预览横幅广告效果。如果对动作速度快慢不满意，可以在“状态”面板中对所选状态进行状态延迟时间的调整。在默认情况下，每个状态的状态延迟均为“7/100 秒”，这样显然动作速度太快，需要重新设置。

（29）在“状态”面板中，双击状态 1 的状态延迟列，在打开的状态延迟框中重新设置状态延迟，将“7/100 秒”重新设置为“10/100 秒”，如图 3.23 所示。

（30）使用同样方法设置状态 2～状态 18 的状态延迟，各个状态的状态延迟设置如图 3.24 所示。

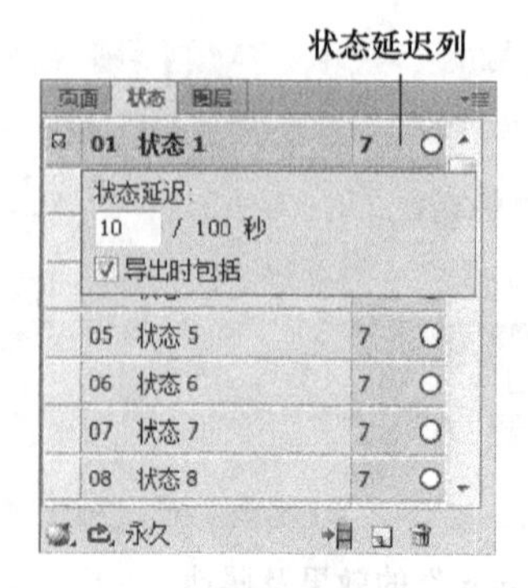

图 3.23　重新设置状态延迟

页面 状态 图层		
01	状态 1	10
02	状态 2	10
03	状态 3	22
04	状态 4	10
05	状态 5	10
06	状态 6	22
07	状态 7	10
08	状态 8	20
09	状态 9	45
10	状态 10	45
11	状态 11	40
12	状态 12	40
13	状态 13	40
14	状态 14	10
15	状态 15	10
16	状态 16	20
17	状态 17	400
18	状态 18	150

永久

图 3.24　各个状态的状态延迟设置

任务十：导出动画文件

（31）选择【文件】→【图像预览】，打开“图像预览”窗口，在导出文件“格式”下拉列表框中选择“GIF 动画”，如图 3.25 所示。

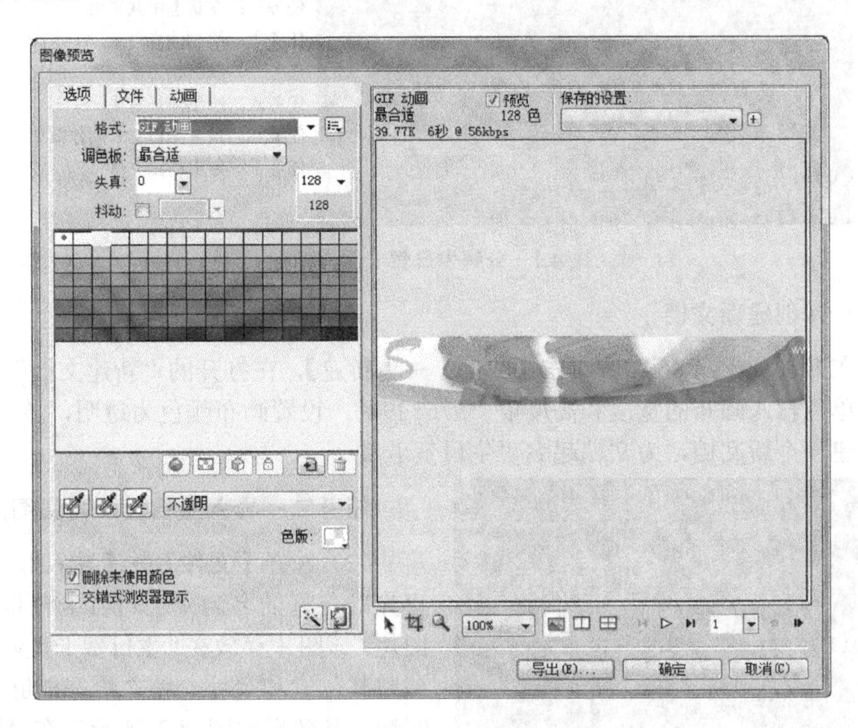

图 3.25 “图像预览”对话框

（32）单击【导出】按钮，在打开的“导出”对话框中选择保存位置，为文件起名“横幅广告”，选择导出类型为“仅图像”，然后单击【保存】按钮。

注意：为文件起名时，.gif 可以不写，Fireworks CS6 会自动加上。

（33）导出结束后，单击文档的【保存】按钮，重新保存“横幅广告.png”文档。

实例 4：生日贺卡

本实例将详细讲解生日贺卡的制作过程。

本实例主要熟悉 Fireworks CS6 中“状态”面板、“图层”面板、“样式”面板以及属性检查器的使用，熟悉“文本”、“椭圆”、“钢笔”、“多边形”、“部分选定”、“直线”等工具的使用方法，熟悉箭头键的使用，熟悉菜单栏、主要工具栏的使用，熟悉导入图片、导出 GIF 动画的方法。

生日贺卡的制作效果如图 4.1 所示，其制作过程可分解成若干个小任务，分步完成。

任务一：创建新文档
任务二：导入生日贺卡背景图片
任务三：输入文本并设置文本属性
任务四：绘制灯捻
任务五：在状态中共享层
任务六：绘制烛光
任务七：添加状态以创建动画
任务八：绘制闪烁星星
任务九：预览生日贺卡制作效果
任务十：导出动画文件

图 4.1　分解生日贺卡制作任务

任务一：创建新文档

（1）在 Fireworks CS6 中，单击【文件】→【新建】，在打开的“新建文档”对话框中以像素为单位输入画布的宽度和高度值“576×394”，设置画布颜色为透明，单击【确定】按钮，创建一个新文档，为文档起名“生日贺卡”。

图 4.2　生日贺卡背景图片效果

任务二：导入生日贺卡背景图片

（2）选择【文件】→【导入】，导入一幅事先准备好的名为“生日贺卡背景.png”的图片（该图片存放在“生日贺卡”文件夹中），调整其位置和尺寸，使之恰好能够和画布相匹配，其效果如图 4.2 所示。在“图层”面板中将其重命名为“生日贺卡背景”。

任务三：输入文本并设置文本属性

（3）使用“文本”工具在生日贺卡背景图片上输入文本“一份温馨的祝福”，在属性检查器中设置其属性。“一份温馨的祝福”文本效果及属性设置如图 4.3 所示。

图 4.3　“一份温馨的祝福”文本效果及属性设置

（4）使用“文本”工具在生日贺卡背景图片上文本“一份温馨的祝福”的下方输入文本“成就生命的灿烂与精彩”，在属性检查器中设置其属性，属性设置与“一份温馨的祝福”的属性设置完全一样。“成就生命的灿烂与精彩”文本效果如图 4.4 所示。

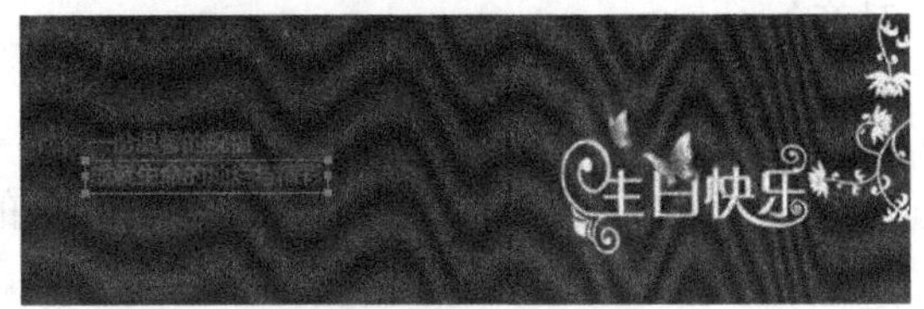

图 4.4 “成就生命的灿烂与精彩”文本效果

（5）使用“文本”工具在生日贺卡背景图片上的适当位置输入文本“亲爱的妈妈”，在属性检查器中设置其属性，然后在“样式”面板中选择“Text Creative 019”样式。文本“亲爱的妈妈”效果及属性设置如图 4.5 所示。

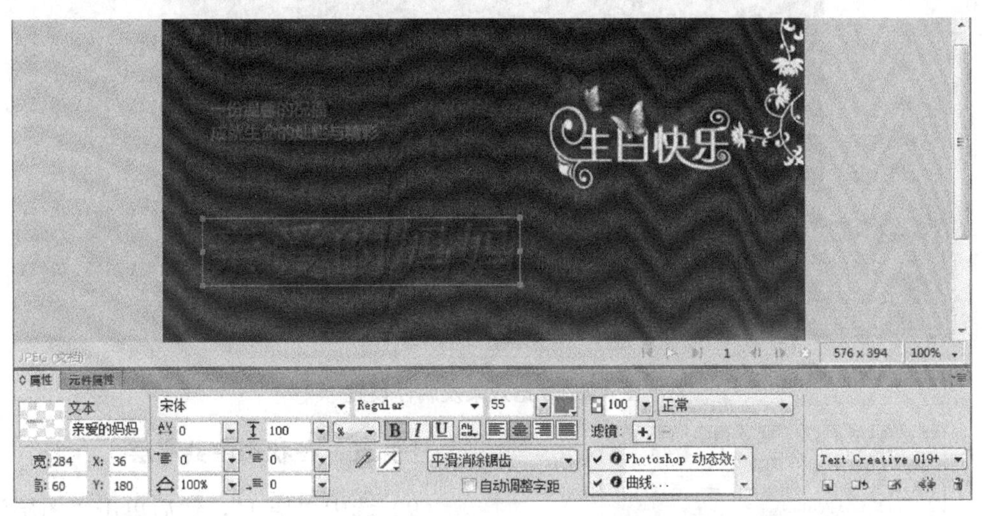

图 4.5 文本“亲爱的妈妈”效果及属性设置

（6）使用“文本”工具在生日贺卡背景图片上文本“亲爱的妈妈”的下方输入文本“HAPPY BIRTHDAY TO YOU”，在属性检查器中设置其属性，然后在“样式”面板中选择“Checker Orange”样式。文本“HAPPY BIRTHDAY TO YOU”效果及属性设置如图 4.6 所示。

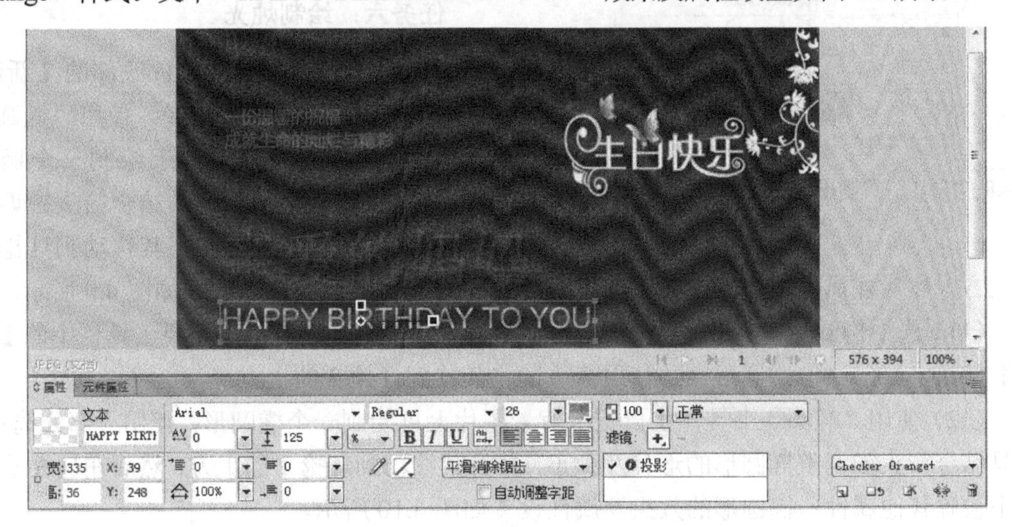

图 4.6 文本“HAPPY BIRTHDAY TO YOU”效果及属性设置

（7）同时选中“一份温馨的祝福”文本、“成就生命的灿烂与精彩”文本、“亲爱的妈妈”文本和“HAPPY BIRTHDAY TO YOU”文本，然后选择【修改】→【对齐】→【左对齐】。

任务四：绘制灯捻

（8）使用“直线”工具分别在背景图片的两只蜡烛上绘制直线，在属性检查器中设置其属性。灯捻效果及属性设置如图 4.7 所示。在“图层”面板中分别将两个直线重命名为“灯捻 1”和“灯捻 2”。

图 4.7　灯捻效果及属性设置

图 4.8　“层 1”右侧出现“在状态中共享层”图标

任务五：在状态中共享层

（9）选中“层 1”，然后单击“图层”面板右上角的“选项”菜单图标，在弹出菜单中选择“在状态中共享层”。选择该选项后，“层 1”右侧出现一个小图标，如图 4.8 所示。

任务六：绘制烛光

（10）单击“图层”面板底部的【新建/重制层】按钮，新建“层 2”。使用“椭圆”工具在生日贺卡背景图片上绘制一个椭圆形，使用“部分选定”工具结合箭头键调整椭圆形的形状及大小，并将其移动到灯捻 1 的上方，然后在属性检查器中设置其他属性。椭圆形的效果及属性设置如图 4.9 所示。

（11）选中椭圆形，单击主要工具栏中的【复制】按钮，然后单击主要工具栏中的【粘贴】按钮，复制一份椭圆形，并使用箭头键将其移到灯捻 2 的上方。

（12）使用“椭圆”工具在生日贺卡背景图片上再绘制一个椭圆形，使用“部分选定”工具结合箭头键调整椭圆形的形状及大小，并将其移动到灯捻 1 的上方，然后在属性检查器中设置其他属性。椭圆形的效果及属性设置如图 4.10 所示。

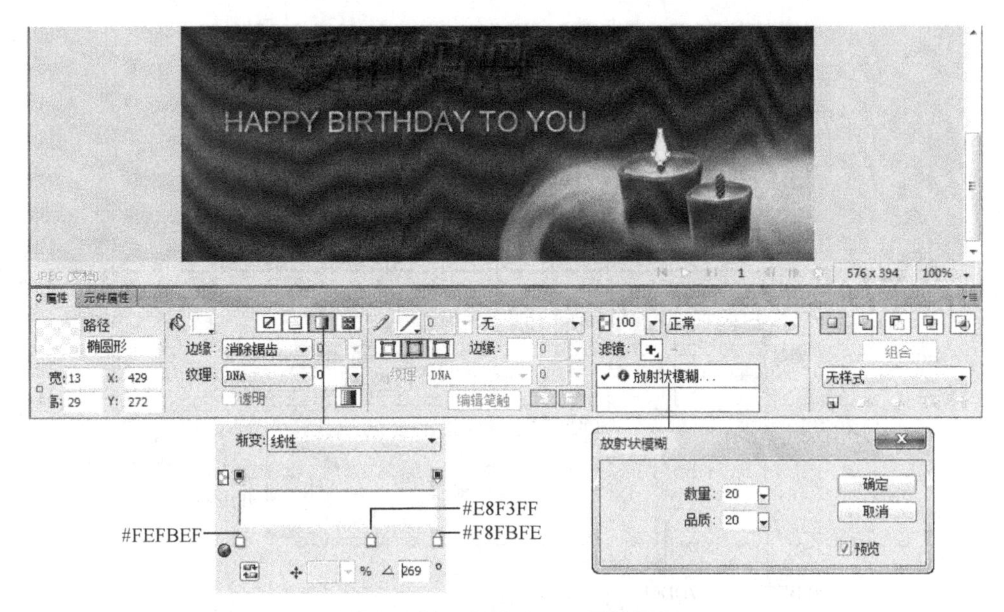

图 4.9　椭圆形的效果及属性设置

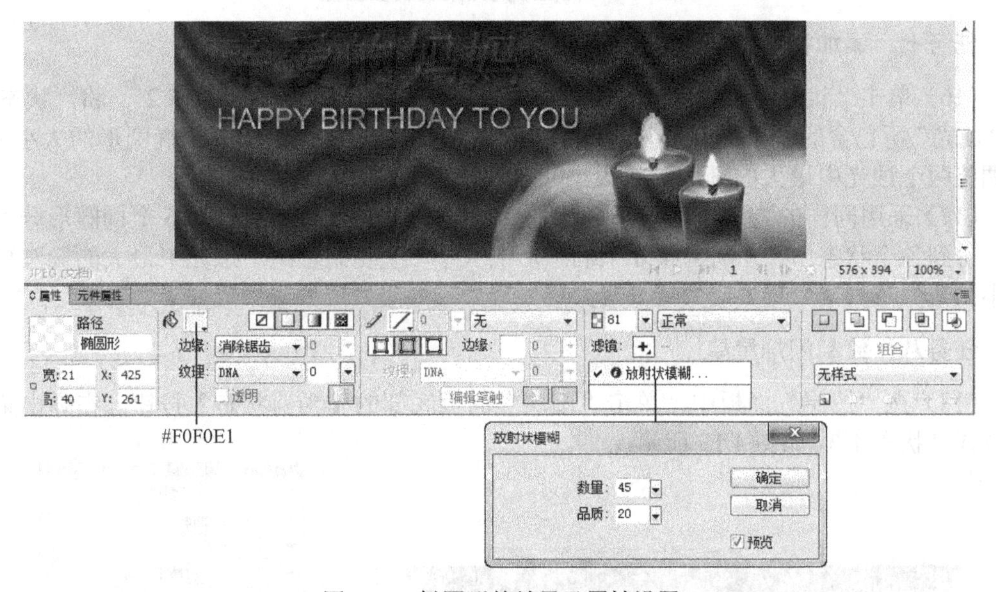

图 4.10　椭圆形的效果及属性设置

（13）选中该椭圆形，然后复制一份该椭圆形，并使用箭头键将其移到灯捻 2 的上方。

（14）使用“椭圆”工具在生日贺卡背景图片上再绘制一个椭圆形，使用“钢笔”工具在椭圆形左右两个控制点的上方分别添加 1 个控制点，并使用“部分选定”工具结合箭头键调节椭圆形的几个控制点，以调整椭圆形的形状及大小，并将其移动到灯捻 1 的上方，然后在属性检查器中设置其他属性。该椭圆形的效果及属性设置如图 4.11 所示。

（15）选中该椭圆形，并复制一份椭圆形。然后在属性检查器中设置其大小，并使用箭头键将其移到灯捻 2 的上方。在“图层”面板中调整各个椭圆形的层次次序，尺寸小的放在最上面，大的放置在最下面，每 3 个为一组形成 1 个“烛光”。绘制烛光完成后的效果如图 4.12 所示。

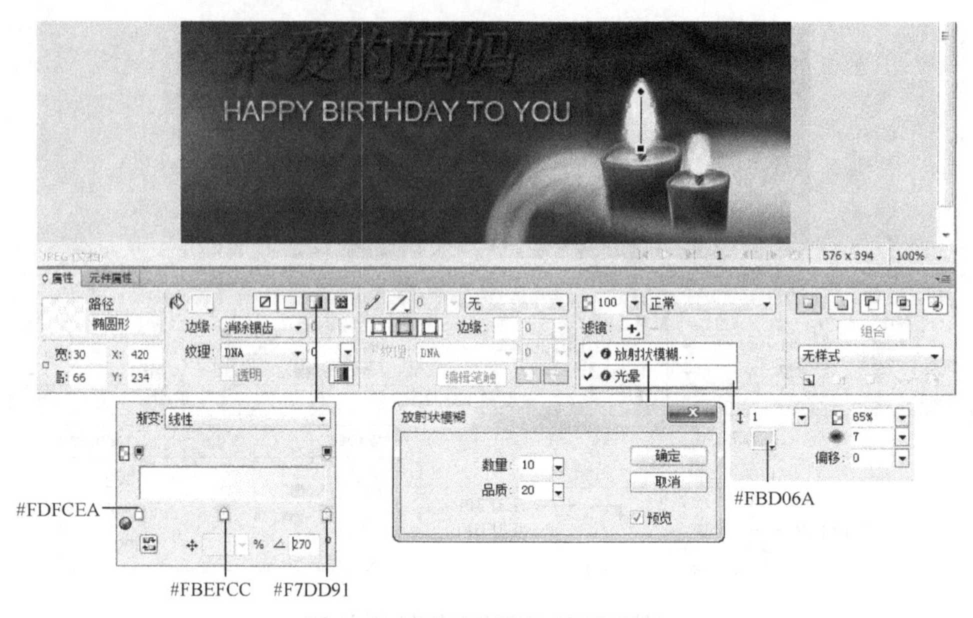

图 4.11　椭圆形的效果及属性设置

任务七：添加状态以创建动画

（16）单击“状态”面板底部的【新建/重制状态】按钮，新建“状态 2”。将“状态 1”中“烛光”所包含的 6 个椭圆形复制一份到“状态 2”中，分别调整 6 个椭圆形的大小（主要调整两个烛光中最大的椭圆形的大小）。

（17）采用同样的方法创建状态 3～状态 8，并将“烛光”所包含的 6 个椭圆形分别复制一份到各个状态中，分别调整 6 个椭圆形的大小（主要调整两个烛光中最大的椭圆形的大小）。

任务八：绘制闪烁星星

（18）在“图层”面板中，单击“图层”面板底部的【当前状态】按钮，在弹出菜单中选择“状态 1”，如图 4.13 所示。

图 4.12　绘制烛光完成后的效果

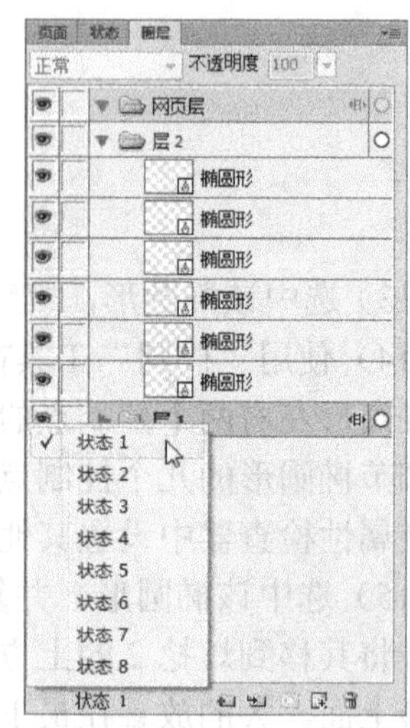

图 4.13　选择“状态 1”时的图层

（19）在状态 1 的图层中添加小星星。选择“多边形”工具，在属性检查器中设置其属性边为“8”，角度为“自动”。该工具在生日贺卡背景图片上绘制一个白色的 8 边形，然后使用“部分选定”工具结合箭头键将其调整为 4 角星。

（20）在属性检查器中设置 4 角星的其他属性。4 角星的效果及属性设置如图 4.14 所示。

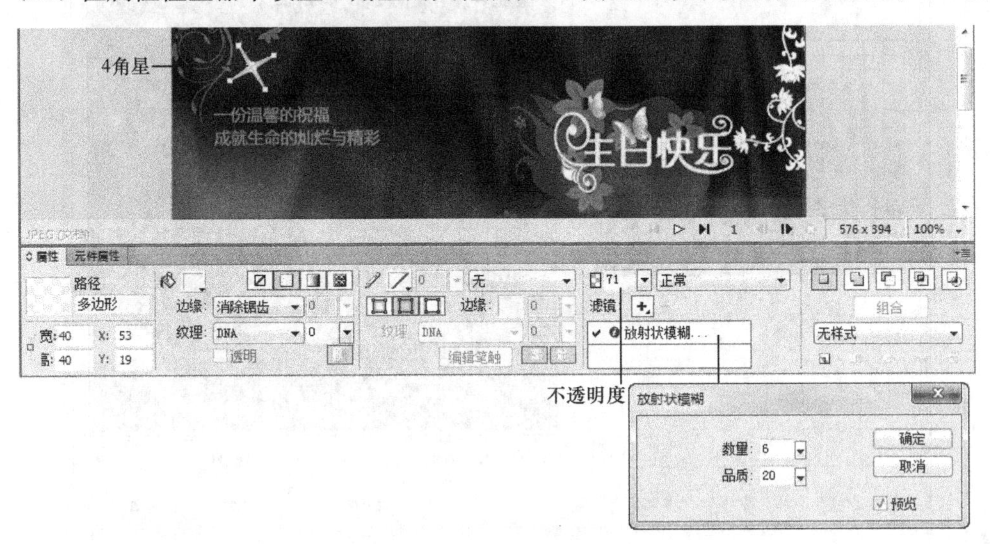

图 4.14　4 角星的效果及属性设置

（21）使用“椭圆”工具绘制一个“8×8”的圆形，将其放在 4 角星的正中间位置，1 个 4 角星和 1 个圆形组成了 1 个小星星。

（22）采用同样的方法，再绘制 3 个小星星。这样就完成了状态 1 时小星星的制作，其效果如图 4.15 所示。

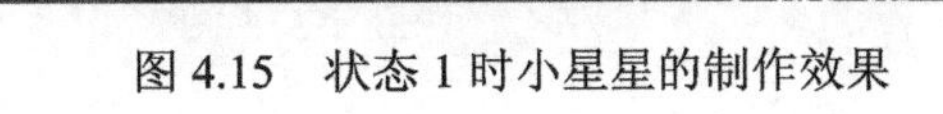

图 4.15　状态 1 时小星星的制作效果

（23）在“图层”面板中选择“状态 2”，在状态 2 的图层中用同样方法添加 1 个星星。

（24）在状态 5 的图层中用同样方法添加 3 个星星。

（25）在状态 7 的图层中用同样方法添加 1 个 4 角星。

任务九：预览生日贺卡制作效果

（26）使用状态工具栏中的动画效果测试控件，预览生日贺卡制作效果。如果对星星闪烁快慢不满意，可以在“状态”面板中对所选状态进行状态延时的调整。本例将状态延时由默认的“7/100 秒”调整为“20/100 秒”。设置的方法：单击状态 1，接着按住【Shift】键的同时单击状态 8，将 8 个状态都选中，然后双击任意状态的状态延迟列，并在打开的状态延迟框中重新设置状态延迟。

任务十：导出动画文件

（27）选择【文件】→【图像预览】，打开“图像预览”窗口，在“导出文件格式”下拉列表框中选择“GIF 动画”，在“最大的颜色数目”下拉框中选择“255”，如图 4.16 所示。

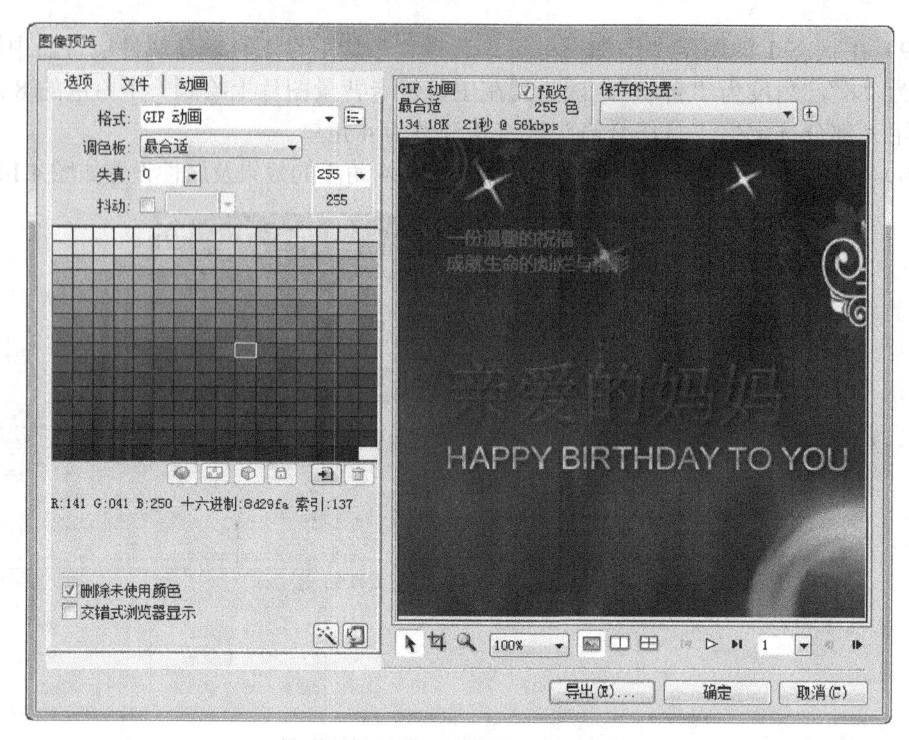

图 4.16 “图像预览”对话框

（28）单击【导出】按钮，在打开的“导出”对话框中选择保存位置，为文件起名“生日贺卡”，选择导出类型“HTML 和图像”，然后单击【保存】按钮。

（29）导出结束后单击文档的【保存】按钮，重新保存“生日贺卡.png”文档。

实例 5：文件夹

本实例将详细讲解文件夹的制作过程。

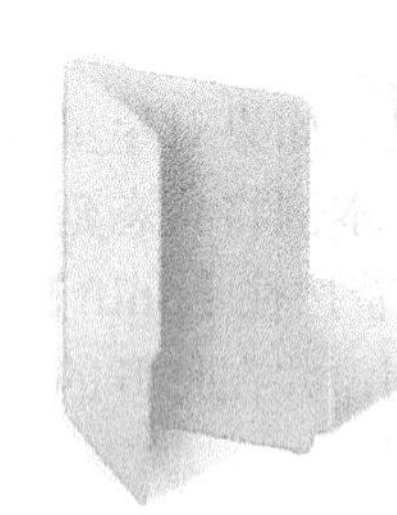

任务一：创建新文档
任务二：绘制“文件夹外壳”
任务三：绘制“文件夹外壳阴影”
任务四：绘制“文件夹外壳 1”
任务五：绘制“文件夹外壳 1”阴影效果
任务六：整理“文件夹”
任务七：导出文件

图 5.1 分解文件夹制作任务

通过本实例主要熟悉 Fireworks CS6 中“图层”面板和属性检查器的使用，菜单栏和“圆角矩形”、“扭曲”、“钢笔”、“部分选定”等工具的使用，以及导出图片的方法。

文件夹的制作效果如图 5.1 所示，其制作过程可分解成若干个小任务，分步完成。

任务一：创建新文档

（1）在 Fireworks CS6 中，单击【文件】→【新建】，在打开的“新建文档”对话框中以像素为单位输入画布的宽度和高度值（本例为制作方便，初步设置画布宽度和高度值为“800×700”，设置画布为“白色”，单击【确定】按钮，创建一个新文档，为文档起名为“文件夹”。

任务二：绘制“文件夹外壳”

（2）使用“圆角矩形”工具，在画布上绘制一个渐变填充的圆角矩形并通过控制点调节圆角矩形的圆度，在属性检查器中设置其属性。圆角矩形效果及属性设置如图 5.2 所示。

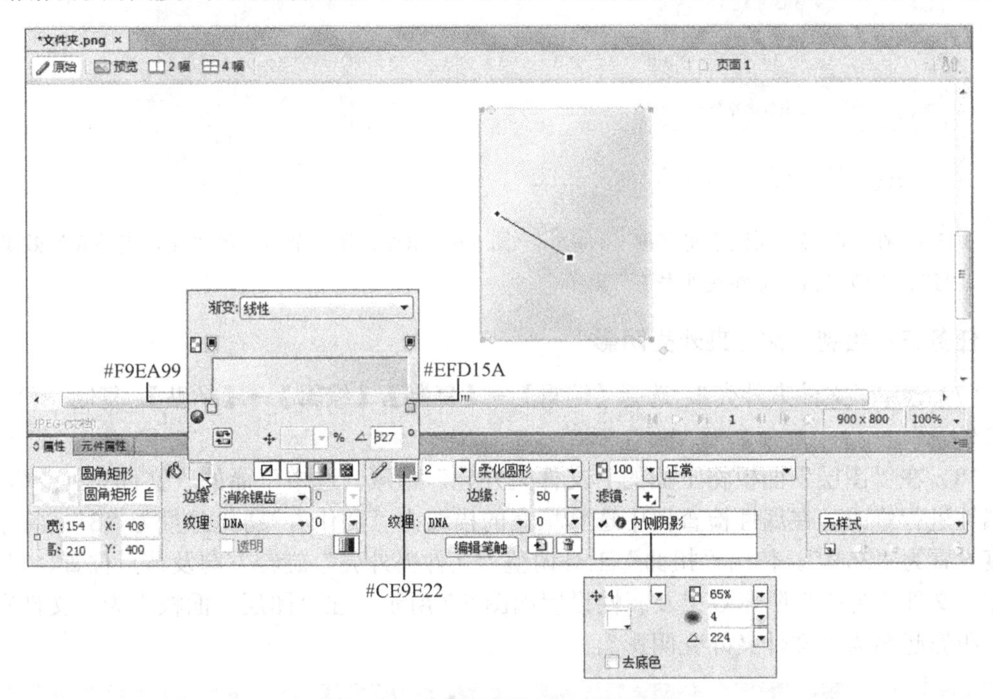

图 5.2　圆角矩形效果及属性设置

（3）选中圆角矩形，使用“扭曲”工具调整圆角矩形的倾斜。调整圆角矩形倾斜效果如图 5.3 所示。

（4）选中圆角矩形，然后选择【修改】→【取消组合】，将圆角矩形转换为路径效果，如图 5.4 所示。注意，此时“内侧阴影”滤镜效果已消失，以后可重新添加。

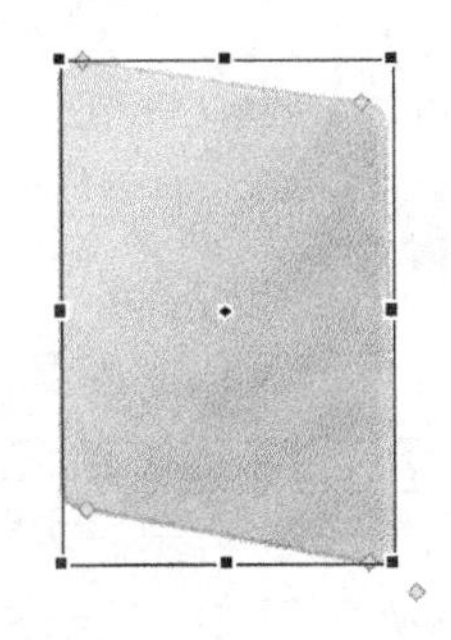

图 5.3　调整圆角矩形倾斜效果

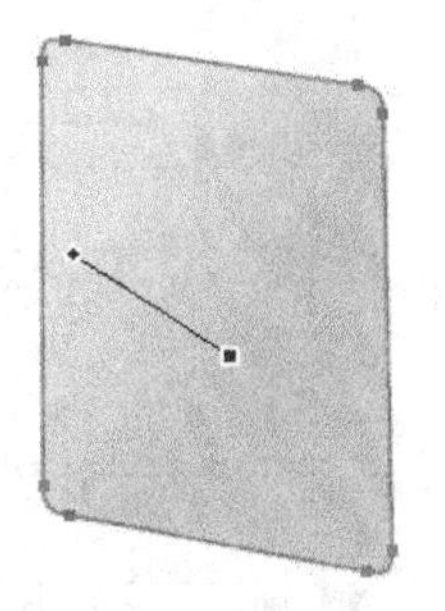

图 5.4　将圆角矩形转换为路径效果

（5）在“图层”面板中双击“路径”名称，在名称框中输入“文件夹外壳”，如图 5.5

所示。

（6）使用“钢笔”工具给“文件夹外壳”添加节点，并使用“部分选定”工具调整节点，得到如图 5.6 所示效果。

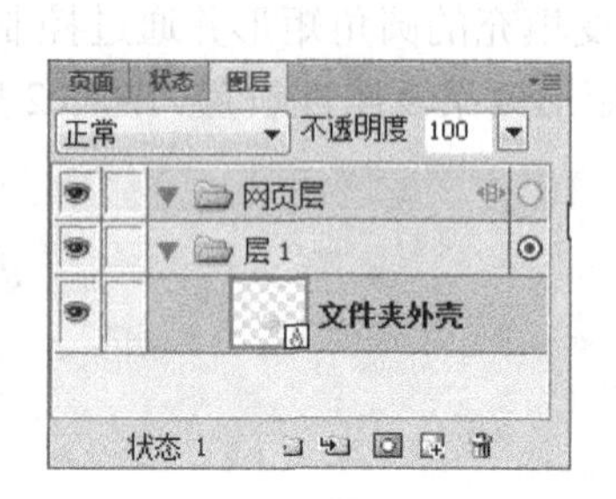

图 5.5　在“图层”面板中将名称“路径”改名为“文件夹外壳”

图 5.6　添加、调整节点后的“文件夹外壳”效果

任务三：绘制“文件夹外壳阴影”

（7）选中“文件夹外壳”，选择【编辑】→【复制】,【编辑】→【粘贴】，复制一份“文件夹外壳”。

（8）在“图层”面板将上面的“文件夹外壳”隐藏。选中下面的“文件夹外壳”，对其属性进行修改。在属性检查器中选择填充的描边为“羽化”，羽化总量为“3”，将不透明度设置为“35%”。使用“扭曲”工具调整“文件夹外壳”旋转方向及节点位置、尺寸。制作“文件夹外壳”阴影效果及属性设置如图 5.7 所示。在“图层”面板中为“文件夹外壳”阴影起名为“文件夹外壳阴影”。

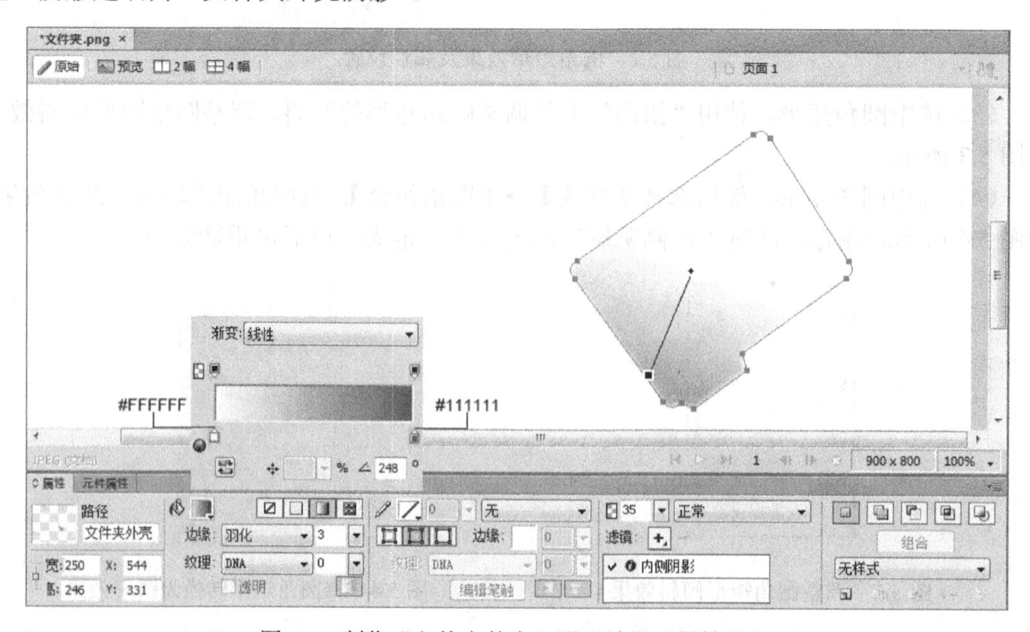

图 5.7　制作“文件夹外壳”阴影效果及属性设置

（9）在“图层”面板中点击“显现/隐藏”列，在该列中出现 图标，同时刚才隐藏的“文件夹外壳”显现，如图 5.8 所示。

图 5.8　显现“文件夹外壳”和“文件夹外壳阴影”效果

任务四：绘制“文件夹外壳 1”

（10）使用与绘制“文件夹外壳”同样的方法绘制“文件夹外壳 1”，绘制效果及属性设置如图 5.9 所示。

任务五：绘制“文件夹外壳 1”阴影效果

（11）采用与绘制“文件夹外壳”阴影效果同样的方法绘制“文件夹外壳 1”阴影效果。

（12）选中“文件夹外壳 1”，选择【编辑】→【复制】，连续两次选择【编辑】→【粘贴】，复制两份“文件夹外壳 1”。

（13）在“图层”面板中将上面的“文件夹外壳 1”隐藏。分别将另外两个“文件夹外壳 1”重命名为“文件夹外壳 1 阴影 1”和“文件夹外壳 1 阴影 2”。

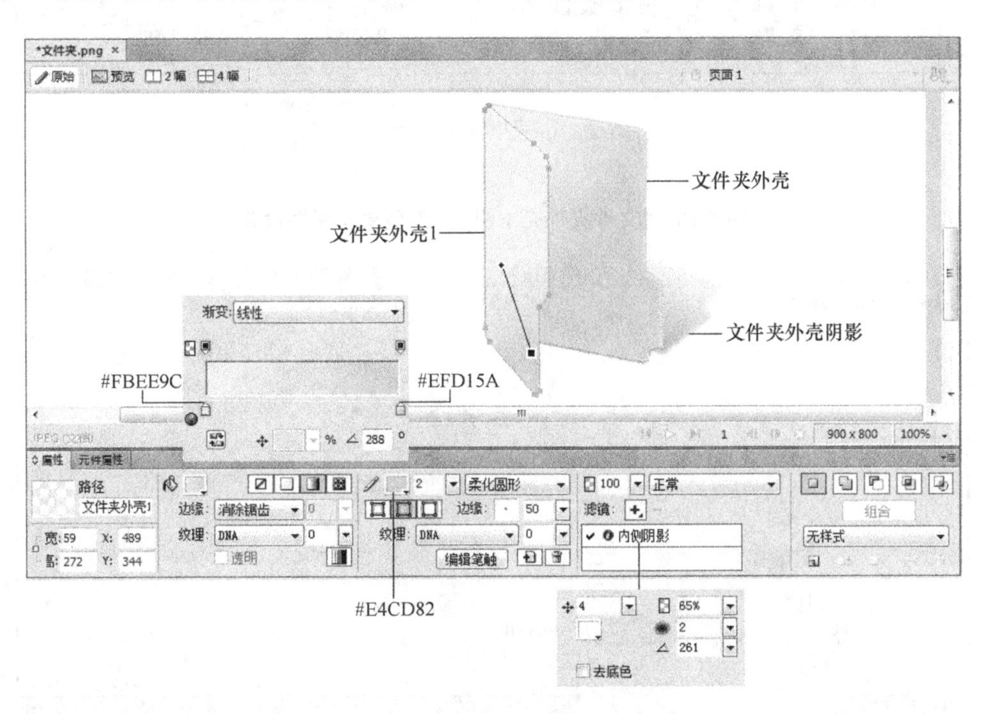

图 5.9 “文件夹外壳 1”效果及属性设置

（14）在“图层”面板中将“文件夹外壳 1 阴影 2”隐藏。选中“文件夹外壳 1 阴影 1”，对其属性进行修改。在属性检查器中选择填充的描边为“羽化”，羽化总量为“2”，将不透明度设置为“20%”。使用“扭曲”工具调整“文件夹外壳 1 阴影 1”尺寸形状。制作“文件夹外壳 1 阴影 1”效果及进行属性设置，如图 5.10 所示。

（15）在“图层”面板中选中“文件夹外壳 1 阴影 2”，对其属性进行修改。在属性检查器中选择填充的描边为“羽化”，羽化总量为“30”，将不透明度设置为“100%”，删除

“内侧阴影”滤镜效果。使用“扭曲”工具调整“文件夹外壳 1 阴影 2”尺寸形状。制作“文件夹外壳 1 阴影 2”效果及进行属性设置，如图 5.11 所示。

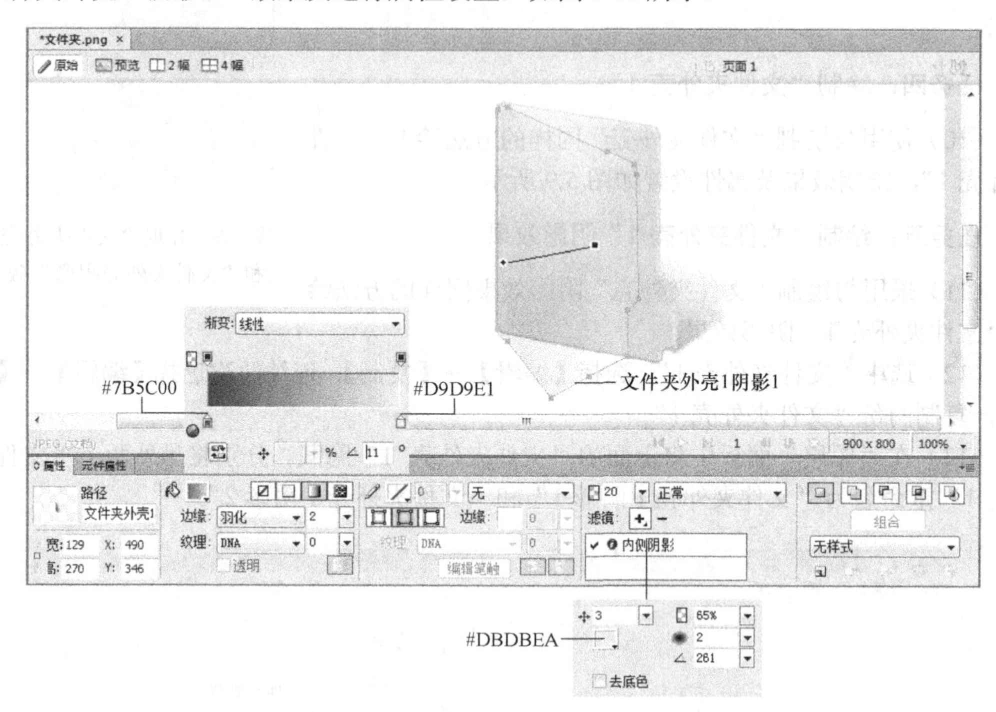

图 5.10 “文件夹外壳 1 阴影 1”效果及属性设置

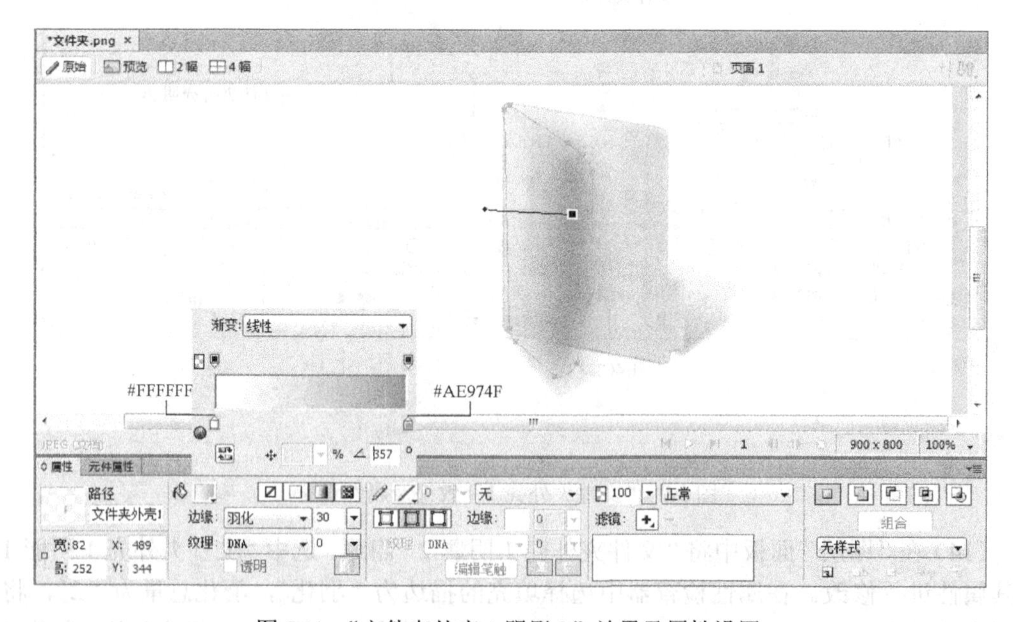

图 5.11 “文件夹外壳 1 阴影 2”效果及属性设置

任务六：整理“文件夹”

（16）在“图层”面板中将隐藏的“文件夹外壳 1”显现。整个“文件夹”制作效果如图 5.12 所示。

（17）选择【修改】→【画布】→【符合画布】，使画布的宽度和高度值刚好符合“文件夹”的大小需要（本例修改后的画布宽度和高度值为“336×300”）。

图 5.12　整个“文件夹”制作效果

任务七：导出文件

（18）选择【文件】→【图像预览】，打开“图像预览”窗口，在导出文件“格式”下拉列表框中选择“JPEG”，如图 5.13 所示。

（19）单击【导出】按钮，在打开的“导出”对话框中选择保存位置，为文件起名为“文件夹”，选择导出类型为“仅图像”，然后单击【保存】按钮。

（20）导出结束后，单击文档的【保存】按钮，重新保存“文件夹.png”文档。

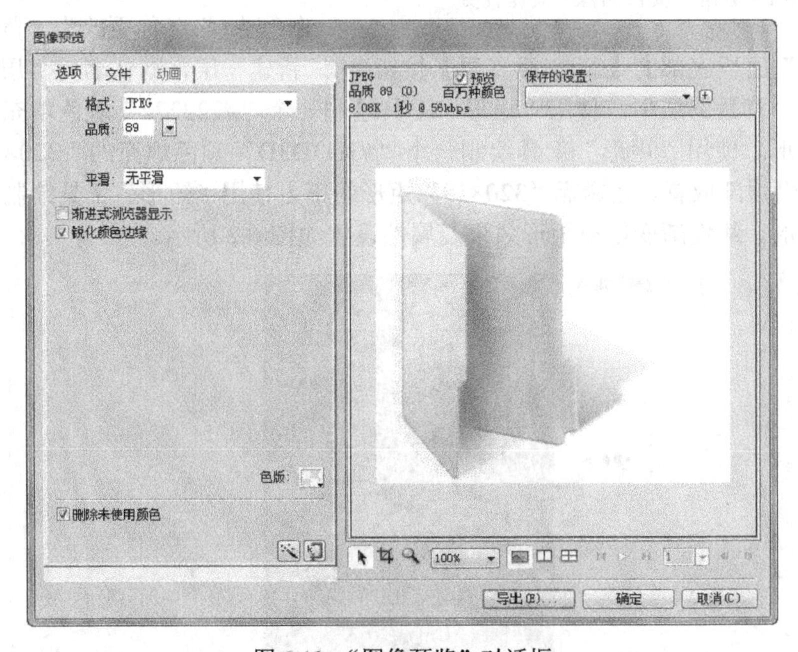

图 5.13　“图像预览”对话框

实例 6：变换图像

本实例将详细讲解变换图像的制作过程。

本实例主要熟悉 Fireworks CS6 中“矩形”、“圆角矩形”、“文本”、“指针”、“椭圆形”、“切片”等工具的使用，“图层”面板、“状态”和属性检查器的使用，“文件”菜单的使用，熟悉添加变换图像行为的方法，以及导入/导出文件的方法。

任务一：创建新文档
任务二：绘制背景层
任务三：绘制矩形切片
任务四：导入用做新状态上交换图像的图片
任务五：为每个小矩形切片创建变换图像
任务六：导出“变换图像”文件
任务七：修改“变换图像.htm”文件代码

图 6.1　分解“变换图像”制作任务

变换图像制作效果如图 6.1 所示，其制作过程可分解成若干个小任务，分步完成。

任务一：创建新文档

（1）在 Fireworks CS6 中，选择【文件】→【新建】，在打开的“新建文档”对话框中，设置画布宽度为“320”像素、高度为“520”像素，画布颜色为“透明”，单击【确定】按钮，创建一个新文档，为文档起名为“变换图像”。

任务二：绘制背景层

（2）在“图层”面板中，将默认的“层 1”名称更改为“背景”。然后，单击“图层”面板底部的【新建/重置层】按钮，新建一层，默认名为“层 1”。

（3）在“背景”层中，使用“矩形”工具绘制一个“#222222”颜色填充的与画布同样尺寸的矩形。使用“矩形”工具绘制一个“#3D3D3D”颜色填充的“320×19”宽高的矩形，使其沿顶部放置。在紧靠“320×19”矩形的下方使用“矩形”工具绘制一个线性渐变填充的矩形。线性渐变填充矩形效果及属性设置如图 6.2 所示。

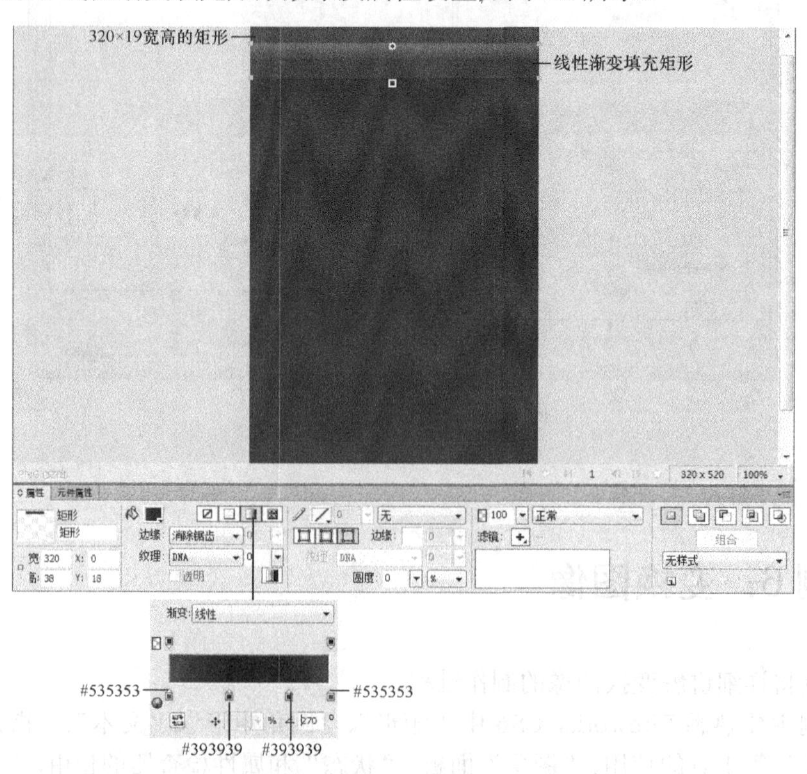

图 6.2　线性渐变填充矩形效果及属性设置

（4）在线性渐变填充矩形的下方，使用“圆角矩形”工具绘制一个无填充色描边颜色为“#444444”的圆角矩形。在圆角矩形的下方，使用“矩形”工具绘制一个无填充色描边颜色为“#434343”的矩形。圆角矩形和矩形效果如图 6.3 所示。

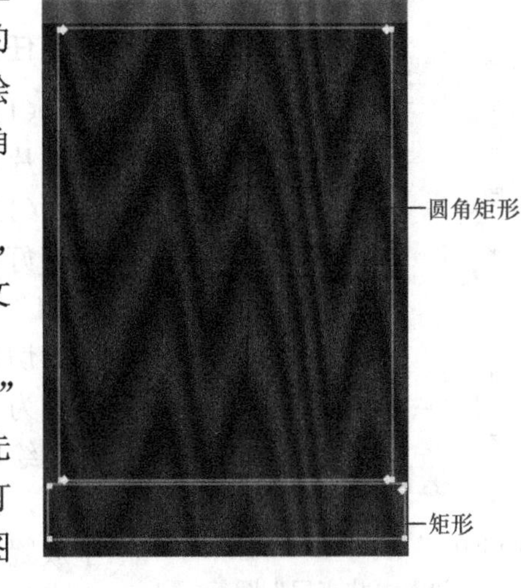

图 6.3 圆角矩形和矩形效果

（5）使用“矩形”工具绘制 5 个不同高度的矩形，用此表示信号的强弱。使用“文本”工具输入一些文字和数字。使用“椭圆”工具绘制一个小图标。

（6）选择【文件】→【导入】，在打开的“导入”对话框中选择“paper cutting1”图片（该图片是事先准备好的，放置在“变换图像”文件夹内），单击【打开】按钮，然后在画布上按住鼠标左键拖放，调整图片大小，得到如图 6.4 所示的图像。

（7）采用同样方法导入并调整“paper cutting2”图片、“paper cutting3”图片、“paper cutting4”图片、“paper cutting5”图片、“paper cutting6”图片、“paper cutting7”图片、“paper cutting8”图片、“paper cutting9”图片、“paper cutting10”图片，其效果如图 6.5 所示。

图 6.4 导入“paper cutting1”图片

图 6.5 导入并调整图片效果

（8）在“图层”面板中将这 10 个图片分别命名为“pic1”、“pic2”、“pic3”、“pic4”、“pic5”、“pic6”、“pic7”、“pic8”、“pic9”、“pic10”。

（9）选中“背景”层，然后单击“图层”面板右上角的“选项”菜单图标，在弹出菜单中选择“在状态中共享层”。“背景”层右侧将出现一个小图标，如图 6.6 所示。

（10）至此，“背景”层已绘制完成。为了在绘制其他层中对象时不影响背景层中的对

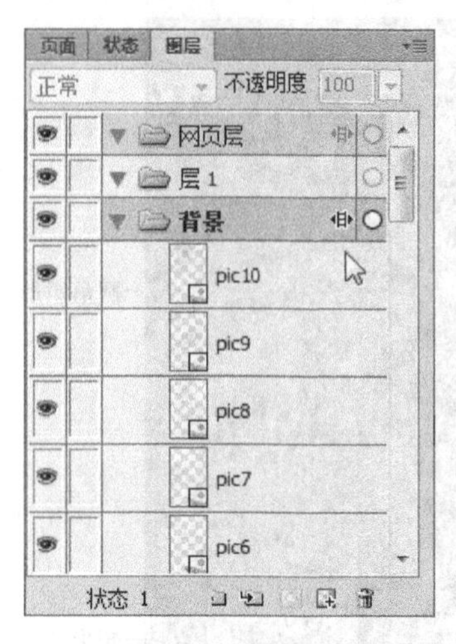

图 6.6 “背景”层右侧出现“在状态中共享层”图标

象，在“图层”面板中，将背景层锁住。

任务三：绘制矩形切片

（11）使用“切片”工具，绘制一个矩形切片，且矩形切片正好能覆盖整个背景层中的对象，如图 6.7 所示。

（12）分别为每张小图片绘制一个矩形切片，且矩形切片正好能覆盖它下面的小图片。在“图层”面板中命名与“pic1”小图片相对应的切片为“切片 1”，pic2 小图片相对应的切片为“切片 2”，……，与“pic10”小图片相对应的切片为“切片 10”。使用“切片”工具，在“切片 10”的右侧再绘制一个矩形切片，以填满整个小图片行。使用“切片”工具，在圆角矩形上绘制一个矩形切片（该网页对象下方用于放置“不相交变换图像”），且矩形切片与圆角矩形尺寸相当，如图 6.8 所示。

图 6.7 绘制一个覆盖整个背景层中对象的矩形切片

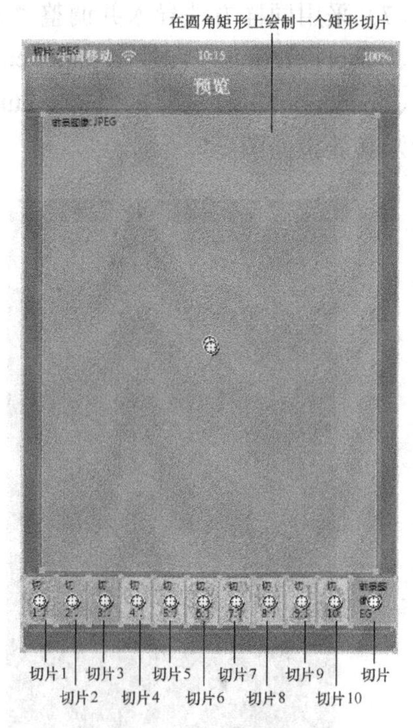

图 6.8 绘制切片

任务四：导入用做新状态上交换图像的图片

（13）单击“状态”面板中的【新建/重置状态】按钮，创建一个新状态，默认名为“状态 2”。

（14）选择【文件】→【导入】，在打开的“导入”对话框中选择“paper cutting1”图片（该图片事先准备好，放置在“交换图像”文件夹中），单击【打开】按钮，会出现形状类似倒 L 的光标「，在光标的下面有一个随鼠标移动而变化的坐标显示，选择

“圆角矩形上矩形切片”位置，按住鼠标左键向右下移动，将“paper cutting1”图片导入，并处于切片的下面。图片尺寸设置为“282×385”（比切片略小），其效果如图6.9所示。

（15）采用同样的方法，重复步骤（13）和步骤（14），导入用做“状态 3”上的交换图像的“paper cutting2”图片、用做“状态 4”上的交换图像的“paper cutting3”图片、用做“状态 5”上的交换图像的“paper cutting4”图片、用做“状态 6”上的交换图像的“paper cutting5”图片、用做“状态 7”上的交换图像的“paper cutting6”图片、用做“状态 8”上的交换图像的“paper cutting7”图片、用做“状态 9”上的交换图像的“paper cutting8”图片、用做“状态 10”上的交换图像的“paper cutting9”图片、用做“状态 11”上的交换图像的“paper cutting10”图片。

图 6.9 导入用做“状态 2”上的交换图像的“paper cutting1”图片

任务五：为每个小矩形切片创建变换图像

（16）单击“切片 1”，切片出现行为手柄，当指针放在行为手柄上方时，指针随即变为手形。拖动行为手柄并将其放置在目标切片（圆角矩形上矩形切片）上，将会出现一条从触发器中心延伸到目标切片左上角的行为线，同时打开“交换图像”对话框，如图 6.10 所示。

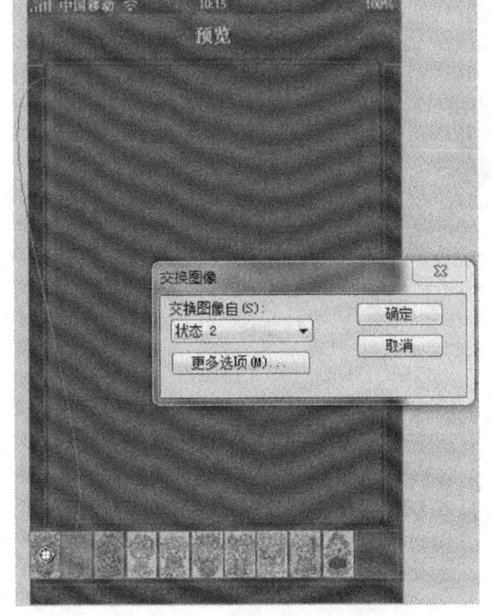

图 6.10 打开“交换图像”对话框

（17）从“交换图像自”弹出菜单中，选择状态 2，然后单击【确定】按钮。

（18）采用同样的方法，重复步骤（16）和步骤（17），使“切片 2”和状态 3 中的图片发生交互、使“切片 3”和状态 4 中的图片发生交互、使“切片 4”和状态 5 中的图片发生交互、使“切片 5”和状态 6 中的图片发生交互、使“切片 6”和状态 7 中的图片发生交互、使“切片 7”和状态 8 中的图片发生交互、使“切片 8”和状态 9 中的图片发生交互、使“切片 9”和状态 10 中的图片发生交互、使“切片 10”和状态 11 中的图片发生交互。

任务六：导出“变换图像”文件

（19）选择【文件】→【图像预览】，打开“图像预览”对话框，在“导出文件格式”下拉框中选择“JPEG”，如图 6.11 所示。

（20）单击【导出】按钮，在打开的“导出”对话框中选择保存位置，为文件起名为“变换图像”，选择导出类型为“HTML 和图像”，如图 6.12 所示，然后单击【保存】按钮。

图 6.11 “图像预览”对话框

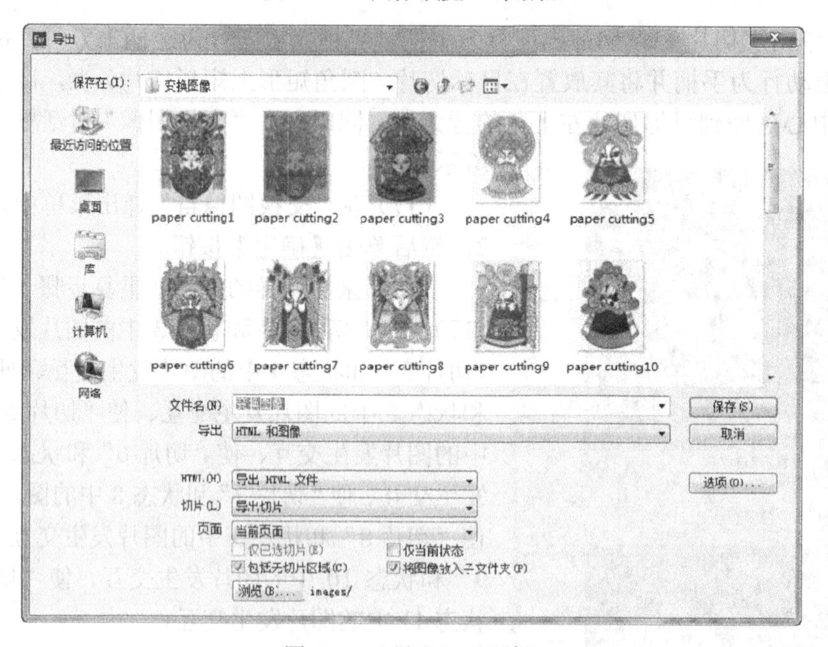

图 6.12 “导出”对话框

任务七：修改“变换图像.htm”文件代码

（21）在使用 IE 浏览器浏览“变换图像.htm”之前，先使用记事本打开“变换图像.htm”文件，可以看到如下“变换图像.htm”文件代码。

```
<!DOCTYPE HTML PUBLIC "-//W3C//DTD HTML 4.01 Transitional//EN" "http://www.w3.org/TR/html4/loose.dtd">
<!-- saved from url=(0014)about:internet -->
```

```
<html>
<head>
<title>变换图像.jpg</title>
<meta http-equiv="Content-Type" content="text/html; charset=utf-8">
<!--Fireworks CS6 Dreamweaver CS6 target.   Created Wed Sep 11 22:32:41 GMT+0800 2013-->
<script language="JavaScript">
<!--
function MM_findObj(n, d) { //v4.01
  var p,i,x;   if(!d) d=document; if((p=n.indexOf("?"))>0&&parent.frames.length) {
    d=parent.frames[n.substring(p+1)].document; n=n.substring(0,p);}
  if(!(x=d[n])&&d.all) x=d.all[n]; for (i=0;!x&&i<d.forms.length;i++) x=d.forms[i][n];
  for(i=0;!x&&d.layers&&i<d.layers.length;i++) x=MM_findObj(n,d.layers[i].document);
  if(!x && d.getElementById) x=d.getElementById(n); return x;
}
function MM_swapImage() { //v3.0
  var i,j=0,x,a=MM_swapImage.arguments; document.MM_sr=new Array; for(i=0;i<(a.length-2);i+=3)
   if ((x=MM_findObj(a[i]))!=null){document.MM_sr[j++]=x; if(!x.oSrc) x.oSrc=x.src; x.src=a[i+2];}
}
function MM_swapImgRestore() { //v3.0
  var i,x,a=document.MM_sr; for(i=0;a&&i<a.length&&(x=a[i])&&x.oSrc;i++) x.src=x.oSrc;
}

function MM_preloadImages() { //v3.0
  var d=document; if(d.images){ if(!d.MM_p) d.MM_p=new Array();
    var i,j=d.MM_p.length,a=MM_preloadImages.arguments; for(i=0; i<a.length; i++)
    if (a[i].indexOf("#")!=0){ d.MM_p[j]=new Image; d.MM_p[j++].src=a[i];}}
}

//-->
</script>
</head>
<body bgcolor="#ffffff"onLoad="MM_preloadImages('images/变换图像 r2_c2_s2.jpg','images/变换图像 r2_c2_s3.jpg','images/变换图像 r2_c2_s4.jpg','images/变换图像 r2_c2_s5.jpg','images/变换图像 r2_c2_s6.jpg', 'images/变换图像 r2_c2_s7.jpg','images/变换图像 r2_c2_s8.jpg','images/变换图像 r2_c2_s9.jpg','images/变换图像 r2_c2_s10.jpg','images/变换图像 r2_c2_s11.jpg');">
<table style="display: inline-table;" border="0" cellpadding="0" cellspacing="0" width="320">
<!-- fwtable fwsrc="变换图像.png" fwpage="页面 1" fwbase="变换图像.jpg" fwstyle="Dreamweaver" fwdocid = "78682925" fwnested="1" -->
  <tr>
   <td><img name="n 换_1_1" src="images/切片.jpg" width="320" height="61" alt=""></td>
  </tr>
  <tr>
   <td><table style="display: inline-table;" align=""left" border="0" cellpadding="0" cellspacing="0" width="320">
      <tr>
       <td><img name="r2_c1"src="images/变换图像 r2_c1.jpg"width="16"height="397"alt=""></td>
       <td><table style="display: inline-table;" align=""left" border="0" cellpadding="0" cellspacing=
```

```
"0"width="286">
                    <tr>
                      <td><img name="r2_c2"src="images/变换图像 r2_c2.jpg"width="286"height="391"
alt=""></td>
                    </tr>
                    <tr>
                      <td><img name="r3_c2" src="images/变换图像 r3_c2.jpg" width="286" height="6"
alt=""></td>
                    </tr>
                  </table></td>
                <td><img name="r2_c13" src="images/变换图像 r2_c13.jpg" width="18" height="397"
alt=""></td>
              </tr>
            </table></td>
        </tr>
        <tr>
          <td><table style="display: inline-table;" align=""left" border="0" cellpadding="0" cellspacing="0"
width="320">
              <tr>
                <td><a href="paper cutting1.jpg" target="_blank" onMouseOut="MM_swapImgRestore();"
onMouseOver="MM_swapImage('r2_c2','','images/变换图像 r2_c2_s2.jpg',1);"><img name="n1" src="images/
切片 1.jpg" width="28" height="40" alt=""></a></td>
                <td><a href="paper cutting2.jpg" onMouseOut="MM_swapImgRestore();" onMouseOver=
"MM_swapImage('r2_c2','','images/变换图像 r2_c2_s3.jpg',1);"><img name="n2" src="images/切片 2.jpg"
width="28" height="40" alt=""></a></td>
                <td><a href="paper cutting3.jpg" onMouseOut="MM_swapImgRestore();" onMouseOver=
"MM_swapImage('r2_c2','','images/变换图像 r2_c2_s4.jpg',1);"><img name="n3" src="images/切片 3.jpg"
width="28" height="40" alt=""></a></td>
                <td><a href="paper cutting4.jpg" onMouseOut="MM_swapImgRestore();" onMouseOver=
"MM_swapImage('r2_c2','','images/变换图像 r2_c2_s5.jpg',1);"><img name="n4" src="images/切片 4.jpg"
width="28" height="40" alt=""></a></td>
                <td><a href="paper cutting5.jpg" onMouseOut="MM_swapImgRestore();" onMouseOver=
"MM_swapImage('r2_c2','','images/变换图像 r2_c2_s6.jpg',1);"><img name="n5" src="images/切片 5.jpg"
width="28" height="40" alt=""></a></td>
                <td><a href="paper cutting6.jpg" onMouseOut="MM_swapImgRestore();" onMouseOver=
"MM_swapImage('r2_c2','','images/变换图像 r2_c2_s7.jpg',1);"><img name="n6" src="images/切片 6.jpg"
width="28" height="40" alt=""></a></td>
                <td><a href="paper cutting7.jpg" onMouseOut="MM_swapImgRestore();" onMouseOver=
"MM_swapImage('r2_c2','','images/变换图像 r2_c2_s8.jpg',1);"><img name="n7" src="images/切片 7.jpg"
width="28" height="40" alt=""></a></td>
                <td><a href="paper cutting8.jpg" onMouseOut="MM_swapImgRestore();" onMouseOver=
"MM_swapImage('r2_c2','','images/变换图像 r2_c2_s9.jpg',1);"><img name="n8" src="images/切片 8.jpg"
width="28" height="40" alt=""></a></td>
                <td><a href="paper cutting9.jpg" onMouseOut="MM_swapImgRestore();" onMouseOver=
"MM_swapImage('r2_c2','','images/变换图像 r2_c2_s10.jpg',1);"><img name="n9" src="images/切片 9.jpg"
width="28" height="40" alt=""></a></td>
                <td><a href="javascript:;" onMouseOut="MM_swapImgRestore();" onMouseOver=
"MM_swapImage('r2_c2','','images/变换图像 r2_c2_s11.jpg',1);"><img name="n10" src="images/切片 10.jpg"
```

```
width="28" height="40" alt=""></a></td>
            <td><img name="r4_c12" src="images/变换图像 r4_c12.jpg" width="40" height="40"
alt=""></td>
          </tr>
        </table></td>
    </tr>
    <tr>
     <td><img name="r5_c1" src="images/变换图像 r5_c1.jpg" width="320" height="22" alt=""></td>
    </tr>
  </table>
  </body>
  </html>
```

其中，粗体字部分是导出文件时 Fireworks CS6 根据“切片 10”右侧矩形切片及下面的图形图像自动生成的。从代码中看不出问题，但影响美观，故将它们删除掉。

任务八：使用 IE 浏览器浏览“变换图像.htm”

（22）右键单击“变换图像.htm”，在弹出菜单中选择【打开方式】→【Internet Explorer】，在 IE 浏览器中打开“变换图像.htm”，如图 6.13 所示。

（23）从图 6.13 中可以看到，此时在“变换图像.htm”页面的圆角矩形中没有任何图片出现。当用鼠标移动到某张小图片上时，指针由箭头形状变为手形指针，且发生“变换图像”行为，即在圆角矩形中出现与该小图片相应的大图片，当鼠标移开时复原。例如，当用户将鼠标移到“pic3”上时，在圆角矩形位置将出现“paper cutting3.jpg”图片，如图 6.14 所示。

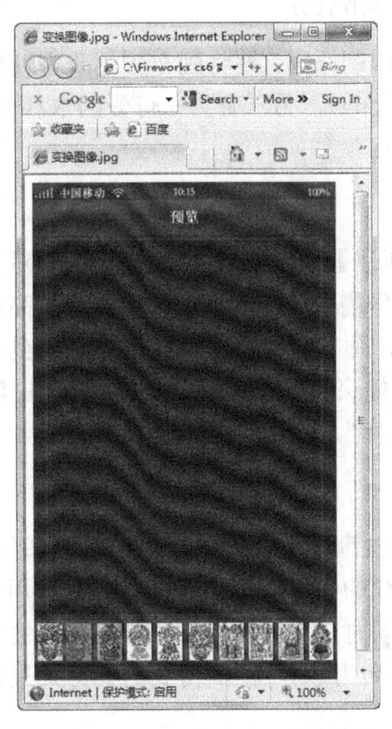

图 6.13 在 IE 浏览器中浏览“变换图像.htm”

图 6.14 将鼠标移到 pic3 上时的效果

实例 7：可爱的水杯

本实例将详细讲解可爱的水杯的制作过程。

通过本实例主要熟悉 Fireworks CS6 中“矩形”、“钢笔”、“部分选定”、“椭圆”、“文本”等工具以及箭头键的使用，属性检查器和菜单栏的使用，“图层”面板的使用以及导出图片的方法。

可爱的水杯的制作效果如图 7.1 所示，其制作过程可分解成若干个小任务，分步完成。

任务一：创建新文档
任务二：绘制“杯身”
任务三：绘制“杯口”
任务四：绘制“杯把”
任务五：绘制水杯上的图案
任务六：输入水杯上的文本
任务七：整理画布大小
任务八：导出文件

图 7.1　分解可爱的水杯制作任务

说明：本例的画布颜色本应是黑色的，考虑到印刷原因，便将画布颜色改为#FF8000。因此本例备有两套.png 文件，一套为“可爱的水杯.png”，另一套为“可爱的水杯 1.png”。书中采用的是#FF8000 颜色画布的“可爱的水杯.png”。

任务一：创建新文档

（1）在 Fireworks CS6 中，单击【文件】→【新建】，在打开的“新建文档”对话框中以像素为单位输入画布的宽度和高度值（本例为制作需要，初步设置画布宽度和高度值为“800×500”，设置画布颜色为“#FF8000”（请注意，画布选择此颜色主要是考虑到在介绍制作水杯的书中需要显现的东西更清晰。实际上选择深色画布效果会更好），单击【确定】按钮，创建一个新文档，为文档起名为“可爱的水杯”。

任务二：绘制“杯身”

（2）使用“矩形”工具，在画布上绘制一个线性渐变填充的矩形。使用“部分选定”工具选中该矩形，然后用“钢笔”工具在矩形下边线的中间添加 1 个控制点并使用“部分选定”工具调节控制点，使矩形下边线变为曲线，同时该矩形变为了路径。在属性检查器中设置其属性，并在“图层”面板中为该路径重命名为“杯身”，得到的杯身效果及属性设置如图 7.2 所示。

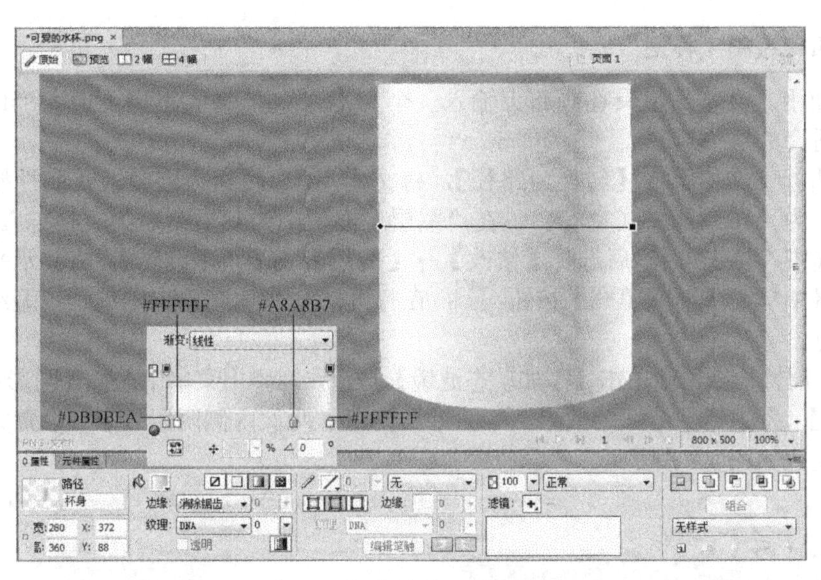

图 7.2　杯身效果及属性设置

任务三：绘制“杯口”

（3）使用“椭圆”工具绘制一个放射性渐变填充的椭圆形，在“图层”面板中为其重命名为“杯口”。在属性检查器中设置杯口的笔触的笔尖大小为“9”，描边种类为“实线”，选择描边内部对齐。单击【添加动态滤镜】按钮 ，在弹出菜单中选择【阴影和光晕】→【内侧阴影】，为达到一个好的效果，本例重复使用了 3 次内侧阴影效果。设置完的杯口效果及属性设置如图 7.3 所示。

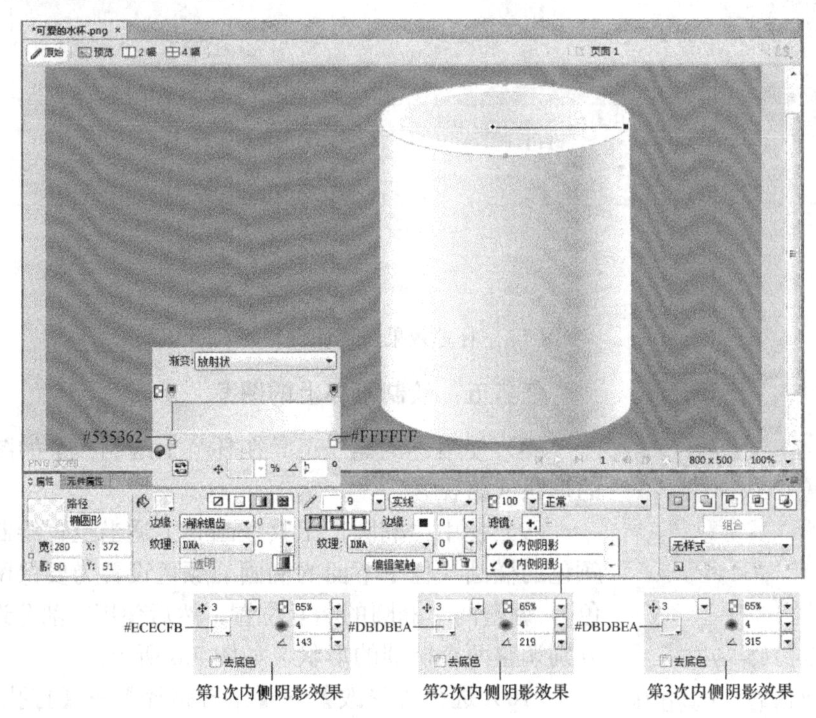

图 7.3　杯口效果及属性设置

任务四：绘制“杯把”

（4）使用“文本”工具在画布上输入一个文本“C”，将大小调至最大“100”，然后选择一种适合的字体。

（5）选择【文本】→【转换为路径】，将文本“C”转换为路径，在属性检查器中调整路径大小为“165×250”（宽×高），在“图层”面板中为其重命名为“杯把”。

（6）选中“杯把”，然后选择【修改】→【变形】→【水平翻转】，将其水平翻转。在属性检查器中单击【渐变填充】按钮，在打开的渐变填充窗口中选择“缎纹”渐变并设置其颜色。

（7）在属性检查器中单击【添加动态滤镜】按钮，在弹出菜单中选择【阴影和光晕】→【内侧阴影】，为达到一个好的效果，本例重复使用了两次内侧阴影效果。设置完的杯把效果及属性设置如图 7.4 所示。

图 7.4 杯把效果及属性设置

图 7.5 使用“钢笔”工具在杯身上绘制一形状

任务五：绘制水杯上的图案

（8）使用“钢笔”工具在杯身上绘制一个如图 7.5 所示的形状（路径）。

（9）使用“椭圆”工具在画布上适当位置绘制两个不同颜色的椭圆（位于下面的椭圆的颜色设置为要保留部分的颜色），调整两个椭圆的相互位置，然后使用“部分选定”工具分别调整两个椭圆的形状，如图 7.6 所示。

（10）选择【修改】→【组合路径】→【打孔】，然后使用“钢笔”工具结合“部分选定”工具调整“打孔”后保留部分的形状。

（11）在属性检查器中调整保留部分的大小，然后将其拖放到杯身的适当位置，得到水杯上的图案，如图 7.7 所示。

图 7.6 在画布上适当位置绘制两个不同颜色的椭圆

图 7.7 水杯上的图案效果

任务六：输入水杯上文本

（12）使用“文本”工具在水杯上输入文本“NANKAI”和“COMPUTER FORUM”，分别设置它们的字体、大小和颜色，文本的效果如图 7.8 所示。

任务七：整理画布大小

（13）按照水杯的实际大小，调整画布的大小。如将画布大小调整为“490×450”，得到如图 7.9 所示效果。

图 7.8 水杯上文本的效果

图 7.9 调整画布后的水杯效果

任务八：导出文件

（14）选择【文件】→【图像预览】，打开“图像预览”窗口，在导出文件“格式”下拉列表框中选择“JPEG”，如图 7.10 所示。

（15）单击【导出】按钮，在打开的“导出”对话框中选择保存位置，为文件起名为“可爱的水杯”，选择导出类型为“仅图像”，然后单击【保存】按钮。

（16）导出结束后单击文档的【保存】按钮，重新保存“可爱的水杯.png”文档。

图 7.10 “图像预览”对话框

实例 8：网页广告

本实例将详细讲解网页广告的制作过程。

通过本实例主要熟悉 Fireworks CS6 中应用样式的方法，“图层”面板、“样式”面板和属性检查器的使用，菜单栏和各种工具的使用，以及导出文件的方法。

网页广告的制作效果如图 8.1 所示，其制作过程可分解成若干个小任务，分步完成。

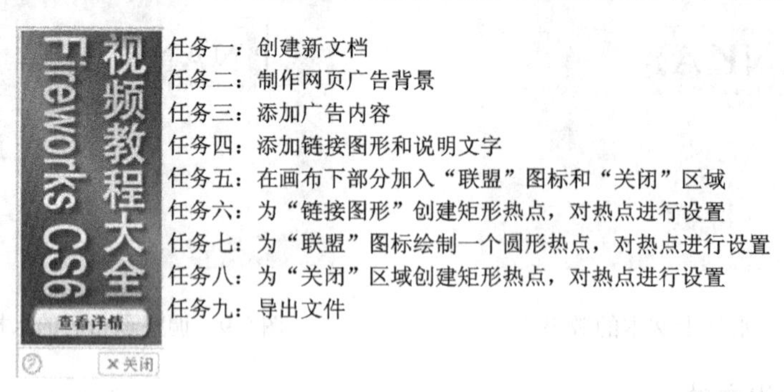

图 8.1 分解网页广告制作任务

任务一：创建新文档

（1）在 Fireworks CS6 中，单击【文件】→【新建】，在打开的“新建文档”对话框中以像素为单位输入画布的宽度和高度值（本例设置画布宽度和高度值为“126×296”，设置画布颜色为“#E4E4E4”，单击【确定】按钮，创建一个新文档，为文档起名“网页广告”。

任务二：制作网页广告背景

（2）使用“矩形”工具，在画布上连续绘制两个矩形，将画布分为上下两部分。两个矩形的填充颜色均为“#FFFFFF”，笔触颜色均为“#B9B9C8”，效果如图 8.2 所示。

图 8.2 绘制 2 个矩形将画布分为上下两部分

（3）使用“矩形”工具，在上部分绘制一个矩形，在属性检查器中设置矩形属性，设置其为缎纹渐变填充。设置效果及属性如图 8.3 所示。

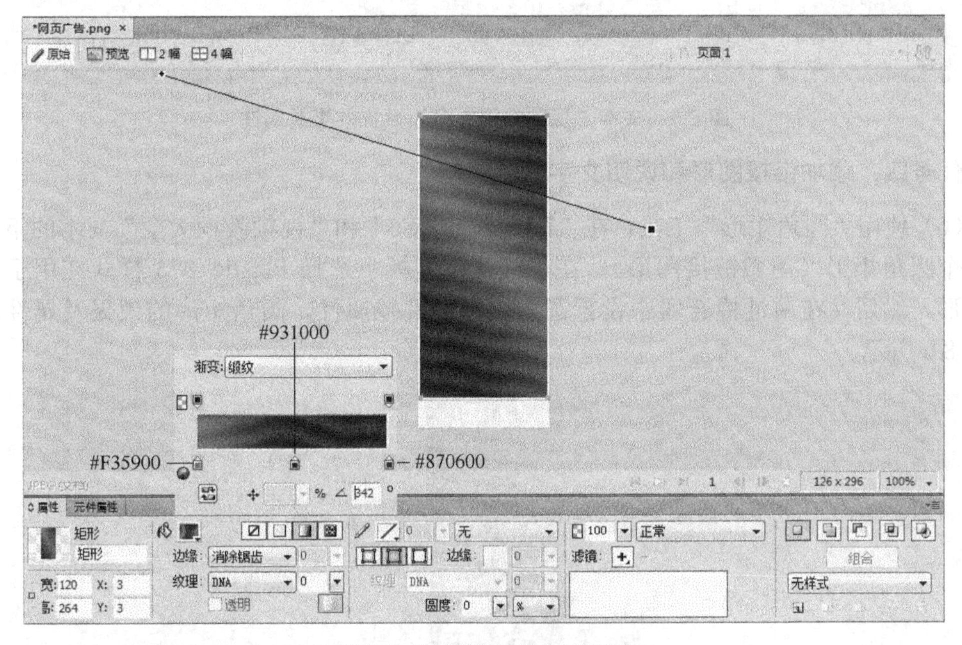

图 8.3 矩形设置效果及属性

任务三：添加广告内容

（4）使用“文本”工具，在上部分输入文本“Fireworks CS6”，在“样式”面板中选择 Plastic 017 样式应用于该文本。然后，在属性检查器中设置文本其他属性，如图 8.4 所示。

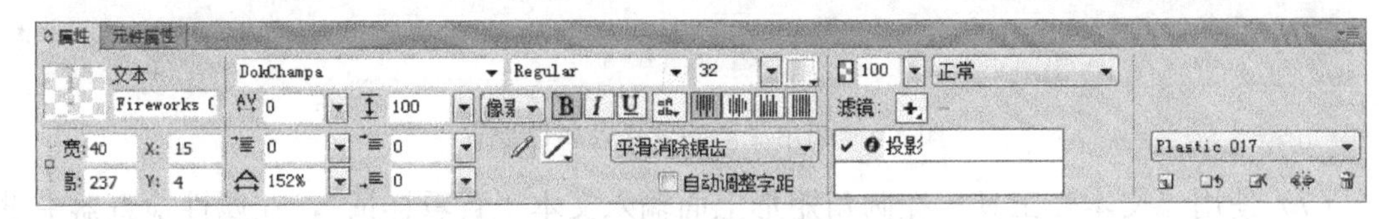

图 8.4 文本“Fireworks CS6”属性

（5）使用“文本”工具，在上部分“Fireworks CS6”的右侧输入文本“视频教程大全”，在“样式”面板中选择 Plastic 017 样式应用于该文本。然后，在属性检查器中设置文本的其他属性，文本效果及属性如图 8.5 所示。

图 8.5　文本“视频教程大全”设置效果及属性

任务四：添加链接图形和说明文字

（6）使用“圆角矩形”工具，在“Fireworks CS6”和“视频教程大全”文本的下方绘制一个圆角矩形（用做链接图形），在“样式”面板中选择 Plastic 075 样式应用于该圆角矩形。然后，在属性检查器中设置圆角矩形的其他属性，圆角矩形的效果及属性设置如图 8.6 所示。

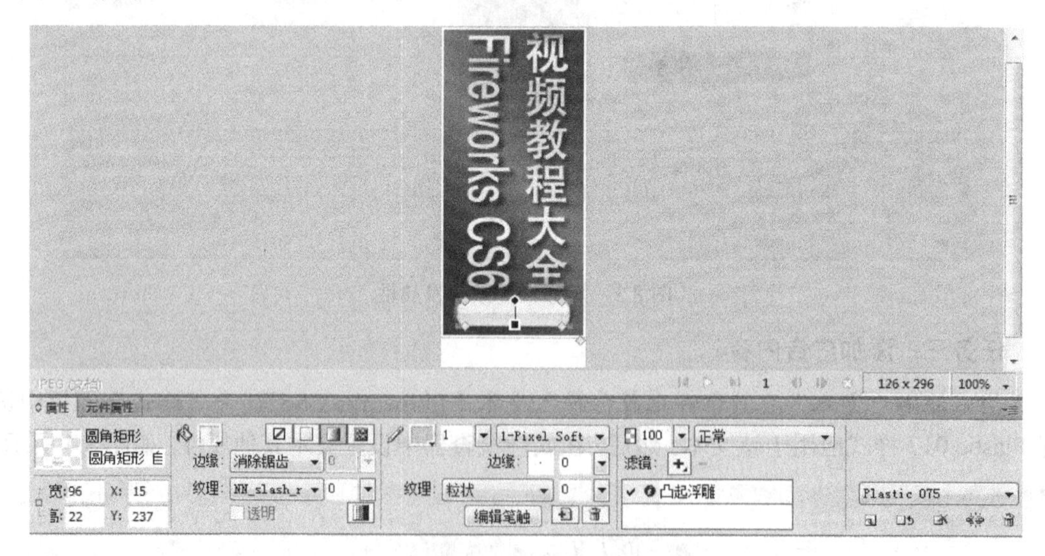

图 8.6　圆角矩形的效果及属性设置

（7）使用“文本”工具，在圆角矩形上面输入文本“查看详情”，在属性检查器中设置文本属性。

任务五：在画布下部分加入“联盟”图标和“关闭”区域

（8）在画布的下部分左侧绘制（或导入）一个作为“联盟”图标的位图。该图标通常是与广告发布者合作联盟的图标，单击该图标可以链接打开该合作联盟的官方网站首页。

（9）使用“圆角矩形”工具，在画布的下部分右侧绘制一个圆角矩形（作为“关闭”区域），在圆角矩形内绘制一个十叉，再输入文本“关闭”。效果如图 8.7 所示。

图 8.7 画布下部分内容效果

任务六：为“链接图形”创建矩形热点，对热点进行设置

（10）选中作为“链接图形”的圆角矩形，然后选择【编辑】→【插入】→【热点】，插入一个矩形热点覆盖圆角矩形。

（11）在属性检查器中设置热点的“链接”属性为“http://www.hlfhlm.com/FS/”，其意义是：在浏览器中浏览该网页广告时，单击热点将会链接打开“http://www.hlfhlm.com/FS/”的默认网页。设置热点“替代”属性为“查看详情”，意思是当鼠标在热点之上时，会有“查看详情”文字显示，提示用户单击它会查看到有关网页广告的更多详情。

任务七：为“联盟”图标绘制一个圆形热点，对热点进行设置

（12）使用“圆形热点”工具，在作为“联盟”图标的位图上面绘制一个圆形热点，覆盖该位图。在属性检查器中设置热点“链接”属性为“http://www.HLspread.com/”，其意义是：在浏览器中浏览该网页广告时，单击热点将会链接打开 http://www.HLspread.com/ 的默认网页。该网页通常是发布该网页广告的联盟商的网站首页。

任务八：为“关闭”区域创建矩形热点，对热点进行设置

（13）选中“关闭”区域，然后选择【编辑】→【插入】→【热点】，插入一个矩形热点覆盖“关闭”区域。在属性检查器中设置热点“替代”属性为“关闭”，意思是当鼠标在热点之上时，会有“关闭”文字显示出来，提示用户单击它会关闭该网页广告。

说明：实际应用中，单击“关闭”区域，将关闭该“网页广告”，但这在 Adobe Fireworks CS6 中是无法设置的，通常的做法是先将“网页广告”文件导出，然后使用 Adobe Dreamweaver CS6 再去编写导出的“网页广告.htm”。由于 Dreamweaver CS6 和 Fireworks CS6 可以识别和共享许多相同的文件编辑，其中包括对链接、图像映射、表格切片的更改。此外，Dreamweaver 和 Fireworks 还为在 HTML 页面中编辑、优化和放置网页图形文件提供了一个优化的工作流程。因此，使用 Adobe Dreamweaver CS6 编写导出的“网页广告.htm”相当方便。当然，在要编写代码不多的情况下，使用记事本编写也是不错的选择。

任务九：导出文件

（14）选择【文件】→【图像预览】，打开“图像预览”窗口，在导出文件“格式”下拉列表框中选择“JPEG”，如图 8.8 所示。

（15）单击【导出】按钮，在打开的“导出”对话框中选择保存位置，为文件起名为“网页广告”，选择导出类型为“HTML 和图像”，如图 8.9 所示，然后单击【保存】按钮。

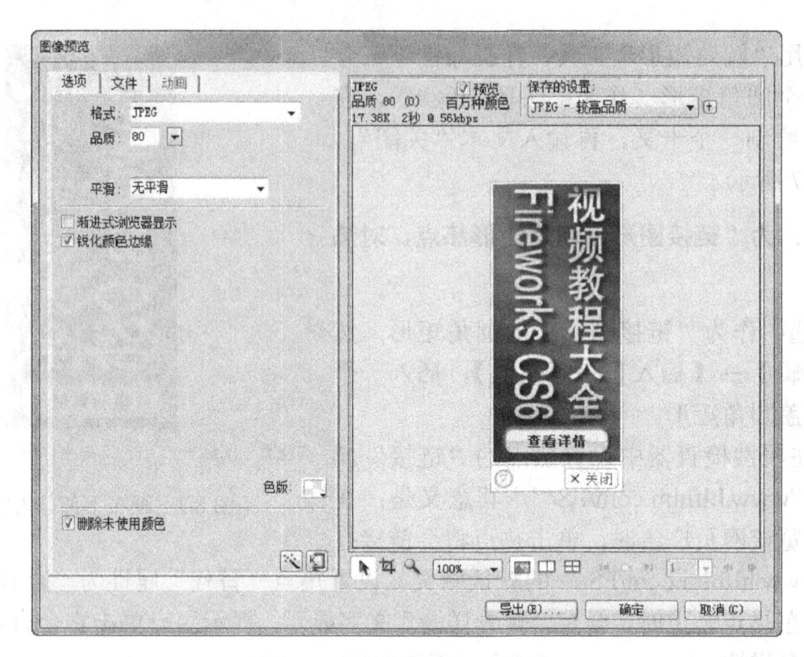

图 8.8 “图像预览”对话框

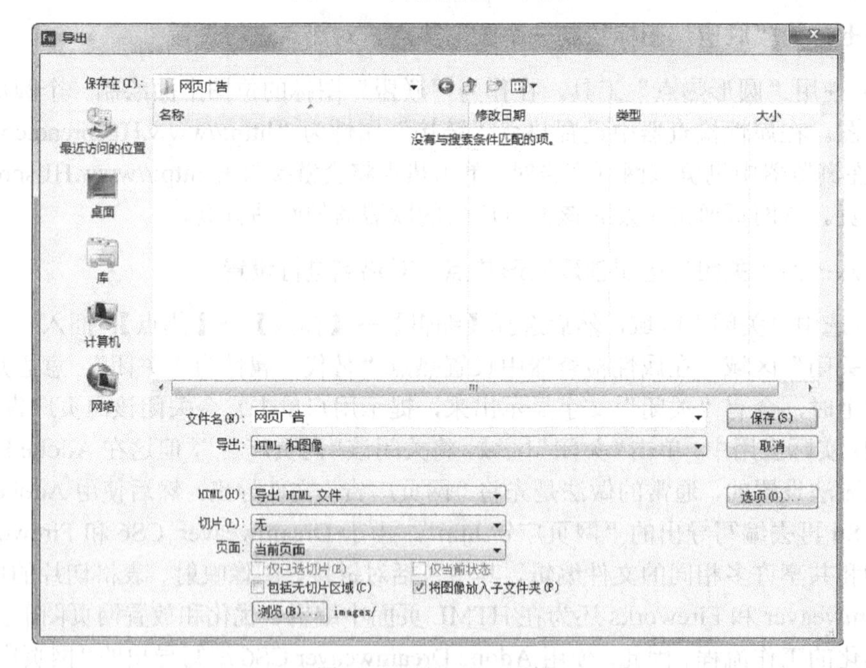

图 8.9 “导出”对话框

导出的文件包括“网页广告.htm”和“网页广告.jpg”。其中，网页广告.jpg 存放在子文件夹 images 中。

（16）导出结束后，单击文档的【保存】按钮，重新保存“网页广告.png”文档。

任务十：编辑“网页广告.htm”代码

（17）在记事本中打开导出的 HTML 文件（网页广告.htm），如图 8.10 所示。

```
网页广告 - 记事本
文件(F) 编辑(E) 格式(O) 查看(V) 帮助(H)
<!DOCTYPE HTML PUBLIC "-//W3C//DTD HTML 4.01 Transitional//EN" "http://www.w3.org/TR/html4/loose.dtd">
<!-- saved from url=(0014)about:internet -->
<html>
<head>
<title>网页广告</title>
<meta http-equiv="Content-Type" content="text/html; charset=utf-8">
<!--Fireworks CS6 Dreamweaver CS6 target.  Created Tue Jul 02 21:48:22 GMT+0800 2013-->
</head>
<body bgcolor="#e4e4e4">
<img name="n网页告_1_1" src="images/网页广告.jpg" width="126" height="296" usemap="#m_网页广告" alt=""><map name="m_网页广告">
<area shape="rect" coords="70,273,121,293" href="javascript:;" title="关闭" alt="关闭" >
<area shape="circle" coords="13,283, 9" href="http://www.HLspread.com/" target="_blank" alt="" >
<area shape="rect" coords="11,233,115,263" href="http://www.hlfhlm.com/FS/" target="_blank" title="查看详情" alt="查看详情" >
</map>
</body>
</html>
```

图 8.10　在记事本中打开“网页广告.htm”

（18）编辑“网页广告.htm”代码中有关“关闭网页广告”的代码，完成后的完整代码如下。

```
<!DOCTYPE HTML PUBLIC "-//W3C//DTD HTML 4.01 Transitional//EN" "http://www.w3.org/TR/
html4/loose.dtd">
<!-- saved from url=(0014)about:internet -->
<html>
<head>
<title>网页广告</title>
<meta http-equiv="Content-Type" content="text/html; charset=utf-8">
<script language="javascript">
function guanbi()
{
    var hlf=document.getElementById("show_div");
    hlf.style.display="none";
}
</script>
<!--Fireworks CS6 Dreamweaver CS6 target.   Created Tue Jul 02 21:48:22 GMT+0800 2013-->
</head>
<body bgcolor="#e4e4e4">
<div id="show_div" align="right">
<img name="n 网页告_1_1" src="images/网页广告.jpg" width="126" height="296" usemap=
"#m_网页广告" alt=""><map name="m_网页广告">
<area shape="rect" coords="70,273,121,293" title="关闭" alt="关闭" onclick="guanbi()" >
<area shape="circle" coords="13,283, 9" href="http://www.HLspread.com/" target="_blank" alt="" >
<area shape="rect" coords="11,233,115,263" href="http://www.hlfhlm.com/FS/" target="_blank" title=
"查看详情" alt="查看详情" >
</map>
</body>
</html>
```

其中，粗体部分为在记事本中添加的代码，其余均由 Adobe Fireworks CS6 在导出文件时自动生成。

图 8.11　在浏览器中打开“网页广告.htm”

任务十一：在浏览器中查看“网页广告”效果

（19）在浏览器中打开“网页广告.htm”，如图 8.11 所示。如要查看广告详情，则单击“查看详情”；若要查看发布该网页广告的联盟商的网站，则单击“联盟”图标；若要关闭该广告，则单击“关闭”区域。

说明：广告在网页中的位置同样可以在 Dreamweaver CS6、记事本中设置。

实例 9：苹果标志

本实例将详细讲解苹果标志的制作过程。

通过本实例主要熟悉 Fireworks CS6 中“椭圆”、“部分选定”、“矩形”等工具以及箭头键的使用，属性检查器、“图层”面板和菜单栏的使用，导出图片的方法。

苹果标志的制作效果如图 9.1 所示，其制作过程可分解成若干个小任务，分步完成。

任务一：创建新文档

（1）在 Fireworks CS6 中，单击【文件】→【新建】，在打开的“新建文档”对话框中以像素为单位输入画布的宽度和高度值（本例为制作需要，初步设置画布宽度和高度值为“800×560”，制作完成后再将画布大小调整为符合画面要求），设置画布颜色为“#FFFFFF”，单击【确定】按钮，创建一个新文档，为文档起名为“苹果标志”。

任务一：创建新文档
任务二：绘制苹果形状
任务三：绘制苹果上的缺口
任务四：绘制叶子形状
任务五：将苹果形状和叶子形状接合
任务六：设置合成路径填充
任务七：向合成路径添加动态滤镜效果
任务八：整理苹果图标
任务九：导出文件

图 9.1　分解苹果标志制作任务

苹果标志由苹果和叶子两部分组成。

任务二：绘制苹果形状

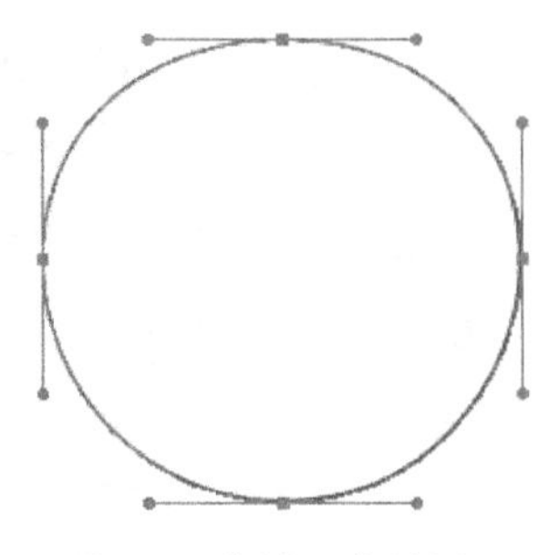
图 9.2 苹果形状效果 1

（2）使用“椭圆”工具，按住【Shift】键并拖动工具在画布上绘制一个圆形。用“部分选定”工具选中该圆形上面的曲线点，然后按向下箭头键将该曲线点向下移动约 10 个像素，得到苹果形状效果 1，如图 9.2 所示。

（3）使用“椭圆”工具绘制一个“90×50”的椭圆，将该椭圆放置在“苹果形状效果 1”的下方并与之相交，选中苹果形状效果 1 和椭圆，然后选择【修改】→【组合路径】→【打孔】，得到苹果形状效果 2，如图 9.3 所示。

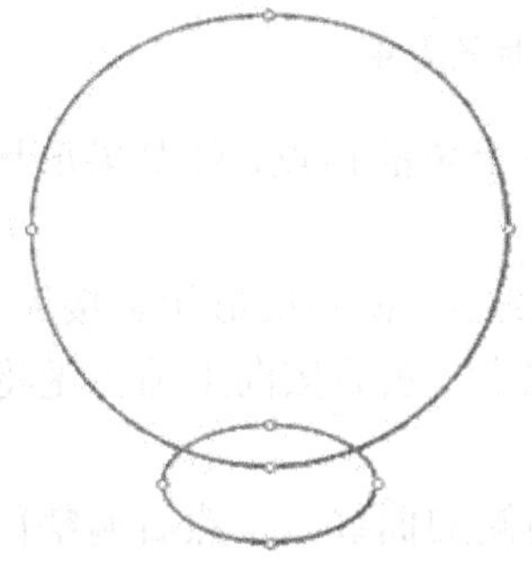
（a）选中苹果形状效果 1 和椭圆

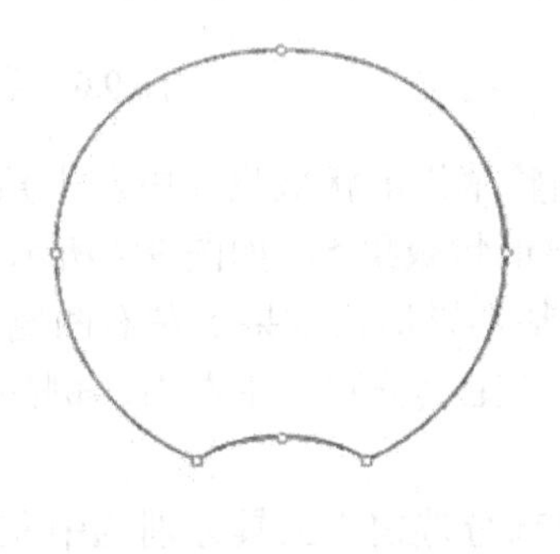
（b）得到苹果形状效果 2

图 9.3 苹果形状效果 2

（4）使用“部分选定”工具调整苹果形状效果 2 中左下角的角点，使其变得平滑，其效果如图 9.4 所示。

（5）要用同样的方法调整苹果形状效果 2 中右下角的角点，调整后得到苹果形状效果 3，如图 9.5 所示。

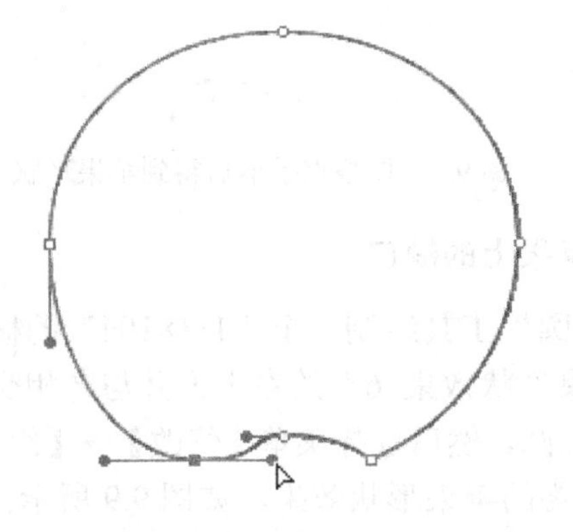
图 9.4 调整苹果形状效果 2 中左下角的角点

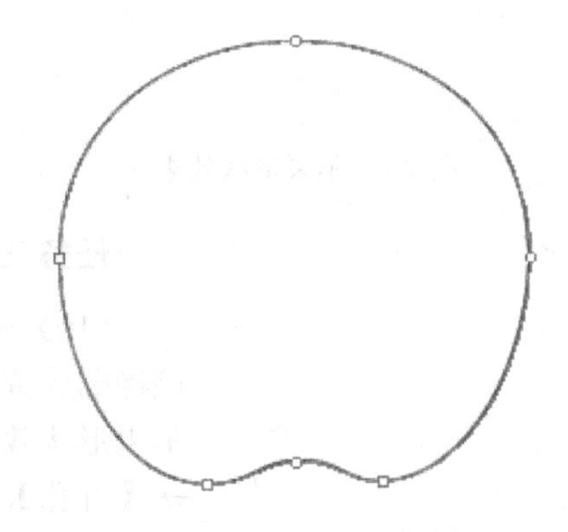
图 9.5 苹果形状效果 3

（6）使用同样方法，调整苹果形状顶部的形状。首先使用“椭圆”工具绘制一个“120×50”的椭圆，将该椭圆放置在“苹果形状效果 3”的上方并与之相交，选中苹果形状效果 3 和椭圆，然后选择【修改】→【组合路径】→【打孔】，得到苹果形状效果 4，如图 9.6 所示。

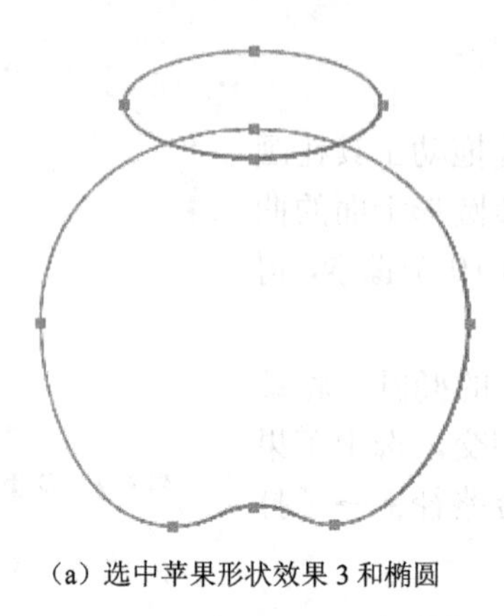

（a）选中苹果形状效果 3 和椭圆　　（b）得到苹果形状效果 4

图 9.6　苹果形状效果 4

（7）分别调整苹果形状效果 4 中左上角和右上角的角点，使苹果形状效果 4 顶部变得平滑，得到苹果形状效果 5，如图 9.7 所示。

（8）分别调整苹果形状效果 5 左右两侧的曲线点，使苹果形状更接近于实际苹果形状。使用“部分选定”工具分别选中左右两侧的曲线点，然后按向上箭头键将曲线点向上移动 10 个像素。

（9）使用“部分选定”工具分别选中左右两侧的曲线点，然后调整每个曲线点上的点手柄，调整后得到苹果形状效果 6，如图 9.8 所示。

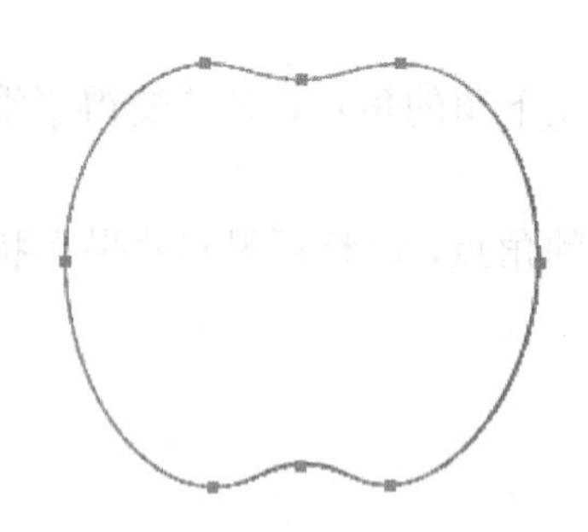

图 9.7　苹果形状效果 5

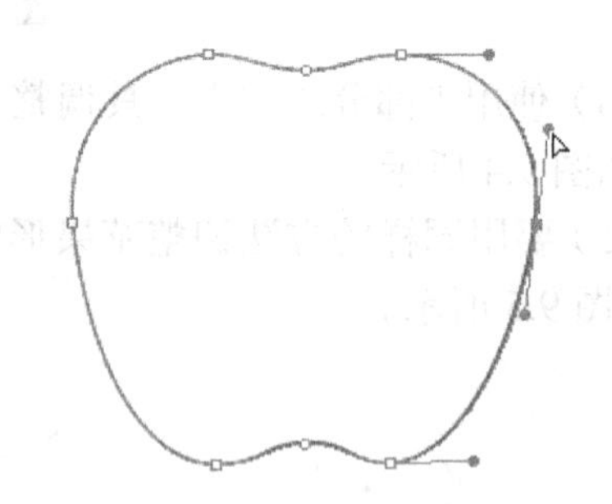

图 9.8　调整点手柄后得到苹果形状效果 6

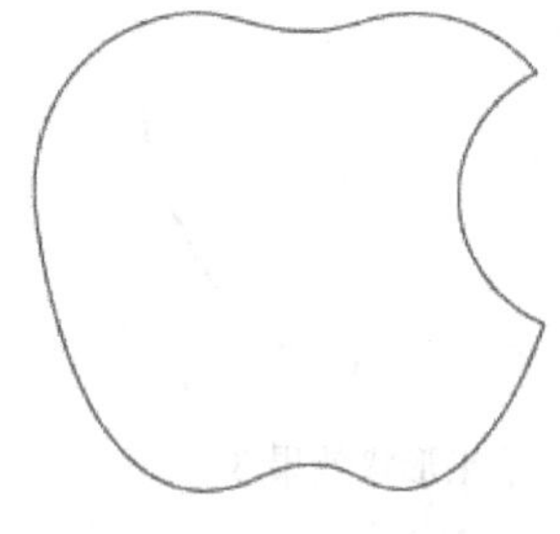

图 9.9　最终的苹果形状效果

任务三：绘制苹果上的缺口

（10）使用“椭圆”工具绘制一个“111×104”的椭圆，将该椭圆放置在“苹果形状效果 6”的右上方并与之相交，选中苹果形状效果 6 和椭圆，然后选择菜单【修改】→【组合路径】→【打孔】，得到最终的苹果形状效果，如图 9.9 所示。

任务四：绘制叶子形状

（11）使用“椭圆”工具在画布上绘制两个圆形，并使它们相交。选中两个圆形，然后选择【修改】→【组合路径】→【裁切】，得到叶子形状，如图 9.10 所示。

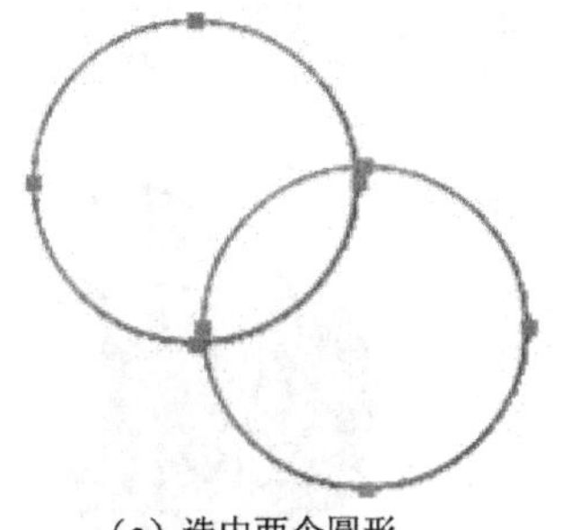

(a) 选中两个圆形

(b) 得到叶子形状

图 9.10 叶子形状

任务五：将苹果形状和叶子形状接合

(12)将苹果形状和叶子形状的相互位置调整好，选中两者，然后选择【修改】→【组合路径】→【接合】，使两者接合到一起变为合成路径，如图 9.11 所示。

图 9.11 苹果形状和叶子形状的合成路径

任务六：设置合成路径填充

(13) 选中合成路径，然后在属性检查器中单击【渐变填充】按钮，在打开的渐变填充窗口中选择“线性”渐变，并设置其颜色，如图 9.12 所示。

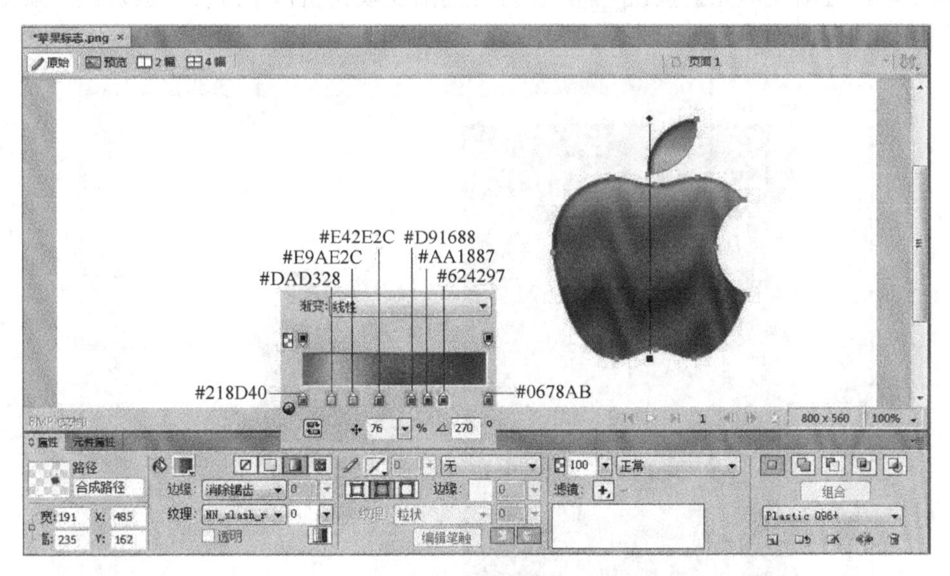

图 9.12 设置合成路径的渐变填充

任务七：向合成路径添加动态滤镜效果

(14) 在属性检查器中单击【添加动态滤镜】按钮，在弹出菜单中选择【阴影和光晕】→【内侧阴影】，为合成路径添加“内侧阴影”动态滤镜效果，其效果及属性设置如图 9.13 所示。

图 9.13　合成路径添加“内侧阴影”动态滤镜效果及属性设置

任务八：整理苹果图标

（15）在“图层”面板中将名称“合成路径”重命名为“苹果图标”。

（16）使用“矩形”工具在画布上绘制一个“375×560”的矩形，选中该矩形，在属性检查器中单击【渐变填充】按钮，在打开的渐变填充窗口中选择“放射性”渐变并设置其颜色，如图 9.14 所示。

图 9.14　绘制一个矩形并设置其属性

（17）在“图层”面板中将名称重命名为“背景”。将苹果图标放置到背景上面适当的位置，然后选择【修改】→【画布】→【符合画布】，使画布大小与画面（“375×560”）相同，得到背景上面的苹果图标。

任务九：导出文件

（18）选择【文件】→【图像预览】，打开“图像预览”窗口，在导出文件“格式”下拉列表框中选择“JPEG”，如图 9.15 所示。

图 9.15 “图像预览”对话框

（19）单击【导出】按钮，在打开的“导出”对话框中选择保存位置，为文件起名为“苹果标志”，选择导出类型为“仅图像”，然后单击【保存】按钮。

（20）导出结束后单击文档的【保存】按钮，重新保存“苹果标志.png”文档。

实例 10：播放器水晶图标

本实例将详细讲解播放器水晶图标的制作过程。

通过本实例主要熟悉 Fireworks CS6 中“椭圆”、“部分选定”、“圆角矩形”、“倾斜”等工具以及箭头键的使用，属性检查器、“图层”面板和菜单栏的使用，导出图片的方法。

播放器水晶图标的制作效果如图 10.1 所示，其制作过程可分解成若干个小任务，分步完成。

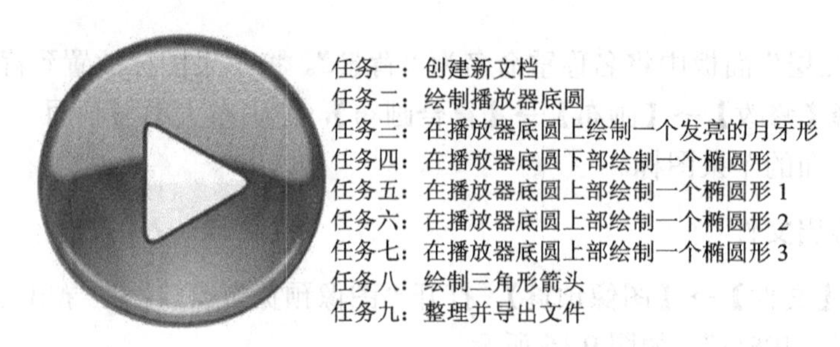

图 10.1　分解播放器水晶图标制作任务

任务一：创建新文档

（1）在 Fireworks CS6 中，单击【文件】→【新建】，在打开的“新建文档”对话框中以像素为单位输入画布的宽度和高度值（本例为制作需要，初步设置画布宽度和高度值为“800×350”，制作完成后再将画布大小调整为“400×350”，设置画布颜色初步为“#FFFFFF”，制作完成后再将画布颜色设置为#000000（本书为印刷清楚，完成后的画布颜色仍为“#FFFFFF”），单击【确定】按钮，创建一个新文档，为文档起名为“播放器水晶图标”。

任务二：绘制播放器底圆

（2）使用“椭圆”工具，按住【Shift】键并拖动工具在画布上绘制一个圆形。在属性检查器中单击【渐变填充】按钮，在打开的渐变填充窗口中选择“放射状”渐变，并设置其渐变填充颜色，在属性检查器中设置笔触属性，如图 10.2 所示。

（3）在“图层”面板中将名称重命名为“播放器底圆”。

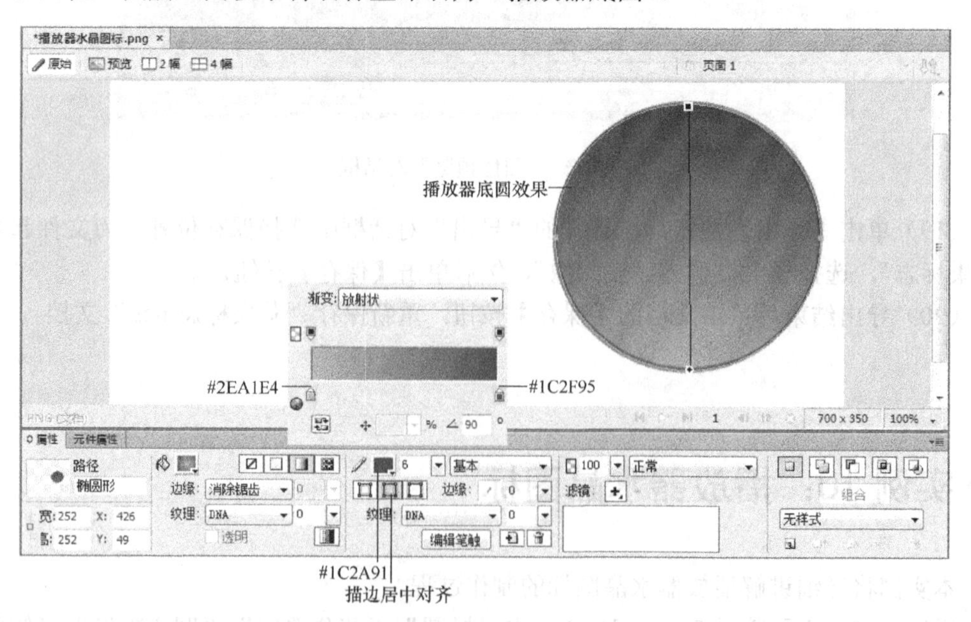

图 10.2　播放器底圆效果及属性设置

任务三：在播放器底圆上绘制一个发亮的月牙形

（4）为表现出立体感，在播放器底圆上绘制一个发亮的月牙形。使用“椭圆”工具在画布上绘制两个大小不一的椭圆形，如图 10.3（a）所示。其中，下面的椭圆形的颜色值为"#B9FAFF"，上面的椭圆形的颜色值可以任意设置。

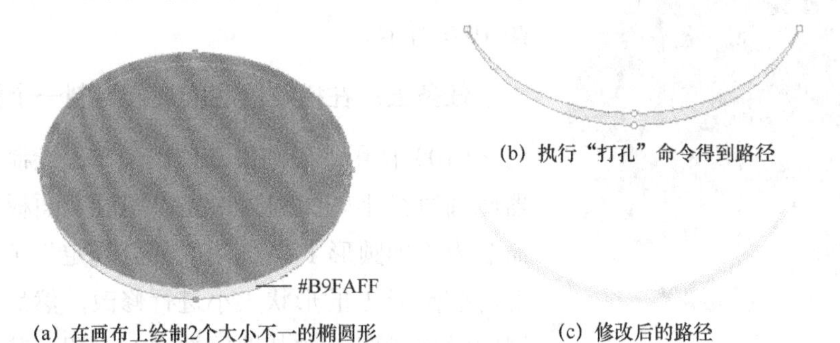

图 10.3　绘制一个亮的月牙形

(5) 同时选中这两个椭圆形，然后选择【修改】→【组合路径】→【打孔】，得到如图 10.3（b）所示的路径。

(6) 选中该路径，使用"部分选定"工具结合箭头键对路径的形状、大小进行修改，然后在属性检查器中单击【添加动态滤镜】按钮，在弹出菜单中选择【模糊】→【高斯模糊】，在弹出的对话框中设置模糊范围为 1.5，为路径添加动态滤镜效果，其效果如图 10.3（c）所示。

(7) 在"图层"面板中将路径名称重命名为"月牙形"。然后将月牙形放置在播放器底圆靠下的地方，其效果如图 10.4 所示。

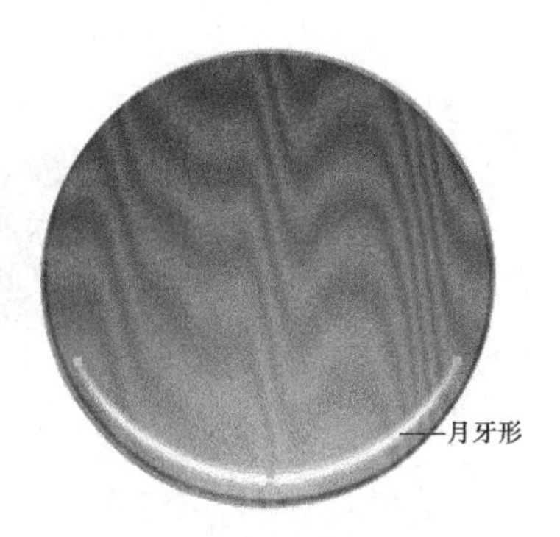

图 10.4　在播放器底圆上绘制一亮的月牙形

任务四：在播放器底圆下部绘制一个椭圆形

(8) 使用"椭圆"工具在画布上绘制一个比播放器底圆直径略小些的椭圆形，使用"部分选定"工具结合箭头键对椭圆形的形状、大小进行修改，然后在属性检查器中对椭圆形的其他属性进行设置，其效果及属性设置如图 10.5 所示。

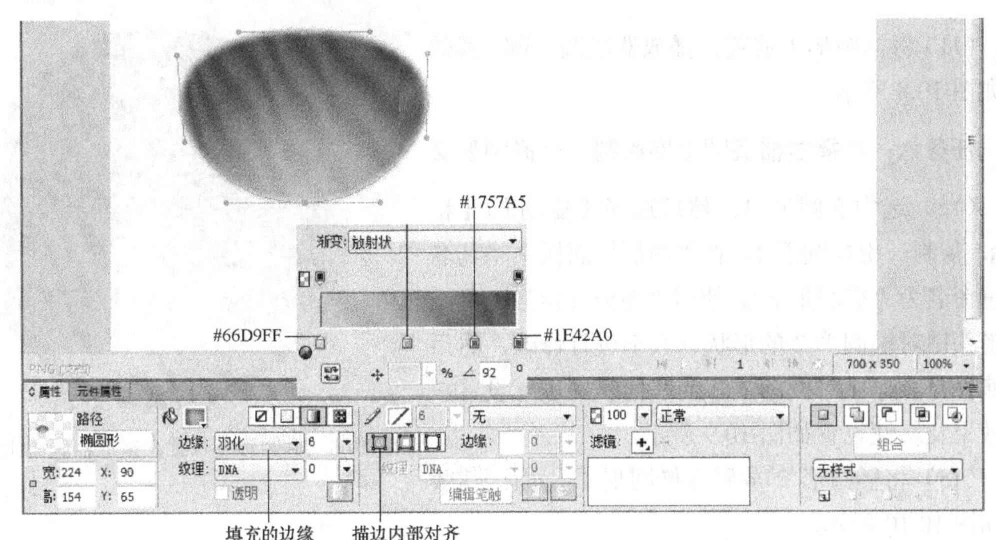

图 10.5　椭圆形效果及属性设置

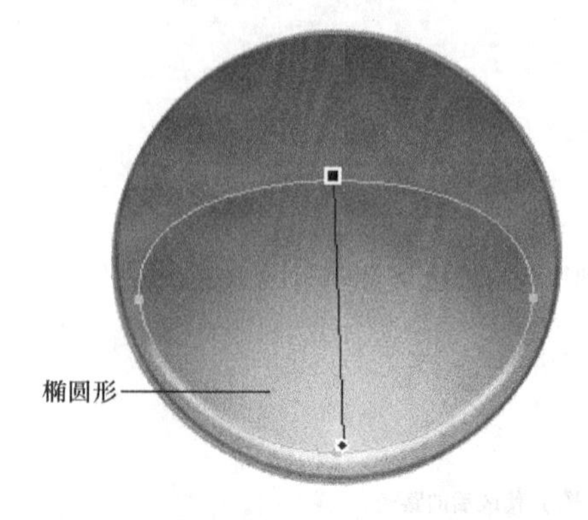

图 10.6　椭圆形放置在播放器底圆下部

（9）将椭圆形放置在播放器底圆下部，其效果如图 10.6 所示。

任务五：在播放器底圆上部绘制一个椭圆形 1

（10）使用“椭圆”工具在画布上绘制一个较播放器底圆直径小些的椭圆，在“图层”面板中将名称重命名为“椭圆形 1”。使用“部分选定”工具结合箭头键对椭圆形 1 的形状大小进行修改，然后在属性检查器中对椭圆形 1 的其他属性进行设置，其效果及属性设置如图 10.7 所示。

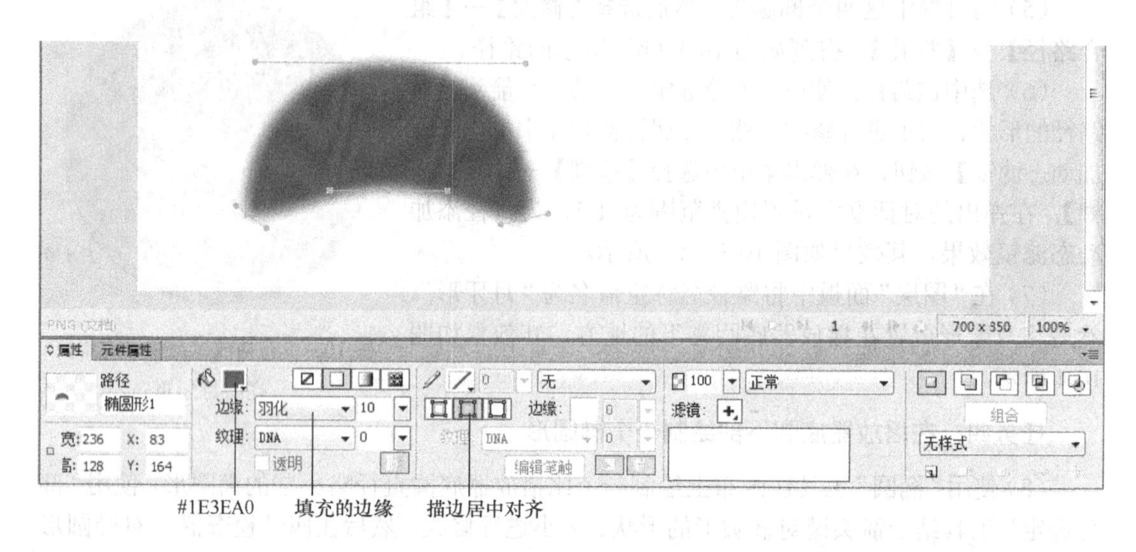

图 10.7　椭圆形 1 效果及属性设置

（11）将椭圆形 1 放置在播放器底圆上部，其效果如图 10.8 所示。

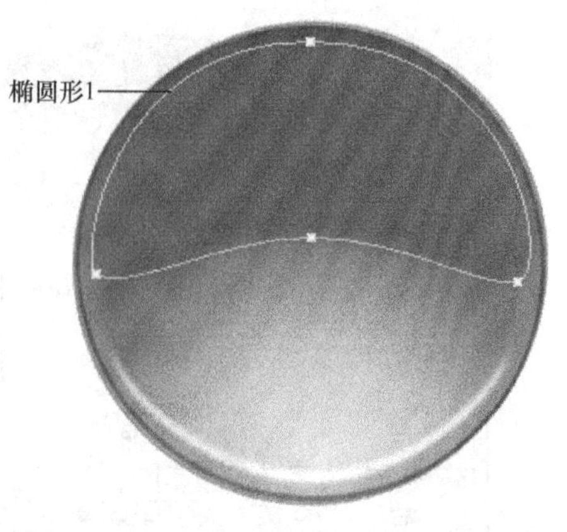

图 10.8　椭圆形 1 放置在播放器底圆上部

任务六：在播放器底圆上部绘制一个椭圆形 2

（12）选中椭圆形 1，然后选择【复制】/【粘贴】，复制一份椭圆形 1，在“图层”面板中将其名称重命名为“椭圆形 2”。使用“部分选定”工具结合箭头键对椭圆形 2 的形状、大小进行修改，然后在属性检查器中对椭圆形 2 的其他属性进行设置，其效果及属性设置如图 10.9 所示。

（13）将椭圆形 2 放置在椭圆形 1 上面，其效果如图 10.10 所示。

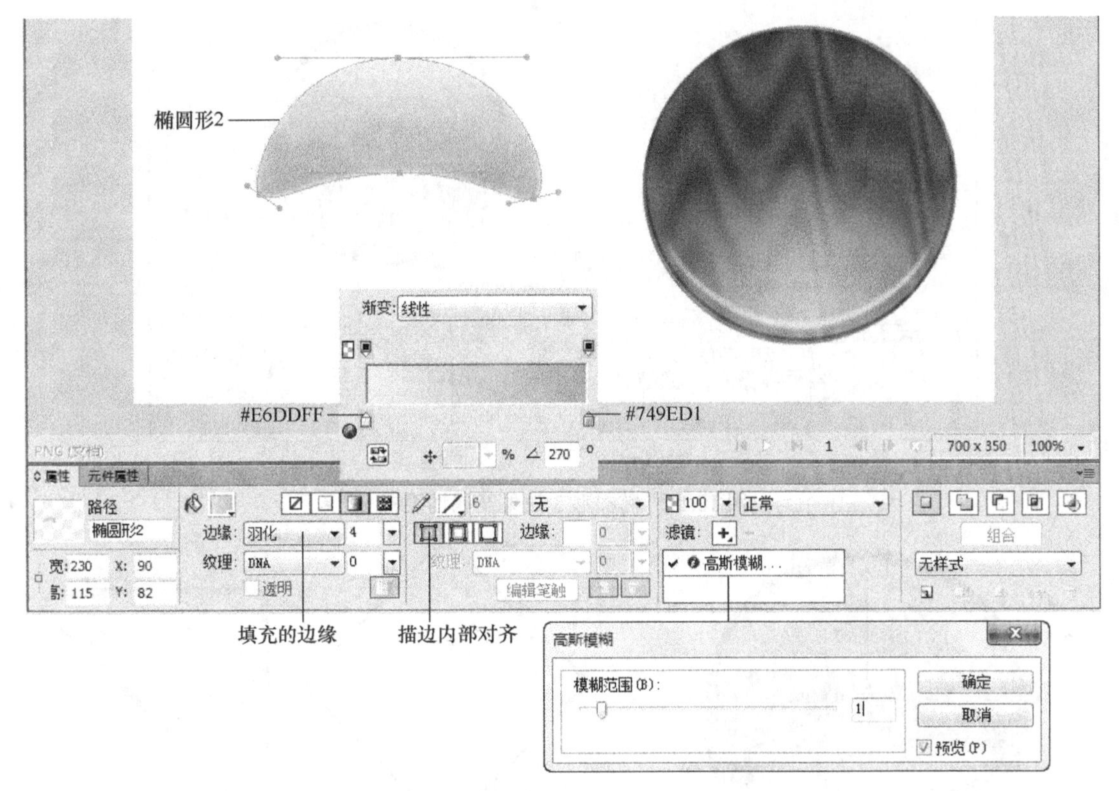

图 10.9 椭圆形 2 效果及属性设置

任务七：在播放器底圆上部绘制一个椭圆形 3

（14）选中椭圆形 2，然后选择【复制】/【粘贴】，复制一份椭圆形 2，在“图层”面板中将其名称重命名为“椭圆形 3”。使用“部分选定”工具结合箭头键对椭圆形 3 的形状、大小进行修改，然后在属性检查器中对椭圆形 3 的其他属性进行设置，其效果及属性设置如图 10.11 所示。

（15）将椭圆形 3 放置在椭圆形 2 上面，其效果如图 10.12 所示。

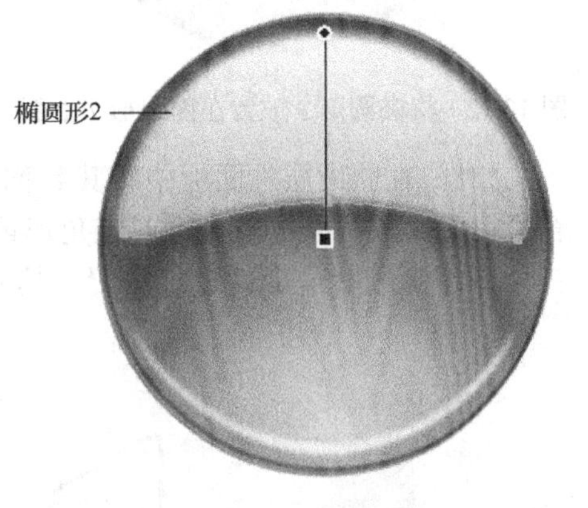

图 10.10 将椭圆形 2 放置在椭圆形 1 上面

任务八：绘制三角形箭头

（16）使用“圆角矩形”工具在画布上绘制一个大约“110×110”的圆角矩形和一个较之大一些的（如“200×200”）的圆角矩形。设置小圆角矩形的笔触宽度为“4”，颜色值为“#0B3377”，填充颜色为白色；设置大圆角矩形的笔触宽度为“6”，颜色值为“#0B3377”，填充颜色为白色。选中较大一些的圆角矩形，然后选择“倾斜”工具旋转该圆角矩形，并设置两个圆角矩形的相对位置，如图 10.13（a）所示。

（17）同时选中圆角矩形，然后选择【修改】→【组合路径】→【打孔】，得到如图 10.13（b）所示的路径。

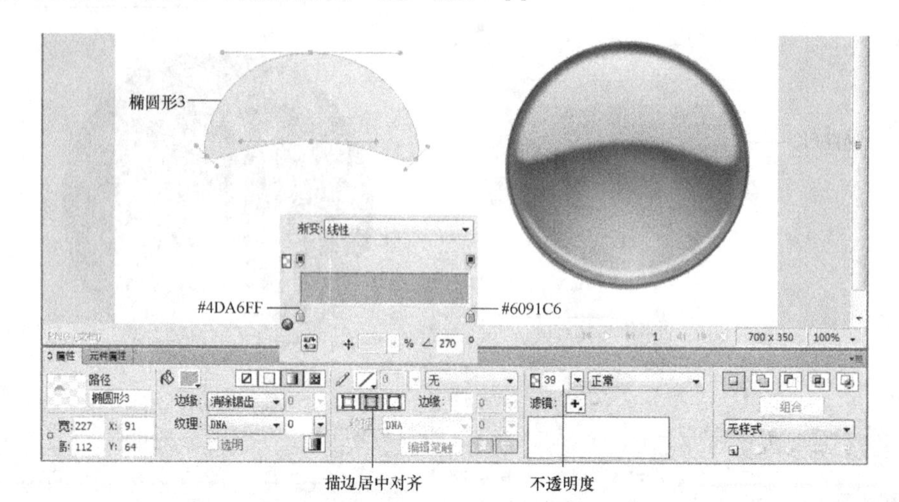

图 10.11　椭圆形 3 效果及属性设置

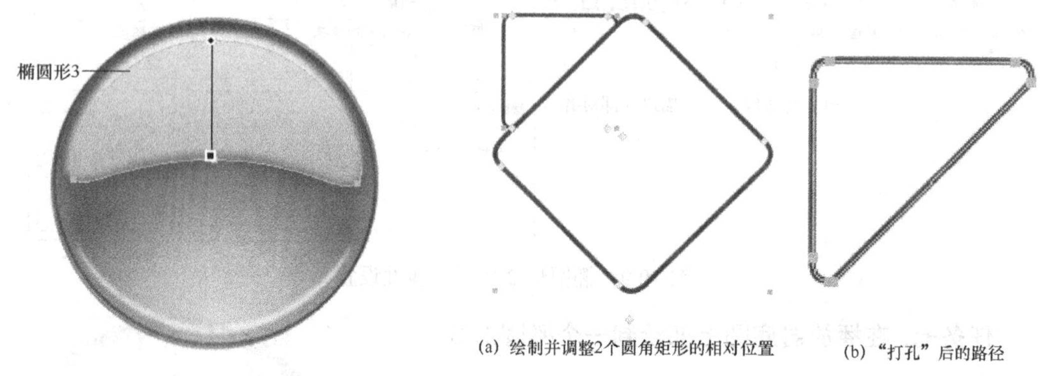

图 10.12　将椭圆形 3 放置在椭圆形 2 上面　　　图 10.13　制作三角形路径

（18）在“图层”面板中将其名称重命名为“三角形箭头”。使用“部分选定”工具结合“扭曲”工具以及箭头键对三角形箭头的形状、大小进行调整，然后在属性检查器中对三角形箭头的其他属性进行设置，其效果及属性设置如图 10.14 所示。

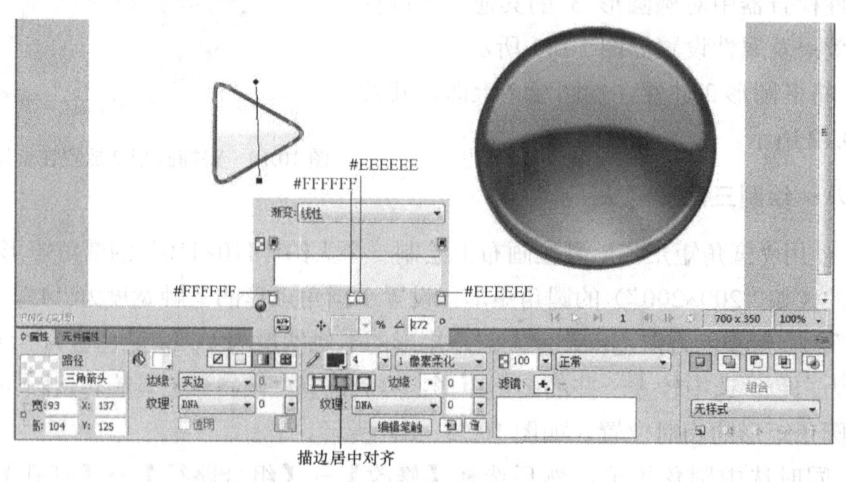

图 10.14　三角形箭头效果及属性设置

（19）将三角形箭头放置在播放器底圆中部，其效果如图 10.15 所示。

图 10.15 三角形箭头放置在播放器底圆中部

任务九：整理并导出文件

（20）按照播放器的实际大小，调整画布的大小。本例将画布大小调整为“400×350”。

（21）选择【文件】→【图像预览】，打开“图像预览”窗口，在导出文件“格式”下拉列表框中选择“JPEG”，如图 10.16 所示。

图 10.16 “图像预览”对话框

（22）单击【导出】按钮，在打开的“导出”对话框中选择保存位置，为文件起名“播放器水晶图标”，选择导出类型为“仅图像”，然后单击【保存】按钮。

（23）导出结束后，单击文档的【保存】按钮，重新保存“播放器水晶图标.png”文档。

实例 11：母亲节贺卡

本实例将详细讲解母亲节贺卡的制作过程。

本实例主要熟悉 Fireworks CS6 中使用【粘贴为蒙版】和【粘贴于内部】命令创建蒙版的方法，熟悉“状态”面板、“图层”面板、“样式”面板、“文档库”面板、属性检查器以及“文本”、“椭圆”、“圆角矩形”、“部分选定”等工具的使用方法，熟悉箭头键的使用，熟悉【元件编辑器】的操作，熟悉导入、导出图片、GIF 动画的方法。

母亲节贺卡的制作效果如图 11.1 所示，其制作过程可分解成若干个小任务，分步完成。

任务一：创建新文档
任务二：导入边框图片并设置其属性
任务三：导入鲜花
任务四：导入蛋糕并使用“粘贴为蒙版”命令
任务五：输入 Mother's Day 文本并设置其属性
任务六：添加“母亲节快乐”文本并设置其属性
任务七：在状态中共享层
任务八：导入闪字背景 GIF 文件
任务九：制作母亲节快乐效果
任务十：导出动画文件

图 11.1　分解母亲节贺卡制作任务

任务一：创建新文档

（1）在 Fireworks CS6 中，单击【文件】→【新建】，在打开的“新建文档”对话框中以像素为单位输入画布的宽度和高度值“420×556”，设置画布颜色为“#FFFFFF”，单击【确定】按钮，创建一个新文档，为文档起名“母亲节贺卡”。

任务二：导入边框图片并设置其属性

（2）选择【文件】→【导入】，导入一幅事先准备好的名为“边框.png”的图片（该图片存放在“母亲节贺卡”文件夹中），调整其位置和尺寸，使之恰好能够和画布相匹配。在“图层”面板中将其重命名“边框”。

（3）选中该边框图片，在属性检查器中的“混合模式”下拉列表中选择“绿”选项，得到边框图片效果如图 11.2 所示。

任务三：导入鲜花

（4）选择【文件】→【导入】，导入一幅事先准备好的名为“鲜花（康乃馨）.png”的图片（该图片存放在“母亲节贺卡”文件夹中），调整其位置及大小，在“图层”面板中将其重命名“鲜花”。其效果如图 11.3 所示。

任务四：导入蛋糕并使用“粘贴为蒙版”命令

（5）选择【文件】→【导入】，导入一幅事先准备好的名为“蛋糕.png”的图片（该图片存放在“母亲节贺卡”文件夹中），调整其位置及大小，在“图层”面板中将其重命名“蛋糕”。蛋糕图片效果如图 11.4 所示。

图 11.2 边框图片效果　　图 11.3 导入鲜花图片效果　　图 11.4 导入蛋糕图片效果

（6）从图 11.4 可以看到，这样的图片效果显然不能满足要求。为此，采取使用蒙版的方法将蛋糕的整体显示出来，而将背景隐藏掉。使用“椭圆”工具和“圆角矩形”工具在蛋糕的上面分别绘制一个白色填充的椭圆和一个白色填充的圆角矩形。同时选中椭圆和圆角矩形，然后选择【修改】→【组合路径】→【联合】，使两者合为一个路径。使用“部分选定”工具结合箭头键对路径进行形状大小调整，得到该路径的效果如图 11.5 所示。

（7）选中路径，选择【编辑】→【剪切】；然后选中蛋糕图片，选择【编辑】→【粘贴为蒙版】，得到蛋糕的显示效果如图 11.6 所示。

图 11.5 绘制、调整的路径效果

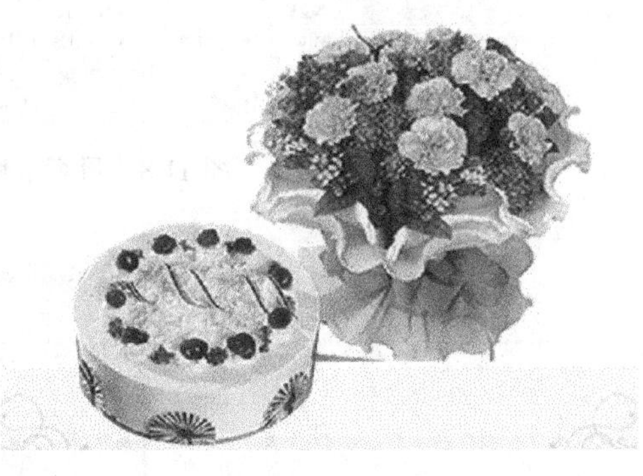

图 11.6 使用蒙版显示蛋糕而隐藏背景

任务五：输入 Mother’s Day 文本并设置其属性

（8）使用“文本”工具在边框图片上输入文本 Mother’s Day，在属性检查器中设置其属性，然后在“样式”面板中选择“Plastic 051”样式，Mother’s Day 文本效果及属性设置如图 11.7 所示。

图 11.7　Mother’s Day 文本效果及属性设置

任务六：添加“母亲节快乐”文本并设置其属性

（9）使用“文本”工具在边框图片中 Mother’s Day 文本的上方输入文本“母亲节快乐”，在属性检查器中设置其属性，然后在“样式”面板中选择“Plastic 100”样式，母亲节快乐文本效果及属性设置如图 11.8 所示。此时的“图层”面板如图 11.9 所示。

图 11.8　母亲节快乐文本效果及属性设置

图 11.9　“图层”面板

任务七：在状态中共享层

（10）选中“层 1”，然后单击“图层”面板右上角的【选项菜单】按钮，在弹出菜单中选择【在状态中共享层】，如图 11.10 所示。选择该选项后，“层 1”右侧出现一个小图标，如图 11.11 所示。

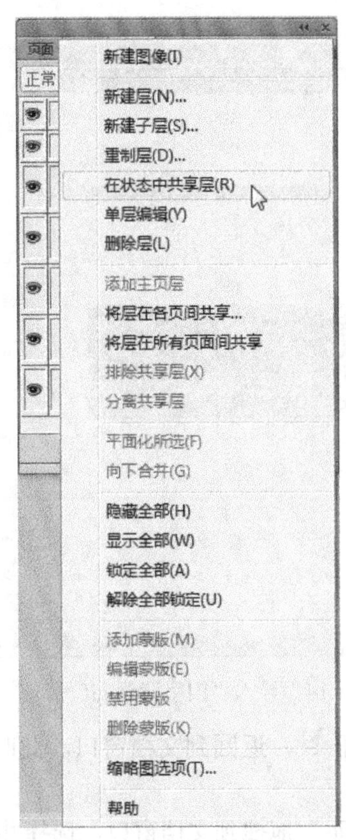

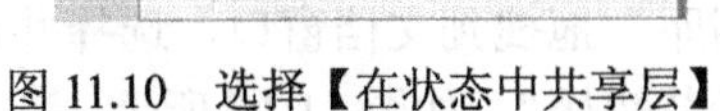
图 11.10 选择【在状态中共享层】

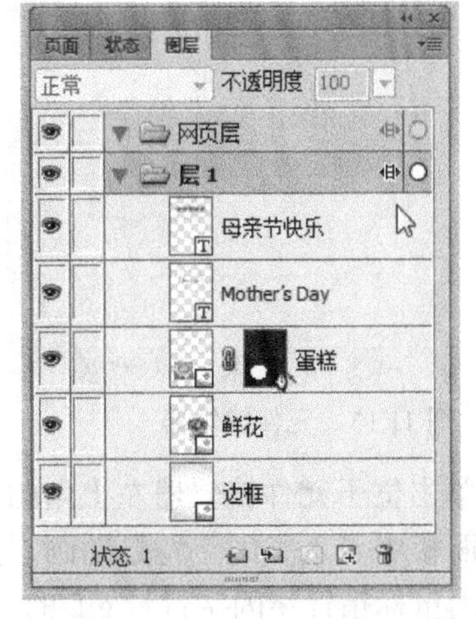

图 11.11 “层 1”右侧出现【在状态中共享层】图标

任务八：导入闪字背景 GIF 文件

（11）选择【窗口】→【文档库】，打开“文档库”面板，单击面板底部的【新建元件】按钮，打开“转换为元件”对话框，在该对话框的“名称”文本框中输入“闪字背景”，选择类型为“动画”，如图 11.12 所示。

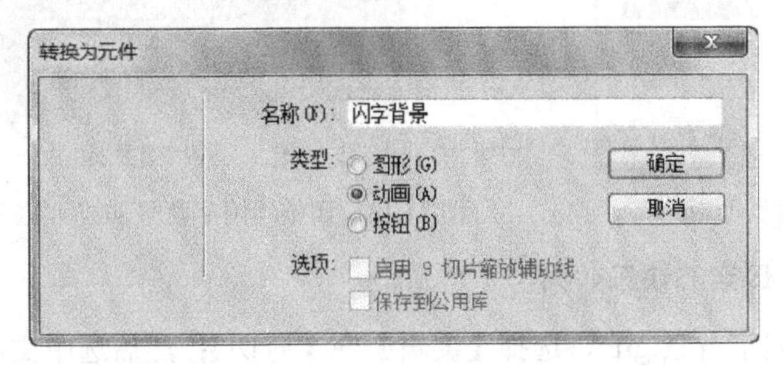

图 11.12 “转换为元件”对话框

（12）单击【确定】按钮，打开元件编辑器，如图 11.13 所示。

（13）选择【文件】→【导入】，在打开的“导入”对话框中选择事先准备好的名为“闪字背景.gif”的动画文件（该文件存放在“母亲节贺卡”文件夹中），单击【打开】按钮，此时当鼠标指针移到元件编辑器中时指针变成⌐形状，在元件编辑器中拖动指针，释放鼠标指针，导入的“闪字背景.gif”如图 11.14 所示。

图 11.13　元件编辑器

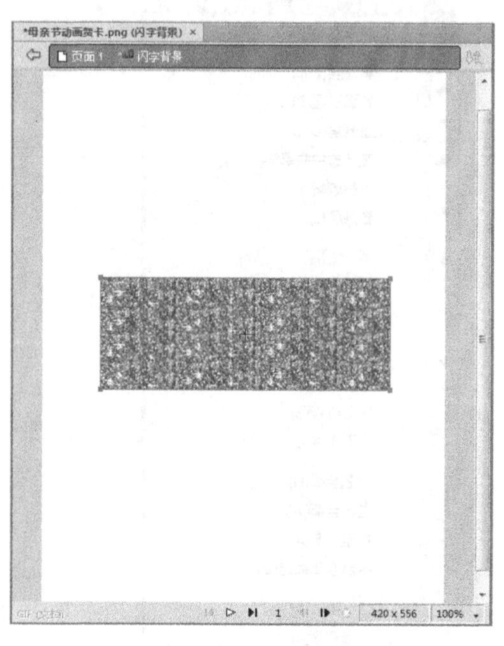

图 11.14　导入“闪字背景.gif”

（14）单击位于元件编辑器左上角的【返回页面】按钮，返回到文档窗口。此时，“文档库”面板中导入了闪字背景动画，如图 11.15 所示。

（15）用鼠标指针将闪字背景.gif 的一个实例从“文档库”拖拽到文档窗口，选择并调整“闪字背景.gif”的位置，使之能够完全覆盖文本“母亲节快乐”，如图 11.16 所示。

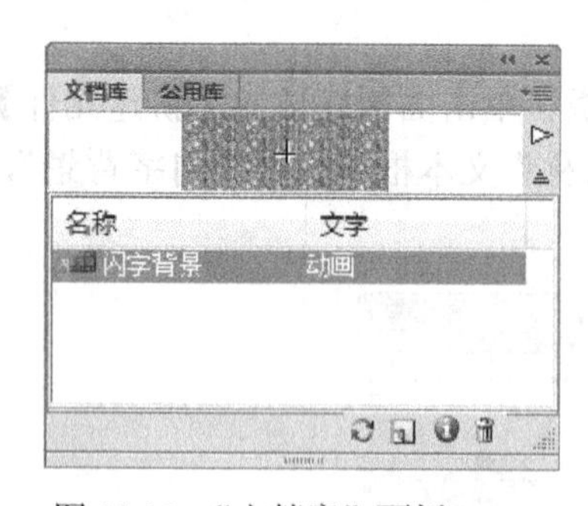

图 11.15　“文档库”面板

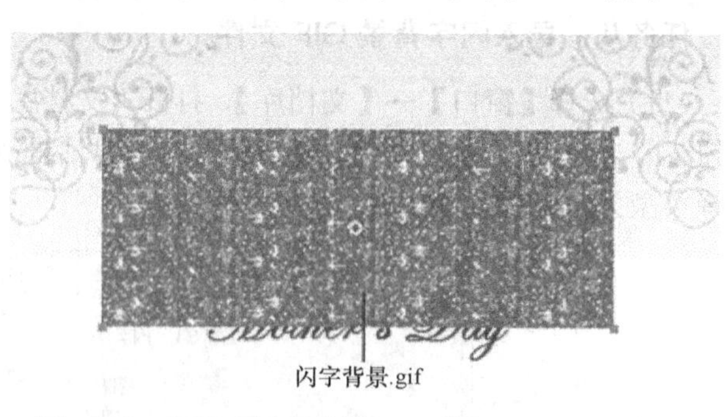

图 11.16　调整“闪字背景.gif”的位置

任务九：制作母亲节快乐效果

（16）选中“闪字背景.gif”，选择【编辑】→【剪切】；然后选中文本“母亲节快乐”，选择【编辑】→【粘贴于内部】，得到的效果如图 11.17 所示。

图 11.17　使用“粘贴于内部”命令得到的效果

（17）单击“状态”栏中的【动画效果测试控件】，如图 11.18 所示，预览“母亲节快乐”动画的制作效果。

图 11.18　动画效果测试控件

（18）制作母亲节贺卡完成后，“图层”面板如图 11.19 所示，“状态”面板如图 11.20 所示，从图 11.20 可以看到，该文档包括 3 个状态，这是因为导入的“闪字背景.gif”动画文件为 3 个状态。

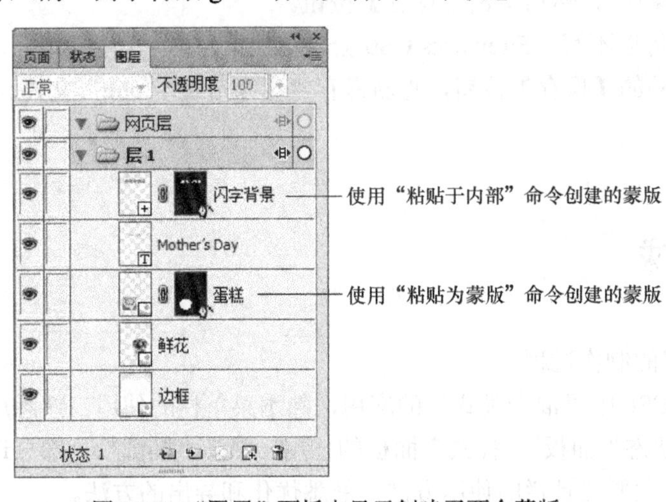

图 11.19　“图层”面板中显示创建了两个蒙版　　图 11.20　“状态”面板

任务十：导出动画文件

（19）选择【文件】→【图像预览】，打开“图像预览”窗口，在“导出文件格式”下拉列表框中选择“GIF 动画”，如图 11.21 所示。

图 11.21 “图像预览”对话框

（20）单击【导出】按钮，在打开的“导出”对话框中选择保存位置，为文件起名“母亲节贺卡”，选择导出类型“仅图像”，然后单击【保存】按钮。

注意：为文件起名时，.gif 可以不写，Fireworks CS6 会自动加上。

（21）导出结束后，单击文档的【保存】按钮，重新保存“母亲节贺卡.png”文档。

实例 12：彩色光球

本实例将详细讲解彩色光球的制作过程。

本实例主要熟悉 Fireworks CS6 中“混合模式”的应用，熟悉菜单栏的使用，熟悉属性检查器以及“图层”面板、“状态”面板、“样式”面板的使用，熟悉“椭圆”、“部分选定”、“钢笔”、“文本”等工具及主要工具栏的使用方法，熟悉优化和导出的方法。

彩色光球的制作效果如图 12.1 所示，其制作过程可分解成若干个小任务，分步完成。

说明：本例的画布颜色为黑色，考虑到印刷原因，可将画布颜色改为白色。因此本例备有两套.png 文件，一套为黑色画布的“彩色光球.png”和另一套为白色画布的“彩色光球.png”，书中采用的是白色画布的“彩色光球.png”。

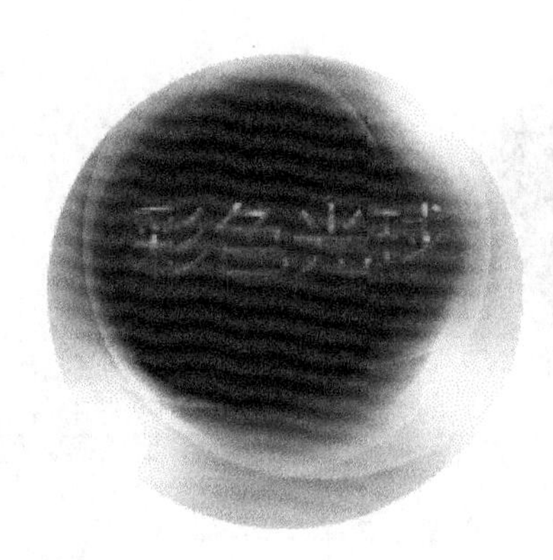

任务一：创建新文档
任务二：绘制基本球状
任务三：绘制增加光亮的小圆形
任务四：给基本球状上色
任务五：输入文本“彩色光球”
任务六：创建状态 2
任务七：预览“彩色光球”制作效果
任务八：导出动画文件

图 12.1　分解彩色光球制作任务

任务一：创建新文档

（1）在 Fireworks CS6 中，单击【文件】→【新建】，在打开的“新建文档”对话框中以像素为单位输入画布的宽度和高度值“430×430”，设置画布颜色为“#FFFFFF”，单击【确定】按钮，创建一个新文档，为文档起名“彩色光球”。

任务二：绘制基本球状

（2）使用“椭圆”工具在画布上绘制一个放射状渐变的圆形，在属性检查器中为其设置属性，然后在“图层”面板中为其命名“圆形”，“圆形”属性设置及效果如图 12.2 所示。

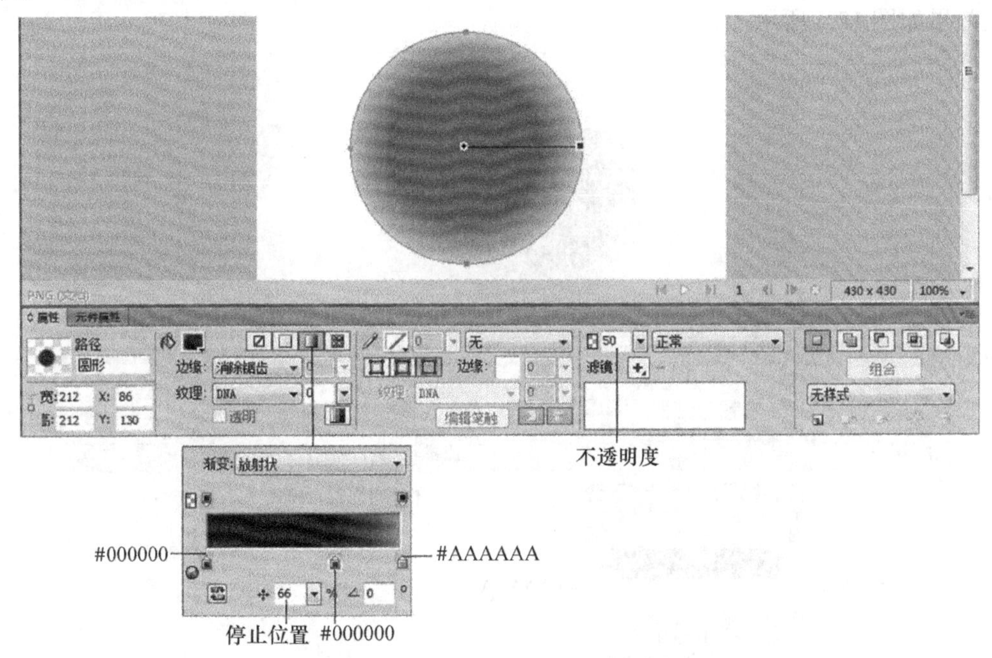

图 12.2　“圆形”属性设置及效果

（3）选中圆形，在主要工具栏中选择【复制】/【粘贴】，复制一份并将其移动到圆形的左上方适当位置，在属性检查器中调整不透明度为“100”，选择混合模式为“叠加”。然后在“图层”面板中为其命名“左边圆形”，左边圆形属性设置及效果如图 12.3 所示。

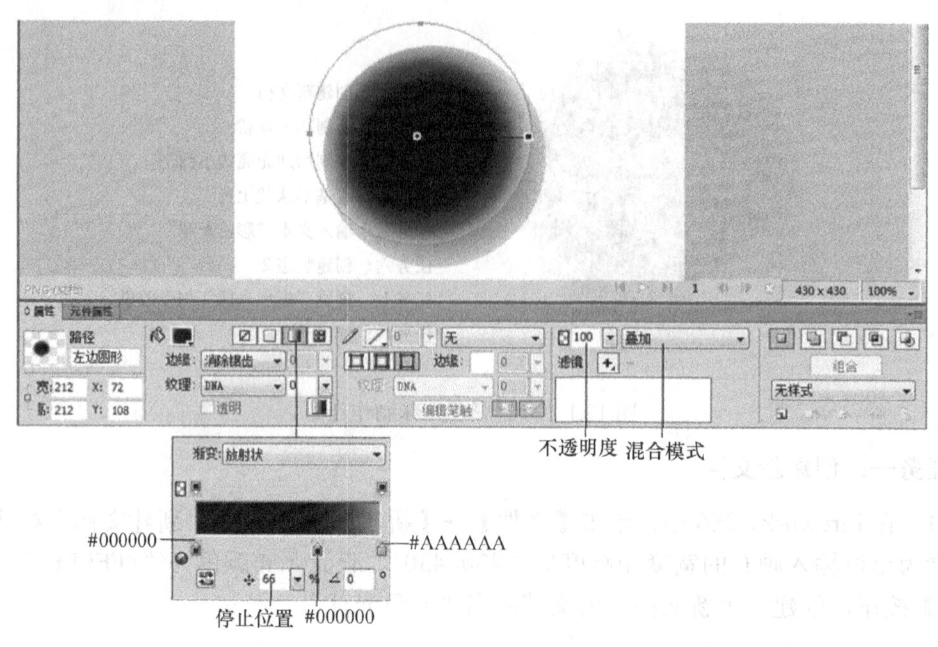

图 12.3 左边圆形属性设置及效果

（4）选中左边圆形，在主要工具栏中选择【复制】/【粘贴】，复制一份并将其移动到圆形的右上方适当位置（与左边圆形对称），在属性检查器中调整不透明度为“36”，选择混合模式为“颜色减淡”。然后在“图层”面板中为其命名“右边圆形”，右边圆形属性设置及效果如图 12.4 所示。

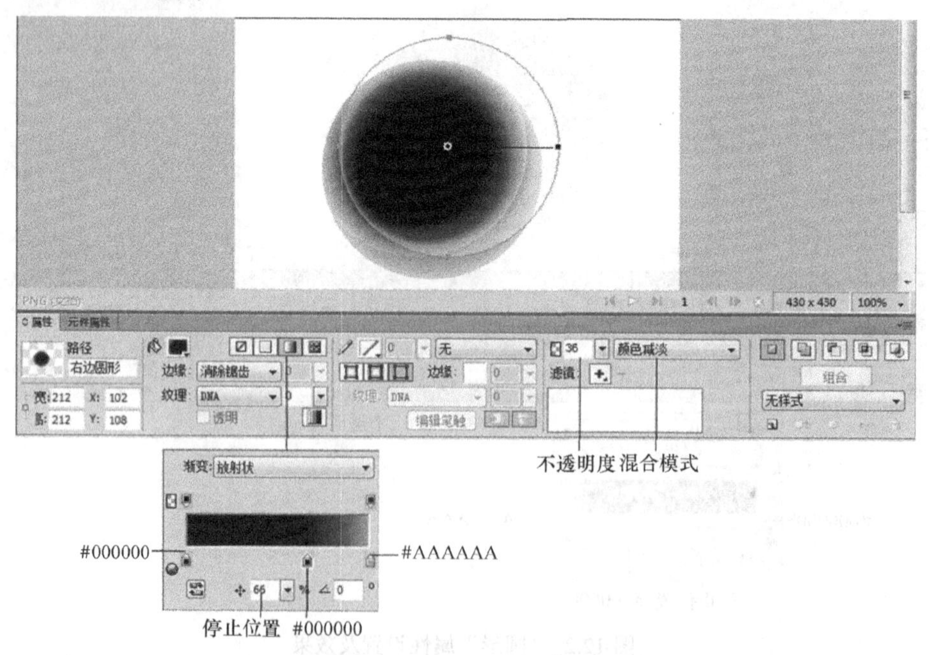

图 12.4 右边圆形属性设置及效果

（5）选中圆形，在主要工具栏中选择【复制】/【粘贴】，复制一份并将其移动到圆形的左上方适当位置，在属性检查器中调整其宽和高为“165×165”，调整不透明度为“100”，选择混合模式为“柔光”。然后在“图层”面板中为其命名“左上中等圆形”，左上中等圆形属性设置及效果如图 12.5 所示。

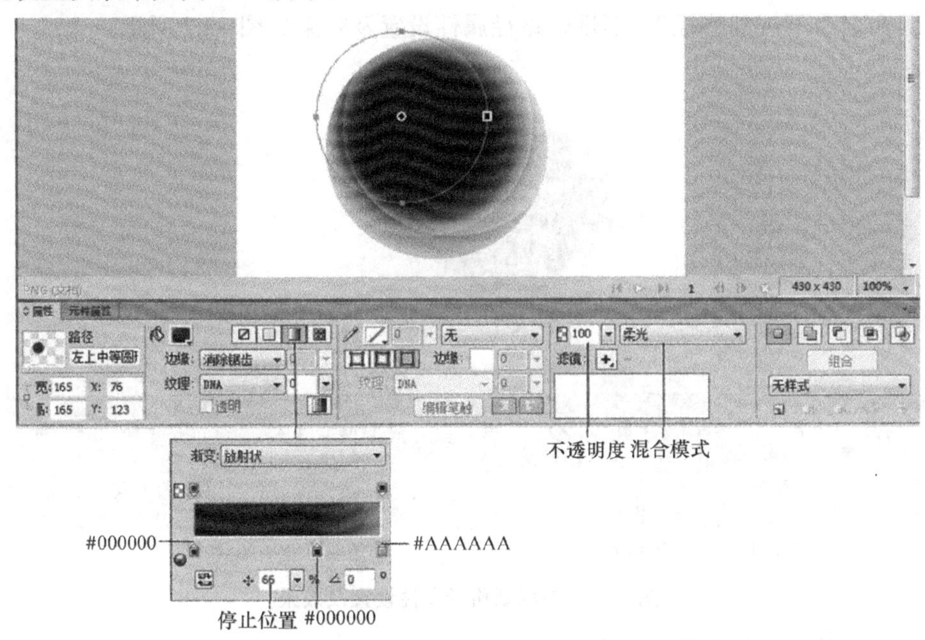

图 12.5　左上中等圆形属性设置及效果

（6）选中左上中等圆形，在主要工具栏中选择【复制】/【粘贴】，复制一份并将其移动到圆形的右上方适当位置（与左上中等圆形对称），在属性检查器中调整不透明度为“100”，选择混合模式为“柔光”。然后在“图层”面板中为其命名“右上中等圆形”，右上中等圆形属性设置及效果如图 12.6 所示。

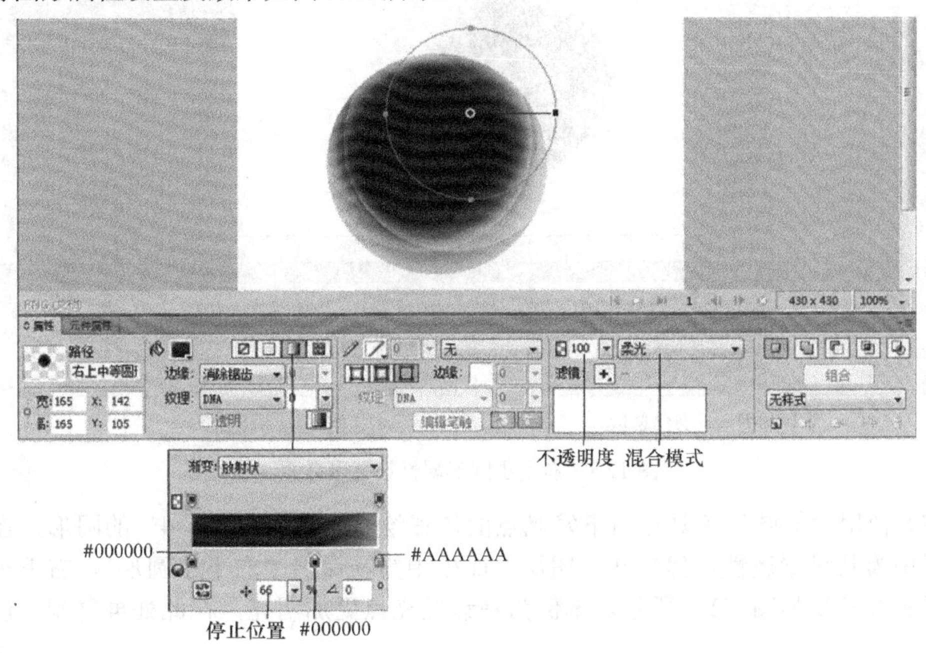

图 12.6　右上中等圆形属性设置及效果

（7）使用“钢笔”工具绘制一个“不规则路径”，在属性检查器中设置边缘为羽化，羽化总量为“39”，调整不透明度为“100”，选择混合模式为“叠加”。然后在“图层”面板中为其命名“不规则路径”，不规则路径属性设置及效果如图 12.7 所示。

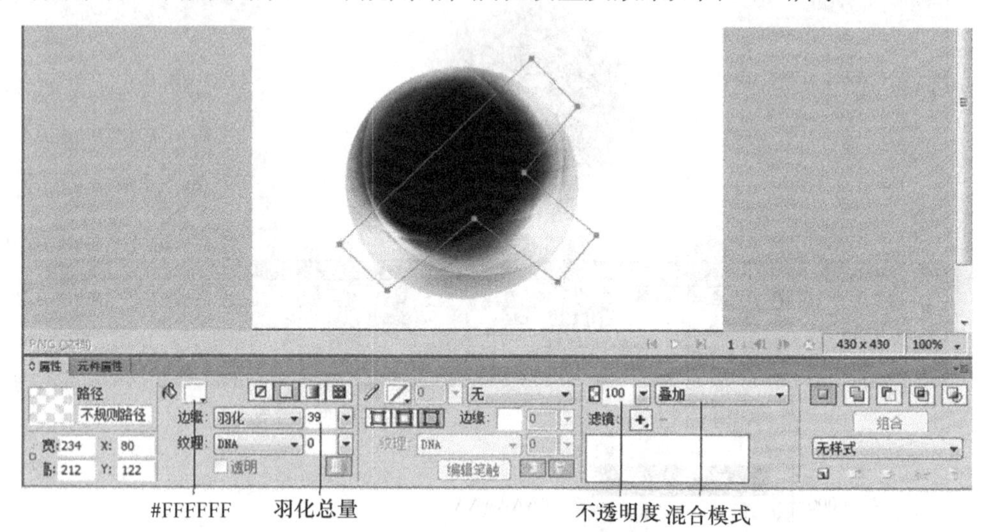

图 12.7　不规则路径属性设置及效果

任务三：绘制增加光亮的小圆形

（8）使用“椭圆”工具在右上发光点的位置绘制一个白色“4×4”的圆形，在属性检查器中为其设置属性，然后在“图层”面板中为其命名“右上小圆形”，右上小圆形属性设置及效果如图 12.8 所示。

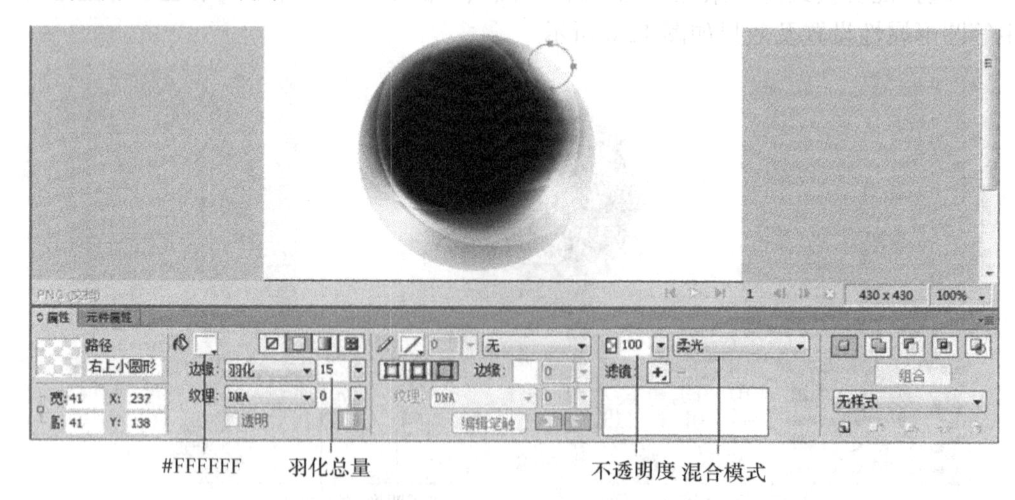

图 12.8　右上小圆形属性设置及效果

（9）使用“椭圆”工具在右下发光点的位置绘制一个白色“4×4”的圆形，在属性检查器中为其设置属性，然后在“图层”面板中为其命名“右下小圆形”，右下小圆形属性设置及效果如图 12.9 所示。本例为使该发光点更加明亮，在此处再复制一份右下小圆形。

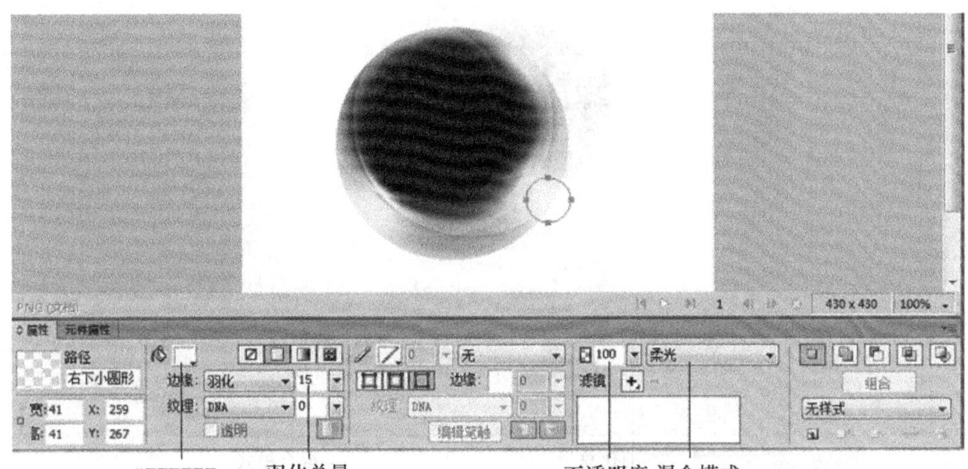

图 12.9　右下小圆形属性设置及效果

（10）使用“椭圆”工具在左下发光点的位置绘制一个白色“4×4”的圆形，在属性检查器中为其设置属性，然后在“图层”面板中为其命名“左下小圆形”，左下小圆形属性设置及效果如图 12.10 所示。本例为使该发光点更加明亮，在此处再复制一份左下小圆形。

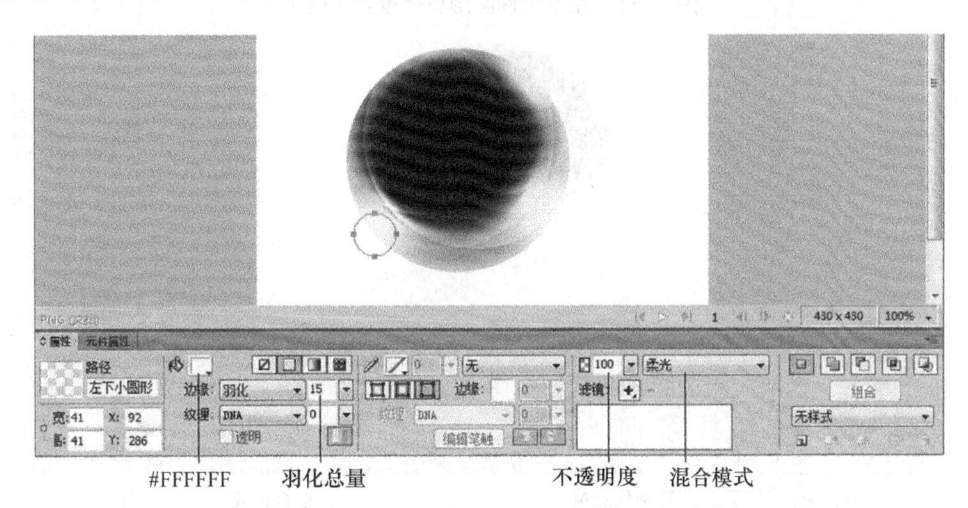

图 12.10　左下小圆形属性设置及效果

任务四：给基本球状上色

（11）使用“椭圆”工具在左下发光点的位置绘制一个放射状渐变的椭圆形，在属性检查器中为其设置属性，然后在“图层”面板中为其命名“左下大椭圆形”，左下大椭圆形属性设置及效果如图 12.11 所示。本例为使该发光颜色更加鲜艳明亮，在此处再复制一份左下大椭圆形。

（12）选中左下大椭圆形，在主要工具栏中选择【复制】/【粘贴】，复制一份左下大椭圆形。选中复制的左下大椭圆形，选择【修改】→【变形】→【水平翻转】，并将其移动到右下发光点的位置，然后在属性检查器中设置其属性，在“图层”面板中为其命名“右下大椭圆形”。“右下大椭圆形”属性设置及效果如图 12.12 所示。

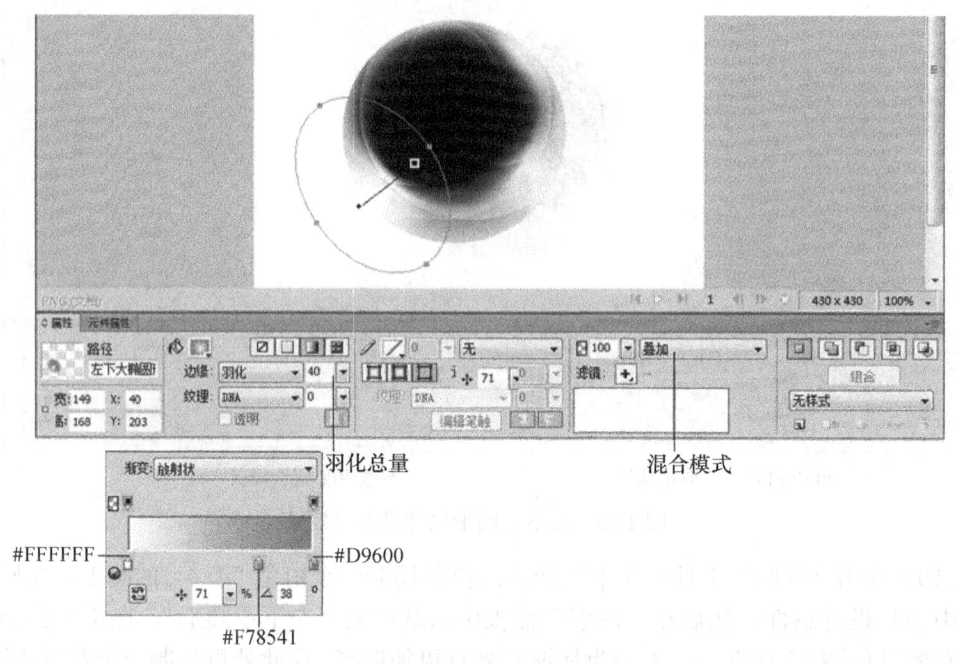

图 12.11　左下大椭圆形属性设置及效果

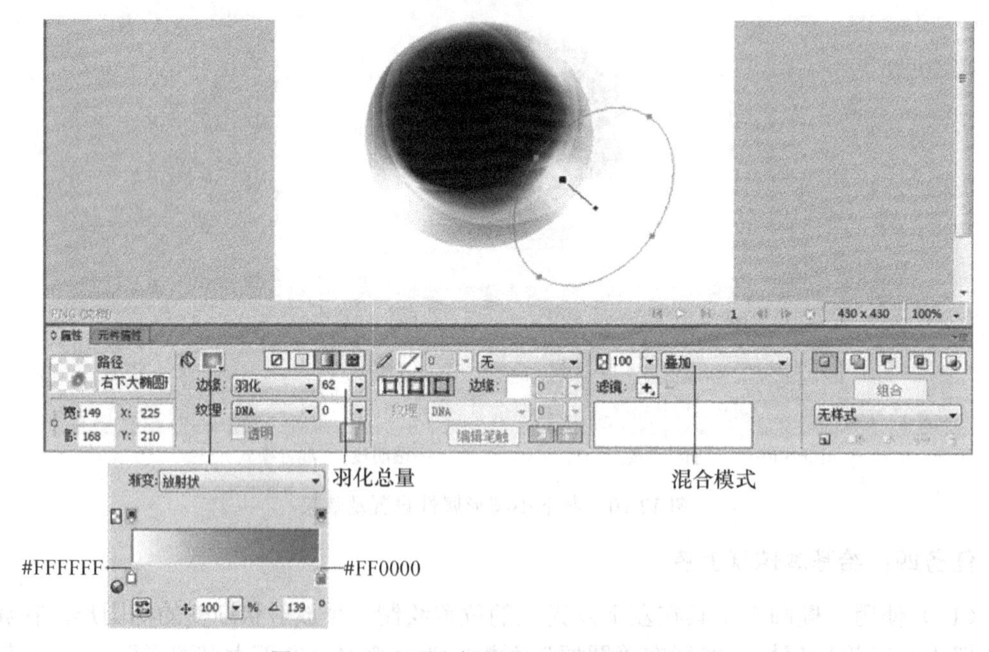

图 12.12　“右下大椭圆形”属性设置及效果

（13）选中“右下大椭圆形”，在主要工具栏中选择【复制】/【粘贴】，复制一份“右下大椭圆形”。选中复制的“右下大椭圆形”，将其移动到右上发光点的位置，然后在属性检查器中设置其属性，在“图层”面板中为其命名“右上大椭圆形”。“右上大椭圆形”属性设置及效果如图 12.13 所示。本例为使该发光颜色更加鲜艳明亮，在此处再复制一份“右上大椭圆形”。

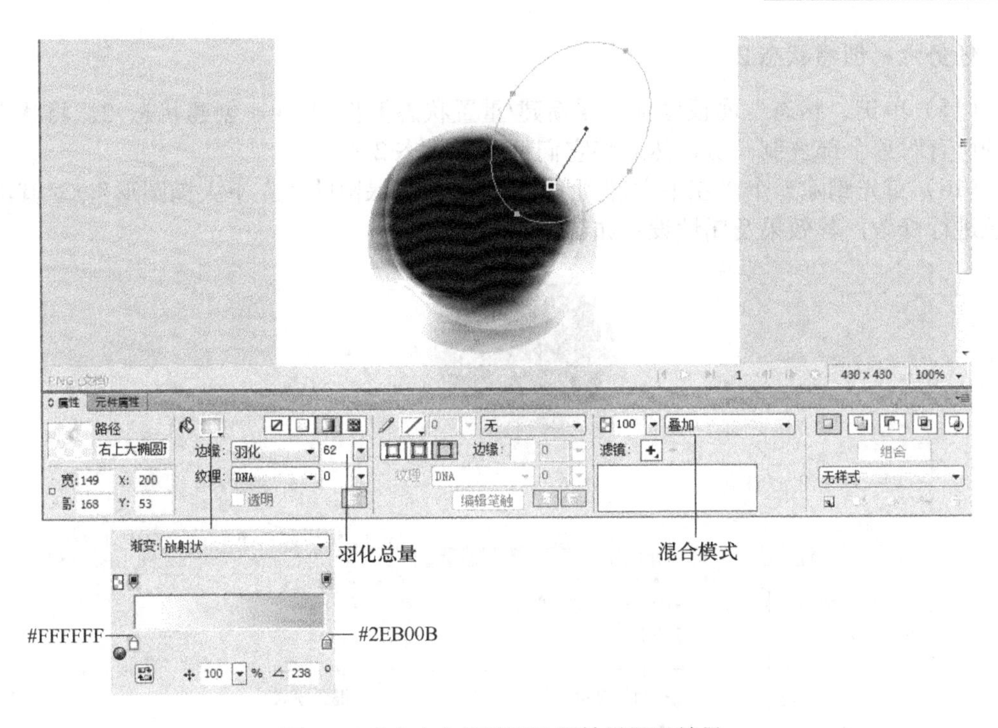

图 12.13“右上大椭圆形”属性设置及效果

任务五：输入文本“彩色光球”

（14）使用“文本”工具在基本球状中输入文本“彩色光球”，选中文本，在“样式”面板中选择样式 Plastic 055，为“彩色光球”应用样式。然后，在属性检查器中单击【添加动态滤镜】按钮，在弹出菜单中选择【阴影和光晕】→【光晕】，为“彩色光球”添加“光晕”动态滤镜效果。“彩色光球”效果及属性设置如图 12.14 所示。

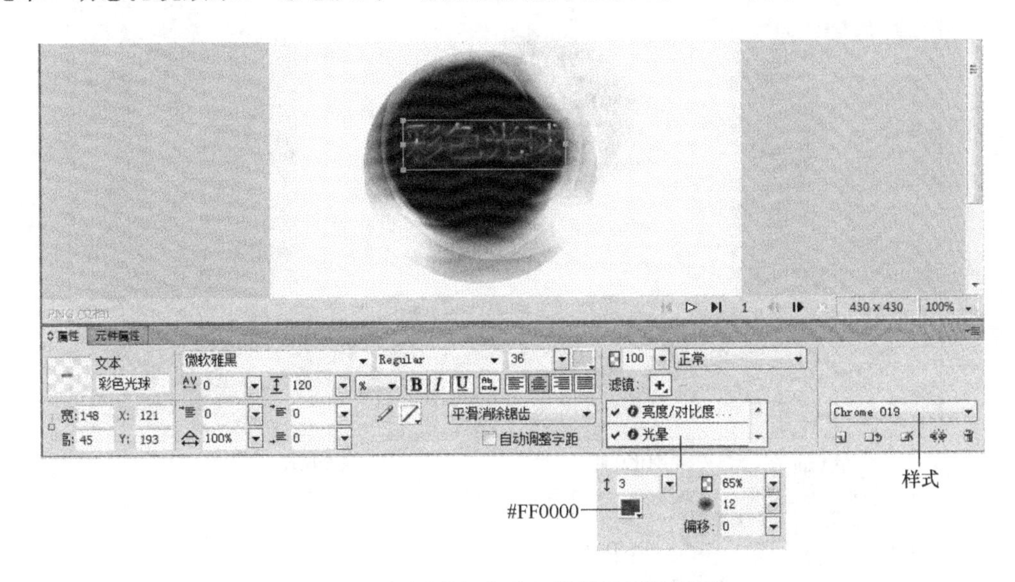

图 12.14 “彩色光球”效果及属性设置

任务六：创建状态 2

（15）单击“状态”面板底部的【新建/重置状态】按钮，创建状态 2。将状态 1 中的所有对象全部复制一份，然后将它们粘贴到状态 2 中。

（16）首先删除一个“左下大椭圆形”，然后选中保留的“左下大椭圆形”，对其渐变颜色进行修改，其效果及属性设置如图 12.15 所示。

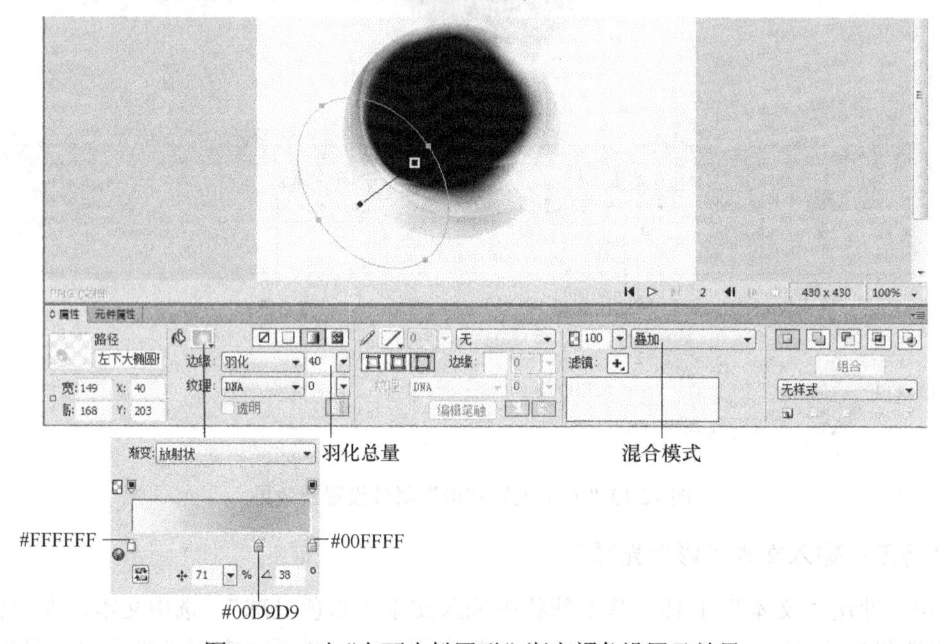

图 12.15 对“左下大椭圆形”渐变颜色设置及效果

（17）选中“右下大椭圆形”，对其渐变颜色进行修改，其效果及属性设置如图 12.16 所示。

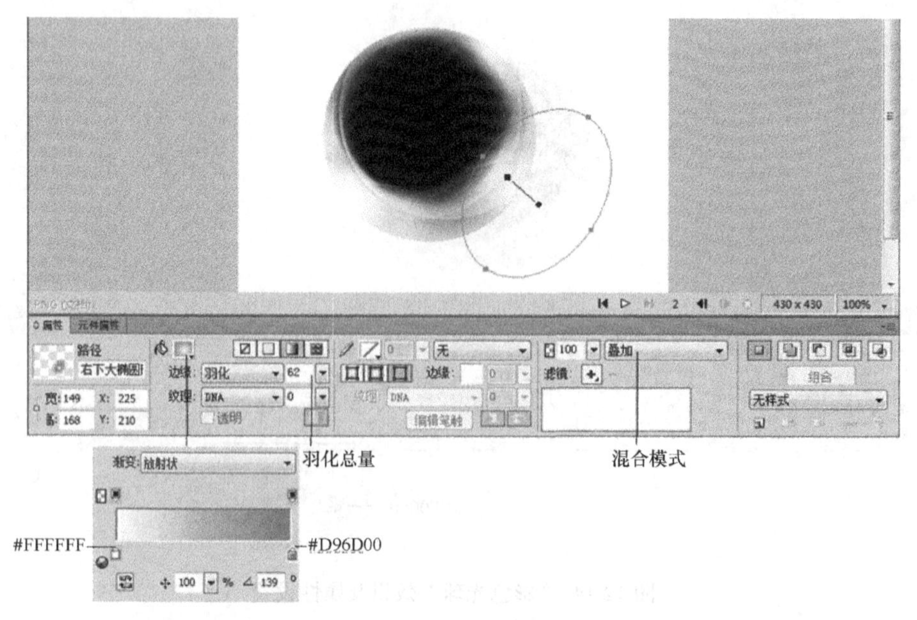

图 12.16 对“右下大椭圆形”渐变颜色设置及效果

（18）首先删除一个“右上大椭圆形”，然后选中保留的“右上大椭圆形”，对其渐变颜色进行修改。对“右上大椭圆形”渐变颜色设置及效果如图 12.17 所示。

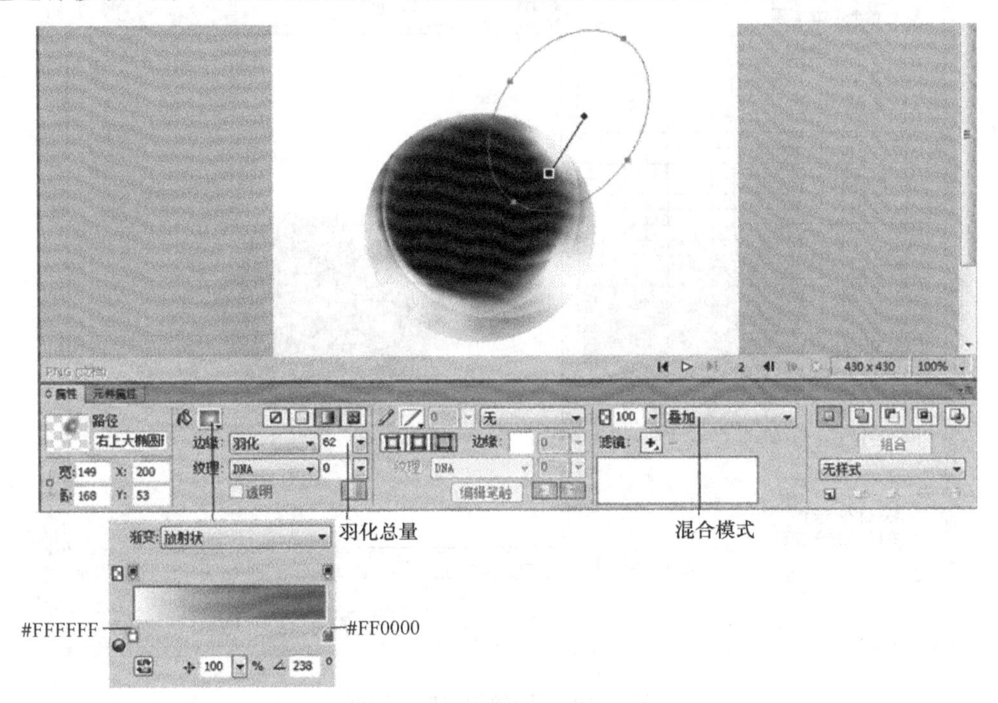

图 12.17　对“右上大椭圆形”渐变颜色设置及效果

（19）选中文本“彩色光球”，然后在属性检查器的滤镜列表中选中“光晕”项，单击【删除动态滤镜】按钮 − ，删除“光晕”滤镜效果，其他属性不变。状态之中“彩色光球”效果如图 12.18 所示。

任务七：预览“彩色光球”制作效果

（20）单击“状态”栏中的【动画效果测试控件】，预览“彩色光球”动画的制作效果。若对“彩色光球”制作效果满意，则可将文件导出；否则，对“彩色光球”进行修改，直到满意为止。

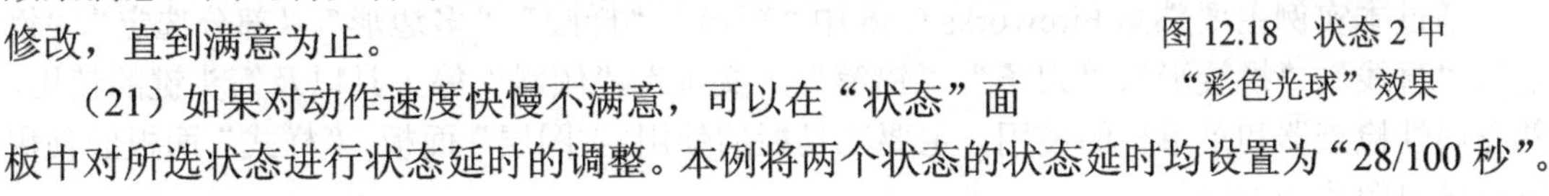

图 12.18　状态 2 中“彩色光球”效果

（21）如果对动作速度快慢不满意，可以在“状态”面板中对所选状态进行状态延时的调整。本例将两个状态的状态延时均设置为“28/100 秒”。

任务八：导出动画文件

（22）选择【文件】→【图像预览】，打开“图像预览”窗口，在“导出文件格式”下拉列表框中选择“GIF 动画”，在“最大的颜色数目”下拉框中选择“255”，如图 12.19 所示。

（23）单击【导出】按钮，在打开的“导出”对话框中选择保存位置，为文件起名“彩色光球”，选择导出类型“HTML 和图像”，然后单击【保存】按钮。

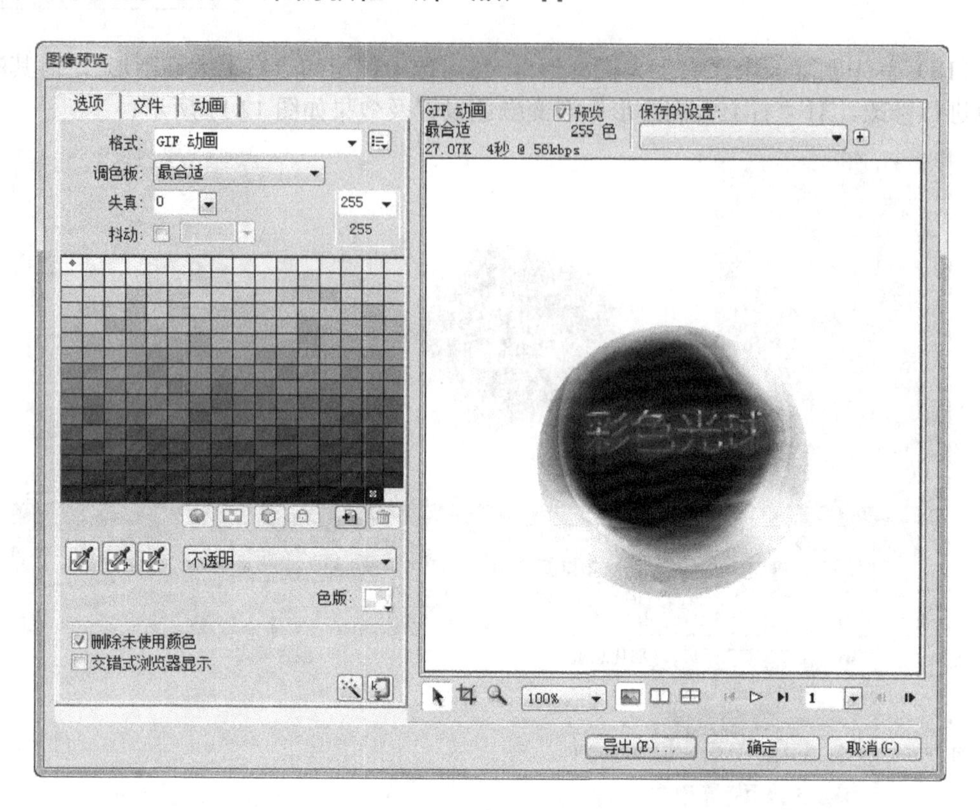

图 12.19 “图像预览”对话框

注意：为文件起名时，.gif 可以不写，Fireworks CS6 会自动加上。

（24）导出结束后，单击文档的【保存】按钮，重新保存“彩色光球.png”文档。

实例 13：点炮仗

本实例将详细讲解点炮仗的制作过程。

通过本实例主要熟悉 Fireworks CS6 中“矩形”、“椭圆”、“多边形”、“部分选定”、“钢笔”、“直线”、“螺旋形”、“刀子”、“铅笔”、“文本”、“倾斜”等工具以及箭头键的使用，熟悉属性检查器和菜单栏的使用，主要工具栏的使用，“图层”面板、“样式”面板的使用以及导出图片的方法。

点炮仗的制作效果如图 13.1 所示，其制作过程可分解成若干个小任务，分步完成。

任务一：创建新文档

（1）在 Fireworks CS6 中，单击【文件】→【新建】，在打开的“新建文档”对话框中以像素为单位输入画布的宽度和高度值“700×570”，设置画布为“#FF0000”，单击【确定】按钮，创建一个新文档，为文档起名“点炮仗”。

任务一：创建新文档
任务二：绘制“炮仗”
任务三：绘制“右胳膊”
任务四：绘制“围巾后”
任务五：绘制“上身”
任务六：绘制“左胳膊”
任务七：绘制“右脚
任务八：绘制“右腿”
任务九：绘制“左脚”
任务十：绘制“左腿”
任务十一：绘制“脸”
任务十二：绘制“帽子”
任务十三：绘制“耳朵”
任务十四：绘制“左手”
任务十五：绘制“点炮仗”文字
任务十六：整理各部分位置
　　　　　及相互排列顺序
任务十七：导出文件

图 13.1　分解点炮仗制作任务

任务二：绘制“炮仗”

（2）使用“矩形”工具，在画布上绘制一个线性渐变填充的矩形。使用“椭圆”工具，在画布上绘制一个线性渐变填充的与矩形同宽的椭圆形，复制一份椭圆形，然后将两个椭圆形分别放置到矩形的上下两端并垂直居中对齐。

（3）同时选中矩形和下端的椭圆形，然后选择【修改】→【组合路径】→【联合】，得到如图 13.2 所示的路径。

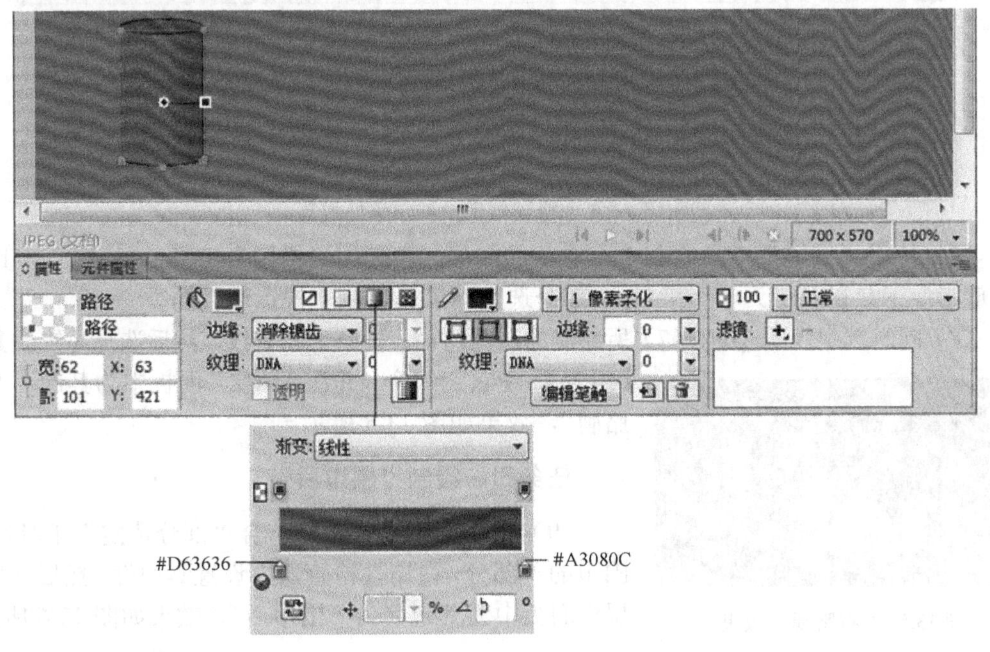

图 13.2　路径效果及属性

（4）使用“矩形”工具、“椭圆”工具以及【修改】→【组合路径】→【打孔】和【修改】→【组合路径】→【裁切】命令制作一个路径①。使用“多边形”工具结合“部分选定”工具绘制一个多边形。使用“钢笔”工具绘制一个路径②。

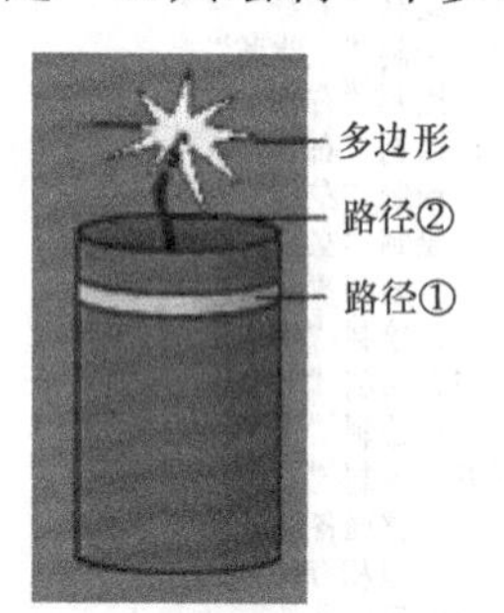

图 13.3 “炮仗”效果

（5）同时选中以上这 5 个对象，选择【修改】→【组合】，使之成为一个组合对象。然后，在“图层”面板中将其重命名“炮仗”，其效果如图 13.3 所示。

任务三：绘制“右胳膊”

（6）使用“钢笔”工具结合“部分选定”工具绘制 4 个路径，在属性检查器中分别设置 4 个路径的属性。其中，3 个路径为实色填充，另一个路径（暂称为“袖子”）的填充为缎纹渐变，其效果及袖子属性设置如图 13.4 所示。

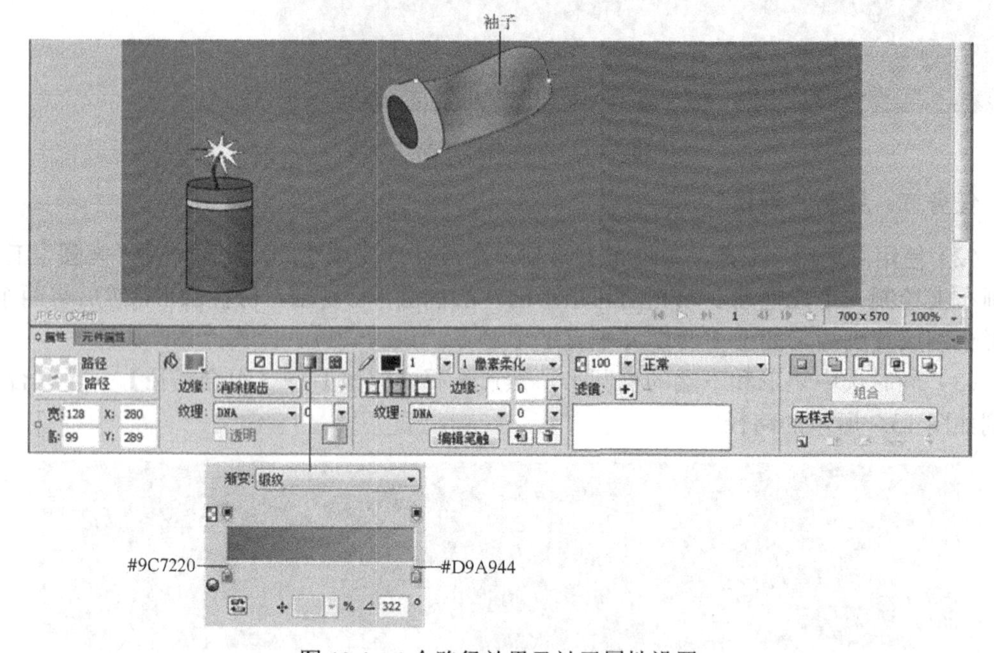

图 13.4 4 个路径效果及袖子属性设置

（7）使用“钢笔”工具绘制 1 个右手的图形，再使用“椭圆”工具、“直线”工具、“螺旋形”工具以及“刀子”工具、“部分选定”工具绘制 1 根点炮用的香。

（8）同时选中步骤（6）、（7）所绘制的这些路径、椭圆形和直线，然后选择【修改】→【组合】，使它们组合，并在“图层”面板中为其起名“右胳膊”，效果如图 13.5 所示。

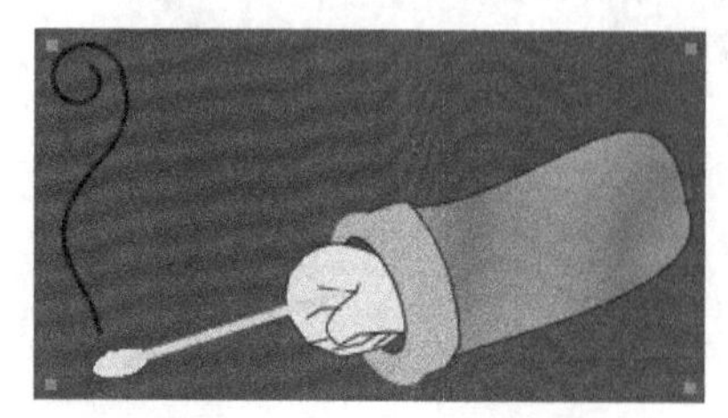

图 13.5 “右胳膊”效果

任务四：绘制“围巾后”

（9）使用“钢笔”工具结合“部分选定”工具绘制围巾的一部分，在属性检查器中设置其属性。然后在“图层”面板中为其起名为“围巾后”，效果如图 13.6 所示。

任务五：绘制“上身”

（10）使用“钢笔”工具结合“部分选定”工具及“椭圆”工具绘制上衣主体和围巾的另外部分，在属性检查器中分别设置各部分的属性。同时选中它们，然后选择【修改】→【组合】，使它们组合，并在“图层”面板中为其起名为“上身”，效果如图 13.7 所示。

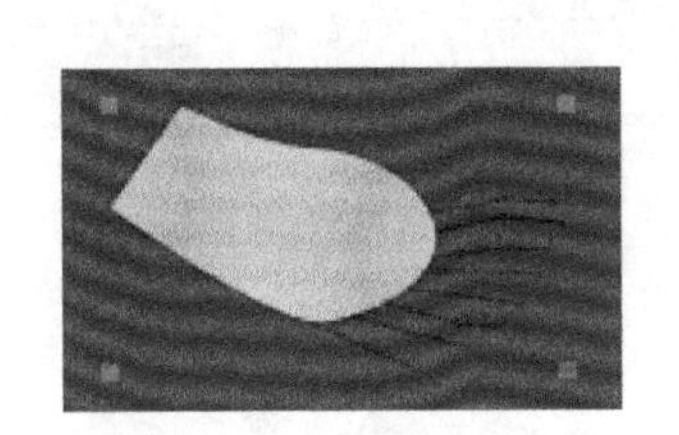

图 13.6 “围巾后”效果

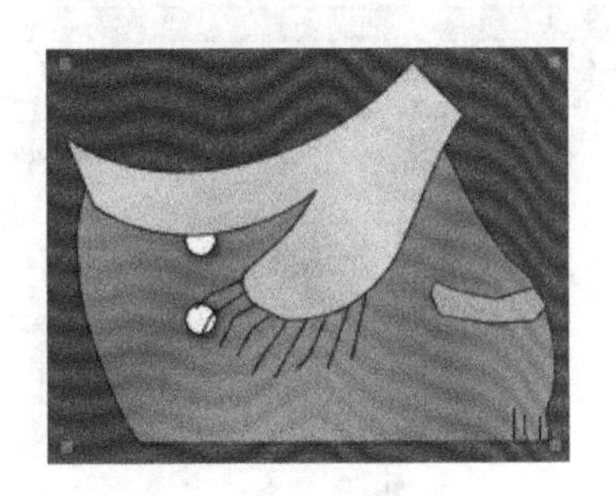

图 13.7 “上身”效果

任务六：绘制“左胳膊”

（11）使用“钢笔”工具结合“部分选定”工具参照步骤（6）绘制被命名为“左胳膊”的路径组合，其效果如图 13.8 所示。

任务七：绘制“右脚”

（12）使用“椭圆”工具、“部分选定”工具，结合【修改】→【组合路径】→【联合】命令和【修改】→【改变路径】→【简化】命令的使用，绘制一个被命名为“右脚”的路径组合，其效果如图 13.9 所示。

图 13.8 “左胳膊”效果

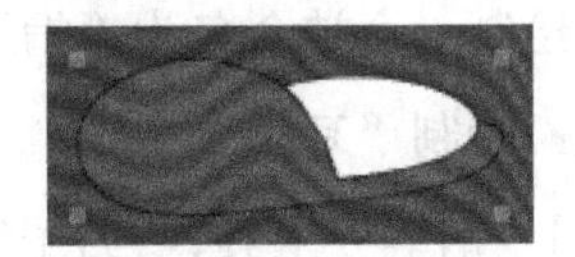

图 13.9 “右脚”效果

任务八：绘制“右腿”

（13）使用“钢笔”工具、“部分选定”工具结合【修改】→【改变路径】→【简化】命令的使用绘制 1 个缎纹渐变填充的路径，另外使用“钢笔”工具在该路径中又绘制了 3 个路径段。同时选中这些路径，然后选择【修改】→【组合】，使它们组合，并在“图层”面板中为其起名为“右腿”，“右腿”效果及缎纹渐变填充路径属性设置如图 13.10 所示。

任务九：绘制“左脚”

（14）复制一份“右脚”，在“图层”面板中将复制的“右脚”重命名为“左脚”，将“左脚”向右平移一定距离。

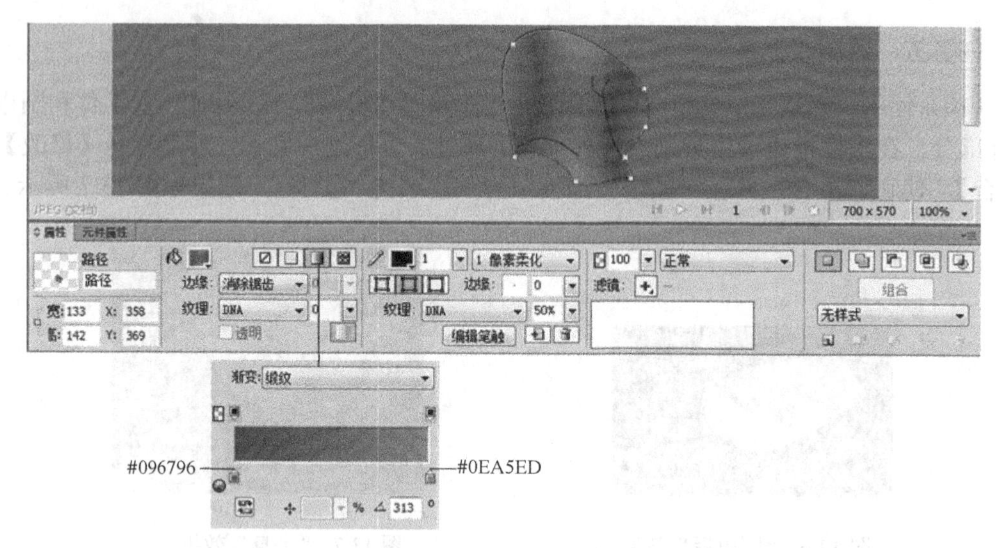

图 13.10 “右腿”效果及缎纹渐变填充路径属性设置

任务十：绘制“左腿”

（15）复制一份“右腿”，在“图层”面板中将复制的“右腿”重命名为“左腿”，将“左腿”向右平移一定距离。

任务十一：绘制“脸”

（16）使用“钢笔”工具、“椭圆”工具、“部分选定”工具结合【修改】→【改变路径】→【简化】命令和【修改】→【组合】命令的使用，绘制 1 个被命名为“脸”的组合路径，其效果如图 13.11 所示。

任务十二：绘制“帽子”

（17）使用“钢笔”工具、“椭圆”工具、“部分选定”工具，结合【修改】→【组合】命令的使用，绘制 1 个被命名为“帽子”的组合路径，其效果如图 13.12 所示。

任务十三：绘制“耳朵”

（18）使用“钢笔”工具、“刀子”工具、“部分选定”工具，结合【修改】→【改变路径】→【简化】命令和【修改】→【组合】命令的使用，绘制 1 个被命名为“耳朵”的组合路径，其效果如图 13.13 所示。

图 13.11 “脸”效果

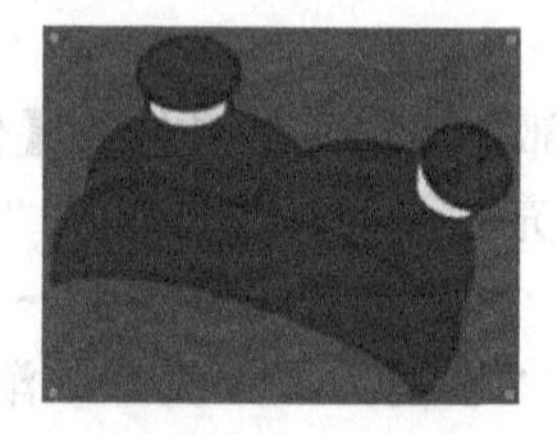

图 13.12 “帽子”效果

图 13.13 “耳朵”效果

任务十四：绘制“左手”

（19）使用“钢笔”工具、“椭圆”工具、“部分选定”工具、“铅笔”工具，结合【修改】→【改变路径】→【简化】命令和【修改】→【组合】命令的使用，绘制 1 个被命名为“左手”的组合路径，其效果如图 13.14 所示。

任务十五：绘制“点炮仗”文字

（20）使用“文本”工具在画布上分别输入“点炮仗”3 个文字，分别选中这 3 个文字，在“样式”面板中选择“文本创意样式”组中的“Text Creative 019”样式。然后选择【文本】→【转换为路径】，将文本转换为路径。

（21）使用“部分选定”工具结合“倾斜”工具调整这 3 个字的形状，其效果如图 13.15 所示。

图 13.14 “左手”效果

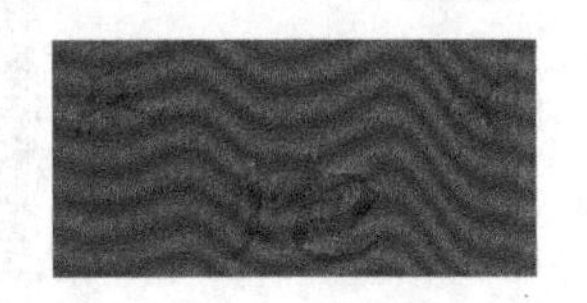

图 13.15 点炮仗文字效果

任务十六：整理各部分位置及相互排列顺序

（22）根据各个部分的相互关系，将前面制作的对象进行整理和修改，得到“点炮仗”的完整效果，如图 13.16 所示。

图 13.16 “点炮仗”完整效果

任务十七：导出文件

（23）选择【文件】→【图像预览】，打开“图像预览”窗口，在导出文件“格式”下拉列表框中选择“JPEG”，如图 13.17 所示。

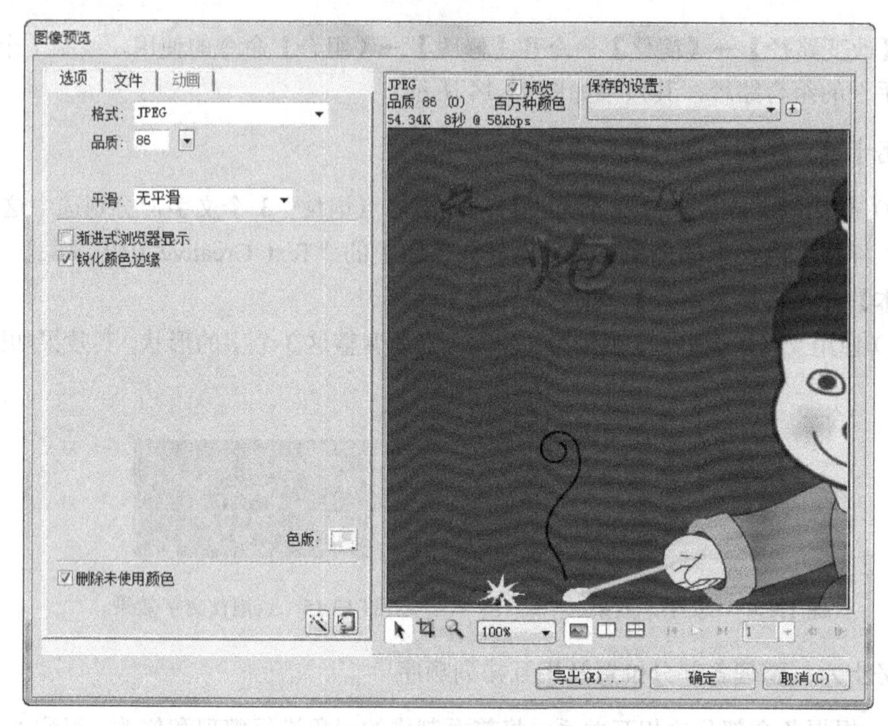

图 13.17 “图像预览”窗口

（24）单击【导出】按钮，在打开的“导出”对话框中选择保存位置，为文件起名“点炮仗”，选择导出类型为“仅图像”，然后单击【保存】按钮。

（25）导出结束后，单击文档的【保存】按钮，重新保存“点炮仗.png”文档。

第三部分

实 训 部 分

本部分为读者安排了23个实训，包括闪图、文本特效、下雨、抠图、扫光文字、仿3D光亮图、春满人间、透明立体网格、3D足球、春节快乐、文字特效4则、微信标志、大屏幕手机、登录页面、闪字、弹出菜单、弹簧与弹性形变、水印效果、镜框、摆动的木牌、交换图像、Dear、笑脸。学习本部分的目的是让读者在学习了基础部分、实例部分的基础上，加强实训练习，并对读者熟悉和掌握Fireworks CS6基本功能的情况加以测试。通过这些实训练习，使读者进一步掌握Fireworks CS6的基本功能，以达到能够按照每个实训提示和方法完成实训内容，而且能够真正做到举一反三，并能够使用不同的工具和方法来完成更为复杂的符合自己需要的网页元素或其他非网页用格式图形。

实训 1：闪图

使用 Fireworks CS6 制作一个“闪图”GIF 动画，本动画共包含 3 个状态，这 3 个状态是由导入的“闪图背景”引起的。通过本实训主要熟悉 Fireworks CS6 中使用“粘贴于内部”命令创建蒙版的方法，菜单栏、“图层”面板、“文档库”面板、“状态”面板、属性检查器以及“钢笔”、“椭圆”、“部分选定”等工具的使用，“元件编辑器”的操作，以及导入图片、GIF 文件、优化和导出 GIF 动画的方法。

“闪图”的制作效果如图 1.1 所示，可将此制作任务分解成若干个小任务，分步完成。

任务一：创建新文档
任务二：导入民间年画背景图片并设置其属性
任务三：勾画小孩衣服和头发外形轮廓线
任务四：在状态中共享层
任务五：导入闪图背景
任务六：制作闪图效果
任务七：为衣服添加褶皱
任务八：预览“闪图”制作效果
任务九：导出动画文件

图 1.1　分解“闪图”制作任务

打开“闪图.gif”或“闪图.htm”文件，可以看到实际制作效果。读者可以在 Fireworks CS6 中打开并参考“闪图.png”源文件进行制作练习，最终完成“闪图.gif”文件的制作。

说明：本实训及下面各实训所用各种素材、源文件及实训效果均可在所附光盘中找到。

使用方法：将光盘放到光驱中，打开光盘目录，目录中的文件夹是按实训号编排的，打开相应的文件夹，即可找到相应的文件。读者可将文件复制到本地计算机上进一步使用。

实训 2：文本特效

通过本实训，主要熟悉 Fireworks CS6 中使用“粘贴于内部”命令创建蒙版的方法，“图层”面板、属性检查器、菜单栏的使用，“文本”、“钢笔”、“矩形”、“指针”、“部分选定”等工具的使用，以及导出图片的方法。

“文本特效”的制作效果如图 2.1 所示，可将此制作任务分解成若干个小任务，分步完成。

打开“文本特效.jpg”文件，可以看到实际制作效果。读者可以在 Fireworks CS6 中打开并参考“文本特效.png”源文件进行制作练习，最终完成“文本特效.jpg”文件的制作。

任务一：创建新文档
任务二：输入并设置文本“PASTEINSIDE”
任务三：使用蒙版创建文本“PASTEINSIDE”显示效果
任务四：绘制一个矩形
任务五：导出文件

图 2.1 分解“文本特效”制作任务

实训 3：下雨

使用 Fireworks CS6 制作一个“下雨”GIF 动画，本动画共包含 6 个状态，每个状态添加杂点的矩形位置不同。通过本实训，主要熟悉 Fireworks CS6 中“添加动态滤镜”的方法，“状态”面板、“图层”面板和属性检查器的使用，各种工具的使用，以及导入图片、导出 GIF 动画的方法。

“下雨”的制作效果如图 3.1 所示，可将此制作任务分解成若干个小任务，分步完成。

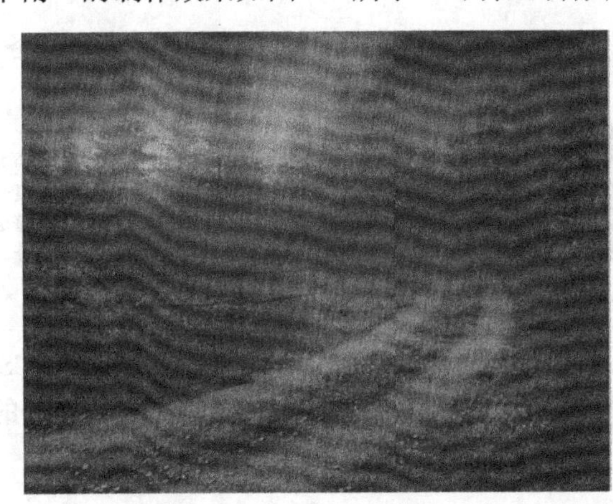

任务一：创建新文档
任务二：导入图片
任务三：新建层并在该层中绘制一矩形
任务四：为矩形新增杂点
任务五：为矩形应用运动模糊
任务六：调整矩形透明度
任务七：将层1设为在状态中共享层
任务八：制作下雨效果
任务九：导出动画文件

图 3.1 分解“下雨”制作任务

打开“下雨.gif”文件，可以看到实际制作效果。读者可以在 Fireworks CS6 中打开并参考“下雨.png”源文件进行制作练习，最终完成“下雨.gif”文件的制作。

实训 4：抠图

通过本实训，主要熟悉 Fireworks CS6 中“矩形”、“魔术棒”、“油漆桶”、“刷子”、“指针”等工具的使用，属性检查器、“图层”面板和菜单栏的使用，使用“粘贴为蒙版”命令创建位图蒙版的方法，主要工具栏的使用，以及导入、导出文件的方法。

任务一：创建新文档
任务二：导入需要抠图处理的图片“蝴蝶原图”
任务三：抠图
任务四：导出文件

图 4.1　分解“抠图”制作任务

“抠图”的制作效果如图 4.1 所示，可将此制作任务分解成若干个小任务，分步完成。

打开“抠图.gif”文件，可以看到实际制作效果。读者可以在 Fireworks CS6 中打开并参考“抠图.png”源文件进行制作练习，最终完成“抠图.gif”文件的制作。

实训 5：扫光文字

使用 Fireworks CS6 制作一个“扫光文字”GIF 动画，本动画共包含 17 个状态，每个状态蒙版的位置会不同。通过本实训，主要熟悉 Fireworks CS6 中使用“粘贴于内部”命令创建蒙版的方法，“状态”面板、“图层”面板和属性检查器的使用，【文本】菜单和各种工具的使用，以及导出 GIF 动画的方法。

“扫光文字”的制作效果如图 5.1 所示，可将此制作任务分解成若干个小任务，分步完成。

Fireworks cs6

任务一：创建新文档　任务二：设置背景、输入文本
任务三：将文本转换为路径　任务四：制作立体效果
任务五：绘制矩形　任务六：新建层并调整层中内容
任务七：制作扫光文字动画效果　任务八：导出动画文件

图 5.1　分解“扫光文字”制作任务

打开“扫光文字.gif”文件，可以看到实际制作效果。读者可以在 Fireworks CS6 中打开并参考“扫光文字.png”源文件进行制作练习，最终完成“扫光文字.gif”文件的制作。

实训 6：仿 3D 光亮图

通过本实训，主要熟悉 Fireworks CS6 中元件、补间实例、蒙版的应用，菜单栏的使用，属性检查器以及“图层”面板、“文档库”面板的使用，“椭圆”、“部分选定”、“钢笔”、“刀子”、“缩放”、“指针”等工具和主要工具栏的使用方法，以及导出图像的方法。

“仿 3D 光亮图”的制作效果如图 6.1 所示，可将此制作任务分解成若干个小任务，分步完成。

打开“仿 3D 光亮图.gif”文件，可以看到实际制作效果。读者可以在 Fireworks CS6 中打开并参考“仿 3D 光亮图.png”源文件进行制作练习，最终完成“仿 3D 光亮图.gif”文件的制作。

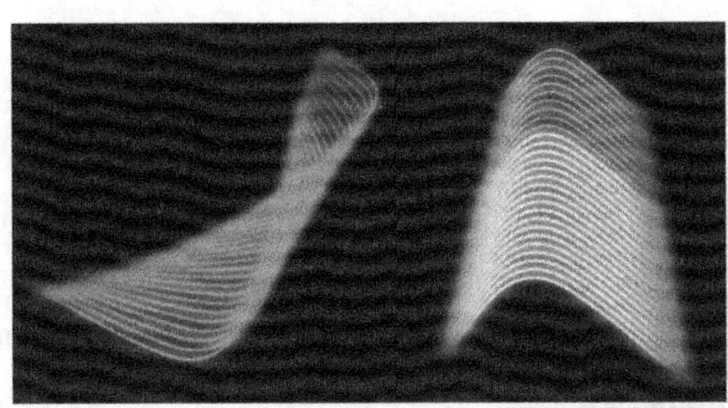

任务一：创建新文档
任务二：创建元件
任务三：绘制仿3D光亮图1
任务四：绘制仿3D光亮图2
任务五：导出文件

图 6.1　分解“仿 3D 光亮图”制作任务

实训 7：春满人间

本实训将打造一种简单的艺术字效果。通过本实训，主要熟悉 Fireworks CS6 中“文本”、“螺旋形”、“刀子”、“缩放”、“钢笔”、“部分选定”等工具和箭头键的使用，【修改】菜单和主要工具栏的使用，属性检查器和“样式”面板的使用，以及导出图片的方法。

“春满人间”的制作效果如图 7.1 所示，可将此制作任务分解成若干个小任务，分步完成。

任务一：创建新文档
任务二：输入文本“春满人间”
任务三：绘制一个打造艺术字效果用路径
任务四：打造一种简单的艺术字效果
任务五：导出文件

图 7.1　分解“春满人间”制作任务

打开“春满人间.jpg”文件，可以看到实际制作效果。读者可以在 Fireworks CS6 中打开并参考“春满人间.png”源文件进行制作练习，最终完成“春满人间.jpg”文件的制作。

实训 8：透明立体网格

通过本实训，主要熟悉 Fireworks CS6 中使用“组合为蒙版”命令创建蒙版的方法，“矩形”、“指针”等工具和主要工具栏的使用，属性检查器、“图层”面板和菜单栏的使用，以及导入、导出图片的方法。

“透明立体网格”的制作效果如图 8.1 所示，可将此制作任务分解成若干个小任务，分步完成。

打开“透明立体网格.jpg”文件，可以看到实际制作效果。读者可以在 Fireworks CS6 中打开并参考“透明立体网格.png”源文件进行制作练习，最终完成“透明立体网格.jpg”文件的制作。

任务一：绘制“网格.png”
任务二：创建新文档
任务三：导入“海景房图片”
任务四：绘制一个大于海景房图片的矩形
任务五：复制一个海景房图片
任务六：创建蒙版
任务七：整理文件中所有对象在画布中的位置
任务八：导出文件

图 8.1　分解“透明立体网格”制作任务

实训 9：3D 足球

使用 Fireworks CS6 制作一个“3D 足球”GIF 动画，本动画共包含 23 个状态，每个状态动画元件的位置不同。通过本实训，主要熟悉 Fireworks CS6 中使用“组合为蒙版”命令创建蒙版的方法，“图层”面板、“状态”面板和属性检查器的使用，菜单栏的使用，“多边形”、“椭圆”、“文本”、“指针”、“橡皮擦”等工具的使用，以及导出 GIF 动画的方法。

“3D 足球”的制作效果如图 9.1 所示，可将此制作任务分解成若干个小任务，分步完成。

任务一：创建新文档
任务二：绘制并设置多边形
任务三；将26个6边形转换为元件
任务四：绘制并设置一个圆形
任务五：组合为蒙版
任务六：预览动画
任务七：输入并设置文本Football
任务八：导出文件

图 9.1　分解“3D 足球”制作任务

打开“3D 足球.gif”文件，可以看到实际制作效果。读者可以在 Fireworks CS6 中打开并参考“3D 足球.png”源文件进行制作练习，最终完成“3D 足球.gif”文件的制作。

实训 10：春节快乐

通过本实训，主要熟悉 Fireworks CS6 中使用“附加到路径”命令的方法，【文件】、【修改】、【文本】、【窗口】等菜单的使用，“矩形”、“缩放”、“指针”、“部分选定”、“钢笔”、“文本”等工具的使用，属性检查器、“图层”面板的使用，以及导入、优化、导出图像的方法。

“春节快乐”的制作效果如图 10.1 所示，可将此制作任务分解成若干个小任务，分步完成。

打开“春节快乐.tif”文件，可以看到实际制作效果。读者可以在 Fireworks CS6 中打开并参考“春节快乐.png”源文件进行制作练习，最终完成“春节快乐.tif”文件的制作。

图 10.1　分解“春节快乐”制作任务

实训 11：文字特效 4 则

使用 Fireworks CS6 制作特效文字相对来说比较简单，而且还可以将其应用到网页上，对于网页设计爱好者来说，应该是一个不错的选择。通过本实训，主要熟悉 Fireworks CS6 中“文本”、“指针”等工具的使用，属性检查器、“图层”面板的使用，【文件】、【修改】、【文本】等菜单的使用，

“文字特效 4 则”的制作效果如图 11.1 所示，可将此制作任务分解成若干个小任务，分步完成。

FIREWORKS CS6　任务一：制作文字特效 1
FIREWORKS CS6　任务一：制作文字特效 2
FIREWORKS CS6　任务一：制作文字特效 3
FIREWORKS CS6　任务一：制作文字特效 4

图 11.1　分解“文字特效 4 则”制作任务

打开“文字特效 1.jpg”、“文字特效 2.jpg”、“文字特效 3.jpg”、“文字特效 4.jpg”文件，可以看到实际制作效果。读者可以在 Fireworks CS6 中打开并参考“文字特效 1.png”、“文字特效 2.png”、“文字特效 3.png”、“文字特效 4.png”源文件进行制作练习。

实训 12：微信标志

通过本实训，主要熟悉 Fireworks CS6 中“圆角矩形”、“缩放”、“椭圆”、“星形”、“指针”、“部分选定”、“刀子”等工具的使用，属性检查器、“图层”面板的使用，【文件】、【修改】等菜单的使用，以及导出图像的方法。

图 12.1　分解“微信标志”制作任务

“微信标志”的制作效果如图 12.1 所示，可将此制作任务分解成若干个小任务，分步完成。

打开“微信标志.JPG”文件，可以看到实际制作效果。读者可以在 Fireworks CS6 中打开并参考“微信标志.png”源文件进行制作练习，最终完成“微信标志.JPG”文件的制作。

实训 13：大屏幕手机

通过本实训，主要熟悉 Fireworks CS6 中“圆角矩形”、“缩放”、“椭圆”、“星形”、“指针”、“部分选定”、“刀子”、“文本”、“矩形”等工具的使用，属性检查器、“图层”面板、“样式”面板的使用，【文件】、【修改】等菜单的使用，以及导出图像的方法。

“大屏幕手机”的制作效果如图 13.1 所示，可将此制作任务分解成若干个小任务，分步完成。

打开“大屏幕手机.JPG”文件，可以看到实际制作效果。读者可以在 Fireworks CS6 中打开并参考“大屏幕手机.png”源文件进行制作练习，最终完成“大屏幕手机.JPG”文件的制作。

图 13.1　分解“大屏幕手机”制作任务

实训 14：登录页面

通过本实训，主要熟悉 Fireworks CS6 中“矩形”、“文本”、“部分选定”、“椭圆”、“指针”等工具以及箭头键的使用，属性检查器、“图层”面板和菜单栏的使用，使用“粘贴为蒙版”命令创建蒙版的方法，主要工具栏的使用，以及导入、导出文件的方法。

“登录页面”的制作效果如图 14.1 所示，可将此制作任务分解成若干个小任务，分步完成。

说明：本实训所介绍的“登录页面”并不是整个登录页面的全部内容，还应包括一些功能，如文本框、按钮等，这些功能是使用其他软件（如 Dreamweaver CS6、记事本）完成的。本实训之所以起名“登录页面”，是因为本书介绍的是如何使用 Fireworks CS6。

任务一：创建新文档
任务二：导入“天津职业大学.jpg”图片并使用蒙版
任务三：绘制“页面上下部分路径”并设置颜色
任务四：制作“用户登录部分”
任务五：导入“logo.jpg”并加以处理
任务六：输入文字并设置属性
任务七：导出文件
任务八：登录页面功能部分
任务九：浏览登录页面效果

图 14.1 分解“登录页面”制作任务

实训 15：闪字

使用 Fireworks CS6 制作一个“闪字”GIF 动画，本动画共包含 3 个状态，这 3 个状态是由导入的“闪字背景”引起的。通过本实训，主要熟悉 Fireworks CS6 中使用“粘贴于内部”命令创建蒙版的方法，“状态”面板、“图层”面板、“文档库”面板、属性检查器以及“文本”工具的使用方法，“元件编辑器”的使用，以及导入、导出图像和动画的方法。

“闪字”的制作效果如图 15.1 所示，可将此制作任务分解成若干个小任务，分步完成。

打开“闪字.gif”文件，可以看到实际制作效果。读者可以在 Fireworks CS6 中打开并参考“闪字.png”源文件进行制作练习，最终完成“闪字.gif”文件的制作。

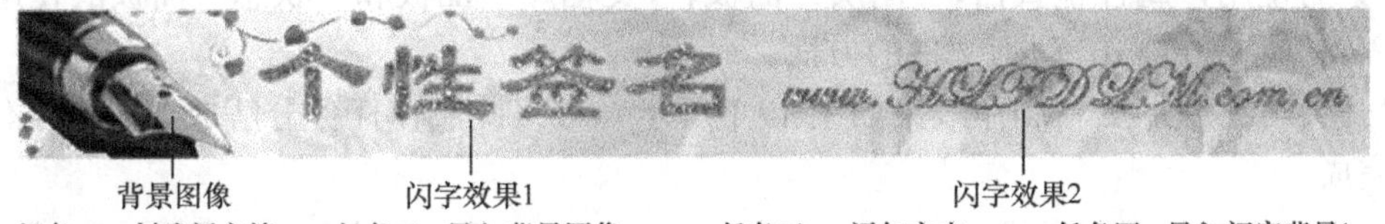

任务一：创建新文档　任务二：导入背景图像　任务三：添加文本　任务四：导入闪字背景1
任务五：制作闪字效果1　任务六：导入闪字背景2　任务七：制作闪字效果2　任务八：导出动画文件

图 15.1 分解“闪字”制作任务

实训 16：弹出菜单

“弹出”菜单是指当用户将指针移到触发网页对象（如切片）上或单击这些对象时，浏览器中将显示弹出菜单，可以将 URL 链接附加到弹出菜单选项，以便于导航。每个弹出菜单项都以 HTML 或图像单元格的形式显示，有“弹起”状态和“滑过”状态，并且在这两种状态中都包含文本。

通过本实训，主要熟悉 Fireworks CS6 中“弹出菜单编辑器”的使用，“矩形”、“指针”、“文本”等工具的使用，【文件】、【编辑】、【修改】菜单的使用，“图层”面板、“行为”面板和属性检查器的使用，以及导出弹出菜单的方法。

“弹出菜单”制作效果如图 16.1 所示，可将此制作任务分解成若干个小任务，分步完成。

学校概况 机构设置 学校动态 教育教学 科学研究 招生就业 学生天地 学校文化 信息资源 政务公开 社会服务 服务指南

教务处
教务管理系统
师资队伍
精品课程

任务一：创建新文档
任务二：创建带文字的矩形图形
任务三：为“学校概况”对象上切片创建弹出菜单
任务四：为“学校概况”对象上切片添加行为
任务五：为其他组合对象上切片创建弹出菜单
任务六：为其他组合对象上切片添加行为
任务七：预览弹出菜单效果
任务八：优化和导出“弹出菜单”文件

图 16.1 分解“弹出菜单”制作任务

在 IE 浏览器中，打开“弹出菜单.htm”文件，可以看到实际制作效果。读者可以在 Fireworks CS6 中打开并参考“弹出菜单.png”源文件进行制作练习，最终完成“弹出菜单.htm”文件的制作。

实训 17：弹簧与弹性形变

使用 Fireworks CS6 制作一个“弹簧与弹性形变”的 GIF 动画。通过本实训，主要熟悉 Fireworks CS6 中“矩形”、“直线”、“椭圆”、“文本”、“指针”等工具，【文件】、【修改】、【选择】的使用，属性检查器、“图层”面板、“文档库”面板和“状态”面板的使用，以及导入图像和导出 GIF 动画文件的方法。

“弹簧与弹性形变”制作效果如图 17.1 所示，可将此制作任务分解成若干个小任务，分步完成。

任务一：创建新文档
任务二：绘制“纵轴”和“横轴”
任务三：创建“圆球”元件
任务四：创建文本
任务五：绘制箭头
任务六：创建状态1
任务七：创建状态2
任务八：创建状态3、状态4
任务九：设置“状态延迟”
任务十：导出动画文件

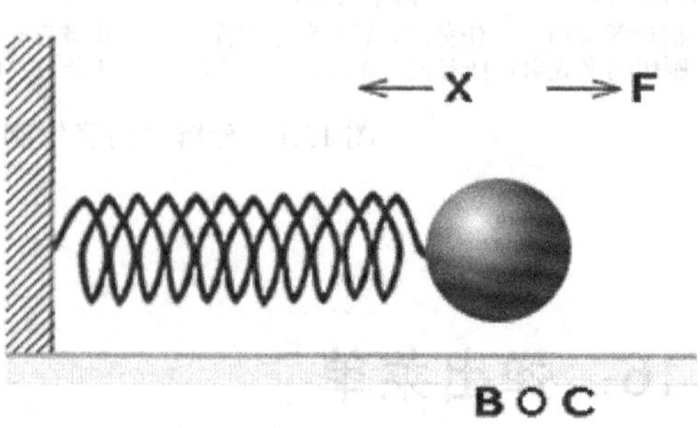

←X →F

BOC

图 17.1 分解“弹簧与弹性形变”制作任务

打开“弹簧与弹性形变.gif”文件，可以看到实际制作效果。读者可以在 Fireworks CS6

中打开并参考“弹簧与弹性形变.png”源文件进行制作练习，最终完成“弹簧与弹性形变.gif”文件的制作。

实训 18：水印效果

在网上，我们会经常看到一些添加了文字水印效果的图片，这些图片有的是作为版权标识，有的则是作为图片说明。本实例就将介绍几种使用 Fireworks CS6 制作文字水印效果的方法。

通过本实训，主要熟悉 Firworks CS6 中“图层”面板、属性检查器的使用，“套索”、“文本”、“指针”等工具的使用，【文件】、【修改】、【编辑】、【选择】菜单的使用，以及导入外部图像、导出 JPEG 图像的方法。

“水印效果_投影”、“水印效果_路径选区”、“水印效果_蒙版”制作效果如图 18.1 所示，可将此制作任务分解成若干个小任务，分步完成。

任务一：创建新文档
任务二：导入外部图像
任务三：对图片进行简单处理
任务四：在图片上添加文本“摩纳哥海湾”
任务五：保持“水印效果.png”文档
任务六：方法之一，添加“投影”动态滤镜效果，如图（a）所示
任务七：方法之二，使用“图层”面板获得路径选区，如图（c）所示
任务八：方法之三，使用创建蒙版的方法，如图（b）所示

(a)

(b)

(c)

图 18.1　分解“水印效果”制作任务

打开“水印效果_路径选区.jpg”文件、“水印效果_蒙版.jpg”文件、“水印效果_投影.jpg”

文件，可以看到实际制作效果。读者可以在 Fireworks CS6 中打开并参考“水印效果_路径选区.png”、“水印效果_蒙版.png”、“水印效果_投影.png”源文件进行制作练习，最终完成“水印效果_路径选区.jpg”文件、“水印效果_蒙版.jpg”文件、“水印效果_投影.jpg”文件的制作。

实训 19：镜框

通过本实训，主要熟悉 Fireworks CS6 中“椭圆”、“缩放”工具的使用，在属性检查器中添加滤镜、设置填充类别等方法，【文件】、【修改】菜单的使用，应用蒙版的方法，以及导入图像、导出图像的方法。

“镜框”制作效果如图 19.1 所示，可将此制作任务分解成若干个小任务，分步完成。

任务一：创建新文档
任务二：绘制“镜框边”
任务三：导入图片并调整其大小和位置
任务四：绘制“镜框心”
任务五：将“镜框边”和“镜框心”组合
任务六：导出图像文件

图 19.1　分解“镜框”制作任务

打开“镜框.jpg”文件，可以看到实际制作效果。读者可以在 Fireworks CS6 中打开并参考“镜框.png”源文件进行制作练习，最终完成“镜框.jpg”文件的制作。

实训 20：摆动的木牌

使用 Fireworks CS6 制作一个摆动的木牌，让木牌不断地左右摆动。摆动的木牌由 12 状态画面组成，每状态画面均由“固定架”、“固定轴”和“摆动的木牌”构成。通过本实训，主要熟悉 Fireworks CS6 中“指针”、“矩形”、“自由变形”、“文本”、“钢笔”、“圆角矩形”、“椭圆”等工具的使用，【文件】菜单、【修改】菜单、主要工具栏、“文档库”面板、“状态”面板、“图层”面板和属性检查器的使用，以及导出 GIF 动画的方法。

“摆动的木牌”制作效果如图 20.1 所示，可将此制作任务分解成若干个小任务，分步完成。

任务一：创建新文档
任务二：创建“摆动的木牌”元件
任务三：创建“固定架”
任务四：创建“固定轴”
任务五：创建状态2
任务六：创建状态3
任务七：创建状态4
任务八：创建状态5、状态6、状态7
任务九：创建状态8
任务十：创建状态9
任务十一：创建状态10
任务十二：创建状态11、状态12
任务十三：设置“状态延迟”
任务十四：导出动画文件

图 20.1　分解“摆动的木牌”制作任务

打开“摆动的木牌.gif”文件，可以看到实际制作效果。读者可以在 Fireworks CS6 中打开并参考“摆动的木牌.png”源文件进行制作练习，最终完成“摆动的木牌.gif”文件的制作。

实训 21：交换图像

通过本实训，主要熟悉 Fireworks CS6 中“文本”、“切片”、“指针”等工具的使用，“行为”面板、“图层”面板和属性检查器的使用，添加交换图像行为的方法，以及导入、导出图像的方法。

“交换图像”制作效果如图 21.1 所示，可将此制作任务分解成若干个小任务，分步完成。

任务一：创建新文档
任务二：导入“交换图像.bmp”图片
任务三：为每张小图片编号
任务四：为每张小图片绘制一个矩形切片
任务五：为每个矩形切片添加单击交换图像行为
任务六：为每个切片添加当指针经过切片上方移动时交换图像行为
任务七：导出“交换图像”文件
任务八：使用IE浏览器浏览“交换图像.htm”

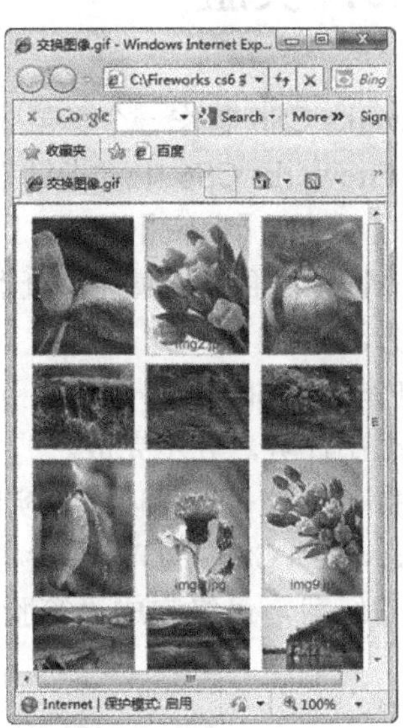

图 21.1　分解“交换图像”制作任务

在 IE 浏览器中打开“交换图像.htm”文件，可以看到实际制作效果。读者可以在 Fireworks CS6 中打开并参考“交换图像.png”源文件进行制作练习，最终完成“交换图像.htm”文件的制作。

实训 22：Dear

通过本实训，主要熟悉 Fireworks CS6 中“椭圆”、“指针”、“部分选定”、“缩放”、“橡皮擦”、“钢笔”、“圆角矩形”、“多边形”、“矩形”、“刀子”、“更改区域形状”、“自由变形”、“文本”等工具的使用，【文件】、【编辑】和【修改】菜单的使用，属性检查器和“图层”面板的使用，主要工具栏的使用，以及导出图像文件的方法。

图 22.1　分解“Dear”制作任务

“Dear”制作效果如图 22.1 所示，可将此制作任务分解成若干个小任务，分步完成。

打开“Dear.jpg”文件，可以看到实际制作效果。读者可以在 Fireworks CS6 中打开并参考“Dear.png”源文件进行制作练习，最终完成“Dear.jpg”文件的制作。

实训 23：笑脸

使用 Fireworks CS6 制作一个“笑脸”GIF 动画，本动画共包含 13 个状态。通过本实训，主要熟悉 Fireworks CS6 中“指针”、“部分选定”、“椭圆”、“钢笔”、“矩形”等工具的使用，【文件】菜单、【编辑】菜单、【修改】菜单、“图层”面板、“状态”面板、属性检查器的使用，以及导出文件的方法。

“笑脸”制作效果如图 23.1 所示，可将此制作任务分解成若干个小任务，分步完成。

打开“笑脸.gif”文件，可以看到实际制作效果。读者可以在 Fireworks CS6 中打开并参考“笑脸.png”源文件进行制作练习，最终完成“笑脸.gif”文件的制作。

任务一：创建新文档
任务二：绘制状态1中的笑脸
任务三：绘制状态2中的笑脸
任务四：绘制状态3中的笑脸
任务五：绘制状态4中的笑脸
任务六：绘制其他状态中的笑脸
任务七：设置“状态延迟”
任务八：浏览笑脸制作效果
任务九：导出GIF动画文件

图 23.1　分解“笑脸”制作任务

学习引导

第一部分 基础部分

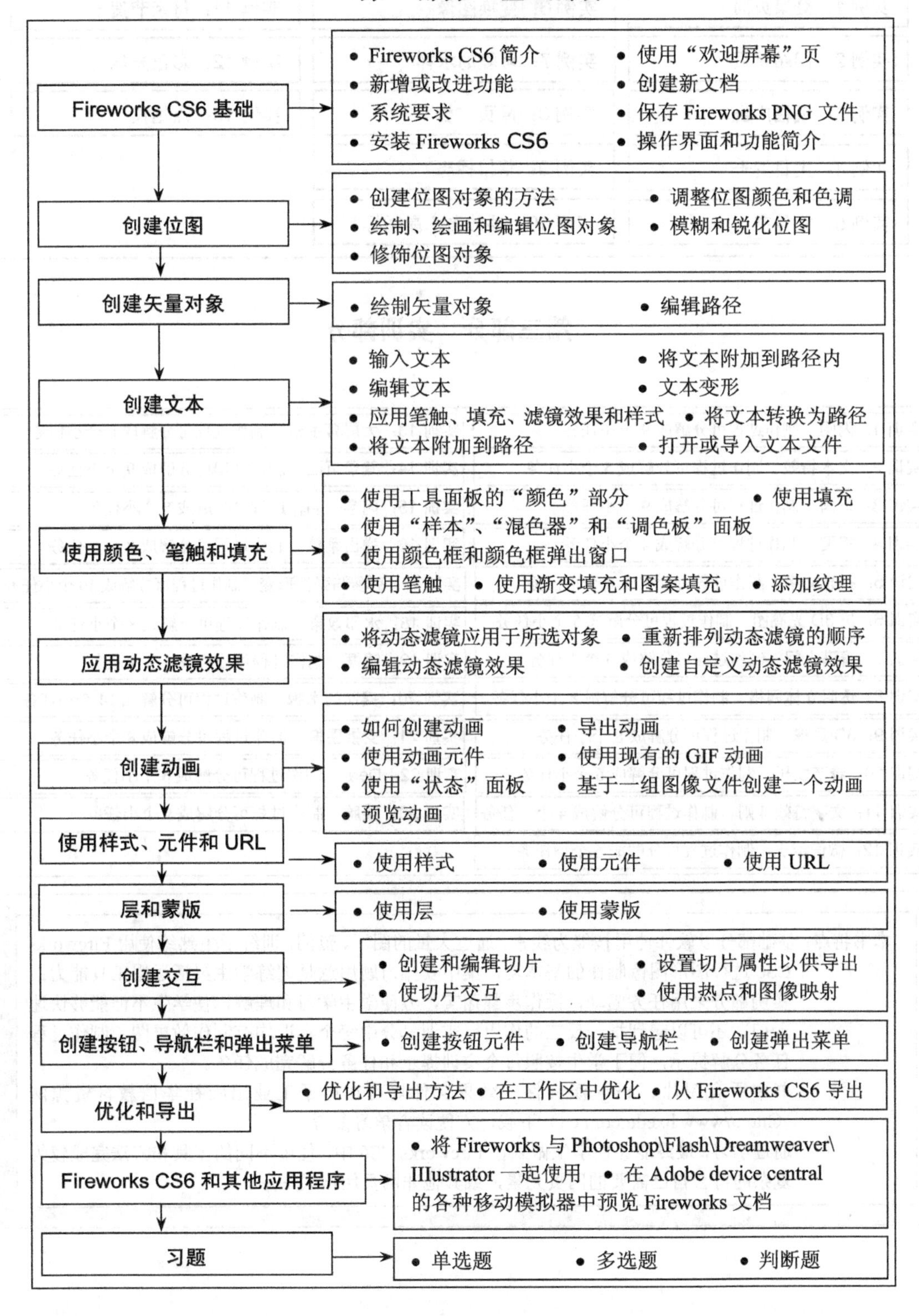

第二部分　实例部分

实例 1：登录页面	实例 6：变换图像	实例 11：母亲节贺卡
实例 2：网站首页	实例 7：可爱的水杯	实例 12：彩色光球
实例 3：横幅广告	实例 8：网页广告	实例 13：点炮仗
实例 4：生日贺卡	实例 9：苹果标志	
实例 5：文件夹	实例 10：播放器水晶图标	

第三部分　实训部分

实训 1：闪图　制作过程可分解成 9 个小任务	实训 13：大屏幕手机　制作过程可分解成 6 个小任务
实训 2：文本特效　制作过程可分解成 5 个小任务	实训 14：登录页面　制作过程可分解成 9 个小任务
实训 3：下雨　制作过程可分解成 9 个小任务	实训 15：闪字　制作过程可分解成 8 个小任务
实训 4：抠图　制作过程可分解成 4 个小任务	实训 16：弹出菜单　制作过程可分解成 8 个小任务
实训 5：扫光文字　制作过程可分解成 8 个小任务	实训 17：弹簧与弹性形变　制作过程可分解成 10 个小任务
实训 6：仿 3D 光亮图　制作过程可分解成 5 个小任务	实训 18：水印效果　制作过程可分解成 8 个小任务
实训 7：春满人间　制作过程可分解成 5 个小任务	实训 19：镜框　制作过程可分解成 6 个小任务
实训 8：透明立体网格　制作过程可分解成 8 个小任务	实训 20：摆动的木牌　制作过程可分解成 14 个小任务
实训 9：3D 足球　制作过程可分解成 8 个小任务	实训 21：交换图像　制作过程可分解成 8 个小任务
实训 10：春节快乐　制作过程可分解成 6 个小任务	实训 22：Dear　制作过程可分解成 6 个小任务
实训 11：文字特效 4 则　制作过程可分解成 4 个小任务	实训 23：笑脸　制作过程可分解成 9 个小任务
实训 12：微信标志　制作过程可分解成 6 个小任务	

本书特点：基础部分以软件使用技能为线索，通过大量的图示、范例，训练学生熟练使用 Fireworks CS6 进行图形图像制作的基本功，集中安排习题用意是训练学生灵活运用工具能力；实例部分采用任务驱动，操作步骤翔实，方便学生学习和理解，使学生不但能够快速入门，还可以起到举一反三的作用；实训部分中每个实训均有制作效果图、制作过程任务分解提示，便于学生按照每个实训提示和任务分解完成任务。

书中所有图片、.png 源文件、效果文件均可在电子工业出版社华信教育资源网（http://www.hxedu.com.cn）下载，方便读者学习参考。

通过学习，最终能够使学生做到在 Fireworks CS6 中，使用不同的工具和方法完成较为复杂的符合自己需要的网页元素，或其他非网页用格式图形。